# 新型
# 塑料包装薄膜

刘殿凯　崔春芳　张美玲　编著

化学工业出版社

·北京·

全书共分六章，本书作者主要阐述了新型塑料包装薄膜的基本理论和基本知识，介绍了国内外塑料包装薄膜新品种及新材料、塑料包装薄膜新材料市场创新动态；包装用塑料薄膜原料、生产工艺与配方设计；新型塑料包装薄膜新工艺与新技术；新型食品软包装薄膜新工艺、配方及应用；新型塑料包装薄膜的应用领域；新型塑料包装薄膜的测试标准等。

全书内容翔实、通俗易懂、图文并茂，实用性强，专业应用实例众多，是一本十分有价值的新型塑料包装薄膜参考书。

本书除了适合从事塑料包装材料一线及生产、检测工程技术人员阅读外；也适合从事塑料包装制品成型技术与塑料材料研究生产企业、科研单位、管理等部门工程技术人员阅读参考，也可供从事高等院校塑料工艺专业学生论文研究与教学参考。还可以作为中、高等职业院校、技工学校塑料工艺专业教材，从职业层次上分析也可以包括具有高中以上文化程度的技术工人的自学教材的参考书。

**图书在版编目（CIP）数据**

新型塑料包装薄膜/刘殿凯，崔春芳，张美玲编著．—北京：化学工业出版社，2016.3（2021.2 重印）

ISBN 978-7-122-26225-7

Ⅰ.①新… Ⅱ.①刘…②崔…③张… Ⅲ.①包装材料-塑料薄膜 Ⅳ.①TB484.3

中国版本图书馆 CIP 数据核字（2016）第 022829 号

责任编辑：夏叶清

责任校对：蒋 宇　　　　装帧设计：关 飞

出版发行：化学工业出版社（北京市东城区青年湖南街 13 号　邮政编码 100011）

印　　装：北京盛通数码印刷有限公司

710mm×1000mm　1/16　印张 24¾　字数 494 千字　2021 年 2 月北京第 1 版第 2 次印刷

购书咨询：010-64518888　　　　售后服务：010-64518899

网　　址：http：//www.cip.com.cn

凡购买本书，如有缺损质量问题，本社销售中心负责调换。

**定　　价：89.00 元**

# 前言

塑料薄膜材料是塑料制品应用中的最大领域之一。塑料薄膜进入包装领域已有很长的历史，但在大多数国家的应用则始于第二次世界大战之后。20 世纪 70 年代以来，塑料包装薄膜在包装领域迅速崛起，其发展速度大大超过了传统包装材料，并在此后一直保持 6%～8%的较高年增长率。

2014 年塑料薄膜产量超过 400 万吨，约占包装材料总产量的 1/4 以上，居各种包装材料之首。各种化工产品、合成树脂、原盐、矿产品等包装已大量采用塑料薄膜材料，如包装袋；还有饮料、洗涤用品、化妆品、化工产品等在中国迅速发展，必不可少的复合膜、包装膜等塑料薄膜材料有很大的需求。而食品和药品是国计民生大宗重要物资，相应的塑料薄膜包装需求十分旺盛。中国药用塑料薄膜的增长速度位居世界八大药物生产国榜首。

塑料包装薄膜有很多方面的用途，它的独特优势就在于中国塑料包装市场的方面。预计“十三五”期间，中国将成为塑料包装薄膜增长最快的地区。中国塑料包装薄膜市场将成为第二大经济增长点，到 2050 年中国将会成为世界上最大的塑料包装薄膜市场。

新型塑料包装薄膜也是近年来我国飞速发展的一类加工材料，它被广泛地应用于国民经济的各个领域，在国防、农业、工业、建筑、包装行业及人民日常生活中已成为重要的材料，并发挥着越来越重要的作用。

全书共分六章，主要阐述了新型塑料包装薄膜的基本理论和基本知识，介绍了国内外塑料包装薄膜新品种及新材料、塑料包装薄膜新材料市场创新动态；包装用塑料薄膜原料、生产工艺与配方设计；新型塑料包装薄膜新工艺与新技术；新型食品软包装薄膜新工艺、配方及应用；新型塑料包装薄膜的应用领域；新型塑料包装薄膜的测试标准等。

全书内容翔实、通俗易懂、图文并茂，实用性强，专业应用实例众多，是一本十分有价值的新型塑料包装薄膜科普参考书。

本书除了适合从事塑料包装材料一线及生产、检测工程技术人员阅读外；也适合从事塑料包装制品成型技术与塑料材料研究生产企业、科研单位、管理等部门工程技术人员阅读参考，也可供从事高等院校塑料工艺专业学生论文研究与教学参考。还可以作为中、高等职业院校、技工学校塑料工艺专业教材，从职业层次上分析也可以包括具有高中以上文化程度的技术工人的自学教材的参考书。

在本书编写过程中，中国包装联合会、轻工业塑料加工应用研究所、中国科学院化学所(国家工程塑料重点实验室)、北京化工大学材料科学与工程学院、《塑料工业》杂志等单位的专家与前辈和同仁热情支持和帮助，并提供有关资料、文献与信息，并对本书内容提出了宝贵的意见。欧玉春、陈海涛、王雷等参加了本书的编写与审核，李红照、朱鸿翔、蒋峰、孙铁海、郭爽、丰云、蒋洁、王素丽、王瑜、王月春、韩文彬、俞俊、周国栋、朱美玲、方芳、高巍、高新、周雯、耿鑫、陈羽、安凤英、来金梅、王秀凤、吴玉莲、黄雪艳、杨经伟、冯亚生、周木生、赵国求、高洋、张建玲等同志为本书的资料收集和编写付出了大量精力，在此一并致谢！

由于水平有限，收集的资料挂一漏万在所难免，虽认真编审，恐有遗漏、失误和欠妥之处，敬请读者批评指正。

编　者

2015年8月

# 目 录

## 第一章　概论 / 1

## 第二章　包装用塑料薄膜原料、生产工艺与配方设计 / 25

## 第三章　新型塑料包装薄膜新工艺与新技术 / 138

## 第四章　新型食品软包装薄膜新工艺、配方及应用 / 201

## 第五章 新型塑料包装薄膜的应用领域 / 275

# 第一章 概论

## 第一节 概述

薄膜是聚合物的一种二维形式，其特征是表面积与体积比很大。薄膜要有阻透性能，阻挡任何欲进入其内的污染物质，防止所需的物质溢出，即抗扩散性。

薄膜很薄，所以必须有很高的力学性能如拉伸强度、冲击性能和撕裂强度。薄膜的力学性能通常取决于分子结构、摩尔质量和摩尔质量分布。薄膜的可视性常常很重要，因此要求其雾度要低。这些是薄膜的主要性能。

人们常常要求提高薄膜所包装的物体的外观质量，因此薄膜的表面性能如光泽度和印刷性就非常重要。印刷性与表面能有关，表面能高，才能实现润湿，保持优异的黏结性。改性可以使薄膜具有适宜的表面能。如果薄膜摩擦很轻，也可以提高保护效果，这种性能称为滑爽性。用薄膜封装、保护物体时，需要提高对其自身或对物体的黏结作用，这种黏结作用简称为黏性。因此，聚合物必须流动以产生充分的黏结作用。

### 一、新型塑料包装薄膜的定义

目前，国内新型塑料包装薄膜正向着高性能化、多功能化方向发展。

国内外一般将活性塑料包装薄膜、水溶性薄膜、可食性薄膜、可降解薄膜、抗微生物的塑料薄膜、共挤薄膜（如黑白膜、新型超导薄膜）等称为新型塑料包装薄膜（厚度在 0.25mm 以下片状塑料）。

其中例如用于食品包装用途：含有活性塑料包装薄膜是一种保鲜性能好的包装透气膜。它能让产生的二氧化碳和氧气透过，使易腐烂的产品保持睡眠状态。这类新型活性薄膜用有机化学剂浸渍，能吸收对果蔬成熟起促进作用的乙烯，并使易腐烂产品的周围保持潮湿；同时，因薄膜中含有微量缓慢释放的杀霉菌剂，还能阻止霉菌的生长。所以，被包装果蔬的保鲜期可延长 1 倍以上。

众所周知，塑料包装薄膜从使用的原材料来分，有聚氯乙烯（PVC）、聚乙烯（PE）、聚丙烯（PP）、聚酯（PET）、尼龙（PA）、茂金属塑料等；从加工工艺分，有吹塑薄膜、挤出膜、拉伸薄膜、压延薄膜、流延膜、多层复合膜、镀金属膜等；从用途分，有包装用薄膜和包装复合膜，主要是药用包装复合膜、食品包装复合膜等。

**1. 包装用薄膜**

包装薄膜（图 1-1）的主要应用是包装。包装的作用可归结为：盛装、分散、保质、防护、流通和展示。包装机械有多种（如立式填充、收缩包装、套式包装、拉伸包装和泡状包装机），因此要求薄膜要有多种性能（如硬度、拉伸性、热封性），还必须适合于不同应用（如侧焊袋、底封袋、液体产品包装袋）。因此，很多薄膜都要做成多层薄膜才能具有理想的性能。例如，高摩尔质量聚乙烯的性能提高，可用于重包装。

图 1-1　聚烯烃薄膜的典型包装

**2. 包装复合膜**

单纯一种聚合物不可能同时满足工业产品保护、包装、封合所有这些要求，因此必须使用多层聚合物。将更多层薄膜挤出到已有薄膜上或者将已有薄膜粘到一起就可以制备多层薄膜，这种工艺就称为复合。复合层大多都是聚合物，但也可以用金属箔（通常为铝）。纸、纸板常用作复合的基材，有时也用织物层，但它们大多另行分类，不归在复合薄膜这一类。

对复合薄膜的一个基本要求就是层与层之间要有良好的黏结性。从化学上看，各层中的材料常常不同，为的是使薄膜具有多种性能，因此黏结性可能就不合适。

这样，功能层之间就必须有一层单独的黏结层。黏结层与聚合物掺混料中相容剂的作用一样。常常用共聚物作黏结层，共聚物中每一种共聚单体都会与相邻的一层聚合物黏结。有些多层薄膜在生产时就将黏结成分与功能层做成共混物，这样就减少了大量单独的层，简化了复合工艺。

包装用薄膜中的复合层可以是同一种聚合物构成的，但形式不同。有的层有可能是矿物质填充的、着色的、发泡的、取向的、辐射或化学交联的，包括抗氧剂、紫外线稳定剂，也可以是印刷的或者是改性的。深层保护层放在改性层上，改性层也可以作保护层。

薄膜复合时常常用一层聚合物漆膜，漆膜中有溶剂或者用了胶乳，需要干燥，去除挥发物。复合薄膜通常都有优异的光泽度，如聚丙烯层复合到印刷纸基上时。与溶液涂覆相比，复合时更容易控制涂覆层展涂表面和薄膜厚度。可以用轧光冷却辊代替烘箱和溶剂去除装置。

## 二、新型塑料包装薄膜的分类

根据使用的塑料原料不同，分为聚氯乙烯塑料薄膜、聚乙烯塑料薄膜。根据塑料薄膜的制造方法不同，分为压廷薄膜、吹塑薄膜；根据塑料薄膜所具有的某些特殊性能，分别有育秧薄膜、无滴薄膜、有色薄膜、超薄覆盖薄膜、宽幅薄膜、包装薄膜等。

① 活性塑料包装薄膜。这种保鲜性能好的包装薄膜是一种透气膜。它能让产生的二氧化碳和氧气透过，使易腐烂的产品保持睡眠状态。

② 水溶性薄膜。它的主要特点是：降解彻底；使用安全方便；力学性能好，且可热封，热封强度较高；具有防伪功能。

③ 黑白膜。黑白膜复合包装是近年来开始流行的一种新颖包装。一般由三四层不同的聚乙烯加黑白母料共挤复合而成。其热封性能是包装的一个重要物理指标。

④ 可自动腐化的包装薄膜。该薄膜为半透明状，制成包装袋或包装盒用完废弃后埋入泥土，可很快被生物分解，变为肥料。

⑤ 抗微生物的塑料薄膜。这种材料可以延长食品的保质期并使消费者减少防腐剂的摄入量。

⑥ 新型超导薄膜。如高质量的二硼化镁（$MgB_2$）薄膜。

## 三、新型塑料包装薄膜的品种及材料

塑料包装薄膜按材料的化学组成分类，大致有聚乙烯、聚丙烯、聚氯乙烯、聚苯乙烯、聚对苯二甲酸乙二醇酯、聚碳酸酯、聚酰胺、聚乙烯醇、聚偏二氯乙烯、赛璐玢、醋酸纤维素、氟塑料等十多种。

按成型方法分类，有压延膜、挤出膜、流延膜、拉伸膜、涂布膜、贴合膜、发泡膜、共挤复合膜、交叉复合膜及特殊方法成型膜等。

从不同角度以具体包装功能或形态来分，则有弹性膜、收缩膜、似纸膜、外包装膜、内包装膜、重包装膜、轻包装膜、个装膜、集装膜、真空包装膜、煮沸包装膜、充气包装膜、成型包装膜（贴体、吸塑、深拉伸）、捻结包装膜、清洁包装膜、计量包装膜、消毒包装膜等，这种分类方法，通常从其命名上即可理解该种薄膜的最主要特点或用途。

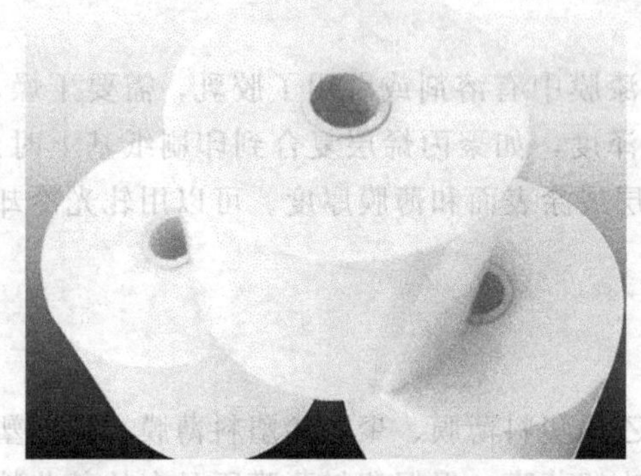
图 1-2　一种新型塑料包装薄膜的品种

按包装功能分类，可笼统地分为通用膜和专用膜。

一般用聚氯乙烯、聚乙烯、聚丙烯、聚苯乙烯以及其他树脂制成薄膜，用于包装，以及用作覆膜层（常用原料详细内容在第二章介绍）。

国内新型塑料包装薄膜，特别是软包装复合薄膜（图 1-2），已经广泛地应用于食品、医药、化工等领域，其中又以食品软包装复合薄膜所占比例最大，比如饮料包装复合薄膜、速冻食品包装复合薄膜、蒸煮食品包装复合薄膜、快餐食品包装复合薄膜等，这些产品都给人们生活带来了极大的便利。

## 四、塑料包装薄膜的形态及特性

塑料薄膜通常指厚度 0.25mm 以下的平整而柔软的塑料制品。

塑料薄膜是塑料包装材料中使用最为广泛的一个品种，除普通塑料包装袋用的塑料薄膜之外，还有许多专用品种，如液体包装薄膜、收缩薄膜、缠绕膜、冰箱保鲜膜、果蔬保鲜膜、表面保护膜、扭结膜等，塑料薄膜主要用于制备各种包装袋。此外，比较常见的还有缠绕包装、扭结包装、表面保护等包装形式。

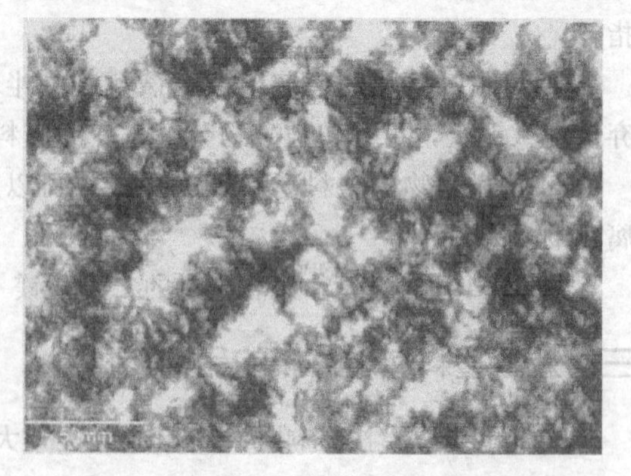
图 1-3　聚丙烯与 30% 乙烯-丙烯共聚物的共混物的偏光显微照片共聚物为分散相，大都在聚丙烯球晶边，图中发暗处

所有的聚烯烃都是半结晶聚合物。结晶提高了拉伸强度，但降低了透明度。大的晶体散射透射光，使制品外观呈乳白色，也就是雾度。表面上的晶体降低了表面光滑度，使入射光产生表面散射，降低光泽度。图 1-3是聚丙烯薄膜形态结构的偏光

显微照片。加工工艺能够改善每种聚烯烃的内在性能，产生结晶决定的性能。快速冷却会得到尺寸更小的晶体，因此流延薄膜工艺中使用的冷却辊通常都能得到更小的晶体，尤其是更高的表面光滑度。吹塑薄膜工艺中使用冷却气流提高结晶率。结晶很明显，因为在离机头不远处薄膜就开始结雾；结雾处称为霜白线高度。采用广角X射线散射（WAXS）可以测量取向。

晶体的取向是将晶轴沿取向或拉伸方向取向，从而产生结晶决定的性能。一般来说，薄膜沿两个垂直方向拉伸，称为双向拉伸。首先是平行于挤出方向的拉伸，然后是横向拉伸。挤出方向的牵引是将熔体冷却直到结晶开始，然后使薄膜通过两辊，同时增加速度差。横向拉伸取决于加工方法。采用吹塑薄膜工艺时，在吹胀过程中取向。流延薄膜工艺需要横向拉伸架，即拉幅机。拉幅机夹住薄膜的两边，薄膜向前运动时，拉伸架向两边运动。取向能增强薄膜拉伸方向的性能。双向拉伸薄膜时，最后拉伸的方向的性能更高。

## 五、塑料包装薄膜的结构和性能

薄膜一般都是熔体挤出的，因此熔体的流变性能必须满足生产工艺要求。流变性能是由聚合物的化学结构、摩尔质量和长分子链控制的。薄膜的挤出、拉伸和冷却方式决定了其微观构造和一些性能，表1-1总结了薄膜生产用的各种聚烯烃的结构和性能。

**表1-1 薄膜生产用的聚烯烃的结构和性能**

| 聚烯烃 | 共聚单体 | 相对密度 | 制备方法 | 力学性能 | 备　注 |
|---|---|---|---|---|---|
| 高密度、线型聚乙烯（HDPE、LPE） | 无支链 | 0.94～0.96 | 齐格勒-纳塔工艺 | 拉伸强度高，冲击强度低 | 脆性薄膜，具有良好的气体阻透性能 |
| 低密度聚乙烯（LDPE） | 无规短支链和长支链 | 0.91 | 自由基聚合，采用高压釜或管状反应釜 | 非牛顿熔体，具有良好的冲击强度 | 具有良好的吹塑挤出特性，适用于软质薄膜的生产 |
| 线型低密度聚乙烯(LLDPE) | 1-丁烯<br>2-己烯<br>3-辛烯 | 0.91～0.93 | 齐格勒-纳塔工艺 | 强度适中，有弹性，熔体比LDPE更具牛顿性 | 薄膜透明度高和光泽度高，难以挤出 |
| 极低密度聚乙烯(VLDPE) | 1-丁烯<br>2-己烯<br>3-辛烯 | 0.89～0.91 | 单点茂金属催化 | 有韧性、弹性、强度适中 | 薄膜的透明度和光泽高，可以生产极薄的薄膜 |
| 长支链VLDPE | 1-丁烯<br>2-己烯<br>3-辛烯 | 0.89～0.91 | 限定结构(geometry)单点催化 | 有韧性、弹性，强度适中，非牛顿熔体 | 易于加工，熔体强度高 |

续表

| 聚烯烃 | 共聚单体 | 相对密度 | 制备方法 | 力学性能 | 备　注 |
|---|---|---|---|---|---|
| 超低密度聚乙烯（ULDPE），塑性体 | 1-丁烯<br>2-已烯<br>3-辛烯 | <0.89 | 单点茂金属催化 | 有弹性，拉伸强度和模量低 | 热塑性弹性体，熔融温度低且范围窄，适于热封 |
| 聚丙烯 | 无支链 | 0.90 | 齐格勒-纳塔工艺 | 拉伸强度高，脆性，耐高温 | 薄膜透明，强度高，耐高温，有光泽 |
| 嵌段或无规乙烯-丙烯共聚物 | 乙烯 | 0.90 | 齐格勒-纳塔工艺 | 有韧性（嵌段），熔融温度高；柔软（无规），熔融温度低 | 韧性薄膜，更具牛乳色 |
| 乙烯-丙烯共聚物 | 乙烯 | 0.90 | 单点茂金属催化 | 摩尔质量分布、无规共聚单体分布窄，全同立构性高 | 薄膜柔软，透明，有弹性 |

## 六、新型塑料包装薄膜材料的选择

一般常见的塑料包装薄膜如聚乙烯薄膜包括低密度聚乙烯薄膜（LDPE）、高密度聚乙烯薄膜（HDPE）、线型低密度聚乙烯薄膜（LLDPE），是用量最大的塑料包装薄膜，约占薄膜总耗用量的30%以上。虽然外观、强度等方面并不十分理想，但它具有良好的韧性、防潮性和热封性能，易加工，价格适中，所以应用非常广泛。聚乙烯薄膜印刷前需要进行电火花处理或电晕处理。

聚丙烯薄膜分未拉伸薄膜和双向拉伸薄膜，未拉伸薄膜与PE相比有更好的透明度、光泽度、防潮性、耐热性和耐油性；机械强度大，耐撕裂、耐穿刺和耐磨性好；且无毒、无臭。因此广泛用于食品、医药品、纺织品等物品的包装。但其耐寒性差，在0～10℃时发脆，故不能用于冷冻食品的包装。聚丙烯薄膜耐热度高并具有良好的热封性能，因此常用于蒸煮袋的热封层。

聚氯乙烯薄膜（PVC）分软质薄膜和硬质薄膜。软质薄膜伸长率、抗撕裂强度和耐寒性较好，易于印刷和热封合，可制成透明薄膜。由于软质PVC薄膜带有增塑剂的异味，并存在着增塑剂外迁的问题，所以一般不能用于食品包装。但采用内增塑法生产的可用于包装食品。一般主要用于工业产品以及非食品包装。硬质薄膜不含增塑剂或增塑剂含量很少，薄膜挺括、韧性好、扭结稳定，有良好的气密性、保香性和较好的防潮性，印刷性能优良，可制得无毒薄膜，主要用于糖果的扭结包装，纺织品、服装品的包装，以及香烟和食品包装盒的覆膜，但其耐寒性较差，低温时发脆故不适于作冷冻食品包装材料。

聚苯乙烯薄膜（PS），一般很少用作软包装材料。

聚偏二氯乙烯薄膜（PVDC）是一种柔韧、透明的高阻隔性薄膜。具有极佳的防潮性、气密性和保香性，并有优良的耐强酸、强碱、化学药品性和耐油性。目前主要用于制作复合薄膜，很适合用于香肠、火腿等肉类食品的热收缩包装。

**1. 塑料薄膜材料的基本性能要求**

一般来说，选择塑料薄膜材料应考虑以下这些因素。

(1) 外观

塑料薄膜的表面应当平整光滑，无皱折或仅有少量的活褶，无明显的凹凸不平、黑点、杂质、晶点和僵块，没有条纹、斑痕、暴筋等弊病，无气泡、针孔及破裂，镀铝膜的镀铝层应当均匀，不允许有明显的亮条、阴阳面等现象。此外，还要求薄膜表面清洁干净，无灰尘、油污等。

(2) 规格及偏差

塑料薄膜的宽度、厚度及其偏差应当符合要求，而且应当厚薄均匀，横、纵向的厚度偏差小，且偏差分布比较均匀。此外，镀铝膜的镀铝层厚度也应符合要求。

(3) 透明度和光泽度

对于透明塑料薄膜，对其透光率要求较高，一般应达到92%以上。而对于不透明塑料薄膜，比如白膜，则要求其白度高、不透明度好。此外，塑料薄膜还应当具有良好的光泽度。

(4) 物理力学性能

由于塑料薄膜在印刷和复合过程中要受到机械力的作用，因此，要求薄膜材料必须具有一定的力学强度和柔韧性。塑料薄膜的物理力学性能主要包括拉伸强度、断裂伸长率、撕裂强度、冲击强度等，此外，镀铝膜上镀铝层的牢固度也应当符合要求。

(5) 透湿量

表示塑料薄膜材料在一定的条件下对水蒸气的透过量，比如在相对湿度为90%、温度为30℃的情况下，24h内厚度为25μm的塑料薄膜每平方米所透过的水蒸气的质量，它从一定程度上代表了薄膜材料的防潮性，各种薄膜材料的透湿量不同，这也决定了它的应用范围。

(6) 透氧量

表示塑料薄膜材料在一定的条件下对氧气的透过量，比如在相对湿度为90%、温度为23℃的情况下，24h内厚度为25μm的塑料薄膜每平方米所透过的氧气的体积。各种薄膜材料的透氧量也有所不同。

(7) 几何尺寸稳定性

塑料薄膜必须具有一定的几何尺寸稳定性，否则，其伸缩率过大，在印刷和复合过程中受到机械力或者受热量的作用容易产生伸缩变形，不仅会影响套印精度，还会出现皱折、卷曲等问题，严重影响产品质量和生产效率。

(8) 化学稳定性

塑料薄膜在印刷和复合过程中要接触油墨、胶黏剂以及某些有机溶剂，这些都是化学物质，因此，塑料薄膜必须对所接触的这些化学物质具有一定的耐抗性，以便不受其影响。

(9) 表面张力

为了使印刷油墨和复合用胶黏剂在塑料薄膜表面具有良好的润湿性和黏合性，要求薄膜的表面张力应达到一定的标准，否则就会影响油墨和胶黏剂在其表面的附着力和黏合性，从而影响印刷品和复合产品的质量。比如双向拉伸聚丙烯薄膜和低密度聚乙烯薄膜的表面张力要求达到 $3.8\times10^{-2}$N/m 以上，尼龙薄膜、聚酯薄膜和聚酯镀铝膜的表面张力一般要求达到 $4.5\times10^{-2}$N/m 以上。一般来说，塑料薄膜在印刷或者复合之前都必须经过表面处理以提高其表面张力，并能够顺利地进行印刷和复合。

**2. 各种塑料包装薄膜选择**

实用化的包装用塑料薄膜品种很多，许多塑料薄膜在使用中，常常存在着相互渗透，相互替代的情况，但各种塑料薄膜自身的特性又是不容忽视的。所以正确选择、应用好塑料包装薄膜可非易事。这就要求包装材料行业的人员了解塑料包装薄膜所具有的一些相应基本功能，主要是对商品的保护功能、促销功能、对包装机械的适应性以及其他应用上的特殊需求。此外，还必须考虑经济上的合理性以及对环境保护的适应性等等。

包装材料对商品的保护功能是最重要、最基本的功能，可以毫不夸大地讲，如果塑料薄膜对所包装的商品没有可靠的保护作用，那么它就失去了作为包装材料的使用价值。塑料薄膜对商品的保护功能是多方面的，不同的商品，不同的包装形式，对于塑料包装薄膜保护功能要求的侧重点亦不尽相同。

可靠的机械保护作用包括防止包装内商品泄漏或者外界物质进入包装对商品的破坏与污染。直接反映塑料薄膜的机械保护功能的性能指标，主要是薄膜机械强度，如拉伸强度、撕裂强度、落体冲击强度（落标冲击）以及抗穿刺强度等等。

良好的焊接强度也是塑料薄膜袋可靠地保护商品的必要条件。如果焊缝强度不足，焊缝将成为塑料薄膜袋的致命弱点，由于焊缝破裂而使塑料袋失去对商品的保护作用。普通聚丙烯双向拉伸薄膜具有良好的机械强度，但因焊接性能很差，因此双向拉伸聚丙烯单膜一般不作制袋使用。

## 七、新型塑料包装薄膜应用

水溶性塑料包装薄膜作为一种新型的塑料包装薄膜材料之一，主要原料是低醇解度的聚乙烯醇，利用聚乙烯醇成膜性、水溶性及降解性，添加各种助剂，如表面活性剂、增塑剂、防黏剂等。水溶性薄膜产品属于绿色环保包装材料，在欧美、日本等国家和地区均得到国家环保部门的认可。目前，国内外主要把生物耗氧量（BOD）及化学耗氧量（COD）作为环保的指标。

就降解机理而言，聚乙烯醇具有水和生物两种降解特性，首先溶于水形成胶液渗入土壤中，增加土壤的团黏化、透气性和保水性，特别适合于沙土改造。在土壤中的PVA可被土壤中分离的细菌——甲单细胞（Pseudomonas）的菌株分解。至少两种细菌组成的共生体系可降解聚乙烯醇：一种菌是聚乙烯醇的活性菌，另一种是产生PVA活性菌所需物质的菌。仲醇的氧化反应酶催化聚乙烯醇，然后水解酶切断被氧化的PVA主链，进一步降解，最终可降解为$CO_2$和$H_2O$。

在国内，水溶性薄膜市场正在兴起。据有关资料统计，我国每年需要水溶性包装薄膜占塑料制品的20%，约达300万吨，即便按占有市场5%计，则每年需求量也达15万吨。目前PVA薄膜市场售价：美国产品为（13～17）万元/吨，日本产品为（20～25）万元/吨，国内产品销售价仅为美国的40%，平均售价为6万元/吨，因而在价格上具有很强的竞争力，应用前景一定十分广阔。

# 第二节　国内外塑料包装薄膜新品种

## 一、国外塑料包装薄膜新品种

### 1. 新型塑料包装薄膜创新产品

塑料包装市场是全球塑料薄膜最大的应用领域，从各种塑料包装产品看，包装薄膜的数量和金额都居首位。据市场研究咨询机构Research and Markets公司最新报告称，包装薄膜已成为世界塑料最主要消费领域，目前已占全球塑料消费总量的25%，其中主要是聚乙烯和聚丙烯，欧洲和北美各占全球塑料薄膜消费总量的30%。世界塑料薄膜需求正不断增长，特别是发展中国家需求增速更快，包装形式由硬包装向软包装转变是推动薄膜材料需求增长的主要因素之一。包装薄膜形式多种多样，有单层膜、多层膜、多层复合膜以及多层共挤膜等。塑料薄膜主要用于食品包装，还用于医药、电子、汽车以及建筑等行业。

目前新型塑料薄膜大量用于各种食品、饮料软包装。根据统计资料，食品软包装的销售额超过软包装销售总额的56%。各种不同食品包装为塑料薄膜市场的快速增长发挥着不同的作用。各种鲜货、宠物食品、肉类、家禽类、海鲜类、速食等产品市场的快速成长促进食品塑料包装市场不断扩大。

德国科学家利用医药专业技术成功研制出创新的抗菌塑料食品包装，该包装可以适用于牛奶等液体饮料的包装，这是食品包装创新技术的一个重要变革。德国加工工厂和包装技术协会的研究人员利用涂层技术在塑料包装膜上加上一层防腐抗菌材料，替代了食品中添加的防腐剂。这种涂层可以通过复合树脂等为基础的材料和特殊技术实现。随着国际环境标准 ISO 14000 的实施，新的创新降解塑料薄膜备受关注。其中，德国巴斯夫公司推出了品牌为 E-COHEXD 的脂肪族二醇与芳香族二羧酸聚合的降解聚酯树脂，可用于薄膜生产。

美国科学家发明了一种方法，用等离子体蒸涂技术在塑料瓶外形成一层柔软的聚酯薄膜，能够使瓶内装的食物保持新鲜。美国 Hercules 公司也推出一种新型塑料包装薄膜，具有可控制气体的功能。这种创新的包装薄膜新产品带有细小气孔，可对包装内氧气与二氧化碳气体交换进行控制，减缓交换速度，从而达到抑制果蔬呼吸作用，达到保鲜效果。

**2. 环保型塑料包装袋和包装薄膜**

塑料包装以其优良的综合性能，合理的价格，已成为食品包装中发展最快的产品。与此同时，食品用塑料包装新品不断出现，显示出塑料包装市场良好的发展势头。

(1) PP-CT 环保型复合塑料包装薄膜

PP-CT 是一种环保型塑料，用 PP-CT 塑料制作的器皿，表面上与其他食品包装容器无多大差别，但内在质量却大有改变。据专家介绍，这种塑料是在聚丙烯塑料中充入大约一半数量的滑石粉（PULVISTALCI)，进行共混而制成的新型复合塑料包装薄膜。PP-CT 不仅耐高温，还有一个突出的优点，就是功能与泡沫塑料制品相仿，而其体积只相当于后者的 1/4。这样在回收时避免了因体积庞大而产生的诸多麻烦，并为消除对环境的负面影响创造了极有利的条件，PP-CT 可望使这种情况得到一定程度的缓解。

(2) 杀菌吸水食品包装薄膜

俄罗斯实用生物技术研究院最近开发出了可吸水、杀菌并能多次使用的食品包装薄膜。使用这种新型塑料食品薄膜，能使奶酪、香肠等容易变质的食品保存较长时间。俄罗斯专家在食品包装材料的聚合物中添加了脱水的多种矿物盐和酶等物质，富含这些物质的包装袋内表面可吸收多余水分、杀死细菌，从而改善了包装薄膜的内部环境。添加物中的酶还能调节食物的气味，为食物中的营养成分营造生存空间。

(3) 侦菌塑料薄膜袋

这是一种可以侦察细菌的特殊薄膜——即在普通食品包装薄膜表面涂覆一层特殊涂层，使其具有能侦察细菌的特殊功能。如用于生、熟肉类包装的侦菌薄膜，如果所包装的肉类食品已经不新鲜，或有害细菌含量超出食品卫生标准，包装薄膜则会由原来的透明无色变为警告色，使顾客立即知道被包装物已不能食用。

(4) 玉米塑料复合薄膜袋

美国研制开发出一种易于分解的玉米塑料包装材料。它是用玉米淀粉掺入聚乙烯后制成的。该包装袋能迅速溶解于水，可避免污染源和霉菌的接触侵袭。

(5) 小麦塑料易降解包装薄膜袋

这是利用小麦面粉添加甘油、甘醇、聚硅油等混合干燥，再经每平方米加150kg压力热压成半透明的热塑料薄膜，用此塑料薄膜包装食品的优势是可由微生物加以分解。

(6) 木粉塑料包装薄膜袋

近期日本科技人员从松木中开发出一种木粉塑料包装材料，通过从木粉中制取出多元醇，然后与异氰酸酯发生反应，从而生成聚氨酯。这种木粉塑料抗热能力极强，而且可被生物分解，可用于制作耐热型包装袋等。

(7) PHB细菌塑料食品包装薄膜袋

英国科研人员新近研制开发出一种PHB细菌塑料。它是先用糖培育出一种细菌，然后通过加工制成与聚丙烯相似的材料。这种材料无毒，而且易于生物分解，是加工制作食品包装袋的理想材料，且对环境没有污染。

### 3. 生物降解新型塑料包装薄膜

生物降解塑料薄膜利用可再生资源生产塑料薄膜是绿色技术改变化学工业面貌的又一范例。2006年，美国最大的玉米乙醇生产商阿彻丹尼尔米德兰公司宣布，计划建设首座商业化聚羟基脂肪酸酯生产厂。

聚羟基脂肪酸酯是一种高性能可生物降解塑料，可以用于目前由石化塑料占据的应用领域，如涂料、薄膜和模塑制品。该生产厂由阿彻丹尼尔米德兰公司和美国马萨诸塞州剑桥从事生物塑料研发的Metabolix公司联合建设，生产能力为5万吨/年，已于2008年10月建成，到目前为止已生产出生物降解塑料薄膜200万吨。卡吉尔公司的子公司利用玉米在美国Blair建成年产14万吨聚乳酸的生产线。聚乳酸已经在可生物降解包装材料领域获得了巨大应用，沃尔玛已经将聚乳酸包装薄膜用于水果和蔬菜包装。

目前，全球每年可生物降解薄膜的产量仅为100万吨。随着沃尔玛等已经认同并接受可生物降解包装塑料薄膜，绿色塑料包装薄膜的产品将会越来越多。

### 4. 软包装中的改进型阻隔薄膜

改进型阻隔薄膜是软包装发展的最主要的潮流之一。它能够延长商品的货架寿命，其中的关键因素是阻隔性能更好，而且对于制造商与消费者来说都方便易用。

这已经使得软包装——从自立袋到蒸煮包装——能够在传统的硬性包装占据统治地位的领域中稳步增长。事实上，按照软包装协会最新的统计，软包装已经逐渐在美国1270亿美元的包装市场中占据了17%的份额，成为该国第二大包装类型。

软包装的各种生产工艺，充填、罐装方法与装卸方式的兼容性，加上它重量轻与可印性，使得它日益受到制造商、零售商与消费者的青睐。例如，Alcan（美国）食品保障公司（伊利诺斯州芝加哥市）获奖的用于包装“留骨肉（bone-in meats）”的Clear Shield高防渗性收缩袋是一种根据专有工艺制成的聚乙烯与聚酰胺的共挤复合材料。这一组合形成了一种具有优异的抗穿刺、透明度、阻隔性与易用性的留骨肉产品包装薄膜材料。

**5. 超越金属箔基材的PC金属化丙烯薄膜**

长期以来，铝箔一直是潮气阻隔薄膜的一个可靠的成分。铝箔本身具有优异的阻隔性，能够阻隔潮气与气体的交换，因此至今仍有许多人把它视为塑料薄膜不可与之匹敌的材料。然而，金属箔在弯曲时容易发生皱折，而这种情况在将食品小包装入货箱与存放在货架上时经常发生。这就使得商品上货架后缺乏魅力，而且金属箔小袋如用较薄规格的材质，容易产生针孔，从而使其丧失阻隔功能，并降低其有效性能。

托雷（Torav）塑料（美国）有限公司（罗德岛州北金斯顿市）最近推出一种专门为取代复合金属箔而设计的PC金属化丙烯薄膜系列。例如，今年较早时候联合利华公司就选择传统的PPFP（纸/聚乙烯/金属箔/聚乙烯）材料来包装受欢迎的家乐（Knorr）与立顿（Lipton）产品。

这一选择是经过6个月的试验，证明该新型薄膜的确具有优异的阻隔保护功能，从而能够提升品牌形象，并能够降低包装成本之后而确定的。

**6. 可代替金属箔的高阻隔性OPP薄膜**

埃克森美孚化工公司（美国纽约州马塞顿市）也开发了一种为替代复合金属箔而设计的薄膜。该公司的高阻隔性Metallyte薄膜是埃克森公司新一代的Metallyte OPP薄膜，它具有更加优异的防渗保护功能，从而成为诱人的铝箔替代材料。

Metallyte 18XM383是现有的具有最优异防渗性能的无涂层金属化薄膜之一，它能够保护敏感产品防潮，还能够防止香味外溢或吸入异味、产品氧化、紫外线降解与丧失食品风味。

Metallyte XM383具有优异的水蒸气交换阻隔性（WVTr）（低于$0.1g/m^2/24h$），从而比其他金属化薄膜更能延长产品的货架寿命。此外，它良好的放氧渗透性（低于$7cm^3/m^2/24h$）也使得其成为以惰性气体保护食品免于氧化的气调包装（MAP）的极佳选择。

**7. 可替代金属化包装的ClearFoil薄膜**

某些产品需要使用铝箔或金属化聚酯薄膜复合材料提供阻隔保护屏障，但其中的金属成分可能对目前用于零售包装的防盗装置产生干扰，并可能与诸如无线射频识别（RFID）传输等将在未来推广的技术发生类似的问题。根据近年食品工程学研究，22%的接受问卷调查者表明，他们的公司已经实施了无线射频识别标签举措。

## 二、国内新型绿色塑料包装薄膜新品种

**1. 可降解的水溶性塑料包装薄膜**

该产品主要原材料是聚乙烯醇（PVA）及淀料，所有组分（包括添加的助剂）

均为C、H、O化合物且无毒，制膜过程中各组分之间只发生物理溶解，改善其物理性能、力学性能、工艺性能及溶水性能。水溶性薄膜产品属于绿色环保包装材，就降解机理而言，PVA具有水和生物降解特性，首先溶于水形成胶液渗入土壤中，增加土壤的团粒化、透气性和保水性，特别适合于沙土改造，在土壤中的PVA可被土壤中分离的细菌的菌株分解，最终可降解为$CO_2$和$H_2O$。

**2. 用土豆和乳清制成的塑料薄膜**

该产品是利用土豆和乳清制成的一种能生物降解的塑料薄膜，其制法是用酶将制酪时形成的乳清和废弃的土豆转化为葡萄糖浆，然后用细菌发酵成含乳酸的液体，液体中的乳酪经电渗析分离出来后加热使水分蒸发，留下的便是可以制薄膜和涂层的聚乳酸分子。这样制成的塑料薄膜可以制成保鲜袋和代替涂有聚乙烯和防水蜡的包装材料，该产品最大优点是可以分解为对环境无害的乳酸。

**3. 纳米保鲜薄膜**

天津中国国家农产品保鲜工程技术研究中心研发成功一种纳米保鲜薄膜，并已通过技术鉴定。经中国国家测试中心测定，水蒸气透过量及透过系数、物理机械强度等指标均符合国家卫生检验标准，解决了传统果蔬保鲜膜品种单一、透气性差、不防霉的缺点。

**4. 高阻隔性、多功能性薄膜**

高阻隔性、多功能性软塑包装材料，已成为近几年发展的热点，2010年来涌现出一批新的产品和新的技术，包括高阻渗性、多功能保鲜膜、无菌包装膜发展更快，原有的复合薄膜正在向更深层次发展，制袋、印刷技术上了一个新台阶，进入“彩色革命”时代。全行业已有胶版、凹版、柔版彩色系统，促进了软塑包装材料向深度发展；防伪包装膜正在日新月异发展，成为软塑包装的常开之花。特别是防静电的包装膜开发成功意义重大。电子产品、包括电子元器件、集成电路及印刷线路板等，由于静电放电破坏造成的损失十分严重，我国目前使用的防静电包装膜基本上由美国、日本进口。该产品由重庆兵器工业五九研究所、顺德诚信公司、中山市东升公司开发成功，并已投入生产。

**5. 蔬菜保鲜包装薄膜**

我国2014年蔬菜总产量达4.2亿吨，是世界第一大果蔬生产和销售大国。然而有30%左右的蔬菜在贮存、运输、销售过程中损失。其中包装不当是引起蔬菜腐烂损失的原因之一。在竞争激烈的市场条件下，包装的作用显得越来越重要。由于新鲜的果蔬是一个活体，采摘后仍在呼吸，有着旺盛的生命。靠消耗自身的营养和水分来维持生命。如果果实采后不及时进行保鲜处理，少则3～5天，多则10天、半个月就会出现失水枯萎、品质恶化和腐烂而失去食用价值。尽管不同蔬菜的生理属性不一样，但变色、失水变味和腐烂是共同存在的问题。因此，如何抑制代谢过程，减少营养物质的消耗，保持蔬菜的风味质量是保鲜包装的重要课题。目前，聚乙烯薄膜和聚丙烯薄膜是新鲜水果、蔬菜应用最广的包装薄膜。不同的水果、蔬菜对保鲜包装薄膜袋的要求不同，选择什么样的薄膜袋主要考虑以下因素：适应的气体透过性，保持适宜的 $O_2$ 和 $CO_2$ 浓度；添加乙烯气体吸收剂。把水果释放出来的乙烯吸附了，就能减缓水果的呼吸作用，使蔬菜保鲜。

### 6. 水果保鲜包装薄膜

目前，塑料保鲜包装薄膜的开发热点主要有气调包装、杀菌包装等。气调包装是通过对材料的设计使塑料包装薄膜具有适宜的气体透过性，保持适宜的氧气和二氧化碳浓度。在水果包装薄膜中，也可在包装薄膜中添加乙烯气体吸收剂，把水果在采后成熟过程中释放的乙烯气体吸收，防止乙烯在包装薄膜袋内积累，减缓果实衰老，延长贮藏期。杀菌包装是在塑料包装薄膜中添加杀菌剂或具有杀菌性能的纳米添加剂，使包装制品在包装过程中能杀灭细菌，起到薄膜保鲜作用

### 7. 热收缩薄膜

热收缩包装薄膜市场需求增加，使 PVC 热收缩薄膜逐步减少，PE、PP、PET、PVDC 多层共挤热收缩薄膜发展迅速。全行业已近 30 家生产，生产能力从原有 8 万吨发展到 20 万吨，宝硕集团、天津有利于达、福州佳通、江苏南通等企业涌现出了一批新产品，应用市场正在进一步扩大。

① 在快餐面食、陶瓷制品、茶具、机械零部件已获得广泛应用。

② 在军用机械、五金工具应用收缩薄膜与气相防锈技术相结合替代防锈油的方法，使枪支、弹药增强了防锈能力，意义重大。

③ 同时，热收缩薄膜也是建筑和运输材料的“保护神”，适用于多件产品的包装和带托盘的包装，即便于运输，又便于销售，易于实现机械化，节省劳力、物力，可部分替代纸箱、木箱包装。此外，据预测，热收缩薄膜的市场需求量将在今后五年内以 20%的增长率上升，特别是 PET 热收缩薄膜在 PET 啤酒瓶上的应用，减少了除掉标签的工序，十分有利于瓶子的回收。

④ 热收缩薄膜在瓶装啤酒的应用，替代绳索捆扎包装，防止瓶装啤酒爆炸伤人，为啤酒生产企业及消费者带来福音。

## 三、国际上流行的几种塑料包装薄膜产品

近年来，国际上流行的几种塑料包装薄膜在食品包装中起着重要作用，广泛用于食品及其他产品的包装，食品塑料包装已成为包装材料领域中最为活跃的一个领域，塑料聚合技术的发展将不可避免地对食品或饮料的防护产生重大影响。

有资料显示，欧洲塑料用于食品包装的量占塑料总产量的 1/4，可以这样说，用于食品包装的塑料一出现，就有垃圾出现，在超市及商场，很多食品包装均是塑料做的，膨化食品的塑料充气包装可防潮、防氧化、保香味，阻隔阳光照射，防止

挤压，但那么大的包装在资源上是极大的浪费；还有方便面的包装，塑料包装远远多于纸质碗（或桶）的包装，市场上碗或桶装方便面的销售价一般高于同质量袋装方便面销售价的1/3。由于这种包装方式食用方便，尤其在外旅游时，开盖后直接冲热水泡即可食用，不必带其他盛装容器，所以很受消费者欢迎。

名为“欧洲软包装市场2006”的研究报告表明，尽管工厂仍然在不断地合理化，但价值达93亿欧元的西欧软包装市场仍然是过量供应的。因为过高的成本，大多数都没有什么竞争力。另外，领先的品牌拥有商有一种将食品生产和包装转到英国之外的趋势，它们通常会把工厂建在欧盟新加入的成员国，这也迫使软包装供应商跟着转移。而当西欧领先的拥有多家工厂的加工商在重新调整它们的工厂位置以适应这些变化时，许多中小型的西欧加工商却无法这样做，只能忍受这种变化所带来的痛苦。欧盟PCI软包装公司解释说对行业配置的合理化和继续关闭一些工厂将会平衡供需关系。

总体上，欧洲对于软包装的需求将按每年1.4%速度增长，从2005年的93亿欧元增长到2010年的大约100亿欧元，但估计在这期间西欧的增长速度每年可能不到1%。与之相比，在中欧和东欧的市场需求将按每年7%的速度增长，因为这些地区的包装在不断地发展变化。就供应量来说，Alcan Packaging和Amcor在2010年继续保持它们的市场领先地位，大约占欧洲市场的30%。

Hosokawa Alpine公司是Edlon Machinery在英国的代理，它也是大多数类型的吹塑膜生产线的专业制造商，它在过去的10年中率先开发了一系列的单向拉伸单层或多层膜。通过沿着卷筒只在一个方向逐渐地对薄膜进行拉伸，就产生了一种新型的、具有不同特性的薄膜。从而增强这类薄膜的强度、硬度、阻隔性、传导性和矿物填充膜的不透明性等。与PP膜一样，定向拉伸也可以提高PE膜的性能。市场对这个领域的原材料制造商提出的“更薄”和更新的研发需求导致了薄膜制造商对定向薄膜的兴趣也与日俱增。

**1. 新型OPE薄膜材料**

由于已经认识到了定向PE膜的潜力，对于OPE薄膜这一类的新型材料是PE吹塑膜原料树脂在经过定向拉伸之后，能具有与OPP一样的光学性能，在有些情况下还会具有更好的硬度和拉伸强度。Alpine公司报告说，该公司在其位于德国Augsburg的技术中心还提供一条独立的生产线用于测试。定向设备可以是独立的，也可以与一台挤出机联线。这个过程涉及到通过一系列滚筒对挤出薄膜进行预加热，然后经过定向拉伸、退火、冷却，最后复卷。线性拉伸的比率可以达到1∶10，因此复卷速度要比喂料或放卷速度快得多。一般来说生产线的速度可以超过200m/min，而喂料薄膜的厚度通常可达500μm，宽度可以超过2600mm。W&H的子公司Reinhold在其位于Lengerich的挤出实验室的开放厂房里推出了Varex吹塑膜生产线和新的HSF高速成型管，这套设备的突出优点是通过减少薄膜厚度，能有效地降低树脂的成本。

**2. 新型FFS筒膜材料**

由于FFS筒膜传统上是采用一个内置的三角板在吹塑膜生产线上挤出。然而，用这种薄膜生产的塑料袋的一个缺点是在三角边区域的材料强度被弱化了，因为在成型过程中这里的材料所受的张力增大，它们的强度一般会降低20%。这个结果容易使塑料袋的三角边发生破裂，有丢失内装产品的风险。作为替代性的解决方法，该公司展示了一种采用速度可达300m/min的高速成型管的两步法生产过程。

用平面卷材生产FFS筒膜具有多方面的好处，Reinhold表示，它可以具有更高的挤出效率，特别是当生产小尺寸的袋子时；通过多重分切，适用薄膜尺寸的灵活性高；因为拉伸率更高，薄膜的强度也更好；当成型时，由于薄膜是通过空气垫支撑的，因此袋子的三角区是没有被接触的。这样就可以将薄膜的厚度最多减少20%，同时还不会损害它的任何物理特性，同时它还能最大程度地利用树脂的潜力，当然也会给公司节省可观的成本。在用一台Filmatic ASK缠绕机对筒膜进行缠绕操作时，也对三角边进行了精细的处理。一个振荡缠绕过程可以对三角边造成最小的压力，W&H公司介绍说，除了标准的重型塑料袋材料外，这台高速成型机还可以处理多种产品，如那些用于宠物食品包装的材料。

**3. 新型生物降解的添加剂材料**

DuPont Packaging公司推出了Biomax Strong添加剂，用于提高可生物降解的聚乳酸（PLA）包装的性能。PLA被认为是基于石油的塑料产品的可再生替代物，它也可以在工业环境中被降解。然而，尽管它有较好的品质和吸引力，用PLA制造的包装和工业产品也因为性能上的不足而受到了限制，与基于石油的塑料产品相比，PLA产品比较脆弱，耐久性也要差一些。

Biomax Strong是一种石化类的添加剂，能提高PLA材料的强度，降低它的脆度。它能够增加PLA材料的接触强度、弹性和融化稳定性。当按推荐的量（质量的1%～5%）使用时，它可以超过其他同类产品的表现，能很好地提高强度，同时对透明性造成的影响也最小。DuPont介绍说，这种透明特性给了他们很强的能力与其他目前使用增韧剂的产品相竞争。在推荐的用量下，Biomax Strong具有很好的接触透明度，能够比其他替代品制造出更加透明的塑料袋。要控制成本并更好地利用有限原材料的一个方法是确保所生产的材料数量和提供给客户的材料数量十分准确。Proton InteliSENS SL激光多普勒非接触式速度及长度测量仪能够监控薄膜材料的收缩或延长，它能够确保将要被运送出的卷材正好是协议中确定的2m直径，而不是2.4m或2.5m。除了可以在加工设备（包装缠绕机）上确保精确性和同步之外，它还能提供“裁切到所需长度”的精确控制，并能确定控制程度和材料卷材及驱动设备之类的滑动，还能帮助分析加工生产上各部分设备［复合，薄膜挤出，标签印刷（释放衬里和标签垛同步）］的速度偏差。

经过微孔处理的薄膜能够调节 OTR（氧气透过率）以适应具体的应用需要，例如香烟过滤嘴。位于德国 Kirchheim 市的 Micro Laser Technology 公司制造的装备能够被容易地安装到像分切复卷机之类的生产设备上。该公司还提供检测监控和在线孔隙测量的相关设备。

Micro Laser Tech. MLP 5 型设备可以在平均卷材速度为 300m/min 的情况下进行打孔，每次最多四排，每秒最多可打 48000 个孔。它打出的每个孔都具有一致的质量，这就导致了最小的标准偏差和很高的可靠性。通过集成微打孔机和 $CO_2$ 激光光源，这台设备安装在生产系统上后就可以立刻投入使用。光源脉冲频率最高可达 48000 孔/秒（4 排）或 12000 孔/排。孔的直径可介于 50～120$\mu$m 之间，这取决于材料的类型和厚度。

Anglian Flexible Coatings 公司是位于英国的从事薄膜涂布和复合业务的专业生产商，它推出了 Self Cling 涂料。当被应用到像 LDPE、HDPE、OPP、聚酯和金属化薄膜，厚度为 12$\mu$m 以上的薄膜表面上时，这种涂料能够使薄膜粘到玻璃、光滑塑料的表面上。这种涂布薄膜可以防止这些表面粘上灰尘，它可以很容易地被揭下来，也可以根据需要再重新贴到这些表面上去，它具有极佳的透明性。该公司也可以用 Cling 涂料对已印刷过的薄膜进行涂布，并将其放在薄膜箱内进行保护。然后这些薄膜可以被加工成片材。同样地，喷墨或激光打印薄膜也能够被涂布并复合到一种薄膜衬垫上，以便使用户能够在家中或办公室里对其进行打印。

**4. 新型的多层薄膜微层技术**

多层薄膜由 Extrusion Dies Industries（EDI）公司提供的一台平板模具系统负责完成生产薄膜和涂布的任务，它能生产的薄膜层数比传统的共挤设备要高出许多。微层薄膜结构可以提高对潮湿和气体的阻隔性，能够包裹凝胶类物质，也能够使生产商对高成本的原材料进行充分利用，这是在 NPE2006 展会上宣布的。

据 EDI 公司介绍说，微层技术将会被广泛地应用到阻隔包装中。这项技术是基于一种由 DOW 公司授权给 EDI 公司的、具有专利的层数增效系统的基础之上的。在其典型的配置中，三个或更多的挤出头将熔融流体送入到一个 EDI 改进型的给料套管中，后者会生产出均匀的多层结构的半成品，接着这些半成品又被送到一台由 EDI 采用 Dow 公司的专利设计生产的多层分层设备中。在这个设备中，这些层是分几步增加的，例如，3 层可以增加到 12 层，12 层又可以增加到 48 层。最后的多层结构产品又被送到一台 EDI 的共挤机中，以便生产出需要的宽度。

“我们仍然不知道实际的上限是多少，”EDI 总裁兼 CEO Timothy Callahan 表示，“但是在我看来，生产出层数为 80 层而总厚度只有 50$\mu$m 的薄膜是可能的。”EDI 的微层薄膜技术将 Dow 公司的层数增效器集成到一个完全可为用户定制的系统中，这套系统包括模具、给料套管和其他用于将具有复杂结构的产品生产最终的挤出薄膜的工具。微层技术将有可能在充分利用成本较高的树脂材料的同时，获得所需要的薄膜性能。例如，在定向 PET 薄膜中，更昂贵的高黏度树脂层可以与低黏度的树脂层复合在一起。这样所产生的薄膜性能就会比那些通过将高黏度和低黏度树脂机械的复合所得到的薄膜的性能要好得多。另外，薄膜的层数越多，因为薄膜上的针孔而导致泄漏的可能性就越少，特别是要经受后期挤出拉伸的双向拉伸产品。依据是否被生产成单层、双层或多个微层的薄膜，相同的聚酯会对最终产品的性能产生不同的影响。Callahan 说，层数增效技术使得生产出更灵活的薄膜成为可能，例如，可以不需要减少所用聚酯原材料的总量。微层共挤技术也能够加速食品包装对纳米复合物的应用，以加强阻隔性、热性能和机械性能。该公司将会把 Dow 公司的这项技术再授权给客户使用。

**5. 可溶解与可食用包装的食品包装薄膜**

美国利用大豆蛋白质经添加酶和其他材料的处理，制成大豆蛋白质包装薄膜，这种包装能使食物保持水分，阻止氧气进入，同时还可以与食品一起蒸煮食用，避免食物的二次污染。国外能溶解的食品包装材料大都采用糖、海藻、淀粉、果蔬、食品加工废弃物等天然原料加工制成，具有 4 大优点：①即食性，可连同包装食品直接食用；②溶水性，包装为薄膜或无隙胶囊，在一定时间可溶于水，易被人体消化吸收；③耐油性；④耐低温性。此类新型包装中最为看好的是食品“可食包装纸”。它采用菠菜、甘蓝、冬瓜、胡萝卜、香菇、海带、木耳、菠萝、香蕉、橘子、苹果、茶叶等果蔬和豆腐渣、酒糟、米糠等原料经加工制成各种规格的可食用食品包装纸，既可用来包装食品，也可直接作为果腹食品。

德国 STOCK-HANSEW 公司开发出一种 FVOR-PAC 薄膜，制成吸水性包装，可用于包装新鲜鱼、肉，可吸收血水和异味，防止污染。还可吸收水蒸气，防止凝结的水分损伤内容物。用于包装冷冻食品，可减少冷冻时间。

**6. 除臭与可释放远红外线包装薄膜**

日本 DANICEL 化学公司开发出一种除臭剂，将其添加于聚乙烯薄膜中，用于包装海鲜食品，可去除鱼腥味。用来包装食品垃圾，可去除氨及硫化氢等的臭味。

日本纸业公司开发出一种含陶瓷质的包装薄膜，用于包装新鲜鱼、肉等，可通过释放远红外线来延长鱼、肉的保鲜时间。

Trebor 包装公司推出蔬菜瓷性保鲜包装薄膜，是将充气包装技术与先进的瓷性纸包装技术结合使用。蔬菜用带有瓷性纸的薄膜袋装起来，经抽真空先将袋内的空气排除掉，再充入惰性气体，包装袋密封后，瓷性纸不断放射出无害的长波红外辐射，从而限制水分子中细菌的活动，同时也能吸收少量乙烯气体，大大延长蔬菜保鲜时间。

**7. 纳米与生物分解树脂包装薄膜**

在制备塑料包装薄膜及复合材料包装材料中加入纳米微粒，使其产生除异味、杀菌消毒的作用。现在一些企业就是利用这一技术特性，将纳米微粒加入到冰箱内，食品大大延长了保存期。同样也可将纳米微粒加入纸、塑料薄膜及复合薄膜材料中用于包装食品，可提高包装食品的货架寿命。日本研究成功的"玉米淀粉树脂"具有广阔的发展前景，这种树脂是以玉米为原料，经过塑化而成的。用它制成的包装材料可以通过燃烧、生化分解和昆虫吃食等方式处理掉，从而免除了"白色污染"的危害。

## 四、BOPP 膜

BOPP 薄膜是量大面广的重要软包装基材，在食品、烟草、日化、药品、粘胶带、印刷复合袋等行业有着广泛的用途。我国从 1981 年开始引进 BOPP 生产线，经过近 35 年的发展，BOPP 的技术水平不断提高，从最初的线速度 150～200m/min，宽幅 4.2m，单线能力仅有 3000～6000t，发展至今世界上最先进水平，线速度在 350～450m/min，宽幅 8.2m，年产 2.5～3 万吨的多条生产线引进，共有 230 多条生产线，生产能力近 500 万吨，其中德国布鲁克纳公司占 48%，日本三菱重工占 26%，法国 DMT 占 10.5%，这三家的设备占中国市场份额的 84.5%。先进技术设备的引进改变了薄膜的产品结构，从过去的单层到 3～5 层共挤拉伸，提高了产能，降低能耗、提高质量，有利于集约化管理，有利于技术创新及新产品开发，提高了竞争力，BOPP 的迅速发展，提高了优质包装基材在国民经济中起的积极作用。

当前，BOPP 行业经过资产重组和技术改造获得发展的生机，主要表现在：规模化、集团化的发展趋势非常明显，根据 2014 年 60 多个企业的统计数字分析，江苏申达、佛山、宏铭、浙江大东南、江苏恒创、合肥金菱里克、宁波亚塑科技、浙江伊美、绍兴富陵、广东揭阳运通、广东德冠等 15 家集团公司，产量都在 5～14 万吨以上，合计产量为 190 万吨，占总量的 50%。产量在 2～4 万吨的有 35 家企业，合计产量为 106 万吨。这 50 家企业合计产量为 296 万吨。这充分表明 BOPP 的产品已初步形成规模化、集团化，规模小、质量差的企业已基本退出市场，经过转厂、拍卖、转让等，行业中原有 90 多家企业现仅存 50 家。可以说，靠低价的无序竞争已有所好转，依靠核心竞争力的新的秩序正在形成。

BOPET 薄膜开发功能性薄膜市场取得进展。BOPET 薄膜国内起步较晚，20 世纪 80 年代引进设备，从生产感光材料、绝缘材料、音像带逐步向包装基材发展，2005 年已有 33 个企业，总产量达到 33.8 万吨，到 2010 年达到 80 万吨，到 2014 年总产量达到 100 多万吨。其中，包装薄膜市场占 58%（复合印刷膜、烫金膜、真空镀铝膜为主），绝缘及电器专用膜占 14%，感光材料占 12%，音像占 6%、护卡膜占 7%，制图及装饰膜占 3%。

随着 BOPET 应用的不断拓展，对其性能也提出了更高的要求。开发特种薄膜向差异化产品发展是主要趋势，如高强度化膜、高透明膜、低雾度、高透光率，可广泛应用于防伪包装，开发抗静电膜用于电器产品，在电信行业中有着重要用途，通过开发多层共挤技术，生产热封薄膜，占领保鲜食品、冷冻食品包装市场，开发热收缩薄膜用于瓶用包装标签膜等，都有十分广阔的市场前景。

BOPA 薄膜市场开发是关键。据统计，全行业引进 BOPA 的已有 16 家企业，引进 20 多条生产线，从 2005 年部分生产线投产，到 2010 年生产能力约 20 多万吨，市场竞争更加激烈。当前，BOPA 企业当务之急是开发市场，BOPA 薄膜主要用于蒸煮袋、冷冻真空包装鲜肉、奶酪、香味食品的包装及盖材，用于食品复合包装市场的占用量大，其他市场主要是药品包装和印刷业等三大行业。扩大 BOPA 在上述三大市场的应用，任重而道远。从根本上说，提高 BOPA 薄膜质量和技术水平是关键，尼龙薄膜加工难度大，已引进的生产线有的工艺技术还不成熟，成膜性差，需要在加工过程中摸索经验，不断调整，调整工艺参数，提高成品率。在下游的应用上难度也不小，特别是 BOPA 薄膜的吸湿性、防水性差，与复合工艺技术要密切配合才能获得广泛的应用。同时。PVDC 的多层共挤薄膜在冷却肉包装上获得应用，也是 BOPA 的竞争对手，值得引进关注。

流延聚丙烯薄膜（CPP）的发展也非常迅速，市场也将发生变化。聚丙烯流延薄膜（CPP）是通过熔融流延骤冷的一种无拉伸平膜挤出薄膜，其特点是薄膜透明度好，平整度好，经过表面处理（电晕处理）可以用于彩印、复合、镀铝，广泛应用于食品、纺织品、日用品包装。

我国从 20 世纪 80 年代开始引进国外的单层流延薄膜生产设备，幅宽 1～1.5m，年生产能力 1000～1500m/台；进入 90 年代，从德国、奥地利、日本、意大利引进了多层共挤流延薄膜生产线，幅宽在 2～2.5m，生产能力 3000～4000m/台，进入新世纪，引进更为先进的设备，幅宽 4～5m，生产能力提高到 5000～6000t。近十多年来国产流延薄膜技术设备取得了较大进展，经调查，国内有 20 多家 CPP 设备生产厂家，国产线有近 130 条，设备能力超过 30 万吨，再加上已有进口设备 100 多条线，生产能力为 56 万吨，两项合计已超过 80 万吨。而根据统计，2014 年 CPP 的产量为 90 多万吨，由此可见，生产能力大、产品供大于求的局面已形成，造成压低价参与竞争的无序状态。因此，CPP 薄膜行业必须依靠技术创新，提高国产化设备的档次，提高企业核心竞争力，以便企业保持长久的生命力。

当前，CPP 薄膜国内市场以复合包装用膜为主，以 2014 年为例，占总产量 64.4%（约 58 万吨），镀铝膜占 22.8%（约 20.6 万吨），蒸煮膜占 13.3%（约 12 万吨）。而选择先进的五层共挤流延薄膜，可生产高档的 CPP，产品市场定位为高阻隔性能薄膜和高温蒸煮薄膜，在国内市场前景看好，但也面临着多层共挤吹塑薄膜的激烈竞争，多层共挤高阻隔薄膜（PET 或 PA）在液体食品、牛奶、火腿肠、鲜肉、耐油食品、大输液袋等方面的包装用途不断扩大，用量上升，与 CPP 五层共挤流延薄膜的竞争值得引起重视。

据著名 AMI 咨询公司的专题研究报告“全球 BOPP 膜市场最新趋势”，2014

年世界BOPP膜市场首次超过了420万吨，近35年BOPP膜从开始的取代玻璃纸，发展到现在已迅速成为十分重要的软包装材料，正替代玻璃纸用于快餐、点心、烟草包装，并不断进入新的应用领域，如面条、烘烤食品、花束包装和标签。

在20世纪90年代的大部分时间里，工业BOPP膜用量的平均年增长率达10%，其生产能力也不断增长，致使某地区生产能力过剩。尽管工业需求强劲，但生产厂利润下滑，因为生产厂都努力保持市场份额并试图进入新的应用领域。这种情况在PET（聚酯）膜能力过剩的亚洲和拉丁美洲表现尤为突出，PET膜保持低价与BOPP膜争夺市场。一些居领先地位的生产厂试图调整结构，使装置规模更趋合理化。由于目前世界各公司间的竞争加剧，生产厂都想扩大规模来确保优势或退出此项业务，从而给新加入者提供了机会，使它们可以通过购买企业来进入市场，如陶氏化学公司购买Moplefan公司。近10年来，一些重要的BOPP膜生产厂家确实发生了一些变化，如ExxonMobile化学薄膜（前Mobile塑料）公司长期以来一直是世界最大的BOPP膜生产厂，但市场份额已从1990年的12.5%下降至2001年的7.7%，而意大利Vifan集团10年前规模不大，现通过在意大利、美国和加拿大新建装置而成为世界第二大BOPP膜生产厂家。世界现有200多家BOPP膜生产厂，近十年来生产厂家数量未发生重大变化。

BOPP膜生产能力提高最大的地方在亚洲（特别是中国），该地区迅速增加了一批小装置，应用领域为家用电器、电容器膜、带基、标签和包装。中国潜在市场十分大，因此厂家主要供应本地或周边市场，随着生产厂家增多，它们也在寻找出口机会。目前，中国BOPP膜出口量很小，实际每年还有相当数量的BOPP膜进口。预计未来中国仍将是BOPP膜最活跃的市场，产量和消费量都将居世界市场之首。2015年前需求的年平均增长为8.9%以上。

据AMI预计，2015年中国BOPP膜的年用量要达190万吨，全球市场则接近620万吨。另外，市场增长强劲的地区和国家为印度、中东和东欧，这些地区消费基数很小，而市场较大和相对成熟的美国、西欧和日本，2010～2015年的需求年均增长率为5.2%～6.3%，表明这些地区BOPP膜的应用已达到相当高的水平。

## 五、聚乙烯薄膜

用于干燥食品包装的聚乙烯薄膜到2014年年平均增长速率为6.2%。该领域的聚乙烯树脂的消耗量从2006年的45万吨到2014年的81万吨。用于干燥食品包装材料的聚乙烯消耗量占包装材料市场总消耗量的27%。干燥食品包装材料可分为四种最终应用市场：糖果、快餐食品、烘干食品、纸板衬。烘干食品包装占的比例最大，约占总消耗量的50%。其次是纸板衬包装占25%，最后是方便食品和糖果所占比例。

尽管糖果包装占最小的比例，但其发展速度最快，到2014年约每年增长6.8%。纸板衬估计年平均增长5.2%，而方便食品包装有望每年增长4.5%。烘干食品包装尽管占最大的比例，但其发展最慢，到2014年约每年增长3.4%。

干燥食品包装用薄膜的发展得益于以下几个原因。

**1. 快速发展的社会**

当今流行的生活方式和对方便、快捷食品的需求是干燥食品用聚乙烯薄膜包装材料发展的促进因素。逐渐流行的可填充的、易开启的、直立的方便袋也促进了这一市场的发展。带有拉锁和滑座的方便袋已普遍用于烘干食品和方便食品，如坚果、饼干等的包装。糖果和金枪鱼也是逐渐流行的用于可闭合的直立方便袋的食品。阻透薄膜对于烘干食品非常重要，因为它们可使产品保持较长时间的新鲜度。

**2. 低密度聚乙烯（LDPE）占统治地位**

尽管许多干燥食品包装材料需要几层的树脂和材料以保证新鲜度和质量，低密度聚乙烯（LDPE）是该领域最普遍应用的聚乙烯树脂。低密度聚乙烯薄膜总计占该领域乙烯树脂的50%还多，因为低密度聚乙烯能提供强度、光泽、柔软性和最高的透明度。

## 六、尼龙薄膜

由于冷冻、蒸馏等食品加工的基地化，亚洲尼龙薄膜市场比2001年增长了近20个百分点，需求接近2万吨，全球尼龙薄膜的年需求量约为10万吨，日本占有3%～5%的增长率，约4万吨，欧洲增长率为5%，约4万吨，且需求增长稳定，而亚洲市场需求量虽还不到7万吨，但却有15%～20%的增长率，中国市场则有30%的增长率，约1万吨的年需求量。因此亚洲的市场需求率非常强劲，在亚洲的带动下，今后全球对尼龙薄膜的年需求增长率预计会在10%以上。

## 七、水溶性薄膜

水溶性塑料包装薄膜作为一种新颖的绿色包装材料，在欧美、日本等国家和地区被广泛用于各种产品的包装，例如农药、化肥、颜料、染料、清洁剂、水处理剂、矿物添加剂、洗涤剂、混凝土添加剂、摄影用化学试剂及园艺护理的化学试剂等。它的主要特点是：

(1) 降解彻底，降解的最终产物是 $CO_2$ 和 $H_2O$，可彻底解决包装废弃物的处理问题；

(2) 使用安全方便，避免使用者直接接触被包装物，可用于对人体有害物品的包装；

(3) 力学性能好，且可热封，热封强度较高；

(4) 具有防伪功能，可作为优质产品防伪的最佳武器，延长优质产品的寿命周期。

水溶性薄膜由于具有环保特性，因此已受到世界发达国家广泛重视。例如日本、美国、法国等已大批量生产销售此类产品，像美国的 W.T.P 公司和法国的

GREENSOL公司以及日本的合成化学公司等，其用户也是一些著名的大公司，例如Bayet（拜耳）、Henkel（汉高）、Shell（壳牌）等。

在国内，水溶性薄膜市场正在兴起。据有关资料统计，我国每年需要包装薄膜占塑料制品的22%，约达36.8万吨，即便按占有市场5.2%计，每年需求量也达1.9万吨。目前市场售价：美国产品为15～16万元/吨，日本产品为22～26万元/吨，国内产品销售价仅为美国的42%，平均售价为6.5万元/吨，因而在价格上具有很强的竞争力。随着社会的发展和进步，人们越来越注意保护我们赖以生存的环境，尤其是我国已加入WTO（世界贸易组织），与世界发达国家接轨，对包装的环保要求日益提高，因而水溶性包装薄膜在我国的应用前景一定十分广阔。

## 八、黑白膜

黑白膜复合包装（black/white film for packaging）是近年来开始流行的一种新颖包装。在日本等发达国家，因其优秀的热封性能，独特的避光阻氧功能，以及利于贮存运输、相对低廉的价格等优点，已经大量地使用在鲜奶的包装上。国外包装鲜奶消费市场这种趋势应引起我们的高度重视，鲜奶黑白膜将是未来几年内鲜奶包装的发展方向。它可以在保持鲜奶保质期的基础上，大幅度地降低产品包装成本，符合环保要求，避免传统包装的缺陷。目前我国乳品公司使用的鲜奶包装黑白膜依赖进口。

保鲜包装黑白膜一般由三四层不同的聚乙烯加黑白母料共挤复合而成。其热封性能是包装的一个重要物理指标。对于鲜奶包装黑白膜，优异的热封性能能够保证鲜奶在自动包装线上具有宽的热封温度范围，有利于提高包装速度，并且在冷藏及运输过程中封口处不破袋。黑白膜热封层一般使用支化程度高且均匀、分子量分布较窄的茂金属线型低密度聚乙烯（MLLDPE）以提高黑白膜包装的热封性能。使之适合鲜奶包装方式（垂直成型—灌装—热封）的自动包装中高的热粘接强度的要求，在鲜奶的冲击下不会破袋，从而保证了鲜奶包装的质量。

## 九、可自动腐化的包装薄膜

日本的一些包装企业，为避免废弃包装对环境造成的污染，开发出了可自动腐化的包装薄膜。这种可自动腐化的包装薄膜，是用小麦蛋白（即面筋）或玉米、红薯淀粉，添加甘油、甘醇、聚硅油等，经混合、干燥，在150kgf/m²[1]压力下，热压而成。该薄膜为半透明状，制成包装袋或包装盒用完废弃后埋入泥土，可很快被生物分解，变为肥料。

## 十、活性塑料包装薄膜

澳大利亚国家海运公司研制成功一种活性塑料包装薄膜，能使被包装的新鲜水

---

[1] $1kgf/m^2=9.80665Pa$。

果、蔬菜和花朵等易腐烂的产品，维持其新鲜度达数个星期之久，较好地解决了这些产品的长途运输问题。

这种保鲜性能好的包装薄膜是一种透气膜。它能让产生的二氧化碳和氧气透过，使易腐烂的产品保持睡眠状态。另外，该薄膜用有机化学剂浸渍，能吸收对果蔬成熟起促进作用的乙烯，并使易腐烂产品的周围保持潮湿；同时，因薄膜中含有微量缓慢释放的杀霉菌剂，还能阻止霉菌的生长。所以，被包装果蔬的保鲜期可延长1倍以上。

## 十一、抗微生物的塑料薄膜

巴西维索萨联邦大学最近成功开发出一种新的食品包装材料。这种材料可以延长食品的保质期并使消费者减少防腐剂的摄入量。目前，防腐剂都是一次性加入食品的，其弊端在于消费者在保质期初期食用含摄入量较高的防腐剂，而在保质末期防腐剂则几乎失去了效力。该大学的研究人员开发的一种含有抗微生物的塑料薄膜，可以在一定期限内逐渐向食品内释放防腐剂，这样不仅有效地保证了食品质量，还可解决保质初期消费者摄入较高防腐剂的问题。研究人员利用面包和香肠所做的实验取得了令人满意的结果。

## 十二、新型超导薄膜

两个相互独立的研究小组已经研制成功高质量的二硼化镁（$MgB_2$）薄膜。这两个研究小组分别为美国威斯康新大学的研究小组和宾夕法尼亚州州立大学的研究小组。这两种薄膜结构质量相近，都优于早些时候研制的二硼化镁（$MgB_2$）薄膜，因为它们是外延薄膜，即所有晶粒的排列与底版的晶粒是一致的。宾夕法尼亚州州立大学的研究小组制成的薄膜不含杂质，在较高的温度下开始超导。制造不含杂质的薄膜很困难，宾夕法尼亚州州立大学的研究小组研制的薄膜是世界上最干净的，较适合制造多层器件，可望在 $MgB_2$ 多层器件中取得突破。

总之，多姿多彩的塑料软包装以其优良的综合性能，合理的价格和有利于环境而成为包装业中发展最快的制品，不断取代其他包装，用途日益扩大，预计未来几年仍将保持良好的增长势头。为提高市场竞争力，塑料软包装向薄壁化、高性能化方向发展，多层复合膜需求增长速度快于普通单层膜。聚乙烯薄膜和双向拉伸聚丙烯薄膜在包装上的应用前景最为看好。

# 第二章

# 包装用塑料薄膜原料、生产工艺与配方设计

## 第一节 聚乙烯薄膜

聚乙烯薄膜大量应用于工业、农业、日用品方面。普通聚乙烯膜直接采用树脂原料即可，但使用时间较短，所以作为农业用薄膜，一般还要添加抗氧剂、抗紫外线剂及其他助剂。对于一次性的农业用地膜，一般采用共混改性，不添加防老化助剂。对于有色膜来说只要添加一些色母料即可。

一般来说，耐老化的农用薄膜添加抗氧剂、抗紫外线总量在 0.5 份以下，常在 0.1 份左右；共混改性地膜，常是三种聚乙烯相互间配合；有色膜的色母料添加量在 0.01～10 份间（根据色母料浓度及产品要求而定）。

薄膜用 PE 树脂膜，原料应干燥、无杂质，熔体流动速率为 2～7g/10min。若是重包装膜，则要用高分子量的 PE 树脂，即熔体流动速率小于 0.5s/10min；或在 LDPE 中添加 20%～50%的 LLDPE 树脂。

### 一、低密度聚乙烯薄膜（LDPE）

低密度聚乙烯薄膜一般采用吹塑和流延两种工艺制成。流延聚乙烯薄膜的厚度均匀，但由于价格较高，目前很少使用。吹塑聚乙烯薄膜是由吹塑级 PE 颗粒经吹塑机吹制而成的，成本较低，所以应用最为广泛。低密度聚乙烯薄膜是一种半透明、有光泽、质地较柔软的薄膜，具有优良的化学稳定性、热封性、耐水性和防潮性，耐冷冻，可水煮；其主要缺点是对氧气的阻隔性较差。常用于复合软包装材料的内层薄膜，而且也是目前应用最广泛、用量最大的一种塑料包装薄膜，约占塑料包装薄膜耗用量的 40%以上。

低密度聚乙烯（LDPE）的流变性能使其适合于采用吹塑工艺生产薄膜。LDPE 有长支链和大量短支链，典型的构型是，每个分子有 3 条长支链和 30 条短支链，

摩尔质量较低，而且分布较宽。

低密度聚乙烯薄膜采用平挤上吹法制成厚度为0.02～0.1mm、折径为300～1000mm的薄膜。此种薄膜生产工艺简单，易于控制，如无特殊需要就不用添加其他助剂。聚乙烯膜有较好的强度、韧性、开口性、防潮性、透明性和防腐性，它可以用做农业育秧膜，改善农作物的生长环境，有利于增温、保水、保肥，使农作物早熟增产。它还适宜用做包装材料，如制造化肥包装的内衬袋以及各种日用品的包装袋等。本产品性能应符合国家标准，农用薄膜的标准号为GB 4455—1994，包装用薄膜的标准号为GB/T 4456—1996，液体包装用聚乙烯吹塑薄膜标准为QB 1231—91。

**1. 普通聚乙烯薄膜**

典型低密度聚乙烯工艺条件、应用范围与化学和物理特性如下。

低密度聚乙烯典型应用范围：碗，箱柜，管道连接器。

注塑模工艺条件如下。

干燥：一般不需要；熔化温度：180～280℃；模具温度：20～40℃。

为了实现冷却均匀以及较为经济的去热，建议冷却腔道直径至少为8mm，并且从冷却腔道到模具表面的距离不要超过冷却腔道直径的1.5倍。

注射压力：最大可到1500bar❶。

保压压力：最大可到750bar。

注射速度：建议使用快速注射速度。

流道和浇口：可以使用各种类型的流道和浇口。LDPE特别适合于使用热流道模具。

化学和物理特性：商业用的LDPE材料的密度为0.91～0.94g/cm³。LDPE对气体和水蒸气具有渗透性。LDPE的热膨胀系数很高不适合于加工长期使用的制品。如果LDPE的密度在0.91～0.925g/cm³之间，那么其收缩率在2%～5%之间；如果密度在0.926～0.94g/cm³之间，那么其收缩率在1.5%～4%之间。当前实际的收缩率还要取决于注塑工艺参数。LDPE在室温下可以抵抗多种溶剂，但是芳香烃和氯化烃溶剂可使其膨胀。同HDPE类似，LDPE容易发生环境应力开裂现象。

原料、生产工艺与主要生产设备如下。

**(1) 原料**

该产品通常采用LDPE树脂单一组分生产，原料应干净、无水分、无杂质，其熔体流动速率为2～7g/10min。

**(2) 生产工艺**

采用平挤上吹法工艺，其流程如图2-1所示，将聚乙烯树脂加入挤出机料斗

---

❶ 1bar=$1\times10^5$Pa。

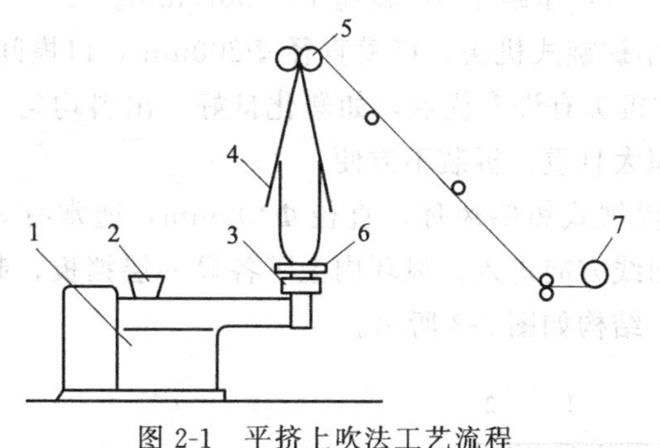


图 2-1 平挤上吹法工艺流程

1—挤出机；2—加料斗；3—机头；4—人字形夹板；5—牵引辊；6—风环；7—卷取

中，通过挤出机塑化，由机头口模挤出管坯，吹胀、风冷后，经过夹板进入牵引辊，再通过若干导辊后进行卷取。

平挤上吹法的特点是，挤出机水平放置，使用直角机头，机头出料方向与挤出方向垂直，挤出的管坯向上引出，经吹胀压紧导入牵引辊。由于整个膜管都挂在膜管上部已冷却的坚韧段，所以牵引稳定，能得到厚度范围大和宽幅的薄膜，而且挤出机安装在地面上，操作方便。其生产操作要点如下：

① 温度　温度控制直接影响产品质量。温度控制条件有两种，一种是自机身加料段至机头出口采用温度逐渐上升的方法；另一种是机身中段、前段温度最高，机头的温度低些。如采用 $\Phi$65mm，长径比 20∶1，压缩比 3 的挤出机生产普通聚乙烯膜，其挤出的温度控制为：机身后段 140～150℃，中段 170～180℃，前段 180～190℃，机头 180℃左右。

② 膜管的吹胀与牵引　熔融物料从机头口模被挤出后形成管坯，应立即吹胀，被横向拉伸，同时在牵引辊的作用下被纵向拉伸，因此分子链在纵、横向发生取向作用，取向程度对薄膜强度有显著影响，取向程度高，强度大；取向程度低，强度小。为了制备纵、横向强度均等的薄膜，要求横向吹胀比（吹胀后膜管直径与机头口模直径之比）与纵向牵伸比（牵引膜管的线速度与未经牵引挤出膜管的线速度之比）最好相同，在实际生产中常用同一规格的机头口模靠调节吹胀比与牵伸比来制得不同厚度和不同宽度的薄膜。吹胀比通常控制在 1.5～3，吹胀比太小，横向强度低；吹胀比太大，膜管不稳，膜径和厚度不均匀。牵伸比一般控制在 3～7，牵伸比太小物理力学性能差，牵伸比太大膜管易被拉断。

③ 冷却定型　薄膜从机头挤出吹胀后，立即进行风冷，若冷却效果不好，则薄膜发黏而无法提膜，因此冷却定型是一个重要环节。为提高产量，有采用双风环冷却的办法，而较为先进的冷却法是薄膜内冷法。

**(3) 主要生产设备**

① 挤出机　通用型挤出机，或新型螺杆式挤出机均可。一般采用螺杆直径

Φ65mm，长径比 20∶1，压缩比 3，转速 10～90r/min。

② 机头　多采用螺旋式机头，口模直径 Φ200mm，口模间隙 0.8mm。结构如图 2-2 所示。螺旋式机头有许多优点，如塑化良好、出料均匀、没有熔合纹、薄膜质量好；缺点是体积大且重、拆装不方便。

③ 风环　采用堤坝式铸铝风环，直径 Φ400mm，通常有 3 个进风口，每个口的压缩空气沿风环切线方向进入，风环内上下各设一层挡板，起缓冲作用，以保证风环出口风量均匀。结构如图 2-3 所示。

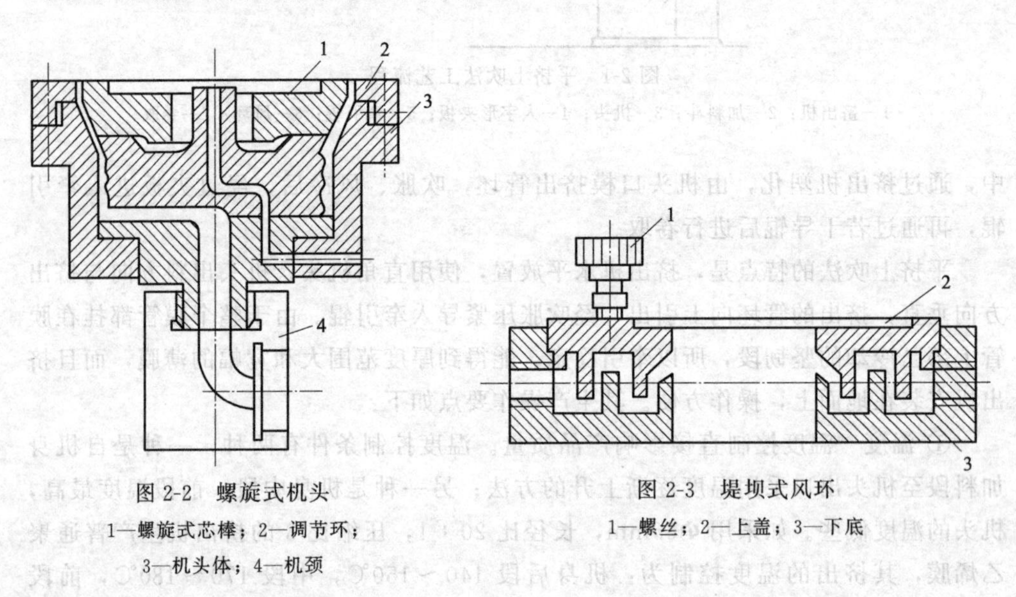


图 2-2　螺旋式机头

1—螺旋式芯棒；2—调节环；3—机头体；4—机颈

图 2-3　堤坝式风环

1—螺丝；2—上盖；3—下底

配方一：普通耐候膜配方　LDPE，100 份；UV-327，0.1 份；BAD，0.05 份；三嗪-5，0.1 份；抗氧剂 CA，0.1 份；DLTP，0.2 份；工业硫磺，0.1 份。

配方二：长寿耐候膜配方　LDPE，100 份；UV-531 0.2 份；BAD 0.1 份；抗氧剂 1010，0.1 份；DLTP，0.3 份；光稳定剂 2002，0.2 份。该配方耐老化比 171 号稍微差些，稳定剂量少些，而且助剂牌号差些。

配方三：低档耐候膜配方　LDPE，100 份；UV-531，0.25 份；双酚 C 0.1 份。

配方四：低档耐候膜配方　LDPE，100 份；UV-327，0.25 份；抗氧剂 264，0.1 份。

配方五：低档耐候膜配方　LDPE，100 份；抗氧剂 1010，0.2 份；DLTP，0.3 份。

上述二，三号都是一般助剂，且种类和添加量均少。

配方六：重包装膜配方　LDPE，100 份；LLDPE，50 份。

配方七：普通大棚膜配方　LDPE，100 份（薄膜级）。

配方八：增强大棚膜配方　LDPE，100 份；LLDPE，60 份。

配方九：长寿大棚膜配方　LDPE，100份；LLDPE，60份；DLTP，0.1份；抗氧剂1010，0.08份；抗紫外线剂，0.3份。

配方十：无滴长寿大棚膜配方　LDPE，100份；LLDPE，60份；DLTP，0.1份；抗氧剂1010，0.08份；抗紫外线剂，0.3份；山梨醇类化合物，0.6份。

配方十一：无滴地膜配方　LDPE，100份；LLDPE，60份；山梨醇类化合物，0.6份。

配方十二：有色地膜配方　LDPE，100份；LLDPE，60份；色料，5份。

配方十三：光降解膜配方　LDPE，100份；光降解剂适量。

配方十四：生物降解膜配方　LDPE，100份；淀粉适量。该配方比高密度聚乙烯（HDPE）配方二强度好，因为加了LLDPE。

配方十五：超薄薄膜配方　LLDPE，100份；LDPE，5份。

配方十六：聚乙烯普通压延膜配方　LDPE，100份；ZnSt（St表示硬脂酸根），0.4份；DLTP，0.2份；HSt，0.2份；WAX（蜡），0.1份；色浆适量。

配方十七：聚乙烯人造革塑料层配方　LDPE，100份；EVA，20份；AC（偶氮二甲酰胺）发泡剂，2份；ZnO，1.6份；PbSt，0.7份；色浆适量；DCP（过氧化二异丙苯），0.4份。

**2. 常用低密度聚乙烯薄膜实例**

**(1)** 茶叶专用低密度聚乙烯薄膜

茶叶极易吸收外界环境气体导致变味，影响质量，失去冲泡饮用价值。所以对茶叶的包装非常考究，尤其对其内包装材料至少要求无毒性、无异味、不透明或透明度低、优良阻透性。

① 原料　聚乙烯树脂广泛用于制作包装薄膜，也可用于许多食品的包装，但一般品牌的聚乙烯树脂本身或在加工成型配方中常含有润滑剂、滑爽剂、稳定剂等助剂，这些助剂大部分是脂类低分子物质，树脂加工成膜后，会逐渐向薄膜表面迁移析出，产生易被茶叶吸附的油脂性异味。有研究报道，认为选用燕山石化公司生产的1C7A型LDPE树脂，以挤出流延法制成薄膜，可满足茶叶内包装材料的需求。1C7A型LDPE树脂的MFR（熔体质量流动速率）为7g/10min，密度为$0.92g/cm^3$，不含添加剂，所制膜的透明度低。

② 生产工艺　采用挤出流延法生产。以选用螺杆直径90mm，长径比（$L/D$）为30∶1，最高转速120r/min（操作转速为50r/min）的挤出机生产此种膜为例，其挤出机料筒的温度分布分8个区，从加料端开始，依次为210℃、230℃、250℃、260℃、260℃、270℃、270℃和270℃。T形机头温度分布分5个区，分别为275℃、273℃、271℃、273℃、275℃。

冷却辊温度为19℃。需电晕处理，达到表面渗润张力$\geqslant 4\times10^{-2}N/m$。

性能尚无统一标准。一产品实例为：薄膜规格900mm×40μm，拉伸强度

（纵/横）为17.63MPa/7.80MPa，伸长率（纵/横）为106.83%/251.67%。

**（2）聚乙烯双色包装薄膜**

此种薄膜是由两种不同色条沿薄膜横向重复并列的一类彩色薄膜，如图2-4所示。它增加美感，常用以加工成购物袋、桌布、挂帘、物品盖单等。常用的色条组合有红/白、蓝/白、黄/白及黄/红等。性能应符合普通的聚乙烯包装薄膜标准，即GB/T 4456—1996。

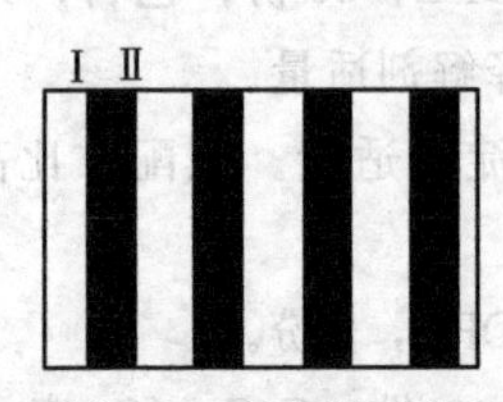

图2-4 双色膜示意
Ⅰ—色条之1；Ⅱ—色条之2

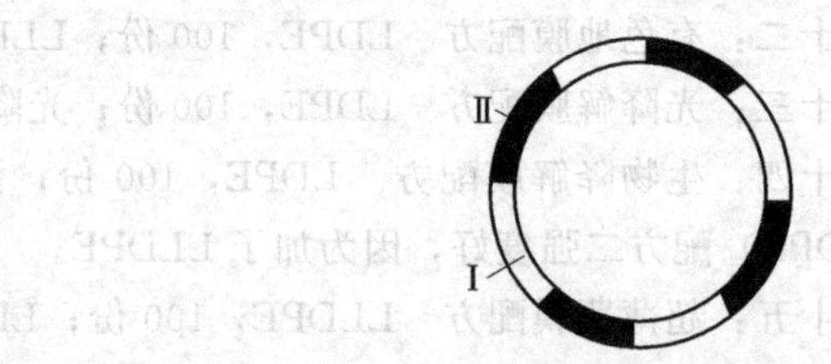

图2-5 双色料环示意
Ⅰ—色料之1；Ⅱ—色料之2

欲获得此类色条分明的双色薄膜，要利用共挤机头，在其中两种不同色彩的树脂熔体于合流点后的定型段间应形成界面稳定且具有一定强度的双色料环，如图2-5所示。这就要求设计结构合理的机头（图2-6）并调整好两台挤出机的操作参数，以保证两种熔体在共挤机头中的黏度和流量稳定。

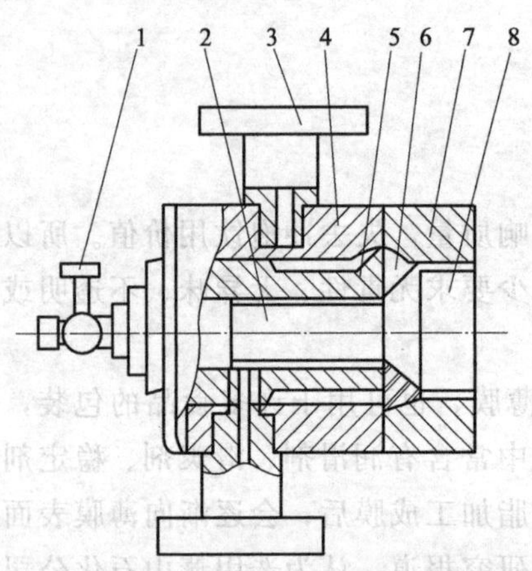

图2-6 侧进料双流道螺旋芯棒式共挤机头
1—气阀；2—内螺旋芯棒；3—连接法兰；
4—机头体；5—外螺旋芯棒；6—模板；
7—外口模；8—内口模

① 原料　LDPE树脂，普通吹膜级；色母料两种。

② 生产工艺　先用两种颜色的色母料分别与两批LDPE树脂混合，再用两台挤出机分别挤塑两种料至共挤机头，挤出双色泡管后经吹胀、牵引、收卷得成品。

挤出一般用SJ-45挤出机，料筒温度分三段控制，依次为120℃、150℃、170℃，机头温度为160℃。吹胀比为2.3～3.0。

**（3）聚乙烯气相防锈包装薄膜**

钢铁、铜等许多金属及其制品在空气中都易因受氧化作用而被氧化锈蚀，导致损耗或失去使用价值。自古代直到20世纪60年代，人们都是用在易锈金属或其制品表面涂油脂或涂防锈液的办法来防锈的，但在使用前，除去这些防锈物质，极为费力、费时，而且还造成大量废弃物，而处理这些废弃物又浪费大量人力、财力。有鉴于此，在塑料薄膜成熟制造技术基础上，人们开发了塑料气相防锈包装薄膜这种新的防锈技术。此技术的特点是将金属防锈剂作为塑料薄膜的组成成分存在于该塑料薄膜中（或表层），当用这种含有金属防锈剂的塑料薄膜包装金属材料或金属制品时，所用金属防锈剂在常温下能缓缓地挥发出具有缓蚀作用的气体并充满整个包装空间以及吸附在金属材料或金属制品的表面，起到隔绝空气，防止锈蚀的作用。

可以作为气相防锈剂的物质很多，如氨水、碳酸铵、尿素、乌洛托平等20余种，可参看有关技术资料了解它们的使用特点和适用的防锈场合，在此不作详述。

聚乙烯防锈薄膜具有原料丰富、成膜容易、性能全面、防锈效果好等特点，所以应用很广泛。

① 原料及配方　所用原料及参考配方如下：LDPE（MFR 4～7g/10min）100份；抗氧剂0.1～0.2份；DOP 0.2～0.3份；防锈剂：辛酸二环已胺1.0～1.4份，癸酸二环已胺1.0～1.4份，磷酸环已胺0.5～1.5份。

② 生产工艺　使用两台挤出机以共挤吹塑方法生产共挤两层复合的聚乙烯防锈薄膜，内层使用的是含有防锈剂的制膜配方，外层是普通膜配方。这样的双层复合膜，其内层中的防锈剂可发挥其接近所包装物而充分起到防锈作用，且因外层膜的阻隔不会透过外层膜有所损耗。

挤出时，为了减少过程中防锈剂的蒸发损失，加热温度选择较低为宜，例如约150℃。为了降低物料的必须加热温度，内层膜配方中还可掺混一定比例的EVA树脂。

普通的双层聚乙烯防锈薄膜，其总厚度为90～110μm，内层较厚，为60～70μm；外层稍薄，为30～40μm。

**(4) 超低密度聚乙烯包装薄膜**

超低密度聚乙烯（VLDPE及ULDPE）是1984年由美国联合碳化物公司用崭新的低压聚合工艺，由乙烯和极性单体，如乙酸乙烯酯、丙烯酸或丙烯酸甲酯共聚制成的一种新型的线型结构树脂，可称为第二代LLDPE。该共聚物的密度（0.89～0.90g/cm$^3$）低于普通PE及普通LLDPE密度的最低极限0.912g/cm$^3$。由于密度很低以及结晶度低，故具有其他类型PE所不能比拟的柔软度、柔顺度，更具有优良的力学及热学特性，且收缩率仅为LDPE的一半，透光性好，加工性好。此外，此种树脂与其他聚烯烃树脂和许多种无机填料有很好的相容性，某些场合可起到EVA树脂对PE树脂的改性作用。

此类树脂主要有美国联合碳化物公司下述两个牌号：DFDA-1137和DFDA-1138。前者是分子量较窄分布产品，后者是分子量较宽分布产品。VLDPE的熔体特性与LLDPE相似，这意味着两者加工设备可通用。此类树脂主要用于生产包装薄膜，也可用于生产电缆料、玩具等产品，其薄膜比普通LLDPE膜具有更优良的抗冲性、耐穿刺性。

① 原料　除上述美国联合碳化物公司的两种牌号外，还可选用美国Dow化学

公司生产的 Attne4212、Attne4213 等。

② 生产工艺　因 VLDPE 的熔流性与普通 LLDPE 相近，故可采用与 LLDPE 薄膜基本相同的生产设备与工艺来生产 VLDPE 薄膜［参见本小节第（5）项］。

**(5) 聚乙烯重包装用薄膜**

聚乙烯重包装（袋）膜是用分子量较高的低密度聚乙烯树脂，或采用一般薄膜级的低密度聚乙烯与线型低密度聚乙烯（LLDPE）共混，经挤出吹塑成型的厚度为 0.2～0.35mm 的膜。将此膜印刷文字、图案，然后热封成袋，即是重包装袋。每只袋可装 20～30kg 的物料，如化肥、农药、树脂等。重包装膜与普通聚乙烯膜主要区别是膜厚、强度高，尤其是撕裂强度高，有裂口也不易继续扩张，从而可防止物料的大量损失。产品性能应执行代号 SG 224—81 的标准。

① 原料　生产聚乙烯重包装膜必须采用高相对分子质量的 LDPE，即重包装料，熔体流动速率小于 0.5g/10min。另外，用 LLDPE 生产重包装膜更是理想的原料，但需改造现有设备，如采用 LLDPE 与 LDPE 共混的方法可在现有的设备上加工成型重包装膜，共混树脂的配比是 LLDPE 占 20%～50%。

② 生产工艺　工艺流程与低密度聚乙烯膜相同（图 2-1）。

③ 生产操作　将原料备好，同时吹膜机进行升温。重包装级薄膜吹膜，挤出机身温度：后段 140～150℃，中段 180～200℃，前段 180～200℃。机头温度：180～190℃。待温度升到后，保温 0.5h 方能开车，开车时，挤出机转速由低逐渐升高，同时观察口模出料是否均匀，如不均匀，应调整口模间隙，直到出料均匀后再引膜、吹胀。膜管经风环冷却定型，并且经过 8m 高的牵引架受到自然冷却，为保证膜管平稳，需要在牵引辊下部设置数个稳膜器。由于膜厚，必须塑化良好，一般采用提高机身的温度，螺杆通入常温软化水的办法，以增加物料的摩擦，提高塑化程度。

④ 主要生产设备

a. 挤出机螺杆直径 90mm，长径比 20∶1，压缩比 4，螺杆应能通水。

b. 机头螺旋式机头，口模直径 200mm，口模间隙 1mm。

c. 机架高 8m，比普通聚乙烯膜的机架高 2～3 倍。

## 二、高密度聚乙烯薄膜（HDPE）

高密度聚乙烯（HDPE）为线型结构，几乎没有支化。典型的 HDPE 是用齐格勒-纳塔催化剂，采用 Phillips 或 Unipol 工艺聚合而成的。每种工艺的压力都较低，采用有过渡金属的有机金属配合物作催化剂。聚合过程通常是在庚烷等的淤浆中或者是有催化剂流化床的气相中完成的。HDPE 的变异是超高摩尔质量聚乙烯（超高分子量聚乙烯，UHMWPE）和中密度聚乙烯（MDPE），UHM-WPE 的摩尔质量约为 1000000g/mol。与 1-烯烃如丁烯的共聚在 MDPE 中产生了一些短支链。HDPE 的结晶度比 LDPE 的高，因此拉伸强度也比它高，但对许多制品来说其冲击强度不高。UHMWPE 的分子链长，在晶体间产生了更多的连接分子，因此拉伸强度更高。MDPE的结晶度低，因此具有更好的冲击强度。与LDPE相比，HDPE的流变性能更接近牛顿流体，所以不太适用于挤出加工，不论是吹塑薄膜，还是流延薄膜。

**1. 典型高密度聚乙烯工艺条件、应用范围与化学和物理特性**

高密度聚乙烯典型应用范围为电冰箱容器、存储容器、家用厨具、密封盖等。

注塑模工艺条件：

干燥：如果存储恰当则无须干燥。

熔化温度：220～260℃。对于分子量较大的材料，建议熔化温度范围在200～250℃之间。

模具温度：50～95℃。6mm以下壁厚的塑件应使用较高的模具温度，6mm以上壁厚的塑件使用较低的模具温度。塑件冷却温度应当均匀以减小收缩率的差异。对于最优的加工周期时间，冷却腔道直径应不小于8mm，并且距模具表面的距离应在1.3*d*之内（这里“*d*”是冷却腔道的直径）。

注射压力：700～1050bar。

注射速度：建议使用高速注射。

流道和浇口：流道直径在4～7.5mm之间，流道长度应尽可能短。可以使用各种类型的浇口，浇口长度不要超过0.75mm。特别适用于使用热流道模具。

化学和物理特性：HDPE的高结晶度导致了它的高密度、抗张力强度、高温扭曲温度、黏性以及化学稳定性。HDPE比LDPE有更强的抗渗透性。HDPE的抗冲击强度较低。HDPE的特性主要由密度和分子量分布所控制。适用于注塑模的HDPE分子量分布很窄。对于密度为0.91～0.925g/cm$^3$的，我们称之为第一类型HDPE；对于密度为0.926～0.94g/cm$^3$的，称之为第二类型HDPE；对于密度为0.94～0.965g/cm$^3$的，称之为第三类型HDPE。该材料的流动特性很好，MFR为0.1～28之间。分子量越高，LDPE的流动特性越差，但是有更好的抗冲击强度。LDPE是半结晶材料，成型后收缩率较高，在1.5%～4%之间。HDPE很容易发生环境应力开裂现象。可以通过使用很低流动特性的材料以减小内部应力，从而减轻开裂现象。HDPE当温度高于60℃时很容易在烃类溶剂中溶解，但其抗溶解性比LDPE还要好一些。

**2. 原料及配方、生产工艺与适用标准**

① 原料　可选专用牌号HDPE树脂，如大庆产4E0.6AC、4F0.1AC，齐鲁产DGD6084、DGD6093，熔体流动速率应在0.04～2.0g/10min范围（产品越薄，所选熔体流动速率应偏低）。必要时也可将注塑级的HDPE（高熔体流动速率）适当比例与挤出吹塑级的HDPE掺混后使用。在配方中添加少量成核剂可减小树脂中结晶尺寸，增加结晶度，起到使HDPE薄膜透光性提高的作用。

② 生产工艺　采用挤出吹塑法生产，其生产工艺流程与LDPE吹塑薄膜相同

(图 2-1)。

由于 HDPE 的熔体黏度高，其挤出、成膜系统等设备及操控条件均有其特点。

① 挤出 宜采用配有静态混合器的新型螺杆，长径比为（25～30）：1，压缩比为 1～3，从加料段至机头温度逐步升高（120～210℃）。螺旋模芯式机头。

② 稳定器 HDPE 吹膜成型区的冷却线（霜线）较 LDPE 吹膜成型时高，一般大于 400mm 甚至 600mm，且膜泡在离开模唇后，其直径保持较长区段不变，此刻薄膜仅受纵向拉伸，此时为避免膜泡浮动，有必要配以稳定器。

③ 风环 常采用双道屏障可调节风量的风环以适用于生产不同厚度的薄膜。

④ 吹胀 吹胀比一般为 2.5 左右。

用于普通包装的 HDPE 薄膜，适用标准 GB/T 12025—1989；用于食品包装、医药薄膜应符合 GB 9687—1988 的规定。

配方一：拟纸膜配方 HDPE，100g；$CaCO_3$，2g。

配方二：拟纸膜配方 HDPE，100g；LLDPE，20g；$CaCO_3$，2g。

配方三：耐候膜配方 HDPE，100g；炭黑，1g；防老剂 H，0.3g；二硫化四乙基秋兰姆，0.15g。

**3. 超薄高密度聚乙烯薄膜实例**

HMWHDPE 是平均分子量在 20 万～50 万之间的线型聚乙烯，具有高强度特点，所以适合制造超薄薄膜，在同等强度下，薄膜厚度比 LDPE 膜降低一半，因而有节省原料成本的效果。此种薄膜还具有良好的拟纸性、挺括性、开口性，优良的阻隔性、耐温性、印刷性和热封性，但透明性、光泽性不如 LDPE 薄膜。以上特点使其特别适用于加工成各种袋制品，如制厚度约 8～10μm 的食品用小型包装袋；厚度约 15～20μm 的垃圾袋；厚度约 25～30μm 的购物袋。

**(1) 原料及配方**

有专用牌号树脂供选用，如扬子石化的 6000F、7000F，辽化的 GF740、GF7750M，大庆的 4F0.1AC 等。它们的熔体流动速率多低于 0.1g/10min。

**(2) 生产工艺**

与普通 HDPE 薄膜生产工艺基本相同，即采用挤出吹塑法生产。但因 HMW HDPE 树脂的分子量高，熔体黏度大，流动性低，所以挤出塑化温度要高达200～260℃。其挤出的泡筒具有长缩颈，其高度一般为口模直径的 5～10 倍，参考表 2-1 进行选定。缩颈的高度将影响膜泡稳定性及所产薄膜的强度（图 2-7）。吹胀比（BUR）一般控制在 3～5，其对薄膜强度的影响如图 2-8 所示。牵引速度应在 30m/min 以上才能保证薄膜必要的冲击强度。

**表 2-1 模头直径与缩颈高度的关系**

| 模头直径/mm | 30 | 50 | 70 | 100 | 150 |
| --- | --- | --- | --- | --- | --- |
| 缩颈高度/mm | 280～320 | 350～450 | 400～500 | 450～550 | 800～900 |

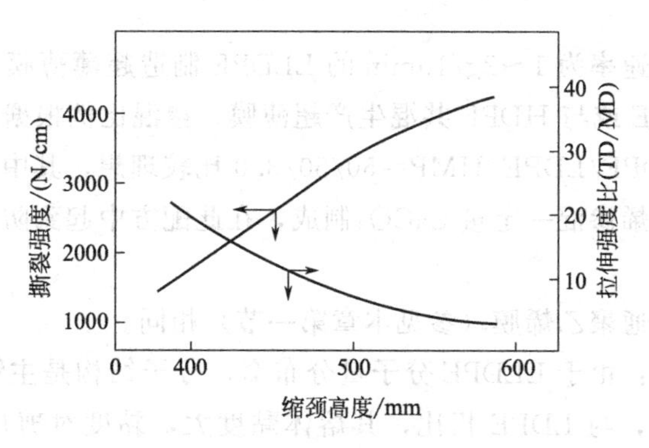


图 2-7 缩颈高度对薄膜强度的影响

（薄膜厚度为 23μm，BUR=4）

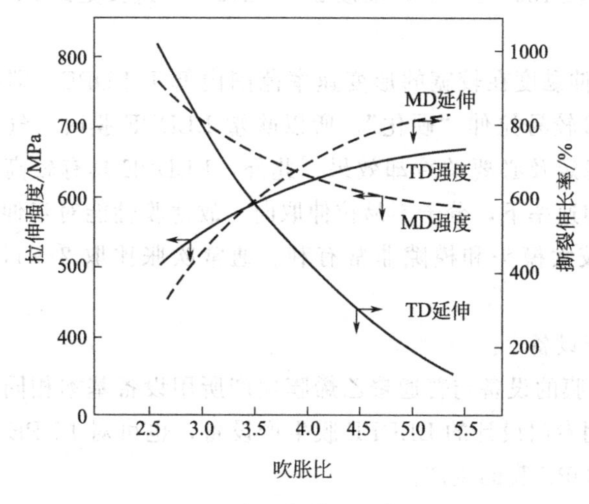


图 2-8 吹胀比与薄膜强度的关系

（薄膜厚度为 20μm，NH=500mm）

## 三、线型低密度聚乙烯（LLDPE）

### 1. 线型低密度聚乙烯（LLDPE）吹塑超薄薄膜

线型低密度聚乙烯（LLDPE）膜比 LDPE 膜的强度高，耐穿刺性好，使之特别适用于制造超薄薄膜。若欲与 LDPE 膜有相同的强度，则厚度可减至 LDPE 膜厚度的 20%～25%，因而成本大幅度降低。LLDPE 膜的厚度可低到 0.004mm。此种膜应用极为广泛，除用于各种日用包装、冷冻包装、重包装外，还用做地膜、大棚膜以及制作垃圾袋和一次性使用手套等。LLDPE 吹塑膜主要性能为：拉伸强度（纵/横）40MPa/25MPa，直角撕裂强度（纵/横）800/1000（N/cm），伸长率（纵/横）500%/700%，耐穿刺性 280N・cm。

(1) 原料

选用熔体流动速率为1～2g/10min的LLDPE制造超薄薄膜为宜。此外，还可用LLDPE与LDPE或与HDPE共混生产超薄膜，掺混比例根据设备条件及产品要求而定，例如LLDPE/LDPE/HMP＝50/50/3.0比较理想，其中HMP是一种改性剂，它由无规聚丙烯渗混一定量$CaCO_3$制成，在此配方中起到防黏作用。

(2) 生产工艺

工艺流程与普通聚乙烯膜（参见本章第一节）相同。

生产工艺参数：由于LLDPE分子量分布窄，分子结构是主链上带有较短支链的线型结构，因此，与LDPE相比，其熔体黏度大，黏度对剪切速率的变化不敏感，故而加工温度比LDPE约需高10～25℃，即在200～230℃之间，且通常采用从加料端至口模逐渐上升的温度分布线或平直的温度分布线。具体温度为：挤出机后段约180℃，中段180～195℃，前段200～210℃，连接处约210℃，机头和口模约230℃。

LLDPE的拉伸黏度在较宽的形变速率范围内低于LDPE，即在拉伸过程中较为柔软，而LDPE较易拉伸“硬化”，所以吹塑LLDPE膜时，气流要稳，风量较大，以保证膜管稳定及必要的冷却效果。此外，LLDPE具有较高的延伸性，在正常加工温度和拉伸速率下，分子不易拉伸取向，故薄膜性能对牵伸比、吹胀比均不敏感，这对采用较大模头和模隙非常有利。通常吹胀比取2～4，而牵伸比取10左右。

(3) 主要生产设备

生产LLDPE膜的设备与普通聚乙烯膜生产所用设备基本相同，但设备结构有若干差异。可选用专门设计的LLDPE膜生产设备，也可对LDPE膜生产设备进行改造，以适应LLDPE膜的生产。

**2. 常用线型低密度聚乙烯保鲜膜**

塑料保鲜膜是指具有特殊透气性能、较高强度和透明、防雾滴性好的薄膜，它用以覆盖或包装水果或蔬菜，使其在采摘后的保鲜时间显著延长，得以较好地维持其营养价值，并具有较高的市场价值。

保鲜的基本原理是：刚采摘的果蔬仍是一个活的生命体，仍不断地进行着“呼吸”作用，即吸收氧气进行氧化还原反应并放出二氧化碳，不断消耗有机体中的各种物质和蒸发水分。显然在此过程中若供给充分的氧气，则促进呼吸作用，加速果蔬的“衰老”；降低氧气含量则延缓呼吸作用和“衰老”过程，但过度限制氧气含量或提高二氧化碳含量又会使果蔬细胞出现病害、中毒。所以适当增加空气中的二氧化碳浓度、减少氧气浓度可以有效延长果蔬的保鲜、储藏时间。当人们设计制成具有一定透氧、透二氧化碳气性能的塑料薄膜即可实现上述目的。需要注意的是，塑料薄膜的透气性能还与环境温度有关，而不同的果蔬所希望的保存温度及薄膜的透气性能也是不一样的。

（1）原料及典型配方

综合对薄膜透气性、透光性、强度、无毒性、加工性等多方面要求，果蔬保鲜膜主要采用LDPE树脂为主料，辅以EVA共混改性（或用与LLDPE共混料），其典型配方（质量份）为：LDPE 100份，EVA适量，防雾剂1份，防霉剂TBZ少量，开口剂少量，$SiO_2$约1份（提高透气性）。

（2）生产工艺

一般应首先根据果蔬的不同品种设计确定适宜的配方，加工成专用母料，再与基础树脂混合均匀，最后用吹塑法制膜。

（3）主要生产设备

生产控制及设备与前述之普通聚乙烯膜及普通聚乙烯食品包装膜基本相同。

**3. 线型医用微孔透气防水薄膜**

此种薄膜因具有良好透气防水性能，因而适宜制作一次性医护床单、尿片及卫生巾。其生产原理是：利用聚烯烃类树脂与填料之间的界面黏结较弱的特点，采用将它们的混配物挤出成膜后，再强力拉伸，使树脂与填料之间形成微细毛孔而显示透气但可防水的特性。成品厚度20～60$\mu$m，透气性好，不渗水。

（1）原料

树脂用薄膜级聚乙烯（低密度PE或与LLDPE的共混物）；填料以超细碳酸钙、硫酸钡为主，填料必须是无毒、对人体皮肤无刺激作用的无机化合物。填料用量约为树脂总量的30%～50%。其他助剂还可加入高分子吸水树脂、无毒香味剂和色料等。

（2）生产工艺

工艺流程如图2-9所示。

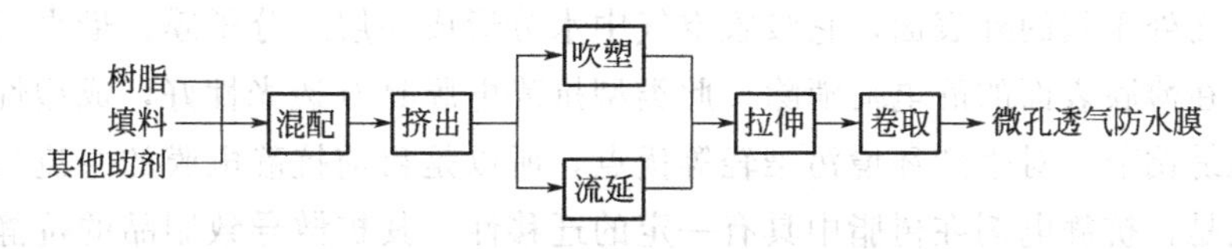


图2-9 微孔透气防水薄膜生产工艺流程示意

**4. 炭黑填充型聚乙烯抗静电薄膜**

在聚乙烯树脂中填充一定比例的导电性炭黑，可用挤出吹塑法或挤出流延法制成持久性抗静电薄膜。这类薄膜中的炭黑粒子相互之间接触形成一个完善的网络，或者炭黑粒子之间的间距小于10nm，就可形成导电通道，从而起到抗静电的作用。此类薄膜可用于要求防静电效果严格的易燃、易爆场合以及用于电磁屏蔽场合。另外防静电薄膜用于包装时还可起到减轻灰尘被吸附的效果。

(1) 原料及配方

聚乙烯树脂应选用熔流速率较低的类型，如 0.3～1.0g/10min 的 LDPE、0.5～1.0g/10min 的 LLDPE 或 1.0～2.0g/10min 的 mLLDPE。加入适量的 EVA 树脂形成共混型树脂，更可提高此类薄膜的抗静电性。常用的导电炭黑主要有乙炔炭黑、石油炉法炭黑、特导电炭黑三类。此外，为提高制品强度和保持良好的混配料加工性，配方中可加入钛酸酯类偶联剂和硬酯酸类或其他类型加工性助剂。

配方组成中主要为聚乙烯树脂 80～85 份，改性树脂 0～15 份，导电性炭黑 10～35 份，加工助剂 1～3 份，抗氧剂少量。

(2) 生产工艺

由于炭黑粉粒极易飞扬，造成环境污染，且因在树脂中浸润、均匀分散困难，所以先制成炭黑填充母粒或填充料粒作为第一道工序是必要的。以挤出吹塑法生产此种膜，必要时，在挤出吹塑前要加上烘料操作，避免物料吸湿造成膜中出现气泡。

挤出吹塑成型可选用突变型平头单螺杆挤出吹塑机组，螺杆长径比（L/D）为(25～28)∶1，螺杆压缩比为 3～3.5，挤出塑化温度范围为 150～200℃，模头温度约 190℃，吹胀比为 1.5～2.5。

根据应用要求，炭黑填充型聚乙烯抗静电薄膜可通过所使用导电炭黑品种、用量比等来调节产品的导电、抗静电特性，适宜范围为：电导率 $10^{-8}$～$10^{0}$ S/cm，体积电阻率 $10^{3}$～$10^{8}$ Ω·cm。

**5. 添加抗静电剂型聚乙烯抗静电薄膜**

这种类型可称为内添加型，其特点是在树脂中添加一种或数种抗静电剂而形成抗静电特性。抗静电剂主要是各种类型表面活性剂，它们在树脂中形成的抗静电膜呈两相结构。其亲油基团与树脂具一定相容性，主体植于膜内部。其亲水基团不与树脂相容而处于膜的外表面，它吸收空气中水分形成一层水分子膜，借水的导电性可将积聚在薄膜表面的静电荷消除。此类型抗静电膜具有透光性好，成型性好，抗静电性能易调节，对生产环境污染轻等优点，所以是目前抗静电膜的主流品种。其最大缺点是，抗静电剂在树脂中具有一定的迁移性，其扩散导致制品的抗静电性随使用时间的延长而逐步下降。另外，制品的抗静电性能还易受环境的温度、湿度等因素影响。

(1) 原料及配方

聚乙烯树脂可用 LDPE、LLDPE 或它们的共混物以及含有少量 HDPE 的共混物。特殊情况也可掺混少量 EVA 树脂，因其结晶度低，与抗静电剂的相容性优。

每种内添加型抗静电剂在树脂中的用量比均有一个临界值，只有添加比接近临界值时，抗静电膜的表面电阻才会显著降低；但若超过此临界值，薄膜的抗静电性受抗静电剂的用量的影响就很微弱了。

常采用先制成抗静电母粒再吹塑制膜的工艺。一个制抗静电母粒的参考配方是：

LDPE（熔融指数 MI 2～4g/10min） 70～90kg；

抗静电剂（高活性丙三醇硬脂酸盐） 10～15kg；

填料 0～10kg。

**(2)** 生产工艺

因抗静电剂的种类和状态的不同，操作方式多有差异。若抗静电剂为粉状或粒状，与树脂混拌时可加入少量工业白油，以利于抗静电剂包附于树脂表面。这样的混拌料虽可直接用于挤出吹塑成型制 PE 抗静电膜，但常会因混炼不均，影响膜的抗静电特性。当使用液状、膏状、片块状的抗静电剂，应采用先制造抗静电母粒的工艺，然后再将母粒与基础树脂混匀后挤出吹塑成型。

**(3)** 主要生产设备

生产用单螺杆挤出吹塑机组。

螺杆为混炼型平头突变式，螺杆长径比（$L/D$）为（25～28）：1，螺杆压缩比为 3～3.5，模头型式：底部中心进料螺旋形（或可旋转式模头）。用不同 PE 基料的控制条件见表 2-2。

**表 2-2 内添加型抗静电膜生产的参考工艺条件**

| 基料树脂 | LDPE | LLDPE | HDPE |
|---|---|---|---|
| 适用的 MI/(g/10min) | 0.3～2 | 1.0～2.0 | 0.03～0.08 |
| 挤出机加热温度/℃ | 140～160 | 140～160 | 160～220 |
| 模头加热温度/℃ | 150～160 | 150～160 | 190～200 |
| 管膜吹胀比 | 1.5～2.5 | 1.5～2.5 | 3～5 |

抗静电母粒与基料树脂的用量比，一般控制在抗静电膜成品中的抗静电剂含量为 0.1%～0.2%为宜。

为使抗静电剂不因管膜吹胀后的内外表面冷却速率不一致而导致分布不均匀，膜泡的吹胀冷却宜用内外同步冷却措施。

**(4)** 性能

抗静电薄膜的性能要求按应用场合分列于表 2-3。

**表 2-3 抗静电薄膜的性能指标**

| 应用场合 | 表面电阻率/Ω | 体积电阻率/Ω·cm |
|---|---|---|
| 用于静电分散 | $10^6$～$10^{11}$ | $10^5$～$10^{10}$ |
| 用于抗静电和电磁屏蔽 | $<10^4$ | $<10^3$ |

制作防静电用品，其穿戴状态下对地电阻为 $10^5$～$10^{10}$Ω，摩擦电压小于 300V。

### 6. 低发泡聚乙烯包装薄膜

此种薄膜的发泡率仅为 1.2～2.0 倍，表观密度为 0.5～0.8g/cm³。因具有较好的透湿性，所以用做五金件、电器仪表等的包装材料可起到防潮、防锈作用，加之其柔软，有一定的回弹性，其表面还有一定的珠光感，故又特别适宜用做礼品类物品的装饰性包装材料。

(1) 原料及配方

树脂以LDPE为主，也可掺混一定比例的EVA或HDPE。EVA掺入比例越高，此产品泡孔越细，质地越柔软；HDPE掺入比例高，发泡时泡孔虽细，但易破，且产品较硬挺。生产工艺一般采用二步法工艺，即先制成发泡母料，然后再与基体树脂混合、挤出发泡吹塑成膜。此发泡母料的参考配方（质量份）为：载体树脂10～25份，发泡剂15～25份，分散剂5～12份，成核剂和着色剂适量。

发泡母料在基体树脂中掺混比例为3%～5%。

(2) 生产工艺

采用二步法工艺，可使发泡剂等助剂更均匀地分散在基体树脂中，因而树脂的发泡率高，成品膜中泡孔细且分布均匀。生产工艺全流程如下：

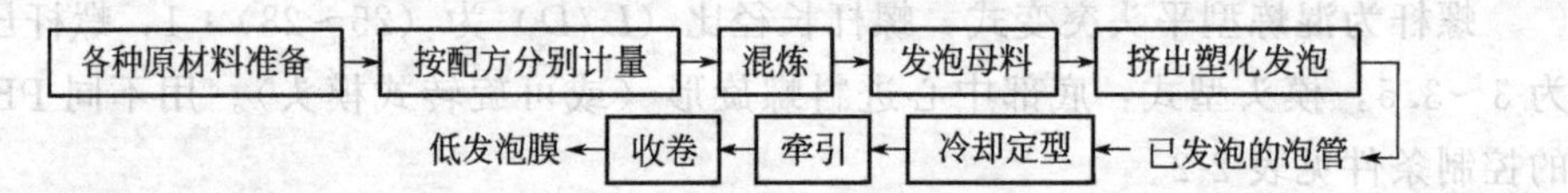


用普通单螺杆挤出机挤塑成型，螺杆长径比$L/D>25:1$，压缩比为2.0～2.8，螺旋进料式机头。

挤出机温度控制：加料段100～120℃，压缩段130～150℃，均化段160～170℃，机头120～140℃。

(3) 质量标准

质量标准参见QB/T 0011—1997，一般性能要求为拉伸强度≥8.0MPa，断裂伸长率≥250%，直角撕裂强度≥400N/cm，透湿量2.0～3.5g/（$m^2$·24h）。

**7. 聚乙烯热收缩包装用薄膜**

高分子树脂在制造薄膜过程中受热熔融，大分子成无序排列，薄膜冷却后仍保持着这种无序排列。若将其再加热至高弹态并对薄膜对行拉伸（单向或双向），大分子链就会沿外力作用方向而取向，形成有规则的定向排列。这时再对薄膜进行冷却，上述的大分子的有序排列就被保持、冻结。当重新加热该薄膜时，由于大分子链段的活动，发生解取向而趋向于恢复其未拉伸时状态和尺寸，于是产生热收缩效果。人们利用上述原理利制造了一系列高分子树脂热收缩薄膜用于包装等领域，聚乙烯热收缩薄膜是其中最重要的一类。

聚乙烯热收缩包装用薄膜具有加热后发生纵横向收缩的特性，收缩率30%～50%，主要用于热收缩包装。热收缩包装是将具有热收缩特性的薄膜，以适当的大小套在被包装的商品外面（一般比商品尺寸大10%左右），然后将其送入热风烘箱，在适当的温度下加热，薄膜则在长度和宽度方面急剧收缩，紧紧地包裹在商品外面，形成一层紧密包装层。包装后的产品密封性和防潮性好，可作电器、金属零件以及食品的包装，尤其适于异型商品的包装。

除小包装之外还可用于饮料的集合软包装与各种物料的大型托盘包装。

**(1)** 原料及典型配方

聚乙烯热收缩膜的生产工艺有三种，即一泡法、二泡法和辐射交联法，工艺不同，对原料及配方的要求亦不同，前两种工艺所用原料是低密度聚乙烯单一组分，熔体流动速率 2～5g/10min。辐射交联法的配方是在聚乙烯树脂中加入 1%左右的交联剂与少量的光敏剂。加入交联剂的作用是使聚乙烯分子产生交联，破坏结晶的进行以便于双向拉伸，为促进聚乙烯的交联作用还需加少量光敏剂。

用 LLDPE 或 LLDPE/LDPE 共混树脂也可生产热收缩薄膜，但随 LLDPE 参加共混比例的提高，纵向与横向的热收缩率变得不平衡，横向热收缩率明显下降，膜的起始热收缩率温度降低。

**(2)** 生产工艺

共有三种生产工艺。第一种是一泡法，即聚乙烯树脂被挤出机塑化，经机头口模挤出膜管吹胀，拉伸后立即冷却。这种方法的吹胀比与牵伸比较大；第二种是二泡法，即挤出膜管稍微吹胀，拉伸后立刻冷却，然后再加热到高弹态进行第二次吹胀，拉伸，待达到规格要求后进行冷却定型；第三种是辐射交联法，交联的作用是破坏结晶的有效方法，且可提高收缩薄膜的收缩应力和强度，其工艺过程与二泡法相似，只是在第二次拉伸、吹胀之前的膜管要经过紫外线照射室，使薄膜内部发生交联作用，交联的凝胶值应为 7%～9%。

目前国内大多采用二泡法生产聚乙烯热收缩薄膜，因用下面重点介绍二泡法的工艺流程。采用二泡法生产热收缩膜工艺流程如图 2-10 所示。

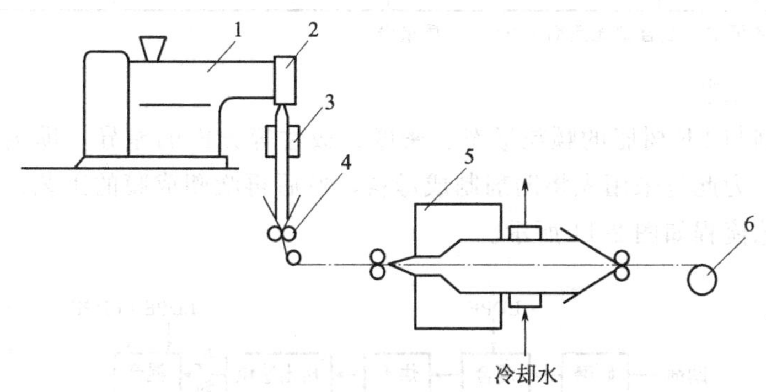


图 2-10 采用二泡法生产热收缩膜工艺流程

1—挤出机；2—机头；3—水套；4—夹紧辊；5—加热箱；6—卷取

二泡法生产操作及工艺参数如下：第一次吹胀采用平挤下吹法，吹胀比 1.2～1.5，吹胀后膜管通过冷却水套，水温 15～20℃，待膜管冷却到 40～50℃后，进入加热箱，加热箱温度 150℃左右，同时进行吹胀、拉伸，纵向拉伸由输入辊和牵引辊的速度差来实现，拉伸倍数即两者的速度比；横向拉伸是利用压缩空气将膜吹胀，吹胀比与拉伸比为2.5左右。双向拉伸的膜管应迅速冷却，使取向的分子链“冻结”其热收缩率可达30%～50%。二泡法比一泡法质量稳定，但不如辐射交联法生产的薄膜性能优良。

**8. 聚乙烯高光效膜**（转光膜）

所谓聚乙烯高光效膜就是在PE大棚膜内添加特殊的化学光转换材料和保温材料，使太阳光中的紫外线转换成对植物生长发育有利的红外光或近红外光，从而促进作物的光合作用和新陈代谢过程，提高棚内温度，增加保温效果，达到作物增产早熟的效果。

**(1)** 原料与典型配方

配方中选用LDPE（如1F7B型，北京燕山石化公司产）和LLDPE（如FG-20型，沙特阿拉伯产）共混料为主体材料；光转换剂是配方中的关键助剂，主要类别为稀土无机化合物和稀土有机化合物，可选用中国科学院电子研究所产品；保温材料可选用磷酸氢化物和无机氧化物，它们在膜内形成红外线屏蔽层从而防止大棚内热量以长波红外线的形式散失，达到保温效果；抗老化剂选用GW-540，化学名称为三（1,2,2′,6,6′-五甲基哌啶基）亚磷酸酯，为受阻胺类光稳定剂，光稳定效果为一般紫外线吸收剂的2～4倍，适用于PE，同时还兼有良好的抗热氧老化性能，且毒性低。其典型配方见表2-4。

**表2-4　聚乙烯高光效膜典型配方**　　单位：质量份

| 原　料 | 配　比 | 原　料 | 配　比 |
|---|---|---|---|
| LDPE+LLDPE | 100(70+30) | 保温剂 | 0.4～1.0 |
| 光转换剂 | 0.1～0.15 | 防老剂(受阻胺) | 0.3～0.4 |

注：必要时还可加入复合型无滴剂1.0～1.5质量份。

**(2)** 生产工艺

由于助剂与PE树脂的颗粒形态、密度、极性等方面的差异，助剂在树脂中不易分散均匀，为此应采用先将助剂制成母料，然后再吹塑成膜的工艺。聚乙烯高光效膜生产工艺流程如图2-11所示。

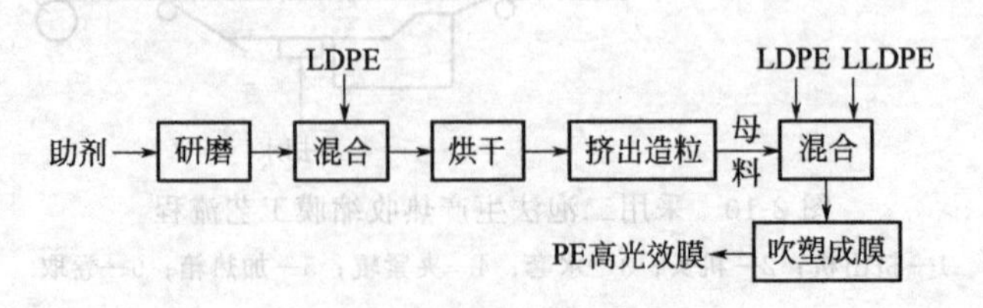


图2-11　聚乙烯高光效膜生产工艺流程

生产操作如下：

① 挤出造粒（母料）螺杆转速 126r/min；温度：120℃，140℃，160℃，机头 155℃。

② 吹塑成模螺旋式机头，双风口风环冷却，模口直径 350mm，模口间隙 1～2mm；温度：115℃，130℃，150℃，法兰 145℃，下模 150℃，上模 148℃；吹胀比：2.72；螺杆转速：65r/min；牵引速度：7m/min。

**9. 聚乙烯感光材料包装用薄膜**

感光材料包装用膜，除要求一定强度外还要求具有良好的遮光性、防潮性、热封性等特性。为此设计了用多种材料制成多层结构的复合薄膜以适于此项应用。

(1) 原料

适用的复合结构薄膜为五层或七层复合。第 1、5 层（或第 1、7 层）为添加炉法炭黑、合成橡胶、少量润滑剂的 PE 树脂层，PE 可为 LLDPE、LDPE 或 HDPE；第 3 层（或第 3、5 层）为镀铝膜或牛皮纸；其他层为胶黏剂层。不同原料及结构的三种复合薄膜的特点对比于表 2-5 中。

**表 2-5 三种聚乙烯感光材料包装用膜的对比**

| 对比项目 | 以 LLDPE 为主的复合膜 | 以 LDPE 为主的复合膜 | 以 HDPE 为主的复合膜 |
| --- | --- | --- | --- |
| 复合膜厚度/mm | 0.150 | 0.200 | 0.125 |
| 成本比/% | 50 | 100 | 100 |
| 冲击穿孔强度/(N·cm) | 250 | 50 | 90 |
| 热封性 | 好 | 一般 | 差 |
| 复合结构 | 1. 添加炭黑、润滑剂的树脂模层，膜厚 0.050mm<br>2. 胶黏层<br>3. 镀铝膜层<br>4. 胶黏层<br>5. 与 1 相同 | 1. 添加炭黑、合成橡胶的树脂膜层，膜厚 0.050mm<br>2. 胶黏层<br>3. 牛皮纸<br>4. 胶黏层<br>5. 铝箔<br>6. 胶黏层<br>7. 与 1 相同 | 1. 添加炭黑的单向拉伸交叉层叠复合树脂膜层，膜厚 0.045mm<br>2. 胶黏层<br>3. 铝箔<br>4. 胶黏层<br>5. 材料与 1 同，厚 0.050mm |

(2) 生产工艺

可采用多次干式复合工艺生产此种多种材料多层复合结构的薄膜。

**10. 聚乙烯防滑薄膜**

防滑塑料薄膜是一种外表面粗糙、内表面光滑的薄膜，用此种膜制成的商品包装袋，例如装化肥、农药、水泥等的重包装袋以及垃圾袋具有码垛时防滑的效果，便于运输和堆放。

此种膜是由外层及内层两种膜复合而成的，用共挤复合吹塑法生产较先进。外层膜要形成粗糙网络状表面是生产技术中的关键，其原理是利用聚合物熔体在挤出机螺杆剪切力突增，超过 $10^5$ Pa 时，出现不稳定流动，造成熔体破裂以致使膜表面呈波纹形、鲨鱼皮形、八字纹形以及螺旋形、竹节形不平滑状态。

**(1) 原料及典型配方**

树脂可用低密度聚乙烯和高密度聚乙烯及其共混树脂，内、外层树脂相容性要好，以保证两层薄膜界面的复合强度，因此通常使用同一种树脂。内层膜树脂一般不加其他助剂，而外层膜为增加防滑性及保证良好的加工性，常加入破碎剂、填料及润滑剂等助剂。破碎剂在防滑膜的加工过程中，主要作用是降低熔体黏度和加速破碎。填料可增加膜表面的粗糙度。典型配方是每 100 份聚乙烯中加入破碎剂 1～4 份，填料 15～30 份，硬脂酸锌及白油各 1～1.5 份。

**(2) 生产工艺**

生产防滑薄膜主要用共挤复合吹塑法等，图 2-12 为共挤复合吹塑法的生产工艺流程示意。如图 2-12 所示，内层树脂（纯树脂）由挤出机 1 挤出，外层树脂（加破碎剂等助剂的树脂）由挤出机 2 挤出，两种物料共挤入一个机头进行复合后，经吹塑、冷却、牵引、收卷即得到防滑复合膜。外层挤出温度应力求控制准确、稳定。温度控制在允许范围的下限，对提高剪切速率、加速熔体破裂有利。

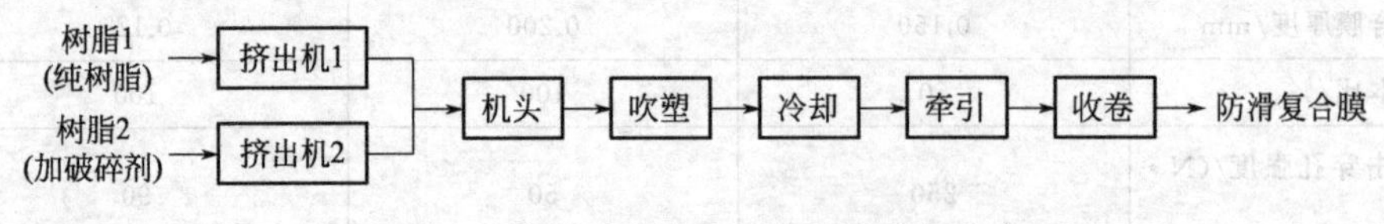


图 2-12　共挤复合吹塑法生产防滑膜工艺流程

主要生产工艺条件列于表 2-6。

挤出机的螺杆转速是根据防滑膜的规格、用途及所要求的防滑程度来进行调整的。在牵引速度不变时，2 号挤出机（挤外层）螺杆转速低，则防滑层网络减薄、变疏；转速太高，网络加厚、变密，故一般控制在 40r/min 为宜。

**表 2-6　防滑膜共挤吹塑工艺条件**

| 工艺条件 / 层次 | 挤出温度控制/℃ | | | | 螺杆转速 /(r/min) | 牵引速度 /(m/min) | 吹胀比 |
|---|---|---|---|---|---|---|---|
| | 1 | 2 | 3 | 机头 | | | |
| 外层 | 150～160 | 170～180 | 180～190 | 50～160 | 40 | 5～8 | 2.5～3.5 |
| 内层 | 130～140 | 160～170 | 170～180 | | 5～15 | | |

泡管冷却吹胀最好采用 H 形（长颈），因对不同树脂挤出吹塑的适应性强，纵向和横向性能较均衡，膜的强度较高。吹胀比对防滑膜的加工性能及质量会有明显影响，需注意稳定控制。

生产重包装防滑膜可使用灼 0mm 挤出机（$L/D=25$）和舶 Omm 挤出机（$L/$

D＝20）各一台配以Φ200mm的共挤出机头。小包装防滑膜采用两台Φ45mm挤出机（$L/D=20$），配以Φ60mm或Φ80mm的共挤出机头。其他附属设备（风环、风机及收卷机等）与一般聚乙烯吹塑膜相同。

机头采用双流道复合共挤机头，外层流道的结构极为关键，它是根据熔体不稳定流动的基本原理进行设计的，使熔体在流经口模时产生熔体破裂现象。因此其长径比要小，进口角要大。

国内产品的防滑效果（码垛倾斜角度）一般约为26°，拉伸强度在25MPa以上，断裂伸长率约500%。

**11. 聚乙烯共挤出交叉复合薄膜**

采用三层共挤法制得此种具有三层复合结构的薄膜，具有强度高、纵横向强度均衡、抗撕裂、耐穿刺、耐湿、透气性好等优良性能，它不仅适宜直接制作各种轻、重型包装袋，而且还适宜作为基膜与牛皮纸、不织布等再复合以适应更广阔领域的应用。

**(1)** 原料及配方

① 外层树脂：外层挤出泡管经受纵向牵引取向。依据所制袋用于包装物料的性能、包装时温度及保存条件的不同，外层树脂应有区别。所包物料温度约90℃情况下，选用HDPE；物料温度低于60℃时，可用LDPE；介于60～90℃之间，则用HDPE或LLDPE与LDPE的混合物，温度越低，LDPE比例则越高。可供选用的LDPE，其熔体流动速率MFR为2.3～0.5g/10min，密度0.920～0.923g/cm³；HDPE的MFR为0.6～1.0g/10min，密度为0.950～0.955g/cm³；LLDPE的MFR为0.3～1.0g/10min。

② 内层树脂：内层挤出泡管经受横向吹胀取向。所用树脂为HDPE，MFR为0.03～0.004g/10min，以0.04g/10min左右最好，密度约为0.960g/cm³，分子量分布宜窄。

③ 中间粘接层树脂：使用EVA热熔胶，至于其VA比例应以能将内、外层膜良好粘接为准，且因中间粘接层是与外层在共挤出口模内复合，所以其MFR应与外层树脂相当。偶尔也有采用高VA含量比的EVA与LDPE掺混作为粘接层树脂的情况。

**(2)** 生产工艺

生产工艺流程示意如图2-13所示。

按图2-13所示流程，外层管膜通过牵引实现纵向拉伸取向，牵引速度约10m/min，纵向拉伸比一般为2.5～5.5。中间粘接层树脂在挤出口模内与外层复合共同挤出。内层管膜通过吹胀横向取向，吹胀比约7.0。风环的冷却能力要强，以便将膜的温度快速降低至熔点以下，利于树脂大分子的拉伸取向。内层膜成型后经一个导管引进中、外层复合管膜内，再一同引至贴合塔上，然后依靠内、外加热器同时

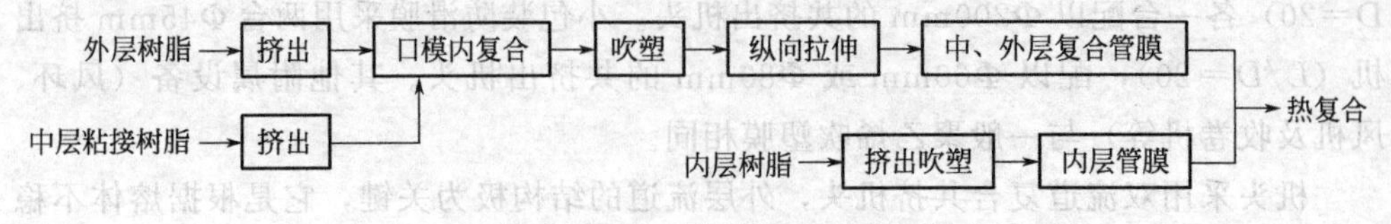

图 2-13　聚乙烯共挤出交叉复合薄膜生产工艺流程示意

加热并复合，最后再经热处理和表面处理即制成此种交叉复合膜。

此种膜的性能水平，主要应根据应用需要来设计。由前述可知，变动各层所用树脂的类别、牌号以及成型工艺等多方面因素均能极大程度地调节此制品的性能。

**12. 聚乙烯大棚用薄膜**

大棚膜系指用于农业大棚的折径 2m 以上的宽幅薄膜，目前国内常用的大棚膜折径为 5m，展开后为 10m。大棚膜有普通大棚膜、增强大棚膜、长寿大棚膜和长寿无滴大棚膜等品种。这些膜的主要区别是配方不同，因此性能不同，使用上各有特点，但生产工艺是相同的，普通大棚膜的物理力学性能与普通聚乙烯膜相同；增强大棚膜的特点是强度高，韧性好，拉伸强度可达 20MPa 以上，伸长率可达 400％以上；长寿大棚膜除具有强度高、韧性好的特点之外，主要是耐老化性能好，使用寿命比普通大棚膜高 1 倍，普通大棚膜可使用 1 年，而长寿大棚膜可连续使用 2 年；无滴长寿大棚膜是在长寿膜的基础上，加入表面活性剂，以增加薄膜表面对水的亲和力，将众多的小水滴连成大水滴，顺着膜壁向下流入地面，因此可消除水雾，提高薄膜的透光性，促进农作物的生长。普通大棚膜应符合国家标准 GB 4455—1994。

**(1)** 原料及典型配方

① 普通大棚膜薄膜级 LDPE。

② 增强大棚膜 LDPE 50％～75％，LLDPE 50％～25％。

③ 长寿大棚膜按增强大棚膜的配比再加入 0.3～0.5 份的防老剂与 0.1～0.2 份的抗氧剂，以及适量的白油。

④ 无滴长寿大棚膜在长寿大棚膜配方的基础上，加入适量的表面活性剂母料。

**(2)** 生产工艺

工艺流程与普通聚乙烯膜相同（图 2-1）。

生产操作：吹膜前首先进行配料，以长寿大棚膜为例。先将 LDPE 和 LLDPE 按比例称好放入混合器里，再加白油，开搅拌机，待白油均匀地粘在树脂表面后加入防老剂和抗氧剂，继续搅拌数分钟。防老剂与抗氧剂借助白油均匀地黏附在聚乙烯颗粒上。另外，可在树脂中加入定量的长寿母料，搅拌均匀后备用。

薄膜的吹塑成型方法与普通聚乙烯膜相同，但由于机头直径大，升温慢，故需提前升温 1h 后再升挤出机机身的温度。温度控制：机身分 5 段控制，由低向高，最高温度不宜超过 200℃；机头温度分 3 段控制，由高向低，出口温度比机身前段温度略低。

(3) 主要生产设备

① 挤出机　生产折径 2m 的大棚膜一般采用 Φ90mm 的新型螺杆挤出机；生产折径 4m 的大棚膜采用 Φ50mm 的新型螺杆挤出机，螺杆型式为分离型前部加屏障头，结构如图 2-14 所示。生产更宽的膜可用两台挤出机共挤的办法。

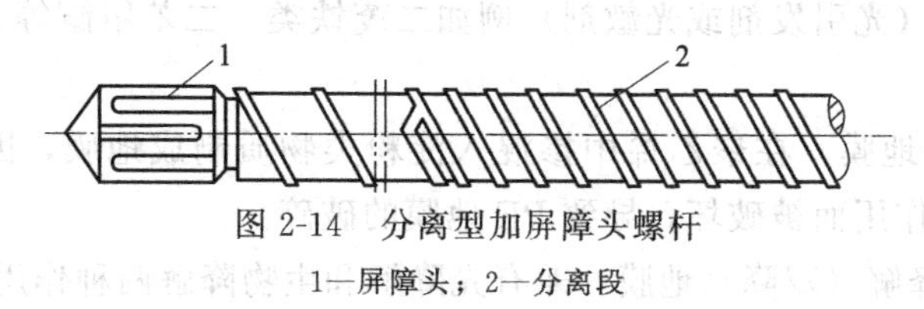


图 2-14　分离型加屏障头螺杆

1—屏障头；2—分离段

② 机头　可以采用螺旋式机头，但因其体大且重，一般多选用莲花瓣式机头。该种机头体积虽大但厚度小，所以质量轻，不足之处是由于流道多因而造成薄膜表面有多条熔合纹。莲花瓣机头结构如图 2-15 所示。

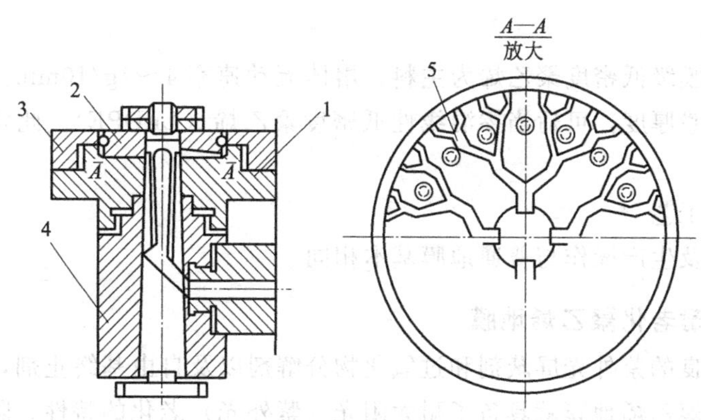


图 2-15　莲花瓣机头结构

1—下模板；2—上模板；3—固定板；4—机头体；5—流道

③ 风环　堤坝式铸铝风环。吹制 2m 折径的大棚膜风环直径 0.7m，吹制 4m 折径的大棚膜风环直径为 1.4m。

④ 机架　高 8m，如生产 4m 折径的大棚膜用机架高 15m，在牵引辊的下面两端安装一对三角形插板，将幅宽 4m 的膜叠折成 2m，便于卷取和存放。

**13. 降解性聚乙烯农用地膜**

聚乙烯地膜的使用为农业增产起了极大作用，但是这些不易分解的大块 PE 地膜被翻耕到土壤中，又会影响幼苗根系发展，阻碍土壤毛细作用，造成所谓“白色污染”。据研究报道，只要地膜在使用有效期后，能自动降解，破碎到小于 25mm 的小碎片，即使翻入农田土壤中也不会产生上述不良作用，甚至还有使土壤疏松的良好作用。所以国内外近年来竞相发展聚乙烯降解性（自消型）农用地膜。

(1) 降解性地膜种类

降解性地膜现分为三个类别。

① 可控光降解地膜　在聚乙烯中渗混入某些乙烯共聚物，例如乙烯与一氧化碳、甲基乙烯酮、甲基丙烯酮等类含酮基化合物的共聚物。由于酮基具有生色团的作用，吸收阳光中的紫外线后，会引起光致降解效果。除此以外还可以再加入促进光降解的添加剂（光引发剂或光敏剂）例如二茂铁类、二苯甲酮等，以增强和调节光降解速率。

② 生物降解地膜　在聚乙烯中掺混入淀粉类物质制成地膜，因淀粉类物质易受土壤中微生物作用而被破坏，导致PE地膜的破碎。

③ 光-生物降解（双降）地膜　兼有光降解和生物降解两种作用的地膜。

目前，在世界范围内，降解地膜（包括其他要求降解的塑料）的研究和应用还不是很成功，主要存在问题是降解速率和程度的控制水平不够理想，再有就是生产成本往往稍高于普通地膜。从总的方面来看，光降解地膜目前占据较重要的地位，从今后发展来看，“双降”地膜可能更有前途。

(2) 原料

原料以薄膜级低密度聚乙烯为主料，熔体流动速率4～7g/10min。为增加薄膜强度、降低薄膜厚度，可适当掺混线性低密度聚乙烯（LLDPE）。此外须加入少量降解母料。

(3) 生产工艺

工艺流程及生产操作与普通地膜基本相同。

**14. 黑色耐老化聚乙烯地膜**

炭黑是优良的紫外光屏蔽剂和过氧化物分解剂以及自由基终止剂，所以渗入炭黑制成的黑色聚乙烯地膜就具备了耐太阳光（紫外光）老化的特性。除此之外，黑色地膜还具有增温、保温、保肥、防土地板结、防杂草丛生等增产效果。

(1) 原料及配方

以LDPE（MFR＝1～3g/10min），HDPE（MFR≤0.1g/10min），LLDPE（MFR＝1～2g/10min）三种树脂共混物为主料，加入炭黑母料制成。通常，共混树脂与炭黑母料之比为85∶15。

(2) 生产工艺

按配方混配后用挤出吹塑法生产，挤出机料筒部分的温度为160～170℃，机颈170℃，机头170～180℃。

此种膜性能，一般要求拉伸强度（纵/横）≥1.3MPa，断裂伸长率（纵/横）≥120%，直角撕裂强度（纵/横）≥0.5kN/m。

**15. 聚乙烯挤出流延平膜**

聚乙烯既可采用挤出吹塑法生产筒状薄膜，也可采用T形机头挤出平片状薄膜。包装膜、农业膜多用吹塑法生产。复合、印刷和建筑用膜多用挤出流延平膜法生产。平膜生产用T形机头挤出成型，所谓T形机头是由挤出机流道接管与中心进料式的机头槽形口成T字形。T形机头有直歧管式、衣架式和分配螺杆三种结构。

近年来，挤出平膜多采用分配螺杆式机头（图2-16），这种机头出料均匀，没有死角，塑化良好。挤出平膜最大特点是表面平整、透明度高、力学强度好。

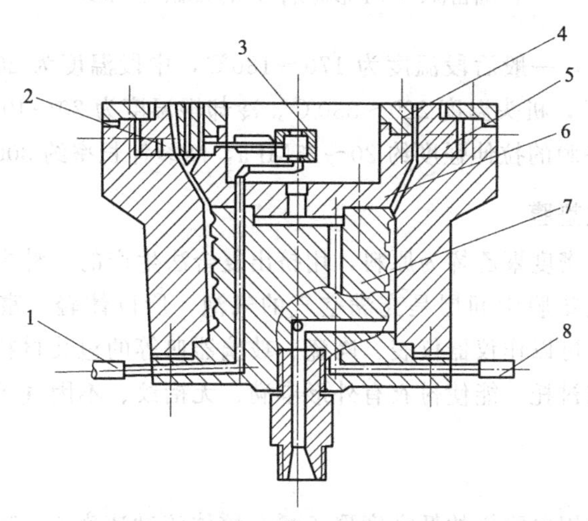


图2-16　滴灌管膜挤出机头结构

1—滴灌管通气道；2—滴灌管分流器及支架；3—滴灌管气包分配连接器；4—芯棒压圈；5—可调、可换模唇间隙环；6—可换芯棒；7—螺旋分配器；8—薄膜通气道

CPE膜产品宽度一般为1～2m，少数大于2m，厚度为0.005～0.1mm，大多为0.015～0.060mm。

**(1) 原料**

挤出平膜用LDPE树脂，熔体流动速率高些有利于挤出成型，但不能太高，因熔体流动速率过高则薄膜的强度低。在薄膜挤出过程中，薄膜的宽度变窄而两边增厚，这种现象称为“缩颈”，在同样条件下，树脂的熔体流动速率越高，“缩颈”越严重，所以挤出平膜用LDPE的熔体流动速率应为3～8g/10min。

**(2) 生产工艺**

本产品生产方法按挤出平膜后的冷却方法不同而分为冷辊法和水槽法两种。普遍采用的是冷辊法，其流程如图2-17所示。

树脂由挤出机挤入分配式螺杆机头，模唇间隙为薄膜厚度的20～30倍，从T形机头口模挤出的膜片直接浇在表面镀铬的冷却辊上，而后切边卷取。若将冷却辊改为冷却水槽即为水槽法。必要时，在冷却后加电晕处理及消除静电操作，最后再切边、卷取。

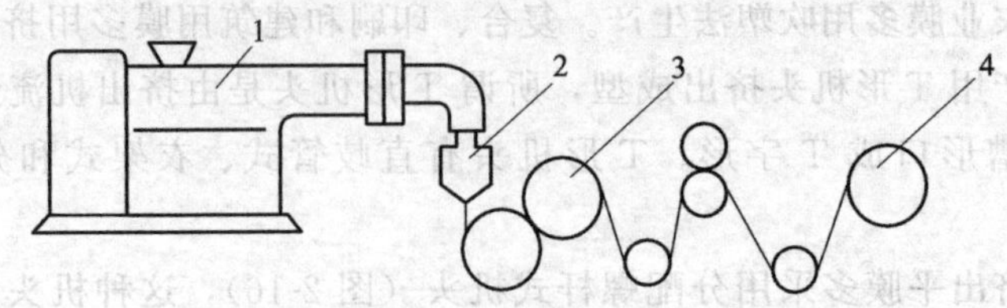

图 2-17　挤出流延平膜流程（冷辊法）
1—挤出机；2—T 形机头；3—冷却辊；4—卷取

挤出温度较高，一般后段温度为 170～180℃，中段温度为 200～230℃，前段温度为 220～230℃，机头温度 220～230℃。冷却辊温度为 20～40℃。

挤出 LDPE 平膜的拉伸强度约 20～25MPa，断裂伸长率约 300%～800%。

**16. 聚乙烯气垫膜**

气垫膜是以低密度聚乙烯为原料，用挤出复合法生产的一种中间是气泡夹层的膜状材料。由于气垫膜中间层是充满空气的气泡，所以体轻、富有弹性，具有隔音、防震的性能，可以作仪器仪表、陶瓷、玻璃器皿等的包装材料。还可用气垫膜代替拷贝纸做成衣衬托，能使衬衣有外形丰满、无褶纹、不因气候潮湿而发霉、变形等特点。

**(1)** 原料

生产气垫膜采用薄膜级的低密度聚乙烯，熔体流动速率 5～7g/10min。除本色气垫膜外，常见的是带色气垫膜，故此需在树脂中加入适量的着色剂。

**(2)** 生产工艺

气垫膜的生产工艺流程如图 2-18 所示。

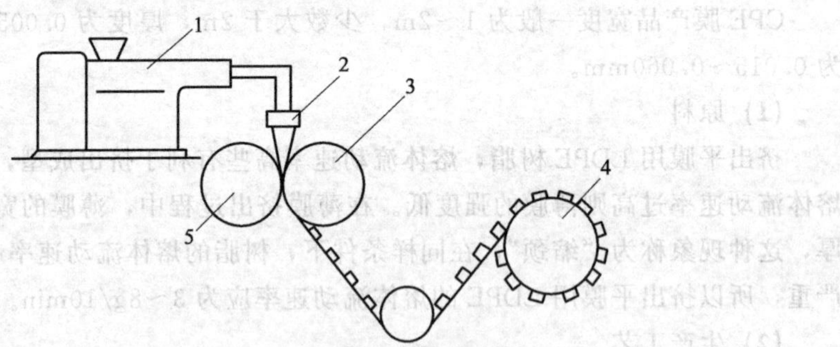

图 2-18　生产气垫膜的工艺流程
1—挤出机；2—机头；3—真空成型辊；4—卷取；5—冷却辊

气垫膜多采用挤出复合法生产，即一台挤出机同时挤出两层膜，其中一层膜在真空辊筒上成泡后与另一层膜进行热复合，再经牵引、卷取即成为双层复合气垫膜，市场上常见到就是这种产品。若再将双层产品成泡的一面再复合一层膜，则成为三层复合气垫膜。挤出复合法有成泡容易、粘接牢度大等优点。此外还可用吹塑法生产，吹塑法是在吹膜冷却之前，通过加热成型辊，真空吸塑成泡，然后与另一片膜复合成为双层的气垫膜。吹塑法工艺要求严格，复合技术较为复杂，因此使用较少。

挤出复合法的生产工艺条件中以温度及真空度为主。挤出温度分三段控制，后段140～150℃，中段200～210℃，前段210～230℃。机头与连接部分也分三段控制，机颈160～180℃，机头为160～170℃。成型吸泡的真空度应为0.03～0.05MPa。

(3) 主要生产设备

挤出机可采用通用型挤出机，螺杆直径55～65mm。机头为衣架式T形机头，一个机头有两层口模，可挤出两片膜，并可单独调节薄膜的厚度。口模宽650mm，厚度范围0～1mm。成型辊的直径为280mm，泡孔直径10mm，泡孔间距12mm，泡孔深5mm。

### 17. 调味品包装用聚乙烯复合薄膜

聚乙烯薄膜阻隔性相对较差。所以若采用单层聚乙烯薄膜包装调味品，则有储期短、易变质的缺陷。为此用聚乙烯复合薄膜，着重提高了阻隔性，用于调味品包装更具优势。生产复合薄膜的方法很多，如干式复合、共挤复合、涂覆复合等。这里介绍普遍采用的多层共挤复合法生产此类产品的技术。

(1) 原料

当采用三层薄膜结构时，外层以LDPE为主、中层以HDPE为主、内层仍以LDPE为主（或用掺混EVA的LDPE或EVA，可具有较好的热封性）。对于阻隔性要求较高的场合，还可在三层薄膜的基础上再涂布聚偏二氯乙烯（PVDC）树脂。表2-7介绍一组典型配方。

**表2-7　调味品包装用PE复合膜典型配方**

| 内层配方 | | 中层配方 | | 外层配方 | | 三层厚度比例 |
|---|---|---|---|---|---|---|
| 组分 | 配比/质量份 | 组分 | 配比/质量份 | 组分 | 配比/质量份 | |
| LDPE | 30 | HDPE | 50 | LDPE | 40 | 4∶3∶3 |
| LLDPE | 60 | LLDPE | 40 | LLDPE | 59.95 | |
| 其他 | 10 | 白母料 | 9.95 | | | |
| | | 相容剂 | 0.05 | 相容剂 | 0.05 | |

(2) 生产工艺

工艺流程如图2-19所示。

生产控制：各层挤出物料不同，其控制温度范围亦有所差异。另外，还应考虑熔体流动速率（MFR）大小，来调整挤出温度和机头温度。一般在160～220℃之间。其他操作与单层薄膜相同。

### 18. 聚乙烯防渗膜及其复合布

灌溉渠道、蓄水工程都需要防渗材料以免水的渗透损失。聚乙烯单独或以聚乙

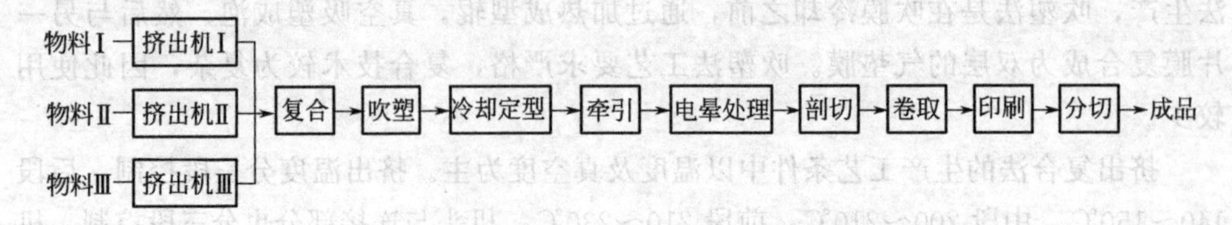


图 2-19 调味品包装 PE 多层薄膜生产工艺流程

烯为主制成的单层膜、多层膜及与无纺布形成的复合布均适用于此项应用，通称为防渗用聚乙烯土工膜或土工布。土工膜及土工布，在性能上与普通农用聚乙烯膜的主要区别是：厚度较厚（0.5～2.0mm），拉伸、撕裂等强度及抗戳穿力较高。

**(1) 原料**

单层膜一般用 LDPE/LLDPE（3/2 或 2/3）共混树脂。其中 LDPE 的 MFR 为 0.4～1.0g/10min，或含 VA 2%～3%的共聚 LDPE，而 LLDPE 的 MFR 为 0.8～1.0g/10min（共聚单体以 C6～C8 较宜）。为提高防渗膜柔韧性和横向耐撕裂性能的要求，还可适量掺混 EVA。如若掺混适量的 MDPE（密度 0.926～0.940g/$cm^3$），还可提高熔体强度和吹塑膜泡挺括度及防渗膜的力学性能。例如可用 MDPE/LLDPE/EVA（60/25/15）的三元共混树脂吹塑厚度 0.5～0.8mm 的单层防渗膜。此外，已有土工膜专用牌号供应，如上海金菲石油化工有限公司的 MARLEXPE 系列树脂。制黑色防渗膜时，树脂中添加约 2%的炭黑。

三层复合防渗膜一般为 LDPE、EVA、LLDPE 组合。而复合土工布是将 PE 膜与 PET 无纺布复合而成的，为增加两者亲和性，中间用 EVA 膜为黏合层，或 PE 膜改为 PE/EVA 共混物膜。复合土工布中的 PE 膜厚度为 0.25～1.0mm，而 PET 短纤针刺无纺布密度为 150～600g/$m^3$。典型的复合土工布的三层结构为：PET 无纺布（200g/$m^3$）/PE 膜（0.25～0.8mm 厚）/PET 无纺布（200g/$m^3$）；PET 无纺布（150g/$m^3$）/PE 膜（0.25～0.6mm 厚）/PET 无纺布（150g/$m^3$）。

**(2) 生产工艺**

单层膜生产类似于普通聚乙烯吹塑重包装膜，但因对此膜的纵横向力学性能要求不高，所以在吹胀比不大情况下（仅 1.06～1.24）牵伸比也较小。三层复合土工膜采用三层共挤机组，国产机的产品宽度（展开）可达 6000～8000mm。PE 防渗膜与 PET 无纺布通过热压复合即制成复合土工布。

### 19. 低密度聚乙烯/乙烯-醋酸乙烯共聚物双层复合膜

LDPE、EVA 双层复合膜克服了单一 LDPE 膜气体透过率高、不宜包装香味浓郁的和易吸湿的食品的缺点。加之此种复合膜柔韧性较好，更适宜用做食品容器的内层包装。

**(1) 原料**

双层复合的内层，选用薄膜级 LDPE 树脂；双层复合的外层，选用薄膜级

EVA 树脂。

(2) 生产工艺

采用复合膜共挤出吹塑机组，包括两台挤出机、一个复合机头和一套吹膜辅机。

挤出机各段温度控制见表 2-8。机头采用螺旋式流道，夹层设有通气孔，以便排出夹层热量。

据报道，所制折径 400mm、厚度 0.04mm 的此种复合膜，其拉伸强度：纵向/横向＝228MPa/196MPa；断裂伸长率：纵向/横向＝526%/614%；透明度>90%。

**表 2-8 LDPE、EVA 双层复合膜共挤出的参考温度** 单位：℃

| 层次 | 一段 | 二段 | 三段 | 机头 | 口模 |
| --- | --- | --- | --- | --- | --- |
| 内层 | 100～110 | 160～170 | 185 | 170～180 | 160～170 |
| 外层 | 100～110 | 170～180 | 180～190 | 170～180 | 160～170 |

### 20. 聚乙烯/尼龙多层复合粮食储存膜

20 世纪 80 年代以前，粮堆及粮垛的覆盖封存塑料薄膜，多用聚氯乙烯压延膜。此后逐步选用尼龙多层复合膜取代之，因为后者强度高，阻隔性好，质轻，热封性好，且综合性价比更优。尤其对于已粗加工过的粮食，为达到防虫、防霉、保鲜、保质的目的，更需选用尼龙复合膜。

(1) 原料及典型配方

五层复合的尼龙粮食储存膜，其一般的结构为：聚乙烯 (22μm)/黏合层树脂 (8μm)/尼龙 (20μm)/黏合层树脂 (8μm)/聚乙烯 (22μm)。

两面的聚乙烯层为热封层，应选用热封焊接性能较好的 LDPE (MFR 0.3～2g/10min) 或 LDPE/LLDPE 共混料；中间的尼龙层为阻隔层，防止氧气渗透和有机药物泄漏，一般为均聚尼龙；第 2、4 层为黏合层，它应具有将极性尼龙树脂与非极性的 PE 树脂牢固黏合在一起的能力。作为黏合层树脂，可选用牌号为 Surlynl652 的树脂，它是乙烯-甲基丙烯酸共聚物与金属盐中和反应制得的三元共聚物，其熔体流动速率为 1.7g/10min。

此外，也可选用 EVA 作为两面的热封层，这时可选用牌号为 Adowmer L 1000 的树脂为黏合层。

(2) 生产工艺

此类复合膜的生产工艺流程有共挤出上吹法和共挤出下吹法两种。

① 共挤出上吹法如图 2-20(a) 所示。

② 共挤出下吹法如图 2-20(b) 所示。

共挤上吹法生产效率高，可生产幅面较宽的薄膜，但透明度略差于共挤下吹法的产品。

生产工艺条件参见表 2-9。

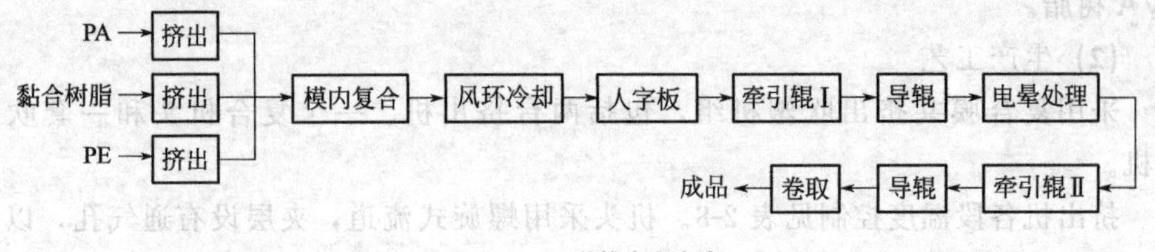


(a) 共挤出上吹法

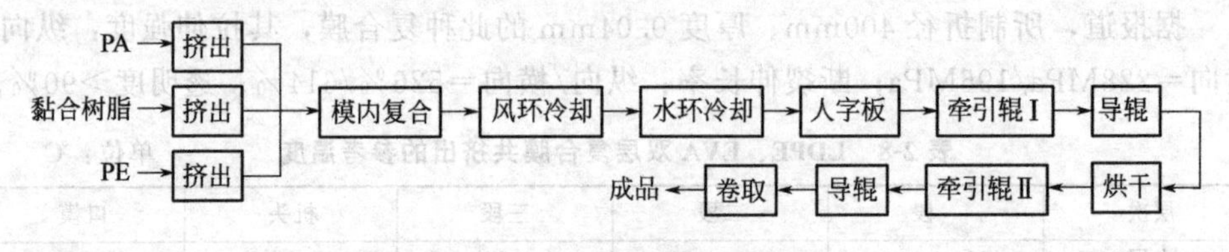


(b) 共挤出下吹法

图 2-20　聚乙烯/尼龙多层复合粮食储存膜生产工艺流程

**表 2-9　三层复合 PE/尼龙膜生产工艺条件**

| 项目<br>组成/μm | 树脂名称 | 拌筒温度/℃ | | | 连接器温度/℃ | 机头温度/℃ | | | 牵引速度/(m/min) | 吹胀比 | 螺杆转速/(r/min) |
|---|---|---|---|---|---|---|---|---|---|---|---|
| | | 1 | 2 | 3 | | 1 | 2 | 3 | | | |
| PA/Surlyn/PE<br>50/10/70 | PA | 220 | 220 | 220 | 220 | 220 | 220 | 220 | 5.5～8 | 1.55 | 33 |
| | Surlyn | 160 | 180 | 200 | 200 | | | | | | 70 |
| | PE | 170 | 190 | 200 | 200 | | | | | | 40 |
| PA/Adowmer/EVA<br>50/10/90 | PA | 250 | 250 | 250 | 250 | 250 | 250 | 250 | 5 | 1.3 | 50 |
| | Adowmer | 220 | 220 | — | — | | | | | | 70 |
| | EVA | 170 | 170 | 170 | 180 | | | | | | 57 |

粮食储存 PE/尼龙复合膜的力学性能指标：拉伸强度（纵、横）/MPa≥28，水蒸气透过量/[g/(m² · 24h)]≤10，断裂伸长率（纵、横）/%≥250，T 形剥离强度 15mm/N≥8，直角撕裂强度（纵、横）/(N · cm)≥650，热封强度 15mm/N≥15，氧气透过率/[mL/(m² · 24h)]≤100。

### 21. 低密度聚乙烯/乙烯-醋酸乙烯共聚物共混改性压花、印花薄膜

传统的 PVC 压花、印花塑料薄膜色彩鲜艳、美观，广泛作为民用装饰品，但因含有大量增塑剂，不仅有气味、有毒性，还会因其不断蒸发而导致薄膜逐渐变硬，所以开发无上述缺点的新品种适宜压花、印花薄膜很有必要。用 LLDPE/EVA 共混树脂制成的薄膜具有较 LLDPE 膜更好的柔软性，压花、印花性也大为改善，是传统 PVC 膜的替代产品。

**(1) 原料及配方**

LLDPE 100 份，可选用国产品牌 DFDA-7042；EVA 45 份，要求 VA 含量为 20%，EVA 与 PE 相容性好，本身柔性好，印刷性好，所以掺混入 LLDPE 中起到

增柔剂和改善印刷性效果；碳酸钙填充母料 30 份，起到降低成本的作用；其他助剂适量。

(2) 生产工艺

生产过程主要如下：

原材料分别计量 → 混合 → 挤出吹塑成膜 → 压花 → 表面处理 → 印刷 → 检验包装

挤出吹塑操作，可用普通的 SJ-65 型挤出吹膜机组，挤出机温度：1 区 165℃，2 区、3 区 175℃，4 区 180℃。

压花，此改性膜的压花需在加热软化条件下完成，如使膜通过一个加热辊筒运转或通过一个红外线加热器，膜温应达到 100℃左右。

表面处理，此处理目的是进行表面改性以增加此膜的印刷性。可采用等离子体法进行。

此种膜与 PVC 印花膜的性能对比于表 2-10。

**表 2-10 LLDPE/EVA 改性膜与 PVC 印花膜的性能对比**

| 项 目 | LLDPE/EVA 改性膜 | PVC 印花膜 |
|---|---|---|
| 拉伸强度(纵/横)/MPa | ≥14/≥13 | ≥19/≥15 |
| 断裂伸长率(纵/横)/% | ≥413/≥637 | ≥224/≥236 |
| 直角撕裂强度(纵/横)/(kN/m) | 64/84 | 44/50 |

### 22. 聚乙烯功能性三层复合吹塑棚膜

通过添加某些功能性助剂（如光稳定剂、防老剂、流滴剂、保温剂等）及三层共挤复合多种树脂膜，可制得多种功能性聚乙烯复合膜，其主要品种是耐老化棚膜、流滴耐老化棚膜及多功能三层复合膜。它们在农业上已被广泛地应用着。

(1) 原料及典型配方

表 2-11 及表 2-12 分别列出 PE 耐老化三层复合棚膜及 PE 多功能三层复合棚膜的典型配方。

**表 2-11 PE 耐老化三层复合棚膜典型配方** 单位：质量份

| 原料名称 \ 层次 | | 外层 | 中层 | 内层 |
|---|---|---|---|---|
| 树脂配比 | LDPE(MFR 0.7～1.0g/10min) | 75 | 25 | 50 |
| | LLDPE(MFR 0.9～1.0g/10min) | 25 | 100 | 100 |
| | EVA(9/0.7) | — | 25 | — |
| 各层助剂含量/% | 聚合型受阻胺光稳定剂 6911(复合型) | 0.30 | 0.30 | 0.30 |
| | 复合型抗氧剂 B 215 | 0.10 | 0.10 | 0.10 |

三层复合内层是指覆于棚室骨架上的那一层。表2-11配方中，中、内层中LLDPE比例较大，有利于提高棚膜的力学性能；中层加少量EVA能改善棚膜柔软性；外层LDPE比例较大，有利于稳定吹塑膜泡。

与表2-11的单独耐老化性PE三层复合棚膜的配方相比，表2-12配方中，除稳定剂、抗氧剂外，又添加了流滴剂、消雾剂以增加棚膜的流滴消雾性，以及添加了滑石粉、硅藻土以增加棚膜的保温性。此外，为提高强度，外层树脂中，LLDPE比例较大；而为改善这种较厚厚度三层复合膜的柔软性，其中层、内层树脂中都加入了EVA树脂，且比例较高。

**表2-12　厚度0.10mm PE多功能三层复合棚膜的典型配方　单位：质量份**

| 原料名称 | 层次 | 外层 | 中层 | 内层 |
|---|---|---|---|---|
| 树脂配比 | LDPE(MFR 0.6～1.0g/10min) | 50 | 25 | 50 |
|  | LLDPE(MFR 0.9～1.0g/10min) | 75 | 75 | 75 |
|  | EVA(14/0.7) |  | 50 | 25 |
| 各层助剂含量/% | 聚合型受阻胺光稳定剂6911(复合型) | 0.30 | 0.30 | 0.30 |
|  | 复合型抗氧剂B 215 | 0.10 | 0.10 | 0.10 |
|  | 流滴剂SPN-3 | 1.0 | 1.6 | 1.4 |
|  | 消雾剂GF-1 | — | 0.25 | 0.25 |
|  | 3000目滑石粉 | 0.25 | 0.4 | 0.35 |
|  | 1250目硅藻土 | 0.25 | 0.4 | 0.35 |

**(2) 生产工艺**

聚乙烯功能性三层复合棚膜的生产采用典型的三层共挤-吹塑成型工艺（见本书前述之复合膜部分）。

生产工艺中要特别注意以下几点：

① 采用功能性母料并确保功能性母料与树脂的均匀混合。通常，树脂100份中添加耐老化母料不少于5份；添加流滴剂、耐老化剂等多功能母料不少于10份。母料颗粒形态应与树脂的相似。

② 正确选择吹胀比与牵伸比。一般，吹胀比应大于2（最小不能低于1.85），以保持该棚膜纵横向力学性能的均衡性。

③ 正确控制加工温度。挤出机各段温度需合理选择和控制。加料段温度要低（注意冷却）以防流滴剂母料熔融，使树脂粒料"打滑"，导致不能连续进料。熔融段温度要保证几种树脂充分混熔，一般为190～195℃或更高一些。

④ 保证三层共挤熔体在机头口模内并列复合。首先正确选择三台挤出机的机型，正确确定螺杆转速，要避免在口模内出现层间紊乱。有时可增加中层挤出机转速和加热温度即提高中层树脂的熔体流动速率，以其带动两侧（内、外层）熔体并列复合。

### 23. 塑料压膜线

蔬菜、果树、花卉等栽培棚室覆盖塑料大棚膜后，为防止风吹破损，并便于流滴性棚膜内表面凝结的水滴沿棚膜倾斜表面流下，需用压膜线将棚膜下部压牢、固定。此压膜线的性能应为：抗伸强度高、伸长率小，耐蠕变性能和耐老化性能好。

用塑料制成压膜线不仅成本低，而且很容易满足上述对压膜线性能的多方面要求，但为了提高制品强度，塑料压膜线的结构设计成内有加强筋、外有包覆层的复合式结构，塑料压膜线截面形状示意如图 2-21 所示。

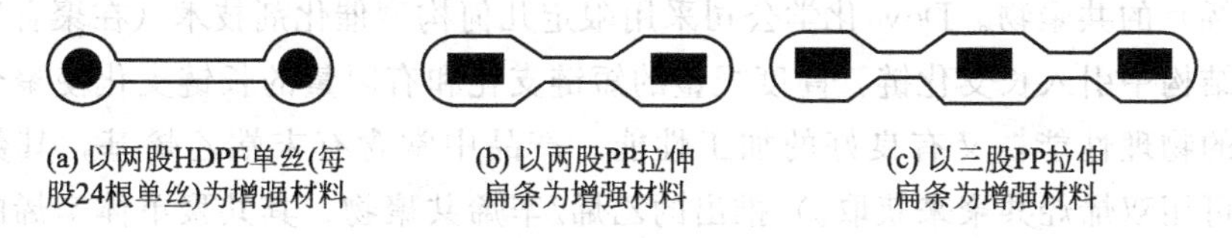


图 2-21　塑料压膜线截面形状示意

图 2-21 中黑色部分为加强筋，轮廓线内白色部分为包覆层树脂，实际是两种塑料的复合式结构。塑料压膜线的宽度为 10～15mm，厚度为 1.0～1.2mm。

(1) 原料

主要分三部分。

① 包覆材料为挤塑级 LDPE（MFR 0.8～1.0g/10min）和 LLDPE（MFR 0.9～2.0g/10min）共混树脂。LDPE 与 LLDPE 混合比为 3∶2 或 2∶3。

② 增强材料为 HDPE 单丝（每股 24 根）或 PP 拉伸扁条（即加强筋）。以 PP 拉伸扁条为增强材料能使压膜线有较高的断裂拉力和较低的断裂伸长率。以 PET 或 PA 合股单丝作为增强材料效果更好，但成本略高。国内也有以金属丝为增强材料的。

③ 在包覆材料（LDPE 与 LLDPE 共混树脂）和增强材料（PP 拉伸扁条）中加入适量的耐老化剂母料。材料中聚合型受阻胺光稳定剂含量为 0.3%～0.35%，复合型抗氧剂 B215 或 B900 含量为 0.10%～0.15%。

(2) 生产工艺

生产流程示意及生产工艺原理示意分别如图 2-22 所示。

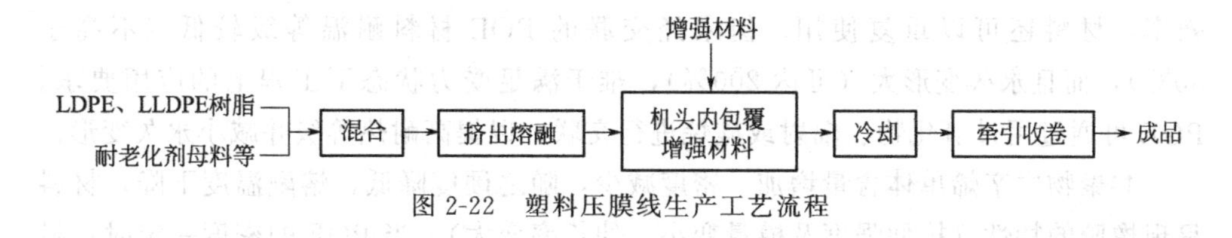


图 2-22　塑料压膜线生产工艺流程

关于作为加强筋的 HDPE 单丝及 PP 拉伸扁条的生产，可分别参阅本书相关内容。

用LDPE或LLDPE包覆加强筋的挤出包覆工艺的要点是：通过挤出机机头芯部的PE熔体温度应为150～160℃；加强筋通过机头芯部的速度要适当，以保证连续完整地实现对加强筋的包覆，并使加强筋受到充分的热处理以消除内应力，使压膜线平直，不发生翘曲、偏斜等现象。

**24. 茂金属聚乙烯薄膜**

茂金属聚乙烯（mPE）是在茂金属催化体系作用下（由茂金属化合物作为主催化剂和一个路易斯酸作为助催化剂所组成），乙烯和α-烯烃（例如1-丁烯、1-己烯或1-辛烯）的共聚物。Dow化学公司采用限定几何构型催化剂技术（在聚合物的短链支化结构中引入长支化链，高度规整的短链支化和有限量的长链支化使聚合物既有优良的物理性能，又有良好的加工性能。产品中常含有末端乙烯基，其数量可控，也可用双烯烃共聚来获取。）推出的乙烯/辛烯共聚物，其共聚单体辛烯的含量在20%～30%之间，密度为0.865～0.895g/cm$^3$，称为聚烯烃弹性体（POE），是一种聚烯烃类热塑性弹性体，其弹性比热塑性聚烯烃弹性体（TPO）好。

利用这种末端乙烯基可进行后聚合接枝共聚等，使产品官能化，有助于改善树脂的湿润性、可镀性、可涂饰性、黏着性和相容性。使聚烯烃分子结构、性能、品质发生了重大变化。

POE是采用溶液法聚合工艺生产的，聚乙烯链结晶区（树脂相）起物理交联点的作用，一定量辛烯的引入削弱了聚乙烯链结晶区，形成了呈现橡胶弹性的无定形区（橡胶相）。与传统聚合方法制备的聚合物相比，一方面它有很窄的分子量分布和短支链分布，因而具有优异的物理力学性能（高弹性、高强度、高伸长率）和良好的低温性能，又由于其分子链是饱和的，所含叔碳原子相对较少，因而具有优异的耐热老化和抗紫外线性能。窄的分子量分布使材料在注射和挤出加工过程中不会产生挠曲。

另外可以有控制地在聚合物线形短支链支化结构中引入长支链，改善聚合物的加工流变性能，使材料性能提高。通过对聚合物分子结构的精确设计与控制，可合成出一系列密度、门尼黏度、熔体流动速率、拉伸强度、硬度不同的POE材料。

由于POE有较高的强度和伸长率，而且有很好的耐老化性能，对于某些耐热等级、永久变形要求不严的产品直接用POE即可加工成制品，可大大地提高生产效率，材料还可以重复使用。但未经交联的POE材料耐温等级较低（不高于80℃），而且永久变形大（可达200%），难于满足受力状态下工程上的应用要求。POE可通过用过氧化物、辐射或硅烷进行交联，以提高耐热等级并减小永久变形。

共聚物中辛烯单体含量增加，密度减少，随之硬度降低，熔融温度下降，材料呈现橡胶的特性（拉伸强度及模量变小，伸长率变大）。当POE的密度一定时，材料的物理力学性能主要取决于共聚物的平均分子量，但分子量的大小对材料的硬度影响不大。

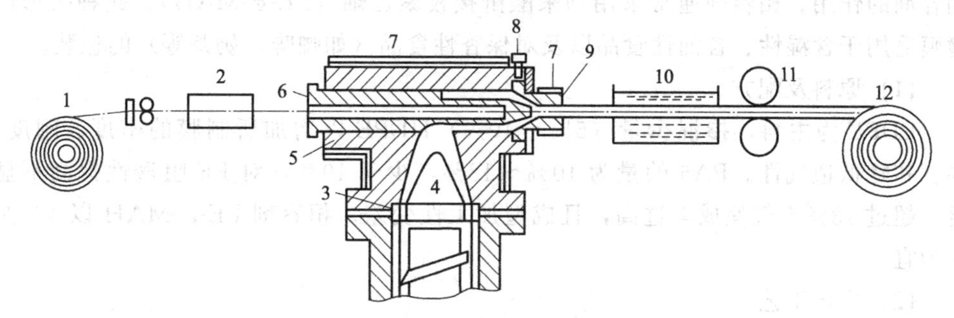


图 2-23 塑料压膜线生产工艺原理示意

1—增强材料（加强筋）；2—增强材料矫直定位机构；3—挤出机前端；4—多孔板；
5—机头体；6—增强材料导入器；7—机头和模口加热元件；8—调节螺丝；
9—口模；10—冷却水槽；11—牵引辊；12—压膜线卷取装置

**(1) 原料**

代表性的薄膜级mPE有埃克森公司的EXCEED 350 D60（熔体流动速率1.0g/10min，密度0.917g/cm³）和EXCEED 350 D65、陶氏化学的AFFINITY POP PL1881、AFFINITY POP PLl880和AFFINITY POP PL 8852、日本三井的EVOLUE SP2520和EVOLUE SP0540。

**(2) 生产工艺**

工艺流程与普通聚乙烯相同，可参阅本书相关内容。

mPE树脂在挤出工艺中表现为熔体黏度高，而熔体强度低，容易在模口引起熔体破裂，因此有必要采取螺杆中早熔融、早均化、早冷却的稳定成型方法。按早熔融、早结束的要求，挤出机三段温度分别设为150℃、200℃和180℃，而接头和机头温度分别为170℃和180℃。机筒第三段温度也要低一些，以便转移掉更多的热量。机筒的冷却应高效。在加料段应保持足够低的温度（水冷，不要采用风冷）以建立固体输送的强大推力，在压缩段应迅速升温，使mPE提前熔融，进入均化段后应迅速冷却降温，在接头处应使料流处于稳定的黏流状态，过滤网60目，适当降低对螺杆的反压以减少剪切摩擦热，过滤后段熔体的压力一般在18～25MPa，以保持对模具的压力梯度。维持熔融温度，使模口形成稳定的泡形，减少模口熔体破裂。风环冷却要充分，霜线高度一般不超过2D。典型的吹胀比在1.8～3.5之间。

由于mPE的挤出温度高于LLDPE，而结晶温度低于LLDPE 5～6℃，因此挤出时其散热就必须非常及时，要采用双唇风环以满足散热需要。

**25. 聚乙烯/尼龙6共混阻透性包装薄膜**

PE与尼龙6（PA6）共混树脂具有良好阻透性，是利用隔透性优良的PA6在PE树脂基体中能形成片层状分布的形态结构这一原理。但由于PA6与PE的相容性很差，所以欲使两者共混后能稳定地保持设定的层状分布形态结构，必须要借助相容剂的作用。相容剂通常采用马来酸酐接枝聚乙烯（PE-*g*-MAH）。此种阻透性薄膜适用于含湿性、含油性食品以及对保香性食品（如咖啡、奶茶等）的包装。

**(1)** 原料及配方

LDPE为主料，掺混少量（5%～10%）HDPE以增加所制膜的密度、刚度、强度和降低透气性。PA6的量为10%～18%，少于10%，对PE阻透性提高不显著，超过18%不仅使成本过高，且成型加工性变差。相容剂PE-*g*-MAH以4%左右为宜。

**(2)** 生产工艺

PA6属易吸潮树脂，使用前应在80℃左右干燥约6h。制膜的一种工艺是将上述四种原料在混合设备内充分混合后直接送入挤出吹膜机组制膜。另一种工艺是先将四种原料混合，随后挤出熔融造粒（形成共混体系），最后用粒料加入挤出吹膜机组制膜。挤出吹膜时，挤出机料筒三个区的参考温度依次为180℃、220℃、220℃，机头温度215℃。

需特别提醒的是，只有保证此种膜的微观形态结构是以聚乙烯树脂为连续相，而分散相是均匀层状分布的PA6树脂，才能获得具有良好阻透性的此种膜。而影响上述微观形态形成的因素很多，包括原料树脂的熔融黏度、配方组成、挤出共混的温度和剪切速率等，限于篇幅，在此不再讨论。

### 26. 高密度聚乙烯/乙烯-醋酸乙烯共聚物双层复合膜

由HDPE为内层，EVA为外层的双层复合膜具有较好的强度、透明性、耐低温性、印刷性以及卫生性，适用于作为冷冻食品的包装材料。

**(1)** 原料

内层树脂采用密度≥0.95g/cm³的薄膜级HDPE；外层树脂采用与HDPE相容性较好的薄膜级EVA，其VA含量小于15%，甚至在4%～6%之间。

**(2)** 生产工艺

采用复合膜共挤出吹塑机组，包括两台挤出机、一个复合机头和一套吹膜辅机。挤出机温度控制见表2-13。机头采用如图2-24所示的部分独立流动，然后汇合的熔体流动方式。这种结构可使两种熔体层在压力下贴合，有利于提高内、外层膜间的结合牢度。由于HDPE、EVA两种树脂的加工温度相当接近，所以可不考虑套管芯棒间的隔热问题，从而大大简化了模具结构。

**表2-13 HDPE、EVA双层复合膜挤出参考温度** 单位：℃

| 层次 | 材料 | 一段温度 | 二段温度 | 三段温度 | 机头温度 |
|---|---|---|---|---|---|
| 内层 | HDPE | 160～170 | 180～190 | 200～210 | 180±5 |
| 外层 | EVA | 130～150 | 160～170 | 180～190 | 180±5 |

此种膜一般内层厚度宜略大于外层厚度，如内层厚0.065mm，外层厚0.015mm。折径尺寸则根据需要，选择不同螺杆直径的挤出吹塑复合机组来完成。

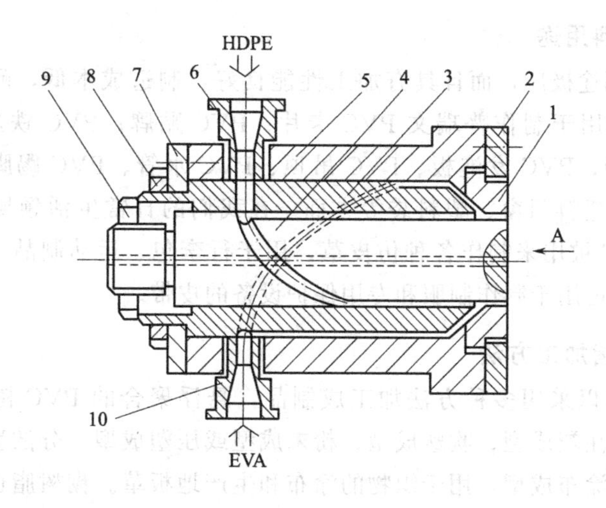


图 2-24 共挤出机头结构示意

1—口模；2—压环；3—外芯棒；4—内芯捧；5—机体；6,10—机颈；7—垫板；8,9—紧固螺母

# 第二节 聚氯乙烯薄膜

## 一、概述

PVC 主要成分为聚氯乙烯，色泽鲜艳、耐腐蚀、牢固耐用，由于在制造过程中增加了增塑剂、抗老化剂等一些有毒辅助材料来增强其耐热性、韧性、延展性等，故其产品一般不存放食品和药品。它是当今世界上深受喜爱、颇为流行并且也被广泛应用的一种合成材料。它的全球使用量在各种合成材料中高居第二。

据统计，仅仅 1995 年一年，PVC 在欧洲的生产量就有 500 万吨左右，而其消费量则为 530 万吨。在德国，PVC 的生产量和消费量平均为 140 万吨。PVC 正以 4%的增长速度在全世界范围内得到生产和应用。近年来 PVC 在东南亚的增长速度尤为显著，这要归功于东南亚各国都有进行基础设施建设的迫切需求。在可以生产三维表面膜的材料中，PVC 是最适合的材料。

在全世界范围内一半以上的 PVC 树脂用于与建筑有关的市场，使 PVC 行业容易受到经济的波动影响。建筑领域是 PVC 树脂增长最快的市场，1986～1996 年美国 PVC 树脂在建筑市场的增长率为每年 6%，在其他市场中的增长率仅为 1.4%/年。1986 年美国 PVC 树脂在建筑市场中的份额为 64%，1996 年增加到 73%，2005 年增加到 81%，2012 年增加到 86%，2015 年增加到 93%以上，增长最快的用途是管材、板壁和门窗等。

**1. PVC 材料用途**

PVC 材料用途极广，而且具有加工性能良好，制造成本低，耐腐蚀，绝缘等良好特点。主要用于制作普瑞文 PVC 卡片；PVC 贴牌；PVC 铁丝；PVC 窗帘；PVC 涂塑电焊网；PVC 发泡板、PVC 吊顶、PVC 水管、PVC 踢脚线等以及穿线管、电缆绝缘、塑料门窗、塑料袋等方面。在我们的日常生活领域中处处可见到 PVC 产品。PVC 被用来制作各种仿皮革，用于行李包、运动制品，如篮球、足球和橄榄球等。还可用于制作制服和专用保护设备的皮带。

**2. PVC 树脂加工方法**

PVC 树脂可以采用多种方法加工成制品，悬浮聚合的 PVC 树脂可以挤出成型、压延成型、注塑成型、吹塑成型、粉末成型或压塑成型。分散型树脂或糊树脂通常只采用糊料涂布成型，用于织物的涂布和生产地板革。糊树脂也可以用于搪塑成型、滚塑成型、蘸塑成型和热喷成型。

发达国家 PVC 树脂的消费结构中主要是硬制品，美国和西欧硬质品占大约 2/3 的比例，日本占 55%；硬质品中主要是管材和型材，占大约 70%～80%。PVC 软制品市场大约占全部 PVC 市场的 30%，软制品主要包括织物的压延和涂层、电线电缆、薄膜片材、地面材料等。硬质品 PVC 树脂近年来增长比软制品快。

**3. PVC 树脂的性能**

PVC 是无定形塑料，热稳定性差，易受热分解。PVC 难燃烧（阻燃性好），黏度高，流动性差。PVC 种类很多，分为软质、半硬质及硬质 PVC，密度为 1.1～1.3g/cm$^3$（比水重），收缩率大（1.5%～2.5%），PVC 产品表面光泽性差（美国最近研究出一种透明硬质 PVC 可与 PC 媲美）。

**4. PVC 的工艺特点**

PVC 加工温度范围窄（160～185℃），加工较困难，工艺要求高，加工时一般情况下可不用干燥（若需干燥，在 60～70℃下进行）。模温较低（20～40℃）。PVC 加工时易产生气纹、黑纹等，一定要严格控制好加工温度。螺杆转速应低些（50% 以下），残量要少，背压不能过高。模具排气要好。PVC 料在高温炮筒中停留时间不能超过 15min。PVC 宜用大水品进胶，采用“中压、慢速、低温”的条件来成型加工较好。PVC 产品易粘前模，开模速度（第一段）不宜过快，水口在流道冷料穴处做成拉扣式较好，PVC 料停机前需及时用 PS 水口料（或 PE 料）清洗炮筒，防止 PVC 分解产生 HCl，腐蚀螺杆、炮筒内壁。

## 二、聚氯乙烯（PVC）配方设计

纯的聚氯乙烯（PVC）树脂属于一类强极性聚合物，其分子间作用力较大，从而导致了 PVC 软化温度和熔融温度较高，一般需要 160～210℃才能加工。另外

PVC分子内含有的取代氯基容易导致PVC树脂脱氯化氢反应，从而引起PVC的降解反应，所以PVC对热极不稳定，温度升高会大大促进PVC脱HCl反应，纯PVC在120℃时就开始脱HCl反应，从而导致了PVC降解。鉴于上述两个方面的缺陷，PVC在加工中需要加入助剂，以便能够制得各种满足人们需要的软、硬、透明、电绝缘良好、发泡等制品。在选择助剂的品种和用量时，必须全面考虑各方面的因素，如物理化学性能、流动性能、成型性能，最终确立理想的配方。另外，根据不同的用途和加工途径，我们也需要对树脂的型号做出选择。不同型号的PVC树脂和各种助剂的配搭组合方式，就是常说的PVC配方设计了。那具体怎样进行具体的配方设计呢？下面将通过对各原、辅料的选择加以阐述的方式加以说明，希望能对读者有所裨益。

**1. 树脂的选择**

工业上常用黏度或*K*值表示平均分子量（或平均聚合度）。树脂的分子量和制品的物理力学性能有关。分子量越高，制品的拉伸强度、冲击强度、弹性模量越高，但树脂熔体的流动性与可塑性下降。同时，合成工艺不同，导致了树脂的形态也有差异，常见的是悬浮法生产的疏松型树脂，俗称SG树脂，其组织疏松，表面形状不规则，断面疏松多孔呈网状。因此，SG树脂吸收增塑剂快，塑化速度快。悬浮法树脂的主要用途见表2-14。乳液法树脂宜作PVC糊，生产人造革。

**表2-14 悬浮法PVC树脂型号及主要用途**

| 型号 | 级别 | 主要用途 |
| --- | --- | --- |
| SG-1 | 一级A | 高级电绝缘材料 |
| SG-2 | 一级A<br>一级B、二级 | 电绝缘材料、薄膜<br>一般软制品 |
| SG-3 | 一级A<br>一级B、二级 | 电绝缘材料、农用薄膜、人造革表面膜<br>全塑凉鞋 |
| SG-4 | 一级A<br>一级B、二级 | 工业和民用薄膜<br>软管、人造革、高强度管材 |
| SG-5 | 一级A<br>一级B、二级 | 透明制品<br>硬管、硬片、单丝、导管、型材 |
| SG-6 | 一级A<br>一级B、二级 | 唱片、透明片<br>硬板、焊条、纤维 |
| SGG-7 | 一级A<br>一级B、二级 | 瓶子、透明片<br>硬质注塑管件、过氯乙烯树脂 |

**2. 增塑剂体系**

增塑剂的加入，可以降低PVC分子链间的作用力，使PVC塑料的玻璃化温度、流动温度与所含微晶的熔点均降低，增塑剂可提高树脂的可塑性，使制品柔软、耐低温性能好。

增塑剂在10份以下时对力学强度的影响不明显，当加5份左右的增塑剂时，力学强度反而最高，是所谓反增塑现象。一般认为，反增塑现象是加入少量增塑剂后，大分子链活动能力增大，使分子有序化产生微晶的效应。加少量的增塑剂的硬制品，其冲击强度反而比没有加时小，但加大到一定剂量后，其冲击强度就随用量的增大而增大，满足普适规律了。此外，增加增塑剂，制品的耐热性和耐腐蚀性均有下降，每增加一份增塑剂，马丁耐热下降2～3。因此，一般硬制品不加增塑剂或少加增塑剂。有时为了提高加工流动性才加入几份增塑剂。而软制品则需要加入大量的增塑剂，增塑剂量越大，制品就越柔软。

增塑剂的种类有邻苯二甲酸酯类、直链酯类、环氧类、磷酸酯类等，就其综合性能看，DOP（邻苯二甲酸二辛酯）是一个较好的品种，可用于各种PVC制品配方中，直链酯类如癸二酸二（2-乙基己酯）（DOS）属耐寒增塑剂，常用于农膜中，它与PVC相容性不好，一般以不超过8份为宜，环氧类增塑剂除耐寒性好以外，还具有耐热、耐光性，尤其与金属皂类稳定剂并用时有协同效应，环氧增塑剂一般用量为3～5份。电线、电缆制品需具有阻燃性，且应选用电性能相对优良的增塑剂。PVC本身具有阻燃性，但经增塑后的软制品大多易燃，为使软PVC制品具有阻燃性，应加入阻燃增塑剂如磷酸酯及氯化石蜡，这两类增塑剂的电性能也较其他增塑剂优良，但随增塑剂用量增加，电性能总体呈下降趋势。对用于无毒用途的PVC制品，应采用无毒增塑剂如环氧大豆油等。至于增塑剂总量，应根据对制品的柔软程度要求及用途、工艺及使用环境不同而不同。一般压延工艺生产PVC薄膜，增塑剂总用量在50份左右。吹塑薄膜略低些，一般在45～50份。

### 3. 稳定剂体系

PVC在高温下加工，极易放出HCl，形成不稳定的聚烯结构。同时，HCl具有自催化作用，会使PVC进一步降解。另外，如果有氧存在或有铁、铝、锌、锡、铜和镉等离子存在，都会对PVC降解起催化作用，加速其老化。因此塑料将出现各种不良现象，如变色、变形、龟裂、力学强度下降、电绝缘性能下降、发脆等。为了解决这些问题，配方中必须加入稳定剂，尤其热稳定剂更是必不可少。PVC用的稳定剂包括热稳定剂、抗氧剂、紫外线吸收剂和螯合剂。配方设计时根据制品使用要求和加工工艺要求选用不同品种、不同数量的稳定剂。

#### (1) 热稳定剂

热稳定剂必须能够捕捉PVC树脂放出的具有自催化作用的HCl，或是能够与PVC树脂产生的不稳定聚烯结构起加成反应，以阻止或减轻PVC树脂的分解。一般在配方中选用的热稳定剂的特点、功能与制品的要求来考虑。例如：

铅盐稳定剂主要用在硬制品中。铅盐类稳定剂具有热稳定剂好、电性能优异、价廉等特点。但是其毒性较大，易污染制品，只能生产不透明制品。近年来复合稳定剂大量出现，单组分的稳定剂已有被取代的趋势。复合稳定剂的特点是具有专用性强，污染小，加工企业配料简便等优点。但由于无统一的标准，所以各家的复合稳定剂差异很大。

钡镉类稳定剂是性能较好的一类热稳定剂。在 PVC 农膜中使用较广。通常是钡镉锌和有机亚磷酸酯及抗氧剂并用。

钙锌类稳定剂可作为无毒稳定剂，用在食品包装与医疗器械、药品包装，但其稳定性相对较低，钙类稳定剂用量大时透明度差，易喷霜。钙锌类稳定剂一般多用多元醇和抗氧剂来提高其性能，最近国内已经有用于硬质管材的钙锌复合稳定剂出现。深圳市森德利塑料助剂有限公司成功开发出 CZX 系列无毒钙锌稳定剂，能够满足硬质管材及管件的生产，并在联塑等管材生产厂家批量使用。

有机锡类热稳定剂性能较好，是用于 PVC 硬制品与透明制品的较好品种，尤其辛基锡几乎成为无毒包装制品不可缺少的稳定剂，但其价格较贵。

环氧类稳定剂通常作为辅助稳定剂。这类稳定剂与钡镉、钙锌类稳定剂并用时能提高光与热的稳定性，其缺点是易渗出。作辅助稳定剂的还有多元醇、有机亚磷酸酯类等。

近年来还出现了稀土类稳定剂和水滑石系稳定剂，稀土类稳定剂主要特点是加工性能优良，而水滑石则是无毒稳定剂。

**(2) 抗氧剂**

PVC 制品在加工使用过程中，因受热、紫外线的作用发生氧化，其氧化降解与产生游离基有关。主抗氧剂是链断裂终止剂或称游离基消除剂。其主要作用是与游离基结合，形成稳定的化合物，使连锁反应终止，PVC 用主抗氧剂一般是双酚 A。还有辅助抗氧剂或过氧化氢分解剂，PVC 辅助抗氧剂为亚磷酸三苯酯与亚磷酸苯二异辛酯。主、辅抗氧剂并用可发挥协同作用。

**(3) 紫外线吸收剂**

在户外使用的 PVC 制品，因受到它敏感波长范围的紫外线照射，PVC 分子成激发态，或其化学键被破坏，引起游离基链式反应，促使 PVC 降解与老化。为了提高抗紫外线的能力，常加入紫外线吸收剂。PVC 常用的紫外线吸收剂有三嗪-5、UV-9、UV-326、TBS、BAD、OBS。三嗪-5 效果最好，但因呈黄色使薄膜略带黄色，加入少量酞菁蓝可以改善。在 PVC 农膜中常用 UV-9，一般用量 0.2～0.5 份。属水杨酸类的 TBS、BAD 与 OBS 作用温和，与抗氧剂配合使用，会得到很好的耐老化效果。对于非透明制品，一般通过添加遮光的金红石型钛白粉来改善耐候性，这时如果再添加紫外线吸收剂，则需要很大用量，不十分合算。

**(4) 螯合剂**

在 PVC 塑料稳定体系中，常加入的亚磷酸酯类不仅是辅助抗氧剂，而且也起螯合剂的作用。它能与促使 PVC 脱 HCl 的有害金属离子生成金属络合物。常用的亚磷酸酯类有亚磷酸三苯酯、亚磷酸苯二异辛酯与亚磷酸二苯辛酯。在PVC农膜中，一般用量为0.5～1份，单独用时初期易着色，热稳定性也不好，一般与金属皂类并用。

**4. 润滑剂**

润滑剂的作用在于减少聚合物和设备之间的摩擦力，以及聚合物分子链之间的内摩擦。前者称为外润滑作用，后者称为内润滑作用。具有外润滑作用的如硅油、石蜡等，具有内润滑作用的如单甘酯、硬脂醇及酯类等。至于金属皂类，则二者兼有。另外需要说明的是，内、外润滑的说法只是一种习惯称谓，并没有明显的界限，有些润滑剂在不同的条件起不同的作用，如硬脂酸，在低温或少量的时候，能起内润滑作用，但当温度升高或用量增加时，它的外润滑作用就逐渐占优势了，还有一个特例是硬脂酸钙，它单独使用时作外润滑剂，但当它和硬铅及石蜡等并用时就成了促进塑化的内润滑剂了。

在硬质PVC塑料中，润滑剂过量会导致强度降低，也影响工艺操作。对于注射制品会产生脱皮现象，尤其是在浇口附近会产生剥层现象。对注射制品，硬脂酸和石蜡总用量一般为0.5～1份：挤出制品一般不超过1份。

在软制品配方中，润滑剂用量太多，会起霜并影响制品的强度及高频焊接和印刷性。而润滑剂太少则会粘辊，对吹塑薄膜而言，润滑剂太少会粘住口模，易使塑料在模内焦化。同时，为了改善吹膜的发黏现象，宜加入少量的内润滑剂单甘酯。生产PVC软制品时，润滑剂加入量一般小于1份。

**5. 填充料**

在PVC中加入某些无机填料作为增量剂，以降低成本，同时提高某些物理力学性能（如硬度、热变形温度、尺寸稳定性与降低收缩率），增加电绝缘性和耐燃性。近年来，将无机填料纳米化，并将它运用到塑料中成为改性剂一直是研究热点，并已经有了部分研究成果如纳米碳酸钙增韧增强PVC，这其中要解决的重要问题就是如何将纳米产品均匀分散于塑料中。

在硬质挤压成型过程中，PVC制品一般的填料为碳酸钙和硫酸钡。对注塑制品，要求有较好的流动性和韧性，一般宜用钛白粉和碳酸钙。硬质制品的填料量在10份以内对制品的性能影响不大，近年来为了降低成本，使劲添加填料，这对制品的性能是不利的。

在软制品方面，加入适量的填料，会使薄膜具有手感很好的弹性，光面干燥而不显光亮，并有耐热压性高和永久形变小等优点。在软制品配方常用到滑石粉、硫酸钡、碳酸钙、钛白粉与陶土等填料。其中滑石粉对透明性影响较小。生产薄膜是，填料用量可达3份，多了影响性能。同时要注意填料细度，否则易形成僵块，使塑料断裂。在普通附层级电缆中主要添加碳酸钙；绝缘级电缆附层中加入煅烧陶土，可以提高塑料耐热性和电绝缘性。此外，三氧化二锑也可作为填料加入软制品中，以提高制品耐燃性。

特别提出，目前钙锌稳定剂普遍对高填充的碳酸钙会出现不同的颜色反应，主要为发红，这往往不是钙锌稳定剂稳定性不够，而应该是碳酸钙中某种杂质的影响。建议选材时，尽量选用白度好的，未加活性成分的超微细轻质碳酸钙粉作填料，则可以减轻不良反应。

**6. 着色剂**

用于PVC塑料的着色剂主要是有机颜料和无机颜料。PVC塑料对颜料的要求较高，如耐加工时高温，不受HCl影响，加工中无迁移，耐光等。常用的有：①红色主要是可溶性偶氮颜料、镉红无机颜料、氧化铁红颜料、酞菁红等；②黄色主要有铬黄、镉黄和荧光黄等；③蓝色主要有酞菁蓝；④绿色主要为酞菁绿；⑤白色主要用钛白粉；⑥紫色主要是塑料紫RL；⑦黑色主要是炭黑。另外，荧光增白剂用于增白，金粉、银粉用于彩色印花，珠光粉使塑料具有珍珠般散光。

**7. 发泡剂**

PVC用的发泡剂主要是ADC发泡剂和偶氮二异丁腈及无机发泡剂。另外，铅盐和镉盐也有助发泡作用，可使AC发泡剂的分解温度降到150～180℃左右。发泡剂的用量根据发泡倍率而定。

**8. 阻燃剂**

用于建材、电气、汽车、飞机的塑料，均要求有阻燃性。一般含卤素、锑、硼、磷、氮等化合物均有阻燃作用，可作阻燃剂。

硬质PVC塑料由于含氯量高，本身具有阻燃性，对于PVC电缆、装饰墙壁及塑料帏布掺入阻燃剂，可增加其耐火焰性。常用氯化石蜡、三氧化二锑（2～5份）、磷酸酯等阻燃剂。磷酸酯类和含氯增塑剂也有阻燃性。

## 三、聚氯乙烯薄膜工业化生产方法与制品成型加工

**1. PVC工业化生产方法**

PVC工业化生产方法主要有悬浮法、乳液法、微悬浮法、本体法，其中以悬浮法为主，占75%。从单体制法看，可分为两种路线，一种是以乙烯为原料的石油路线，即氧氯化法。优点是可利用丰富的石油资源，节省电能、成本较低。另一种合成路线为乙炔电石法，以电石为原料制备乙炔，然后与氯化氢反应制氯乙烯（VCM）单体，最后进行聚合反应生成PVC树脂。

悬浮法PVC树脂为白色无定形粉末，在显微镜下观察，其颗粒形态分为两种结构：一种为疏松型（XS型），也有称为棉花球型的；另一种为紧密型（XJ型），也称为乒乓球型。颗粒形态主要决定于悬浮剂，悬浮剂选用聚乙烯醇得疏松型，选用明胶时则得紧密型。常用的悬浮法PVC树脂颗粒形态及性能对比如下。

疏松型：树脂颗粒直径一般为50～100$\mu$m，粒径较大，表面不规则、多孔、呈棉花球状，容易吸收增塑剂，吸收速度快而且吸收量多，容易塑化，成型加工性好，但从制品强度上看，相对略低于同样配方、同样工艺条件下的紧密型树脂。

紧密型：树脂颗粒直径一般为5～10$\mu$m，粒径较小，表面规则、呈球形、实心、像乒乓球那样，不太容易吸收增塑剂，吸收速度慢，而且吸收量少，不太容易塑化，成型加工性稍差些，但从制品强度上看，相对略高于同样配方、同样工艺条件下的疏松型树脂。

悬浮法PVC树脂的型号目前可分为10种。一般用PVC树脂的分子量（或黏度）表示，分子量越大，树脂型号越小。每一种型号又分为疏松型和紧密型两种。

表示树脂分子量的方法可用绝对黏度（Pa·s）或*K*值或平均聚合度表示。绝对黏度、*K*值、平均聚合度越大，则平均分子量越大。

悬浮法PVC树脂的型号如表2-15所示。

**表2-15　悬浮法PVC树脂的型号**

| 型　号 | *K*型 | 绝对黏度/(mPa·s) | 平均聚合度 |
|---|---|---|---|
| XJ或XS-1 | ＞74.2 | ≥2.1 | ≥1340 |
| XJ或XS-2 | 70.3～74.2 | 1.9～2.1 | 1110～1340 |
| XJ或XS-3 | 68～70.3 | 1.8～1.9 | 980～1110 |
| XJ或XS-4 | 65.2～68 | 1.7～1.8 | 850～980 |
| XJ或XS-5 | 62.2～65.2 | 1.6～1.7 | 720～850 |
| XJ或XS-6 | 58.5～62.2 | 1.5～1.6 | 590～720 |
| XJ或XS-7 | 56.5～58.5 | 1.4～1.5 | 510～590 |
| XJ或XS-8 | 54～56.5 | 1.3～1.4 | 430～510 |

悬浮法PVC树脂还有0型树脂，其*K*值为75～90，绝对黏度为2.2mPa·s以上，聚合度为1650～4000，其力学性能、耐老化性能均很好，只是加工性较差。还有9型、10型树脂等。

还可分为卫生级PVC（即无毒PVC）和普通级PVC（有毒PVC）两种。卫生级是指在PVC树脂中，氯乙烯（VCM）单体的含量不能超过$3\times10^{-6}$mg/kg，也有要求不能超过$1\times10^{-6}$mg/kg的。

**2. 制品成型加工与现状**

PVC的微观形态为线形分子无定形结构，外观是白色粉末状，一般粒度为40目。平均分子量在3万～10万之间，高分子量的PVC可达25万。20℃下，相对密度为1.4，折射率为1.544。热学性质为65～85℃开始软化，120～150℃开始少量分解，160～180℃大量分解，200℃完全分解。具体情况根据软、硬PVC配方中增塑剂量、稳定剂量、填料、加工助剂量的多少及种类而确定。

PVC热分解时的颜色变化过程由白色→粉红色→红色→棕色→黑色。分解时脱掉氯化氢，形成多烯结构，出现交联，致使制品变硬、发脆，直至破坏。

PVC化学稳定性能良好，耐一般的酸、碱腐蚀。它的主要溶剂有二氯乙烷、环已酮、四氢呋喃等。因其中含有氯原子，其阻燃性能要优于聚乙烯、聚丙烯等塑料，可用做建筑材料。

PVC属于通用型塑料，其拉伸强度、抗弯强度、冲击强度、断裂伸长率、硬度等力学性能属一般水平，根据软质、硬质制品不同，力学性能也相差较大。

PVC结晶度小，一般为5%左右，所以制品的透明性要优于聚乙烯、聚丙烯等塑料。

硬质、软质PVC制品的划分，主要与增塑剂的含量有密切关系，一般来说，增塑剂含量在0～5份时，（以PVC树脂为100份计）为硬质塑料；增塑剂含量在6～25份时为半硬质塑料；增塑剂含量在25份以上时则为软质塑料。但也与其他添加助剂，如填料的量及种类等有关。

PVC成型加工性能较差，不如聚乙烯等好加工。这是由于其熔融温度接近分解温度，此时通过加入稳定剂，来提高分解温度。硬质PVC制品需要添加7份左右热稳定剂，软质PVC制品需添加2～4份热稳定剂，这样能顺利进行成型加工。对于硬质品，有时还需要再添加一些成型加工助剂，如ACR等。成型温度一般控制在150～180℃之间，有时可再高些，到200℃左右。

聚氯乙烯膜一般分压延膜和吹塑PVC膜。前者适用于厚的膜，后者适用于薄的膜。

## 四、聚氯乙烯（PVC）压延薄膜配方设计

### 1. 软质PVC压延薄膜

聚氯乙烯（PVC）压延薄膜是通过压延工艺制得的。压延是将受热的塑料通过一对或更多对相向旋转的水平辊筒的间隙，使物料承受挤压、延展的作用，而成为具有一定厚度、宽度和表面光滑的薄型制品的过程。其特点是产量高、质量好，但工艺设备复杂，投资较大。

典型应用范围：供水管道，家用管道，房屋墙板，商用机器壳体，电子产品包装，医疗器械，食品包装等。

注塑模工艺条件如下。

干燥处理：通常不需要干燥处理。

熔化温度：185～205℃；模具温度：20～50℃。

注射压力：可大到1500bar；保压压力：可大到1000bar。

注射速度：为避免材料降解，一般要用相当低的注射速度。

流道和浇口：所有常规的浇口都可以使用。如果加工较小的部件，最好使用针尖形浇口或潜入式浇口；对于较厚的部件，最好使用扇形浇口。针尖形浇口或潜入式浇口的最小直径应为1mm；扇形浇口的厚度不能小于1mm。

化学和物理特性：刚性PVC是使用最广泛的塑料材料之一，是一种非结晶性

材料。在实际使用中经常加入稳定剂、润滑剂、辅助加工剂、色料、抗冲击剂及其他添加剂。具有不易燃性、高强度、耐气候变化性以及优良的几何稳定性。PVC对氧化剂、还原剂和强酸都有很强的抵抗力。然而它能够被浓氧化酸如浓硫酸、浓硝酸所腐蚀并且也不适用与芳香烃、氯化烃接触的场合。PVC在加工时熔化温度是一个非常重要的工艺参数，如果此参数不当将导致材料分解的问题。PVC的流动特性相当差，其工艺范围很窄。特别是大分子量的PVC材料更难于加工（这种材料通常要加入润滑剂改善流动特性），因此通常使用的都是小分子量的PVC材料。PVC的收缩率相当低，一般为0.2%～0.6%。

其配方设计要点为：PVC树脂一般用2型、聚合度1300以上，这样强度和伸长率较高。有时也可用3型树脂（聚合度在1000左右）。

增塑剂总量是关键，根据用户对膜硬度要求而定。一般在45～52份，工业用膜可适当少些，这样强度较高，民用膜增塑剂可多些，这样柔软性较好。

增塑剂常用邻苯二甲酸二辛酯（DOP）。再配合一些其他品种增塑剂，互相取长补短。如采用环氧增塑剂可提高耐气候性及耐低温性。采用M-50增塑剂可降低材料成本。

稳定剂多采用金属皂类，透明性好。生产不透明膜时可用铅盐稳定剂，用量为2～4份。润滑剂量为1份左右，太多时影响薄膜的二次加工性能（印刷、焊接等）。

根据用户要求可适当添加抗氧剂、抗紫外线剂、改性剂等，用量为0.3～1份。

有些增塑剂如DOA等因为有毒不能用于玩具、食品包装膜。

按照GB 3830—83标准，将PVC压延制品区分为0.25mm以上的片、0.25mm以下的膜以及增塑剂含量在0～5份的硬制品、6～25份的半硬制品和25份以上的软制品。本节只涉及含25份增塑剂以上的软膜。

**2. 典型软质PVC压延薄膜配方**

PVC压延薄膜的主要用途是用于包装，制日用品、玩具和室内装饰品。

产品标准：GB/T 3820—1994。

原料及典型配方：软质PVC压延薄膜配方参见表2-16。

**表2-16 软质PVC压延薄膜配方** 单位：质量份

| 原　料 | 农用膜 | 盖盐膜 | 无毒软质膜 | 透明膜 | 不透明膜 |
|---|---|---|---|---|---|
| PVC树脂(SG-2或SG-3) | 100 | 100 | 100 | 100 | 100 |
| DOP | 37 | 19 | 45 | 30～60 | 20～40 |
| DOS | 10 | 10 | 5 | | |
| DHP | | | | | 10～20 |
| PDOP | | 0.8 | | | |
| 环氧酯 | 3 | 3 | 5 | | |
| 石油酯 | | 19 | | | |
| 环氧大豆油 | | | | 2～3 | |
| 硬脂酸钡 | 1.5 | 1.0 | | | |

续表

| 原　料 | 农用膜 | 盖盐膜 | 无毒软质膜 | 透明膜 | 不透明膜 |
|---|---|---|---|---|---|
| 硬脂酸镉 | 1.2 | 1.0 | | | |
| 硬脂酸铅 | | | | | 1～1.5 |
| 硬脂酸锌 | 0.2 | 0.3 | 0.4 | | |
| 硬脂酸钙 | | | 0.4 | | |
| 硬脂酸 | | | 0.3 | | |
| 液体钡镉 | | | | 1～2 | |
| 液体钙锌 | | 1.0 | 1.5 | | |
| 硬脂酸钡镉 | | | | 0.5～1.0 | |
| 液体镉钡锌 | | | | | 0～1 |
| 巯基三辛基锡 | | | 0.2 | | |
| 螯合剂 | 1 | | | 0.2～0.5 | 0.2～0.5 |
| 双酚 A | 0.2 | | | | |
| 六磷胺 | 5 | | | | |
| 三嗪-5 | 0.3 | | | | |
| UV-9 | | 0.4 | | | |
| YL-OHP | | | 0.3 | | |
| 酰胺类润滑剂 | | | | 0.2～0.5 | |
| 炭黑 | | 2 | | | |
| $TiO_2$ | | | | | 2～5 |
| 颜料 | | | | | 适量 |

生产工艺：PVC 压延膜的生产流程如图 2-25 所示。

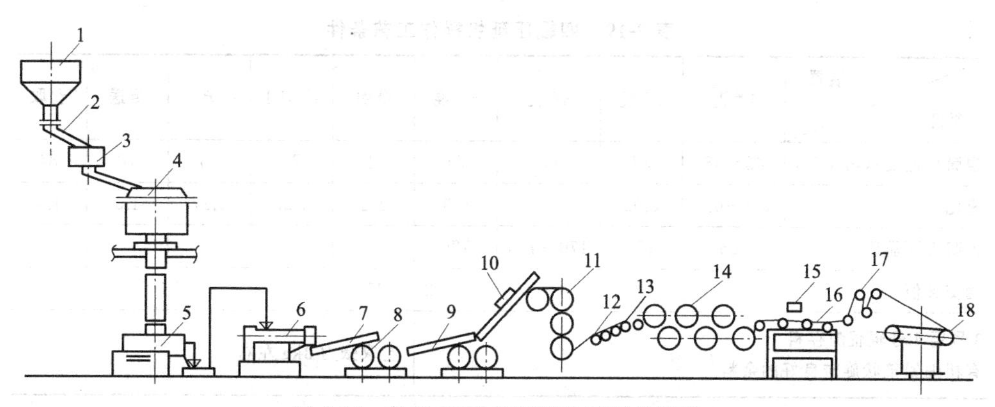


图 2-25　软质 PVC 压延膜生产工艺流程

1—树脂料仓；2—电磁振动加料器；3—称量器；4—高速热混合机；5—高速冷混合机；6—挤出塑化机；7—运输带；8—两辊开炼机；9—运输带；10—金属探测器；11—四辊压延机；12—牵引辊；13—托辊；14—冷却辊；15—测厚仪；16—传送带；17—张力装置；18—中心卷取机

PVC 树脂经加料风机送入密闭振动筛，筛去杂质后落入提升风管，送至料仓，经电子秤定量加至高速捏合机。

增塑剂、稳定剂等助剂经三辊研磨机或胶体磨分散均匀，固液比不小于 1∶(1.5～2)，经柱塞泵定量打至高速捏合机。

颜料按各自的吸油量经胶体、磨研至浆状或经三辊研磨机研至膏状，经称量后加入高速捏合机。

以上原料在高速捏合机中高速搅拌5～8min，温度升至80～100℃，树脂溶胀完善后放至冷混合机。经冷却分散至50℃左右，送至螺杆挤出塑化机。挤出塑化机工艺条件见表2-17。

表2-17　Φ200mm螺杆挤出塑化机操作工艺条件

| 机身温度/℃ | | | 口模温度/℃ | 出料温度/℃ | 螺杆转速/(r/min) |
|---|---|---|---|---|---|
| Ⅰ段 | Ⅱ段 | Ⅲ段 | | | |
| 150～160 | 165～170 | 170～175 | 170～180 | 170 | 30～40 |

预塑化后的料用传送带送至开放式初炼塑机及终炼塑机，经二次炼塑，其工艺条件列于表2-18。

表2-18　Φ50mm开炼机操作工艺条件

| 开炼机 | 辊筒表面温度/℃ | 辊距/mm | 翻炼次数/次 | 物料 |
|---|---|---|---|---|
| 初炼塑机 | 175±5 | 3 | 3～4 | 料卷重30kg |
| 终炼塑机 | 180±5 | 3～4 | 2～3 | 料片宽50～150mm |

料片经金属探测仪检测后，均匀地喂给四辊压延机。表2-19给出压延工艺条件。

表2-19　四辊压延机操作工艺条件

| 项目＼装置 | 1#辊 | 2#辊 | 3#辊 | 4#辊 | 牵引 | 冷却1 | 冷却2 | 传送 | 卷取 |
|---|---|---|---|---|---|---|---|---|---|
| 辊筒线速度/(m/min) | 42～48 | 55 | 60 | 54 | 72 | 75 | 76 | 78 | 84 |
| 速比 | 0.7～0.8 | 0.92 | 1 | 0.9 | 1.2 | 1.25 | 1.27 | 1.3 | 1.4 |
| 辊筒表面温度/℃ | 165 | 170 | 170～175 | 170 | — | — | — | — | — |
| 轴交叉值 | 25°～35° | | | | | | | | |
| 3号辊4号辊辊隙存料有粗细铅笔状旋转良好的余料 | | | | | 卷取张力3kg左右 | | | | |

压延后经牵引、缓冷、冷却、传送、检验后即得成品。

除上述工艺外，还可采用热捏合及冷捏合后经密炼机、开炼机、喂料挤出机供给四辊压延机方法。

在压延生产线中可采用Φ20mm、Φ50mm、Φ200mm的单螺杆挤出机进行预塑化，长径比在18～24即可，如果使用粒料压缩比取2.5～3，如果用粉料压缩比取4～5。螺杆形式要有利于物料塑料。生产时需要使用强制加料等装置。和密炼机配合使用时，可采用Φ200mm或Φ250mm的喂料挤出机。

压延辊筒是压延机最重要的部件，直径一般为360～900mm，长度为1000～3000mm，辊筒线速度为20～125m/min。

配方一：耐低温防老化农膜配方（各组分单位为质量份，下同） PVC，100；DOP，35；DOS，10；$ED_3$，5；BaSt，1.8；CdSt，0.7；ZnSt，0.3；双酚A，0.3；甲氧基二苯甲酮，0.3；亚磷酸三苯酯，1。

配方二：防老化农膜配方 PVC，100；DOP，47；$ED_3$，5；BaSt，0.6；CdSt，0.2；ZnSt，0.1；双酚A，0.5；三嗪-5，0.3；亚磷酸三苯酯，0.9；Ba/Cd复合稳定剂1.8。因为没有加DOS，耐低温比配方一差些。

配方三：低档农膜配方 PVC，100；DOP，15；DBP，15；M-50，12；DOA，5；环氧酯，3；Bs/Cd/Zn复合稳定剂，2.6；亚磷酸苯二异辛酯，0.5；HSt，0.2。

配方四：耐老化农膜配方 PVC，100；DOP，35；PDOP，15；BaSt，0.7；CdSt，0.5；PbSt，0.5；螯合剂，0.5；$TiO_2$，2。

配方五：普通农膜配方 PVC，100；DOP，34；环氧酯，3；CdSt，0.8；HSt，0.3；M-50，12；氯化石蜡，10；Ba/Cd/Zn稳定剂，2.3。

配方六：低档雨衣膜配方 PVC，100；DOP，35；DBP，25；PbSt，1.3；BaSt，2。

配方七：雨衣膜配方 PVC，100；DOP，22；DBP，12；DOS，12；环氧酯，6；PbSt，1；BaSt，1；HSt，0.5。

配方八：耐低温柔韧性雨膜配方 PVC，100；NBR，10；DOP，32；DOS，20；环氧酯，5；三盐，0.5；双酚A，0.4；HSt，0.3；BaSt，1.4。此配方加入了DOS耐低温，NBR橡胶增韧。

配方九：普通耐低温雨膜配方 PVC，100；DOP，35；DBP，7；DOS，10；CdSt，1.3；BaSt，1.4；HSt，0.2。

配方十：玩具膜配方 PVC，100；DOP，19；DIOP，7；DBP，16；DOS，6；BaSt，1.5。三盐，0.5；HSt，0.5；CaCO，6。

配方十一：印花膜配方 PVC，100；DOP，18；DBP，12；DOS，8；M-50，10；氯化石蜡，4；三盐，0.5；BaSt，1.5；PbSt，1.2；$CaCO_3$，5；HSt，0.2。

配方十二：耐低温透明膜配方 PVC，100；DOP，20；DBP，15；DOS，5；M-50，8；Ba/Cd复合液，2.5；HSt，0.2。

配方十三：透明膜配方 PVC，100；DOP，35；DBP，12；BaSt，1.5；PbSt，1；HSt，0.1。

配方十四：半透明膜配方 PVC，100；DOP，10；DIOP，11；DBP，15；环氧酯3氯化石蜡，11；BaSt，0.8；PbSt，0.8；三盐，1；HSt，0.2；$CaCO_3$，5。

配方十五：文具盒用膜配方 PVC，100；DOP，30；氯化石蜡，6；NBR，5；Ba/Cd/Zn稳定剂，1；BaSt，0.5；$CaCO_3$，15。

配方十六：耐油膜配方　PVC，100；磷酸三甲苯酯，15；聚己二酸丙二醇酯，35；BaSt，1.5；HSt，0.2；亚磷酸酯，0.6。

配方十七：盖盐膜配方　PVC，100；DOP，20；DOS，10；PDOP，0.8；环氧酯，3；M-50，18；BaSt，1；CdSt，1；ZnSt，0.3；UV-9，0.4；炭黑，2。

配方十八：工业包装膜配方　PVC，100；DOP，20；DBP，20；环氧酯，3；氯化石蜡，5；BaSt，1；PbSt，1；HSt，0.2。

配方十九：工业包装膜配方　PVC，100；DOP，18；DBP，12；M-50，10；HSt，0.1；DOS，6；三盐，1；$CaCO_3$，3；BaSt，1；PbSt，1。

配方二十：印花用底膜配方　PVC，100；DOP，25；DBP，9；$TiO_2$，1；DOS，1；环氧酯，2；M-50，11；三盐，0.7；二盐，0.7；BaSt，0.7；PbSt，0.6；HSt，0.2；$CaCO_3$，15。

配方二十一：医用膜配方　PVC，100；DOP，44；ESBO，6；CaSt，1；ZnSt，1；亚磷酸酯，0.5；京锡8831，1；Ca/Zn复合液，0.9；超细$SiO_2$，5。

配方二十二：木纹膜配方　PVC，100；DOP，30；DBP，20；M-50，20；氯化石蜡，10；CPVC，40；三盐，2.5；BaSt，1；ZnSt，0.5；$CaCO_3$，30；WAX，0.2；色料适量。

配方二十三：不透明书皮膜配方　PVC，100；DOP，30；M-50，10；环氧大豆油，2；Ba/Cd/Zn，1.5；HSt，0.3；$CaCO_3$，15。

配方二十四：座位罩面膜配方　PVC，100；DOP，30；DBP，20；M-50，12；环氧大豆油，2；BaSt，0.2；ZnSt，0.5；Ba/Zn液，2；$TiO_2$，5；$CaCO_3$，15。

## 五、聚氯乙烯（PVC）吹塑薄膜配方设计

吹塑PVC膜配方设计要点为：树脂选用疏松3型（即聚合度为1000），树脂中“鱼眼”不能太多，杂质也要少，以防止薄膜破裂。也可选用2型、聚合度1300。

增塑剂用量比压延膜的少，约为30～40份即可，也是以DOP为主增塑剂，和脂肪酸酯，环氧酯并用。增塑剂用量多时，易使薄膜的开口性能变差。

稳定剂总用量2～3份，一般用盐基性铅盐，若需半透明时，可选用金属皂类稳定剂，若要透明性好时，可用有机锡类稳定剂。

一般不加填料，有时为提高薄膜的开口性，可加入1～3份的碳酸钙、滑石粉、硅藻土、钛白粉等。

润滑剂用量1份左右，可用硬脂酸、石蜡、甘油酯等。

配方一：普通透明膜配方　PVC，100；DOP，15；DBP，8；环氧酯，7；月桂酸二丁基锡，1.5；BaSt，0.7；CdSt，0.5；白油，0.3。

配方二：透明膜配方　PVC，100；DOP，23；环氧大豆油，6；聚己二酸丙二醇酯，6；二月桂酸二丁基锡，2；BaSt，0.3；CdSt，0.3。该配方加了聚己二酸丙

二醇酯耐老化比配方一好些。

配方三：农用膜配方　PVC，100；DOP，25；DBP，10；硬脂酸单甘油酯，0.3；DOS，7；环氧酯，4；二月桂酸二丁基锡，0.5；BaSt，1.5；CdSt，0.8；WAX，0.3；HSt，0.5。

配方四：低档农用膜配方　PVC，100；DOP，20；DBP，12；DOS，6；环氧大豆油，4；BaSt，1.5；CdSt，0.7；有机锡，0.3；WAX，0.2；$CaCO_3$，0.8；滑石粉，1。

配方五：工业用膜配方　PVC，100；DOP，10；DBP，10；M-50，10；DOS，7；环氧酯，3；BaSt，1.7；CdSt，0.5；WAX，0.3；硬脂酸单甘油酯，0.3；滑石粉，1.6。

配方六：低档工业用膜配方　PVC，100；DOP，10；DBP，12；DOS，4；M-50，20；三盐，1.5；二盐，1；BaSt，1；WAX，0.5；$CaCO_3$，10。

配方七：民用包装膜配方　PVC，100；DOP，10；DBP，10；DOS4，M-50，6；BaSt，1；CdSt，0.5；亚磷酸三苯酯，0.9；WAX，0.3；硬脂酸单甘油酯，0.4。

配方八：低档热收缩膜配方　PVC，100；MBS，5；DOP，5；DBP，2；有机锡稳定剂，2；环氧酯，2；螯合剂，0.5；HSt，0.2；$CaCO_3$，1。

配方九：热收缩膜配方　PVC，100；DOP，8；PDOP，1；MBS，4；辛基硫醇锡，1.5；马来酸有机锡，1；HSt，0.5。

配方十：PVC玻璃纸（即扭结膜）配方　PVC，100；MBS，8；ACR，2；BaSt，2；ZnSt，2；HSt，0.5；WAX，0.5；滑爽剂，0.5。

配方十一：黑色膜配方　PVC，100；DOP，45；环氧酯，5；BaSt，0.5；ZnSt，0.3；Zn/Ca复合液，2；HSt，0.2；TPP，0.7；有机锡，0.2；炭黑，2；UV-9，0.1；双酚A，0.5。

配方十二：服装包装膜配方　PVC，100；DOP，30；环氧酯，3；硫醇锡，2；PDOP，0.5；MBS，4；CaSt，0.3；ZnSt，0.2；$CaCO_3$，0.5；HSt，0.3。

配方十三：屋顶膜配方　PVC，100；DOP，25；DIOP，30；炭黑，1；环氧大豆油，3；$TiO_2$，4；Ba/Cd/Zn复合液，2.5；HSt，0.3；$CaCO_3$，8；防霉剂，4。

配方十四：无滴膜　PVC，100；DOP，30；DBP，4；环氧酯，3；有机锡稳定剂，1；BaSt，2；CdSt，1；$CaCO_3$，1；水杨酸苯酯，0.3；硬脂酸甘油单酯，4。

配方十五：耐寒膜配方　PVC，100；DOP，35；DOS，7；PDOP，2；双酚A，0.1；环氧酯，5；BaSt，1.5；CdSt，1；$CaCO_3$，0.5；HSt，0.3。

配方十六：地膜配方　PVC，100；DOP，30；DOS，4；环氧酯，5；滑石粉，1；Ca/Zn复合液，3；UV-9，0.1；WAX，0.3。

配方十七：回收膜配方　废 PVC 膜，100；DOP，5；芳烃酯，15；三盐，1.5；PbSt，1；BaSt，1.5；WAX，1。

配方十八：医用膜配方　卫生级 PVC，100；DOP，45；环氧大豆油，5；PDOP，0.5；ZnSt，0.8；AlSt，0.5；HSt，0.3。

## 六、聚氯乙烯医用薄膜

PVC 医用薄膜是选用无毒的 PVC 树脂、无毒的增塑剂、稳定剂及其他助剂，经压延等工艺制成的。它适宜制作输血袋、输液袋等医用品，这类医用品便于携带，不易破碎，因而特别适宜野外救护及军事部门。

**(1)** 原料及典型配方

PVC 医用膜的原料及典型配方列于表 2-20。

**表 2-20　医用 PVC 膜的原料及典型配方**　　单位：质量份

| 原　料 | 配 比 | 原　料 | 配 比 | 原　料 | 配 比 |
|---|---|---|---|---|---|
| PVC 树脂[①] | 100 | CaSt | 1 | 京锡 8831 | 1 |
| DOP | 45 | ZnSt | 1 | 液体钙锌 | 0.8 |
| ESBO(环氧酯) | 5 | 亚磷酸酯-OHP | 0.5 | 细 $SiO_2$ 粉 | 适量 |

① 用无毒的 SG-2 和 SG-3 型树脂。

**(2)** 生产工艺

工艺流程及生产工艺参数可参见一般 PVC 压延膜。

产品标准执行中国药典（1977 年版）附录 64 输血、输液塑料容器标准及采用部分 GB 3830—1994 标准。

## 七、软质聚氯乙烯印花薄膜

在 PVC 压延薄膜上经凹版印刷机印花后制得此产品。应用于民用、军用（迷彩雨衣）、工业等领域。产品标准：SG 311—83 和 QB 1127—91。

**(1)** 原料及典型配方

① 印花 PVC 底膜配方（磁白）见表 2-21。

**表 2-21　印花 PVC 底膜配方[①]**　　单位：质量份

| 原　料 | 配 比 | 原　料 | 配 比 | 原　料 | 配 比 |
|---|---|---|---|---|---|
| PVC 树脂 SG-4 | 100 | M-50 | 10 | 硬脂酸 | 0.2 |
| DOP | 25 | 三碱式硫酸铅 | 0.7 | $CaCO_3$ | 15 |
| DBP | 10 | 硬脂酸钡 | 0.8 | $TiO_2$ | 1 |
| DOS | 1 | 硬脂酸铅 | 0.5 | 增白剂 | 适量 |
| $ED_3$(环氧酯) | 1 | 二碱式亚磷酸铅 | 0.7 | 群青 | 适量 |

① 卫生级配方：将铅盐、钡盐改为钙/锌复合稳定剂或有机锡、有机锑热稳定剂。

② 印花色浆常用的色料有中铬黄、柠檬铬黄、钼铬红、氧化铁红等无机颜料及酞菁蓝、酞菁绿、立索尔宝红、橡胶大红等有机颜料。配色浆的溶剂有环已酮、

乙酸丁酯、丁酮、邻苯二甲酸二丁酯等。另需加入氯醋树脂。以上各料配比随产品要求而变化，详见生产工艺部分所述。

**(2)** 生产工艺

印花底膜生产工艺同PVC压延薄膜。印花膜的工艺流程如图2-26所示。

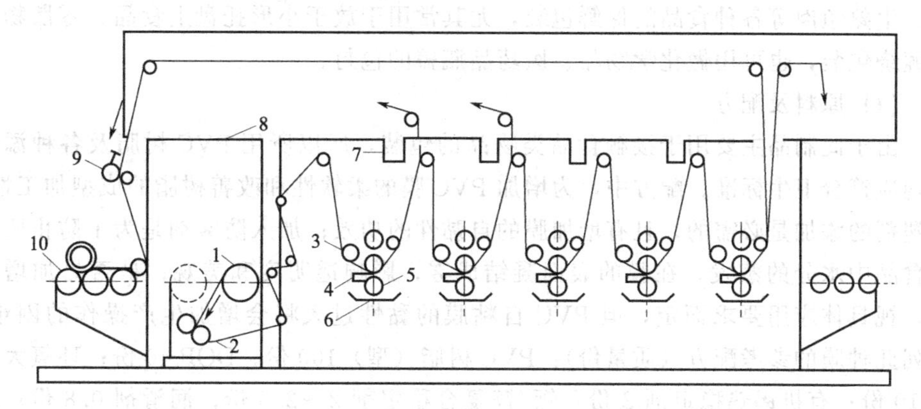


图2-26 PVC印花膜生产工艺流程

1—放卷装置；2—导辊；3—扩布辊；4—刮刀；5—花辊；6—油墨槽；

7—风干装置；8—干燥箱；9—计码器；10—收卷

印花色浆的配制操作如下。

① 透明原浆：将称量好的溶剂放入容器内，随即加入氯醋共聚树脂，连续搅拌8h左右，如用40℃水浴加热3～4h，即可得均匀透明状原浆。用量配比为氯醋树脂∶环己酮∶乙酸丁酯＝1∶3∶5或1∶2∶3（质量）。

② 颜料浆：单色颜料分别按配比称量好加入到溶剂内，混合均匀，用胶体磨研磨至糊状。色浆粒子控制在15μm以下，即成颜料浆。如不是单色，需将多种单色浆拼色成要求的色浆。配置白色浆的用料为钛白粉∶DBP∶环己酮＝1∶0.5∶0.8。

③ 把颜料浆按比例加入到透明原浆中，用40℃水浴加温搅拌2～3h，混合均匀即可。

透明原浆∶白色浆为1∶0.5。

透明原浆∶颜料浆为1∶0.4左右。

使用前用丙酮∶乙酸丁酯＝1∶1的混合溶剂稀释至所要黏度。

将印花色浆打入印花机的浆料盘，开动机器后，调好放膜卷张力，压上胶辊后，注意对版，用循环热风干燥。速度以印花色浆干燥为准，一般为15～20m/min，经卷取检验，即得成品。

塑料薄膜凹版印花机一般为3～6单元，每一色为一印刷单元。每个印刷单元由底膜传送导辊、扩展辊、橡胶压力辊及升降装置、对版装置、刮刀、刮刀横动及静电消除装置、风干装置、版间张力控制装置和花辊组成。

## 八、聚氯乙烯自粘食品包装膜

聚氯乙烯自黏膜具有良好的力学性能、耐穿刺性能、透明性、水蒸气透过性、伸缩性、自粘性，堪称各种塑料自粘膜中性能最佳者。它广泛用于蔬菜、水果、面包、生熟鱼肉等各种食品的保鲜包装，尤其常用于放于小形托盘上食品、零散物品的缠绕包装，也可用做化学物品、医药品瓶盖的包封。

**(1)** 原料及配方

由于此制品主要用于接触食品类物品的包装，所以所用 PVC 树脂及各种添加剂均应符合卫生标准。配方中，为增加 PVC 膜的柔软性和改善树脂的成型加工性，增塑剂的添加是必需的，且有增加膜的自黏性的功效；加入防雾剂是为了防止所缠包食品中水分的蒸发，在膜的表面凝结成雾，影响透明度和美观；是否另加增黏剂，视具体应用要求而定，但 PVC 自粘膜的黏性过大将会增加生产操作的困难。下列此种膜的参考配方（质量份）：PVC 树脂（型）100 份；DOP 40 份；环氧大豆油 10 份；有机锡热稳定剂 2 份；钙/锌复合稳定剂 2～2.5 份；润滑剂 0.8 份；防雾剂 1.5～2.5 份。

**(2)** 生产工艺

原则上可采用挤出流延法和挤出吹塑法生产此种膜。前法仅适合生产厚度在 0.013mm 的较厚自粘膜，可直接得到单片且厚度均匀的成品，生产中收卷容易，但设备投资较大。后者可生产薄至 0.01mm 以及更厚些的自粘膜，适应面广，操作简便，设备投资较少，但必须增加泡筒状膜的剖分，而卷取膜时易发生不正常粘连。

挤出吹塑法生产 PVC 自粘膜的主要生产过程及工艺参数是：各种物料分别计量→高速捏合机中捏合（温度 90～110℃，时间 20～30min）→冷拌和（30～45℃）→挤出塑化（挤出机 1～6 段，温度依次为 80～110℃、160～180℃、130～190℃、140～160℃、170～190℃、190～200℃）→口模成型（170～190℃）→筒膜吹胀（吹胀比 2.5～3.5）→牵引（速度 30～50m/min）。

## 九、软质聚氯乙烯吹塑薄膜

聚氯乙烯（PVC）加入增塑剂可用吹塑法吹制软质聚氯乙烯薄膜，按使用稳定剂的不同可制成透明膜和半透明膜，前者主要用于农业，后者主要用于工业。

聚氯乙烯吹塑薄膜的性能是随增塑剂及其他助剂添加的数量与品种不同而异，一般增塑剂含量越高，薄膜的伸长率、撕裂强度和耐低温性能越好，但硬度、拉伸强度和冲击强度随之下降。总的来看，PVC 吹塑软质薄膜具有柔软、透明性好、易于印刷和高频焊接的特点，所以应用领域颇为广泛，在农业上可作为普通育秧膜、蔬菜大棚膜和人参覆盖膜等，在工业上可作防潮、防水的覆盖膜和各种工业包装膜。产品标准：QB 1257—91 或 SG 81—84。

(1) 原料及典型配方

配方设计有农业用与工业用两种，表 2-22 给出适用于中国华北地区的典型配方。

表 2-22 软质 PVC 吹塑薄膜的配方[①] 单位：质量份

| 原料 | 配比 | | 原料 | 配比 | |
|---|---|---|---|---|---|
| | 农业用 | 工业用 | | 农业用 | 工业用 |
| PVC[②] | 100 | 100 | 二碱式亚磷酸铅 | | 1 |
| DOP | 22 | 22 | 硬脂酸钡 | 1.8 | 1.5 |
| DBP | 10 | 10 | 硬脂酸镉 | 0.6 | |
| DOS | 6 | 3 | 有机锡稳定剂 | 0.5 | |
| M-50 | | 4 | 石蜡 | 0.2 | 0.5 |
| 环氧大豆油 | 4 | | 碳酸钙 | 0.5 | 1 |
| 三碱式硫酸铅 | 1.5 | | | | |

① 卫生级配方：将钴盐、钡盐、镉盐改换成钙/锌复合稳定剂或有机锡、有机锑热稳定剂即可。

② 采用 SG-2 型或 SG-3 型树脂。

(2) 生产工艺

生产工艺流程如图 2-27 所示。

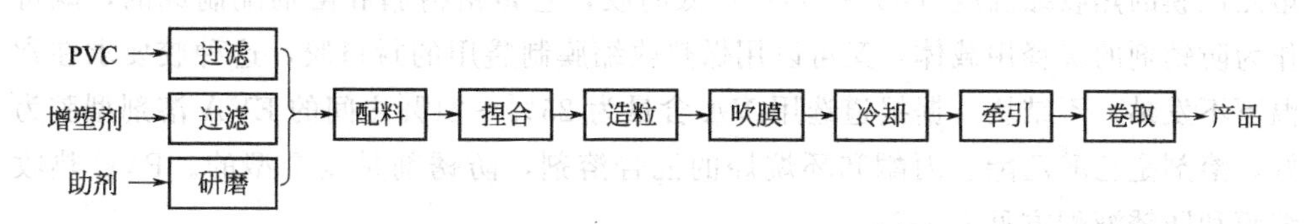


图 2-27 软质 PVC 吹塑薄膜生产流程

聚氯乙烯吹塑薄膜工艺流程有两种：一种是采用粉料直接挤出吹塑成型，此法使用的挤出机长径比大，才能塑化良好；另一种方法是使用普通挤出吹膜机组，用粒料吹膜，虽增加了造粒工序，但挤出机结构较简单，国内大多数厂家采用此种方法。

(3) 生产操作

① 配料 为了除去物料中的杂质，PVC 树脂需通过 40 目筛网，增塑剂通过 100 目铜丝网，其他助剂用增塑剂稀释，以三辊研磨机研磨，其细度达到 80μm 以下。然后按配方计量放入捏合机中，捏合温度 100～120℃，待物料松散有弹性即可出料。捏合好的物料投入挤出造粒机造粒，造粒的温度不宜过高，一般控制在 150～170℃，挤出机的颗粒应整齐、塑化良好且不粘连。

② 挤出吹膜 为保证吹膜的质量，最好使用热颗粒，一方面薄膜塑化良好，另一方面也可降低吹膜的能耗。为减少因“糊车”而拆机头的次数，机头温度应低

于机身温度。具体工艺条件如下：挤出机的后段温度150～160℃，中段温度170～180℃，前段温度170～180℃，机头温度170℃左右。吹胀比通常为1.5～2.5。吹胀膜后应冷却良好，否则薄膜发黏。

挤出造粒机为等距不等深的渐变型螺杆，螺杆直径Φ65mm，长径比为10。

挤出吹膜机组挤出机为等距不等深渐变型螺杆，螺杆直径Φ65mm，长径比为20。

## 十、聚氯乙烯防锈收缩膜

PVC涂覆防锈热收缩膜是以PVC树脂为原料再添加其他助剂，首先采用挤出吹塑法制成PVC热收缩膜，然后在膜表面上涂上一层防锈材料而制成的防锈膜，具有两种特殊功能：①可防止被包装物锈蚀；②经收缩包装后能保持包装物外形，且透明直观。

(1) 原料及典型配方

防锈膜是一种具有防锈作用和热收缩性能的薄膜，在配方设计上要着重考虑它的收缩率、防锈性能和透明度。基于上述观点，在PVC热收缩膜配方中，PVC宜选用*K*值小于62的SG-6型树脂；稳定剂选用京锡8831；润滑剂选用氯化聚乙烯蜡和硬脂酸；选用MBS为冲击改性剂。此外，在防锈体系配方中，还要选用一种熔点比膜的热收缩温度（80～100℃）低的胶，它是由树脂和溶剂配制成的，既可作为防锈剂的缓释用载体，又可以用做热收缩膜制袋用的封口胶，这种胶要求在常温下不发黏、不结块。据报道选用VA含量为25%～31%之间的EVA溶剂型胶为好，溶剂是乙酸乙酯、丙酮和环烷烃的混合溶剂，防锈剂是复合型的。PVC热收缩膜和防锈液配方见表2-23。

**表2-23　PVC热收缩膜和防锈液配方**

| PVC热收缩膜配方/质量份 | | 防锈液配方/质量份 | |
|---|---|---|---|
| 原　料 | 配　比 | 原　料 | 配　比 |
| PVC SG-6型 | 100 | 其他助剂 | 少量 |
| 稳定剂 | 2～5 | EVA | 3～9 |
| 增塑剂 | 3～6 | 防锈剂 | 2～4 |
| 润滑剂 | 0.5～1 | 溶剂 | 83～93 |
| 改性剂 | 4～7 | 增黏剂 | 1～4 |

(2) 生产工艺

工艺流程如图2-28及图2-29所示。

防锈液的配制是一纯溶解过程，先将混合溶剂与EVA树脂在第一溶解釜内加热溶解，温度50～70℃，温度不要太高，以防溶剂的挥发损失。然后放入第二溶解釜，并加入复合防锈剂和增黏剂，温度控制在70～90℃，搅拌0.5h即可。

PVC防锈热收缩膜的生产，在涂覆前工艺与PVC热收缩包装膜相同，在此为

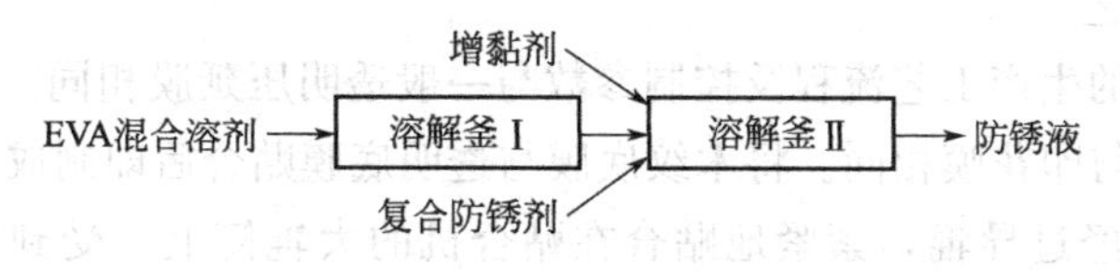


图 2-28 防锈液配制工艺流程

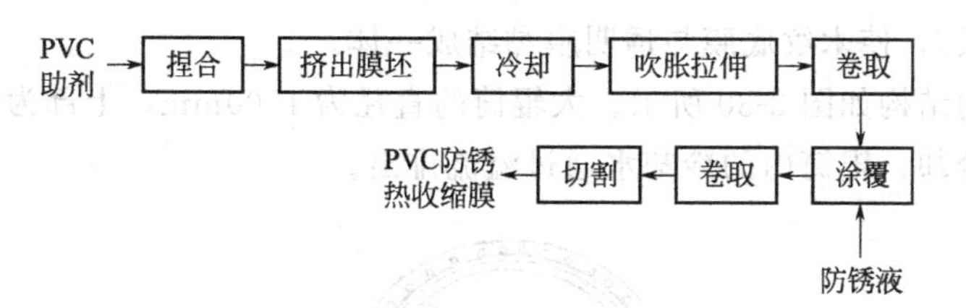


图 2-29 PVC 防锈热收缩膜生产工艺流程

基膜，其厚度多为 0.05mm。关于在其上涂覆防锈液，可采用凹眼网纹辊涂布法。防锈剂的用量，一般为 2%～4%，涂布厚度为 0.005～0.01mm（干膜）。

## 十一、聚氯乙烯木纹膜

木纹膜是以聚氯乙烯压延膜为基膜，通过印刷辊印上木纹图案，经与透明膜复合，再压上具有木质感的“棕眼”纹，即得木纹膜。将木纹膜贴合在塑料板、木板、钢板等板材上面，给人以一种真实的木质感觉，达到“以假乱真”的效果。木纹图案可以根据不同树种的年轮图案进行设计，刻制印花辊，通过多色印花机印刷，可得到反映多种树木的木纹膜。所以木纹膜是一种极好的装饰类用途膜。

**(1) 原料及典型配方**

底膜配方可参照 PVC 压延膜的配方，但需减少增塑剂含量，使膜质稍硬。颜色可根据木纹所需印刷颜色来定。如做家具桌面的贴面则底膜应配制成耐热性底膜，其典型配方见表 2-24。

**表 2-24 木纹膜的底膜配方①** 单位：质量份

| 原料 | 配比 | 原料 | 配比 | 原料 | 配比 |
|---|---|---|---|---|---|
| PVC | 100 | 三碱式硫酸铅 | 2.5 | 碳酸钙 | 25 |
| 增塑剂 | 80～90 | 硬脂酸钡 | 1～1.5 | 石蜡 | 0.2 |
| 氯化聚氯乙烯 | 40 | 硬脂酸锌 | 0.5 | 色料 | 适量 |

① 卫生级配方：只需将铅盐、钡盐改为钙/锌复合稳定剂或有机锡、有机锑热稳定剂。

复合用透明膜配方见“压延膜”一节中的“透明 PVC 压延膜”，关于印刷用色浆配制方法与印花膜的色浆配制方法相同，一般木纹印刷以三套色印刷为主，因此配制色浆的色泽分浓、中、淡三档。

(2) 生产工艺

木纹膜底膜的生产工艺流程及控制参数与一般透明压延膜相同。木纹的印刷工艺流程及控制参数与印花膜相同。将木纹底膜与透明底膜贴合后即制成木纹膜成品。

两种膜分别经过导辊，紧紧地贴合在贴合机的大辊筒上，受到固定在大辊筒上方的电加热罩的加热，使底膜和透明膜的温度达到 140～150℃，再经牵引机牵引、冷却，即得合格的木纹膜。牵引机的作用一方面把膜从大辊筒上拉出，另一方面趁热压上“棕眼”，使木纹底膜与透明膜黏结成一体。

贴合机的结构如图 2-30 所示。大辊筒的直径为1500mm，上部为弧形的电加热罩下部用水冷却，辊筒内的冷却水通过溢流排出。

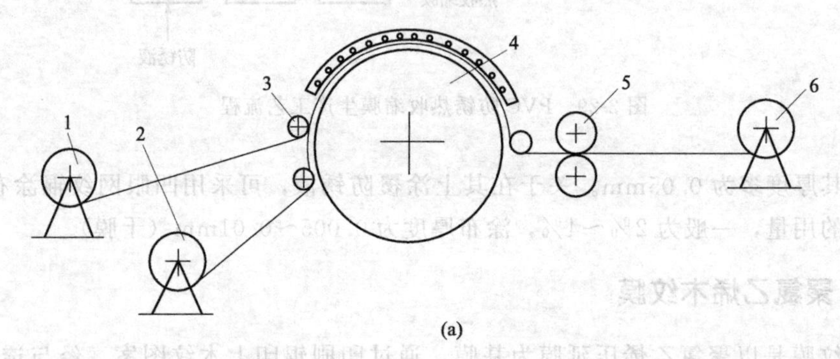


(a)

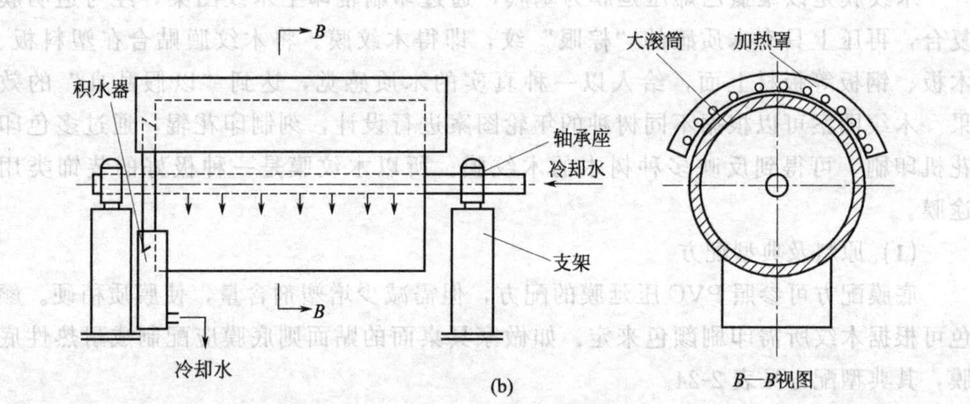


(b)

图 2-30 贴合工艺流程（a）及贴合机（b）示意

1—透明膜卷；2—木纹底膜卷；3—导辊（3 支）；4—贴合机；5—牵引机；6—成品膜卷

牵引机的结构与压延膜的牵引机基本相同，下辊为橡胶辊，上辊是带棕眼的钢辊，称棕眼辊，辊中可通过冷却水，棕眼为凸起微弯，长度为 3～5mm，宽度为 0.1～0.3mm，凸起高度为 0.1～0.2mm 的花纹。通常用腐蚀法加工制成。

## 十二、聚氯乙烯夹网膜

聚氯乙烯（PVC）夹网膜是由 PVC 树脂、增塑剂、稳定剂、润滑剂、色料等按一定比例混合后经高速捏合机捏合，并经挤出机塑化，压延机压延成膜后与网基正、反面两次复合而制成的产品。

由于此产品制造周期短，耗能小，成本低且产品具有质轻、拉伸强度大，耐腐蚀，防水性能好，易热合等优点，故被广泛用做防水材料如防雨苔布、篷布、雨衣布等。

(1) 原料及典型配方

典型的原料及配方见表 2-25。

表 2-25　典型的原料配方　　单位：质量份

| 原　　料 | 配　比 | 原　　料 | 配　比 | 原　　料 | 配　比 |
|---|---|---|---|---|---|
| PVC(SG-3) | 100 | 硬脂酸镉钡 | 0.3 | 色料 | 适量 |
| DOP | 70 | 复合有机镉钡稳定剂 | 1 | | |
| 二碱式亚磷酸铅 | 1 | 硬脂酸 | 0.5 | | |

(2) 生产工艺

工艺流程如下：

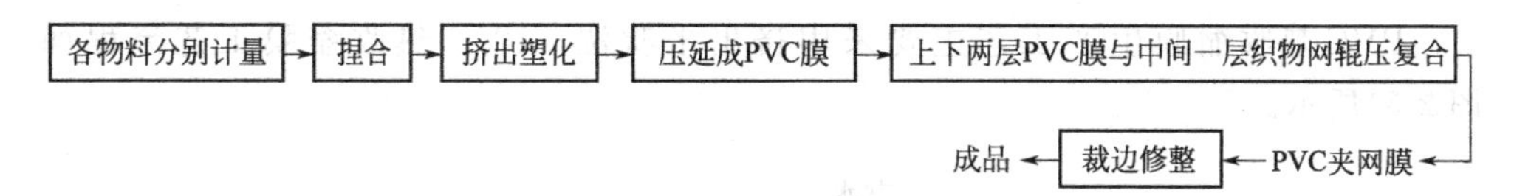


PVC 压延膜生产控制参见聚氯乙烯压延薄膜项。

## 十三、聚氯乙烯热收缩包装薄膜

聚氯乙烯热收缩包装薄膜具有受热而收缩的特点。其原理是在生产过程中，使薄膜在其软化点以上熔点以下的温度进行拉伸时，分子产生取向排列，当薄膜急剧冷却时，分子被“冻结”，当薄膜重新加热到被拉伸时的温度，就会产生应力松弛，也就是已取向的分子发生解取向，使薄膜产生收缩，取向程度大则热收缩率大，取向程度小的热收缩率小。

聚氯乙烯热收缩膜的特点是强度较高，透明性好，防水、防潮、防污染能力强，有优良的绝缘性能，使用它做包装材料，不仅可以简化包装工艺，缩小包装体积，而且由于收缩后的透明薄膜紧裹被包物品，能清楚地显示出物品的色泽与造型，故广泛应用于商品包装。国内目前的聚氯乙烯热收缩膜大量应用于干电池的外包装等。

(1) 原料及典型配方

干电池包覆用 PVC 热收缩膜是半硬质透明膜，故采用热稳定性好的 PVC（SG－4型或 SG－5 型）树脂。为提高透明度和增大收缩张力，在配方中加入适量的 MBS 树脂。典型配方见表 2-26。

表 2-26　包覆用 PVC 热收缩膜配方　　单位：质量份

| 物料名称 | 干电池包覆用膜配方 | 一般包覆用膜配方 | 无毒透明包覆膜配方 |
| --- | --- | --- | --- |
| PVC 树脂 | 100(SG-4 或 SG-5) | 100(SG-5) | 100(SG-6 或 SG-7) |
| MBS | 4 | 4～10 | |
| DOP | 4 | 3～4 | 5 |
| DBP | 3 | 3～4 | |
| ACR | | | 3～5 |
| CPE | | | 2～3 |
| 有机锡稳定剂 | 2 | 1.5～2.5 | 3 |
| 环氧酯 | 2 | | 4 |
| 螯合剂 | 0.5 | | |
| 硬脂酸 | 0.2 | 0.5～1.5 | 1 |
| 硬脂酸丁酯 | 、 | | 0.5～1 |
| 硬脂酸甘油酯 | | | 0.5 |
| 碳酸钙 | 0.2 | | |
| 加工助剂 | | 1～2 | |

(2) 生产工艺

PVC 热收缩膜生产工艺主要采用挤出平吹法，PVC 热收缩膜工艺流程如图 2-31所示。

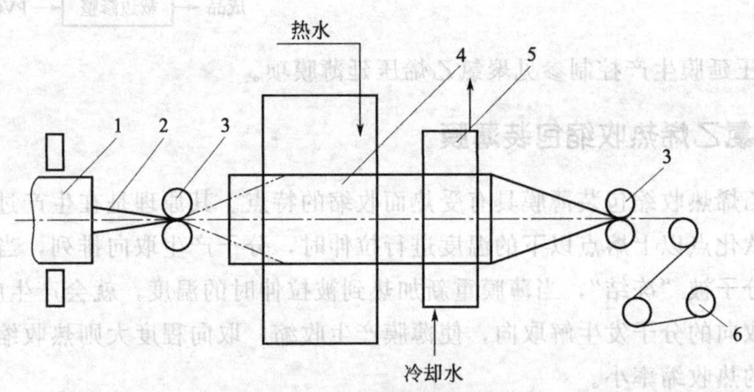


图 2-31　PVC 热收缩膜工艺流程

1—机头；2—管坯；3—牵引辊；4—加热拉伸定径套；5—冷却定径套；6—卷取

挤出管坯稍微吹胀后进入慢速牵引辊，而后经过加热拉伸定型套，进入冷却定型套，再进快速牵引辊，在此期间进行双向拉伸和冷却定型。

PVC 半硬热收缩膜可采用粉料直接挤出吹塑成型，其主要生产工艺控制如下。

① 塑化挤出：将捏合好的物料加入挤出机中，挤出机温度：后段 170～175℃，中段和前段温度 180～185℃，机头温度 180℃左右。调节口模间隙，使管坯厚度均匀，然后吹气，待膜管稍吹胀立刻送入慢速牵引辊。

② 拉伸与冷却：定型管膜在加热拉伸定径套中受到热水的冲淋而被加热，热

水温度85～95℃，在此管膜受到双向拉伸，而后进入冷却定型套冷却定型。冷却水温是自然温度。

常用挤出机的螺杆直径$\Phi$30mm，长径比为25，压缩比为3，为普通等距不等深渐变型单螺杆挤出机。

机头为十字架式平吹机头。

## 十四、软质聚氯乙烯流滴消雾耐老化压延棚膜

聚氯乙烯棚膜的应用不如聚乙烯棚膜广泛，但因其远红外线透过率较低，厚度0.10mm的软PVC膜，7～11μm红外线透过率约为20%，保温性良好，所以在寒冷地区的农业中有其特殊应用价值。

**(1)** 原料及典型配方

见表2-27。

**表2-27 软PVC流滴消雾耐老化压延棚膜典型配方** 单位：质量份

| 原　　料 | 配　比 | 原　　料 | 配　比 | 原　　料 | 配　比 |
|---|---|---|---|---|---|
| PVC树脂(SG-2或SG-3) | 100 | 双酚A | 0.4～0.5 | 液体铅、钡、镉复合稳定剂 | 1.3～1.5 |
| DOP | 38～40 | 白炭黑($SiO_2$) | 0.3～0.6 | 亚磷酸三苯酯(TPP) | 0.6～0.8 |
| DOA | 7～8 | 硬脂酸铅 | 0.4～0.6 | 流滴消雾剂 | 4.8～5.2 |
| 环氧十八酸酯($ED_3$) | 3～4 | 硬脂酸镉 | 0.5～0.6 | | |
| UV-9 | 0.4～0.5 | 硬脂酸钡 | 1.0～1.2 | | |

树脂采用了分子量较高的SG-2或SG-3以保证此棚膜的强度。增塑剂使用多品种复合以使综合增塑效果良好。稳定剂为无毒稳定体系，且硬脂酸皂类有一定的润滑作用，因而此配方中可不另加润滑剂。白炭黑（$SiO_2$）的加入是为了使压延过程中物料不过分黏附辊筒。

耐老化体系由二苯甲酮类紫外线吸收剂（UV-9）、抗氧剂（双酚A）、螯合剂（亚磷酸三苯酯TPP）组成。

流滴消雾体系通常由失水山梨醇棕榈酸酯（S-40）、失水山梨醇硬脂酸酯（S-60）、聚甘油硬脂酸酯和特殊化学结构的硼酸酯、磷酸酯及有机硅表面活性剂等组成。

**(2)** 生产工艺

工艺流程与前述之普通PVC压延膜基本相同，可参见本书图2-25。但在制得流滴消雾耐老化压延膜之后，往往需增加一套防尘层涂覆工序，这是因为增黏剂总是有一些会向外迁移、析出，不仅使棚膜柔软性降低，而且会黏附灰尘，使得透光率下降。

涂覆防尘层的工艺过程是：将制成的流滴消雾耐老化压延膜卷首先开卷，经涂覆设备，在其一侧表面均匀涂上调制的涂覆剂，再经加热装置较缓慢地排除涂覆剂中的有机溶剂，使聚合物涂层固化于PVC膜的表面，冷却、卷取即得防尘PVC棚

膜。涂覆剂是某些聚合物的有机溶液。该聚合物可为聚酰胺型、聚氨酯型、聚丙烯酸酯型，其中以聚丙烯酸酯型应用居多。实用的涂覆剂需用稀释剂及其他组分调至适宜黏度以适合涂覆工艺的要求。

为提高防尘 PVC 棚膜的耐老化性能，防尘涂层内需添加适量的受阻胺光稳定剂与复合型抗氧剂。

此外，在如图 2-25 所示的工艺流程中，也可在两辊开炼之前，先经密炼机密炼，而不经挤出塑化。

高速捏合时，温度为 100～120℃。密炼机塑炼时，塑化温度控制在 120～130℃区间，应使物料成为松散的团状。密炼后的两辊开炼，常采用串联的两台开炼机。第一台开炼机温度为 155～160℃，第二台开炼机温度为 160～165℃。充分塑化后，经运输带或单螺杆挤出喂料机送入四辊压延机。

当采用倒 L 形四辊压延机压延时，辊温一般控制为：1 号辊 160℃，2 号辊160～165℃，3 号辊 165～170℃，4 号辊 170～175℃，即各辊间温差为 5～10℃为宜。

## 十五、硬质聚氯乙烯透明包装薄膜

硬质聚氯乙烯透明包装膜（PVC 玻璃纸），厚度仅为 19μm。其成型方法有两种，一种是挤出吹塑法，另一种是 T 形机头挤出平片法。目前国内大多采用前一种方法，硬质聚氯乙烯透明包装膜是以 PVC 树脂为主要原料，另外添加改性剂及其他加工助剂经配料、捏合、挤出吹塑工序制成的。

硬质 PVC 透明包装膜透明性高，坚挺、扭结稳定、强度高、韧性好，抗冲击和抗撕裂性能好，气密性优异，无毒、无臭无味，可保鲜保香。鉴于上述特点此膜主要用做糖果扭结包装、香烟及其他食品的外包装等，外观可与传统的纤维素玻璃纸（赛璐玢）相媲美，因此俗称 PVC 玻璃纸，但价格低于纤维素玻璃纸。

产品适用标准 GB 10805—89，其透光率达 91%。

**(1)** 原料和典型配方

硬质聚氯乙烯透明包装膜是一种不加增塑剂的硬质 PVC 产品，因此为便于加工选用 SG－6 型 PVC 树脂。用于食品包装，还应选用卫生级 PVC。典型配方见表 2-28。

**表 2-28　PVC 玻璃纸配方**　　单位：质量份

| 原　料 | 配　比 | 原　料 | 配　比 | 原　料 | 配　比 |
|---|---|---|---|---|---|
| PVC | 100 | 稳定剂 | 2～4 | 着色剂 | 适量 |
| MBS | 5～10 | 滑爽剂 | 0.5～1.0 | | |
| 加工改性剂 | 1～3 | 润滑剂 | 3～4 | | |

当用于香烟包装时，为改善 PVC 玻璃纸的热封合性能，表面需涂覆一层低温热封合材料，其主要成分是氯乙烯和乙酸乙烯共聚树脂。

**(2)** 生产工艺

工艺流程如图 2-32 所示。

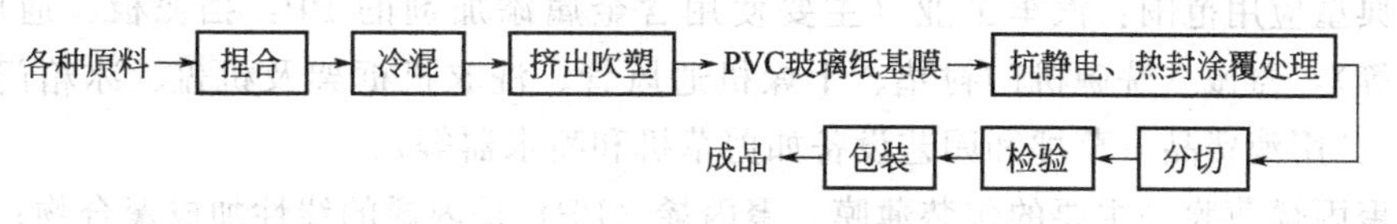


图 2-32 PVC 玻璃纸的生产工艺流程

本工艺流程采用粉料直接挤出吹塑成型，制成玻璃纸基膜后，亦可直接作为制品，而不经抗静电、热封涂覆处理。

硬质 PVC 透明包装膜一般采用挤出上吹成型工艺，主要工艺条件如下。

① 配料捏合　将 PVC 树脂及其他助剂按配方准确称量后，放入高速捏合机，捏合时间 5～8min，温度 102℃左右，物料捏合好后放入冷混机中进行冷却，待物料温度降到 40～50℃以下即可放入储料罐备用。

② 挤出吹膜　使用粉料直接吹塑成型，方法与普通吹膜相似。挤出温度：机身 160～180℃，机颈 180～190℃，机头 190～210℃，薄膜的吹胀比为 2～3，牵引速度为 10～30m/min。一般，采用的挤出吹塑机螺杆直径 $\Phi$100mm，长径比为 25，压缩比为 23，螺杆为屏障型。

抗静电处理和低温热封涂覆处理是为适应香烟等的自动化热封包装而设的，用于手工包装的 PVC 玻璃纸可不经此处理。这是由于聚氯乙烯为电绝缘材料，在包装操作中，薄膜表面受摩擦极易产生静电，不仅吸尘、影响膜的美观和透明度，甚至还会引起火灾。虽然原则上可用添加抗静电剂法和表面静电消除法来防止静电现象，但最适宜的方法是用膜表面涂布抗静电剂法，经此法处理可使 PVC 玻璃纸的表面电阻值由 $10^{13}\Omega$ 降至 $10^{8}\Omega$。热封涂覆是在抗静电处理之后进行的，其目的是使 PVC 玻璃纸在热封合包装时不产生影响美观的收缩作用，它是在 PVC 玻璃纸基膜上涂覆一层能够低于硬质 PVC 薄膜收缩温度的热封合材料。常用的这类热封合材料为氯乙烯和乙酸乙烯的共聚树脂，其优点为：使 PVC 玻璃纸热封合温度降至 95～120℃，且不引起收缩；可提高 PVC 玻璃纸的耐候性、耐药品性、阻气保香性和光泽度；价格较低。

## 第三节　聚丙烯薄膜（PP）

### 一、概述

聚丙烯树脂（PP）是结晶型的高聚物，在挤出机中熔融之后，晶态结构全部消失，由于冷却情况不同，薄膜的透明度和物理力学性能不同。冷却慢，结晶度高，薄膜的透明度差；冷却快，结晶度低，薄膜透明度高，物理力学性能好，薄膜手感好，因此聚丙烯吹膜采用下吹式水冷法生产工艺。

典型应用范围：汽车工业（主要使用含金属添加剂的 PP：挡泥板、通风管、风扇等），器械（洗碗机门衬垫、干燥机通风管、洗衣机框架及机盖、冰箱门衬垫等），日用消费品（草坪和园艺设备如剪草机和喷水器等）。

聚丙烯薄膜是主要的包装薄膜。聚丙烯（PP）是丙烯的线性加成聚合物；用于包装的树脂主要是全同立构聚丙烯。PP 的密度是商用塑料中最低的，为 0.89～0.91g/cm$^3$。

PP 薄膜适用于要求使用较硬材料的高速包装，这是因为 PP 薄膜比 HDPE 硬很多，而且透明度也高。用含有乙烯单元的共聚物树脂可以进一步提高透明度，降低结晶度。另一种提高透明度的方法是使用成核剂，减小平均晶体尺寸。PP 的阻透性能与 HDPE 的类似。

未拉伸的 PP 薄膜往往有些脆，尤其是在低温时。在很多应用中，采用双向拉伸 PP 薄膜（BOPP）更好。拉伸还提高了薄膜的硬度。PP，尤其是 BOPP，不能很好地热封，因此，它常用密封剂涂覆或共挤出生产热封性薄膜。

聚丙烯树脂由丙烯聚合而制得的一种热塑性树脂。有等规物、无规物和间规物三种构型，工业产品以等规物为主要成分。聚丙烯也包括丙烯与少量乙烯的共聚物在内。通常为半透明无色固体，无臭、无毒。由于结构规整而高度结晶化，故熔点高达 167℃，耐热，制品可用蒸汽消毒是其突出优点。密度为 0.90g/cm$^3$，是最轻的通用塑料。耐腐蚀，抗张强度为 30MPa，强度、刚性和透明性都比聚乙烯好。缺点是耐低温冲击性差，较易老化，但可分别通过改性和添加抗氧剂予以克服。双向拉伸聚丙烯薄膜，在塑料制品中包装材料占有极其重要的位置，从产品上看，包装用薄膜约占包装用塑料总量的 50%以上。

## 二、流延聚丙烯薄膜（CPP）生产工艺及其装备

塑料薄膜按生产方法可分为流延薄膜、吹胀薄膜和拉伸薄膜三种。

流延聚丙烯薄膜是采用流延工艺生产的聚丙烯薄膜，又可分为普通 CPP 和蒸煮级 CPP 两种，透明度极好，厚度均匀，且纵、横向的性能均匀，一般用做复合薄膜的内层材料。普通 CPP 薄膜的厚度一般在 25～50μm 之间，与 OPP 复合后透明度较好，表面光亮，手感坚挺，一般的礼品包装袋都采用此种材料。这种薄膜还具有良好的热封性。蒸煮级 CPP 薄膜的厚度一般在 60～80μm 之间，能耐 121℃、30min 的高温蒸煮，耐油性、气密性较好，且热封强度较高，一般的肉类包装内层均采用蒸煮级的 CPP 薄膜。

在氯化聚丙烯这种材料没有出现以前，CPP 代表的是通过流延方法加工出来的一种 PP 薄膜，主要用于做复合膜的基材，称为 CPP 膜（另外还有 OPP 膜、BOPP 膜、IPP 膜等）。氯化聚丙烯出来后，CPP 又代表氯化聚丙烯这种材料。

所以CPP所表示的具体是什么概念，要分具体的情况：谈材料，CPP代表的是氯化聚丙烯；CPP代表的是用流延方法做的一种PP薄膜，其材料就是PP（流延膜级）。

CPP薄膜具有透明性好、光泽度高、挺度好、阻湿性好、耐热性优良、易于热封合等特点，而且其抗括性和包装机械适用性优于聚乙烯薄膜，所以在包装薄膜领域占有一定的地位，CPP薄膜经过印刷、制袋，用于食品、文具、杂货和纺织品等物的包装，也可与其他薄膜复合后使用，一般作为复合薄膜的内、外层材料。应用于各种食品，包括需要加热杀菌的食品、调味品、汤料和日用百货等的包装。

流延薄膜占世界薄膜总消费量的35%，主要有CPP薄膜、CPE薄膜、PVB夹层薄膜、PET薄膜等。其中，CPP薄膜是由流延方法制得的未拉伸聚丙烯薄膜。目前，我国CPP薄膜经过几十年来的积累，已经有了长足的发展，与发达国家相比，国内CPP薄膜不管在生产工艺及其生产设备上均达到了国际先进水平。

## 1. CPP薄膜的功能及用途

CPP薄膜具有透明性好、光泽度高、挺度好、阻湿性好、耐热性优良、易于热封合等特点。CPP薄膜经过印刷、制袋，适用于：服装、针织品和花卉包装袋；文件和相册薄膜；食品包装；以及阻隔包装和装饰的金属化薄膜。潜在用途还包括：食品外包装，糖果外包装（扭结膜），药品包装（输液袋），在相册、文件夹和文件等领域代替PVC，合成纸，不干胶带，名片夹，圆环文件夹，以及站立袋复合材料。

CPP耐热性优良。由于PP软化点大约为140℃，该类薄膜可应用于热灌装、蒸煮袋、无菌包装等领域。加上耐酸、耐碱、耐油脂性能优良，使之成为面包产品包装或层压材料等领域的首选材料。其与食品接触性安全，演示性能优良，不会影响内装食品的风味，并可选择不同品级的树脂以获得所需的特性。

如上所述流延膜生产工艺一般采用T形模头法，这种制法特点为：

① 流延法省去管膜法的吹膜阶段，容易开车，废料少；

② 流延法生产时，化学分子排列有序，故有利于提高薄膜的透明性、光泽及厚薄均匀度，适合于高级包装；

③ 流延部分采用电动的上下摆动和前后移动结构，操作简便；

④ 电晕部分采用风冷和水冷方式，产品不易变形。

挤出机先将原料树脂熔化，熔融树脂经机头流延到表面光洁的冷却辊上迅速冷却成薄膜。经厚度测量、牵引、电晕处理、展平后，切去边缘较厚的边料，再次展开并收卷为薄膜卷。

## 2. CPP流延膜生产工艺的要点

T形机头是生产关键设备之一，机头设计应使物料沿整个机唇宽度均匀地流出，机头内部流道内无滞留死角，并且使物料模具有均匀的温度，需考虑包括物料流变行为在内的多方面因素。要采用精密加工机头，常用的是渐减歧管衣架式机头。冷却辊的表面应经过精加工，表面粗糙度不大于0.15mm，转速应稳定，动力平衡性能应良好，以免产生纵向的厚度波动。采用β射线或红外测厚仪对薄膜厚度进行监测，以达到满意的厚薄公差。要生产合格的流延薄膜，不仅要在原料上调节工艺，而且要掌握好加工工艺条件。

对薄膜性能影响最大的是温度。树脂温度升高，膜的纵向（MD）拉伸强度增大，透明度增高，雾度逐渐下降，但膜的横向（TD）拉伸强度下降。比较适宜的温度为230～250℃。冷却辊上风刀使薄膜与冷却辊表面形成一层薄薄的空气层，使薄膜均匀冷却，从而保持高速生产。风刀的调节必须适当，风量过大或角度不当都可能使膜的厚度不稳定或不贴辊，造成折皱或出现花纹影响外观质量。冷却辊温度升高，膜的挺度增加，雾度增大。

冷却辊筒表面若有原料内部添加物析出，必须停机清理，以免影响薄膜外观质量。流延薄膜比较柔软，收卷时必须根据膜的厚度、生产速度等因素调整好压力和张力。否则会产生波纹影响平整性。张力选择要根据产品的拉伸强度大小而定，通常收卷张力越大，卷取后的产品不易出现卷筒松弛和跑偏现象，但在开始卷取时易出现波纹，影响卷平整。反之，卷取张力小，开始效果好，但越卷越易出现膜松弛、跑偏现象。因此，张力大小应适中，并控制张力恒定。

**3. 多层共挤流延膜的工艺特点**

为了提高薄膜性能，降低成本，满足用户多种用途和高性能要求，多层复合膜发展很快，尤其在生活水平相对高、重视环境保护、要求延长食品保质期和质量的发达国家。多层共聚流延膜也是其中的一种多层膜，改变了CPP薄膜产品性能单一、不能满足市场多方面要求的问题和弊端。

① 通用型：多层共聚流延膜可根据不同用途、设计不同的如用于自动包装机上的面包包装、衣料（特别是内衣、裤）包装、水果包装等，或用于与印刷后BOPP膜复合成BOPP/CPP二层膜，用于衣料、干燥食品（如快餐面袋、碗盖等）包装，通用型的结构是共聚PP/均聚PP/共聚PP或均聚。

② 金属化型：要求产品表面对蒸镀金属（如铝）具有极强的附着强度，蒸镀后仍能保持较好的尺寸稳定性和刚性，另一表面具有较低的热封温度和较高的热封强度，金属化型的结构亦为共聚PP/均聚PP/共聚PP。

③ 蒸煮型：用于蒸煮的二层共聚CPP，能承受120℃和15MPa压力的蒸煮杀菌。既保持了内部食品的形状、风味，且薄膜不会开裂、剥离或黏结，并具有优良的尺寸稳定性，常与尼龙薄膜或聚酯薄膜复合，包装含汤汁类食品以及肉丸、饺子等食品或食前加工冷冻食品，蒸煮型三层PP膜结构为共聚PP/共聚PP/共聚PP。

④ 高温蒸煮型：包装烧鸡、烧排骨和果酱、饮料需121～135℃高温杀菌的三层共聚CPP膜，其中共聚PP要求比一般蒸煮型用共聚PP性能更好。除三层膜外，还有流延阻隔性五层包装，其结构为：PP/黏合剂/PA/黏合剂/共聚PE；PP/黏合

剂/PA/黏合剂/EVA；PP/黏合剂/EVOH/黏合剂/PE；PP/黏合剂/EVOH/黏合剂/EVA；PP/黏合剂/EVOH/黏合剂/PP。

**4. 现阶段我国CPP生产设备情况**

我国从20世纪80年代中期开始引进国外的流延膜生产装置，大多是单层结构，属初级阶段。进入20世纪90年代后，我国从德国、日本、意大利、奥地利等国引进了多层共聚流延膜生产线，是我国流延膜工业的主力军，其最小生产能力为500t/a，最大生产能力达6500t/a。引进的主要设备厂家为德国Reifenhauser、Barmag、Battenfeld公司，奥地利Lenzing公司，日本三菱重工公司、日本制钢所、日本摩登机械设备公司，意大利Colines、Dolci公司等。

进入21世纪，我国的流延膜设备生产企业，在二十几年来的不断学习与积累基础上，已经有了长足的发展，国产流延膜设备的各项技术指标均基本达到国际先进水平。例如，广东仕诚塑料机械有限公司推出宽幅达5000mm的三层大型流延薄膜生产线等，现已批量生产。

随着国产设备的不断成熟，进入流延薄膜生产的门槛也随之降低。据有关部门统计，2008年我国流延薄膜市场需求增加到约80万吨。在市场需求的刺激下，2010年流延薄膜的全国产量同比增长15%。

但同时，随着我国流延薄膜新建和在建项目的纷纷投产，流延薄膜的产能的大幅提高，新一轮的价格战将迅速拉开阵势。那么，走自主创新之路，合理选择设备，开发差异化、专用化产品将是流延薄膜企业避免市场恶性竞争的唯一办法。

## 三、下吹法生产薄膜技术

用于吹膜的PP为IPP工艺（下吹），但下吹后薄膜不能马上用纸芯收卷，因为PP膜有收缩性，24h后才能用纸卷收。但现在有了旋转牵引设备后可直接收卷。

**1. 薄膜级PP挤出吹膜用原料**

北京燕山的2600，熔融指数MI=10；

辽阳石化的1088，MI=6～10；国产F600均聚、F650共聚、F630等；

日本三菱石化的FX3B；FW3；FA3，MI=9；

日本住友化学的WF315，MI=11；

美国福聚的PD-943。

**表2-29 薄膜级PP吹膜用原料与用途**

| | | |
|---|---|---|
| 大韩油化1088B | MI=11 | 薄膜级，吹塑膜，一般用途，一般包装膜，食品服装 |
| 华北一炼T36F | MI=3.2 | 适于拉膜机生产的单层和共挤膜，用于较高流动性液体的包装，食品包装，纺织品包装，黏胶带，装饰带，热收缩膜 |
| 燕化F1002 | MI=1.7 | 透明镀金属食品包装 |

**2. 流延蒸煮膜用原料**

有了好的设备，还必须有好的原料，并掌握合适的工艺条件才能制造出优良的产品。CPP 一般蒸煮膜使用二元无规共聚丙烯原料，其制成的薄膜袋可耐 121～125℃高温杀菌 30～60min。CPP 高温蒸煮膜使用嵌段共聚丙烯原料，其制成的薄膜袋可耐 135℃高温杀菌，30min。

根据多年积累的经验及各方面的交流，特推荐下列厂商牌号的原料以供选用。

(1) 进口蒸煮膜原料牌号

① 韩国 SK 公司

一般用：R14OH（含防黏爽滑剂）/R14OM（无添加剂），MI 为 6.0；特点是透明度好，厚 50μm；雾度为 1.7%。

高温用：B33OF（无添加剂），MI 为 7.5；特点是抗冲击性好，厚 45μm。

② 韩国 SUMSUNG 公司

一般用：RF402（含防黏爽滑剂）/RF401（无添加剂），MI 为 7.0；特点是鱼眼、晶点少。

③ 韩国 HONAM 公司

一般用：SFC650RA（含防黏爽滑剂）/SFC650RT（无添加剂），MI 为 8.0；特点是适宜冷冻。

④ 日本 CHISSD 公司

一般用：CF3073（含防黏爽滑剂），MI 为 7.5。

高温用：CF7051（无添加剂），MI 为 8.5。

(2) 国产蒸煮膜原料牌号

上海石化生产的一般用 F800E（含防黏爽滑剂）/F800EDF（无添加剂），MI 为 8.0。

上述牌号为国内 CPP 厂家生产蒸煮膜常用原料，性能稳定、质量可靠。需要说明的是，由于蒸煮袋加工的手段不同、存装的食物不同、销售的地区不同，因而对薄膜性能的要求也不同。在选用原料时就要考虑下游厂家的不同要求而有所变更配方。例如：开口性好，热封层就要添加适当的防黏剂；刚性好，芯层就要共混适当比例的均聚树脂；薄膜柔性好、冲击强度高、低温热封性好，就不妨添加 10%～15% 日本三井公司的“TAFMER”树脂。生产蒸煮袋的厂家一般对 BOPET、BOPA 的选择余地很小，相反对 CPP 的要求就高了。CPP 的生产者如何应对客户的需求选择，是扩展蒸煮袋膜市场的根本途径。

(3) 工艺

CPP 蒸煮膜厚度范围约为 50～90μm，它的生产工艺要求根据各企业所拥有的设备、场地、原料不同而因机、因地、因料制宜。但共同的规律必须遵循。

对薄膜性能影响最大的是温度。挤出机、模头的加热温度一般控制在 230～

250℃间，料筒阶段温度为 180 (190)～210 (220)～220 (230)～230 (250)℃，熔体温度保持在 240℃±15℃为宜。树脂温度升高，膜的纵向（MD）拉伸强度增大，透明度增高，但膜的横向（TD）拉伸强度下降。流涎冷却辊温度控制在 20～25℃左右。流涎辊温度低，薄膜透明度好，流涎辊温度高，薄膜透明度差，但刚性好。

### 3. PP 的下吹设备

**（1）模头**

可选用顶部（低）进料的螺旋机头，由于 PP 熔体黏度较小，模坯向下挤出时，模坯壁厚会因自重下垂而减薄，故其模头的间隙相对大些，约 0.8～1.2mm，模头模口直径，可根据 IPP 的宽度，吹胀比进行设计见表 2-30。

**表 2-30　PP 的下吹模头设计**

| 薄膜折径/mm | 120～200 | 200～320 | 240～400 | 300～500 | 600～800 |
|---|---|---|---|---|---|
| 模口直径/mm | 80 | 100 | 150 | 200 | 350 |
| 吹胀比 | 1.0～1.6 | 1.3～2.0 | 1.0～1.7 | 1.0～1.6 | 1.0～1.4 |

**（2）冷却水环**

冷却水环由冷却水槽和定型套管组成，冷却水环的定型管内径，必须与膜泡外径相吻合。下吹与上吹不同之处就是：薄膜的折径不仅取决于吹胀比，还必须有相应内径的冷却定型水环配合，每生产一种规格的 IPP，都有一个相配套的冷却水环。冷却水环可用不锈钢制造，定型套管的内表面必须光滑，定型套管外包纱布，膜泡从定型套管内穿过，并夹带水膜进入人字夹板。

**（3）干燥器**

冷却水膜泡的水，经导向板（人字夹板）后流入水槽。从薄膜带走的水珠，需经干燥器除去水分。干燥器由两组电加热器组成，干燥器表面温度在 50℃以下，也可使用送风机吹风，加速除去薄膜水分。

**（4）IPP 的成型工艺条件**

① 树脂：IPP 选用薄膜级树脂均聚级或共聚级，熔体流速 6～12g/10min，挤出级树脂透明度差，晶点多。

② 挤出机加热温度，如下：

进料段：150～180℃；

熔融段：180～200℃；

出料段：200～220℃；

连接段：210～220℃；

摸头段：200～210℃。

③ 冷却水环的冷却水温度：水温过高透明度差，夏季生产冷却水槽要加冷冻

水；冷却水温过低，薄膜会发黏，冷却水温控制在15～20℃范围。此外，冷却水环内的水流量过小或局部缺少，会造成薄膜厚度不均匀；若水流量过急，会冲击膜泡，使薄膜产生褶皱。

④ 吹胀比：PP的结晶度高，较难吹胀，故其吹胀比较小，一般为1～2。

⑤ 牵伸比：一般为2～3，薄膜的牵伸速度不能过快，否则会影响其冷却定型。

⑥ 螺杆转速：36～65r/min，45号钢；若为75号钢，则为12～120r/min，机头表压50MPa；

⑦ 口模间隙：0.8～1.2mm

⑧ 薄膜的后伸缩：IPP会产生后收缩，虽然经冷却定型，也要待24h才能稳定，采用无纸芯卷绕，薄膜从伞形卷饶轴取出后平置。若用纸芯卷绕，薄膜的后收缩会使膜卷出现暴筋，薄膜产生变形。

⑨ 水冷用PA为1020CA，黏度为3.0$m^2/s$，熔融温度为224$m^2/s$，密度为1.14$g/cm^3$。中黏；PA为1030CA，黏度为4.5$m^2/s$，高黏。

## 四、聚丙烯吹塑包装薄膜

聚丙烯（PP）目前产量继PE、PVC之后居第三位。生产PP树脂采用低压定向配位聚合，其工艺路线可分为四类：溶剂法、溶液法、气相法和液相本体法。目前采用较多的为液相本体法。

PP为线形结构，和PE相似，只不过不同的是在主链上，每隔一个碳原子有一个甲基侧基存在，于是整个分子在空间结构上，就产生三种不同异构体，即全同PP（也叫等规PP）、间同PP（也叫间规PP）和无规PP三种立体化学结构。PP通常是全同PP，具有高度的结晶性。

三种PP树脂在性质上有不少差异，如表2-31所示。

表 2-31　三种聚丙烯树脂性能对比

| 项　目 | 全同PP | 间同PP | 无规PP |
| --- | --- | --- | --- |
| 等规度/% | 95 | 5 | 5 |
| 密度/($g/cm^3$) | 0.92 | 0.91 | 0.85 |
| 结晶度/% | 60 | 50～70 | 无定形 |
| 熔点/℃ | 176 | 148～150 | 75 |
| 在正庚烷中溶解情况 | 不溶 | 微溶 | 溶解 |

无规PP的使用价值不大，可作为填充母料载体，效果非常好，另外还可作为PP的增韧改性剂。

PP的相对密度为0.9，是热塑性塑料中最轻的。化学稳定性好，和聚乙烯相似，在室温下溶剂不能溶解PP，只有一些卤代化合物、芳烃和高沸点的脂肪烃能使之溶胀，在高温下才能溶解PP。

PP比PE容易被氧化，这是因为在其主链上有许多带甲基的叔碳原子，叔碳原子上的氢易受到氧的攻击，为此在应用粉料PP时，要注意这一点。

因为在PP主链上含有甲基，甲基要比氢原子的体积大，空间位阻大，因此PP的玻璃化温度比PE高。耐热性能好，能在130℃下使用，可用于煮沸消毒，作耐温管道、蒸煮食品包装膜、医疗器械等。脆性温度为-35℃。

PP为非极性结晶高聚物，电性能优异，可作耐温高频电绝缘材料。在潮湿环境中电绝缘性能也很好。

PP透水、透气性能较低，收缩率较大，未改性的PP不宜作工程部件。耐疲劳弯曲性能较好，可弯曲10万次，比一般塑料强，因此可用来制造活动铰链。

PP塑料制品对缺口效应十分敏感，因此在设计制品时，应尽量避免尖锐的夹角、缺口，避免厚薄悬殊太大。

PP的拉伸强度一般为21～39MPa，抗弯强度42～56MPa，压缩强度39～56MPa，断裂伸长率200%～400%，缺口冲击强度2.2～5kJ/m$^2$，低温缺口冲击强度1～2kJ/m$^2$，洛氏硬度R95～105。

PP的刚性较低，耐磨性低于PVC。耐气候老化性差，必须添加抗氧剂或紫外线吸收剂；金属铜也能加速其老化。对氧很敏感，易被氧化，故加工时加热时间尽可能缩短。

PP的熔体的黏度对剪切速率和温度均十分敏感，因此增大剪切速率和提高料温均可使熔体黏度明显下降。

PP的吸水率很小，约0.02%，成型加工之前，原料不必干燥。

注射成型时，应注意模具的温度、模具的冷却方式、熔融温度、保压时间等，加料量应适当比聚苯乙烯少些等问题。

用新型高效催化剂生产出本体法聚丙烯，大部分为粉状，故在成型加工时与普通粒状PP不太一样，其主要问题是抗自然老化性及耐寒性差，一般是在本体法粉状PP中，添加主抗氧剂1 010的量为0.1%～0.3%，副抗氧剂DLTP为0.2%～0.3%，或者只加主抗氧剂0.5%。此外还应再添加一定量的卤素吸收剂。由于是粉状，还应注意加工时分散性差，易产生硬颗粒不溶物及大块状物等问题。

注塑模工艺条件如下。

干燥处理：如果储存适当则不需要干燥处理。

熔化温度：220～275℃，注意不要超过275℃。

模具温度：40～80℃，建议使用50℃。结晶程度主要由模具温度决定。

注射压力：可大到1800bar。

注射速度：通常，使用高速注塑可以使内部压力减小到最小。如果制品表面出现了缺陷，那么应使用较高温度下的低速注塑。

流道和浇口：对于冷流道，典型的流道直径范围是4～7mm。建议使用通体为圆形的注入口和流道。所有类型的浇口都可以使用。典型的浇口直径范围是1～

1.5mm，但也可以使用小到0.7mm的浇口。对于边缘浇口，最小的浇口深度应为壁厚的一半；最小的浇口宽度应至少为壁厚的两倍。PP材料完全可以使用热流道系统。

化学和物理特性：PP是一种半结晶性材料。它比PE要更坚硬并且有更高的熔点。由于均聚物型的PP温度高于0℃以上时非常脆，因此许多商业的PP材料是加入1%～4%乙烯的无规则共聚物或更高比率乙烯含量的钳段式共聚物。共聚物型的PP材料有较低的热扭曲温度（100℃）、低透明度、低光泽度、低刚性，但是有更强的抗冲击强度。PP的强度随着乙烯含量的增加而增大。PP的维卡软化温度为150℃。由于结晶度较高，这种材料的表面刚度和抗划痕特性很好。PP不存在环境应力开裂问题。通常，采用加入玻璃纤维、金属添加剂或热塑橡胶的方法对PP进行改性。PP的流动率MFR范围在1～40。低MFR的PP材料抗冲击特性较好但延展强度较低。对于相同MFR的材料，共聚物型的强度比均聚物型的要。由于结晶，PP的收缩率相当高，一般为1.8%～2.5%。并且收缩率的方向均匀性比HDPE等材料要好得多。加入30%的玻璃添加剂可以使收缩率降到0.7%。均聚物型和共聚物型的PP材料都具有优良的抗吸湿性、抗酸碱腐蚀性、抗溶解性。然而，它对芳香烃（如苯）溶剂、氯化烃（四氯化碳）溶剂等没有抵抗力。PP也不像PE那样在高温下仍具有抗氧化性。

聚丙烯膜可直接用PP树脂，薄膜级PP熔体流动速率可选6～11g/10min，添加抗氧剂、抗紫外线剂可制成耐老化薄膜。选用流动性好的PP树脂，可制流延膜。选用熔体流动速率2～4g/10min的PP树脂可制双向拉伸膜。

配方一：普通耐老化膜配方（各组分单位为质量份，下同） PP，100；UV-327，0.5；抗氧剂1010，0.4；DLTP，0.6。

配方二：耐老化膜配方 PP，100；三嗪-5，0.4；DSTP，0.3；抗氧剂1010，0.4；炭黑，0.6。该配方助剂添加量多，比配方一耐老化性好。

配方三：黑色耐老化膜配方 PP，100；抗氧剂CA，0.5；DSTP，0.4；炭黑，2.4。

聚丙烯膜有许多优异的性能，相对密度小，力学强度大。尤其是它具有高度的透明性和耐热性，使之应用广泛，特别适于衣物、食品及各类日用品的小包装；与其他材料复合制成的蒸煮袋在100℃煮沸不变形。性能适用标准：QB 1956—94和QB 1125—91。

原料：聚丙烯吹塑包装薄膜（IPP膜）选用薄膜级的聚丙烯树脂，熔体流动速率为6～11g/10min。

生产工艺：工艺流程为挤出吹塑（下吹）水冷法，如图2-33所示。

如图2-33所示，从机头口模挤出的管坯吹胀后立即受到冷却水套的冷却与定型，而后通过夹板、牵引辊，最后卷取。

生产工艺参数：聚丙烯吹塑薄膜的主要生产工艺参数为挤出温度及冷却温度。

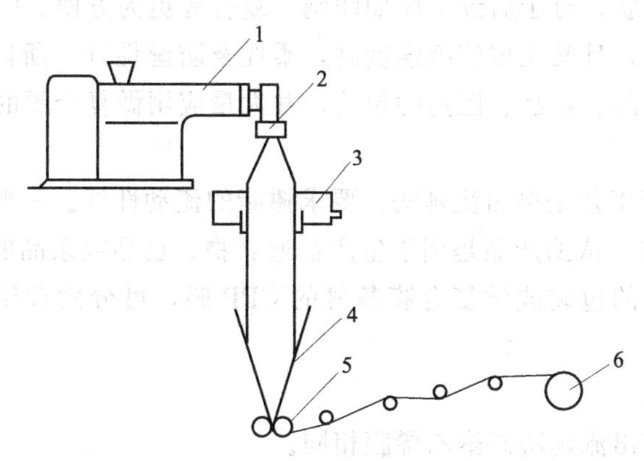

图 2-33　下吹水冷法工艺流程
1—挤出机；2—机头；3—水环；4—夹板；5—牵引辊；6—卷取

① 挤出温度　使用北京向阳化工厂生产的 2600 聚丙烯为例，机身后段为 150℃左右；前段温度为 210℃左右；机头上部温度 210～220℃；下部温度 200～210℃。

② 冷却水温度　一般冷却水温度以 15～20℃为宜，可得到透明度好的产品。冷却水温度太低，虽然薄膜的透明度好，但手感发黏。冷却定型套一般采用溢流式冷却套，结构如图 2-34 所示。

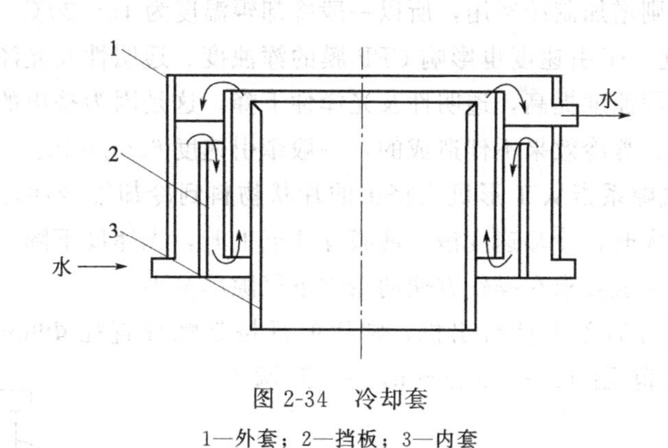

图 2-34　冷却套
1—外套；2—挡板；3—内套

由于 IPP 膜多用于小包装，其折径大多在 300mm 以下，故挤出机的规格较小，一般为螺杆直径 45mm，长径比为 20。

## 五、聚丙烯挤出流延平膜

聚丙烯树脂通过 T 形机头熔融挤出，再在冷却辊上流延，形成的薄膜称为挤出流延聚丙烯薄膜。这种薄膜结晶度低，透明度高，光泽性好。挤出流延法比吹塑法生产聚丙烯膜效率高，薄膜厚度误差小（最高的水平厚薄公差可达到 4%）。此外，挤出流延膜是平片状，对于后续工序如印刷，复合等更为方便。CPP膜透明度和光泽度均接近玻璃纸，且又比玻璃纸强度高，柔性及防湿性好。所以适于代替玻璃纸用做服装、床上用品、食品、医药的包装，并大量应用做复合膜的基材。

**(1)** 原料

CPP膜的生产工艺是挤出流延法，要求树脂的流动性好。一般熔体流动速率应为10g/10min左右。依据产品是用于生产普通衣物、食品或杂品的包装用膜，还是用于生产冬季物品的包装或做复合膜基材的CPP膜，可分别选用市售的不同牌号PP树脂。

**(2)** 生产工艺

工艺流程与挤出流延法制聚乙烯膜相同。

生产工艺参数：在生产中，挤出温度、冷却温度、牵引速度及气隙是重要的工艺参数，对产品质量影响较大。

① 挤出温度　挤出温度高，薄膜的透明性、光泽度提高，产品力学性能好，一般认为这是由于挤出的热熔膜与冷辊的温差大、冷却速度快、结晶度低所致。但温度过高，工艺不好掌握，且树脂易分解。一般挤出温度自加料端至出料端按五段控制时，依次分别为210℃、230℃、240℃、255℃、265℃，连接器为265℃，机头为270℃。

② 冷却辊温度　冷却辊温度应低些才能使薄膜骤冷，降低结晶度，提高透明性。但温度太低则增加制冷费用，所以一般冷却辊温度为15～20℃。

③ 牵引速度　牵引速度也影响CPP膜的浑浊度、透明性及光泽性。牵引速度加快将使薄膜的浑浊度提高，透明性及光泽性下降。这是因为挤出的热熔膜与冷却辊的接触时间短、骤冷效果不佳造成的，一般牵引速度60m/min。

④ 气隙　气隙系指从T形机头挤出的片状物料到冷却辊冷却之间受空气冷却的距离。气隙增大时，冷却速度慢，薄膜浑浊度上升，光泽度下降，但气隙太小操作不方便。所以一般要求在操作方便的条件下气隙尽量小。

挤出机采用普通单螺杆挤出机，常用的规格是螺杆直径$\Phi$90mm，长径比为28，转速可调范围12～120r/min，一般调为90r/min。

气刀是一关键部件，它是一个与压缩空气接通的精度较高的长缝喷嘴。起压紧贴于冷却辊表面的薄膜之作用，结构如图2-35所示，一般采用0.6MPa的压缩空气，长度为2300mm，气刀间隙3mm，气刀角度30°。

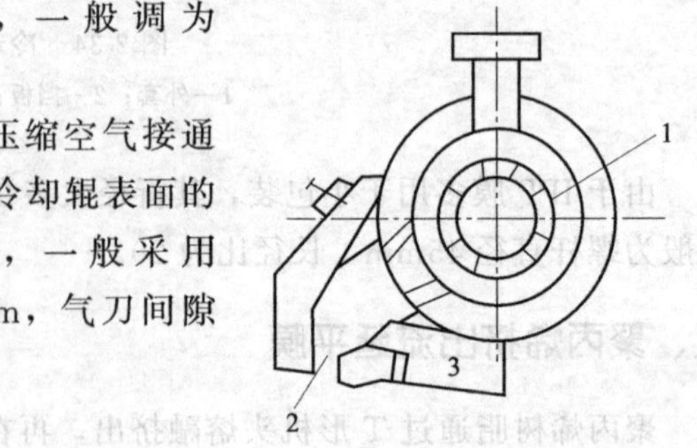


图2-35　气刀

1—细管；2—喷口；3—机头

## 六、单向拉伸聚丙烯包装薄膜

与HDPE单向拉伸薄膜相似，用挤出成型所得

PP管膜或PP平膜再进行单向拉伸可制得聚丙烯单向拉伸膜（MOPP），其纵向强度和耐纵裂性得以大幅度提高，且具有良好的扭结性，故广泛用于糖果、食品、工艺品等的扭结包装。此外，若将此种薄膜切割成宽约6mm的扁丝，还可用于编织成强度很高的编织袋，生产效率高。

（1）原料及配方

有专用牌号的PP树脂供选用。若所制膜用于切割成织袋用的扁丝，则可在PP中掺混10%～15%的LLDPE或5%～6%的LDPE以增加扁丝的柔韧性。另外为增加扁丝的防滑性，还可在PP中添加4%～6%的超细碳酸钙母料。

（2）生产工艺

可用两种工艺生产此种薄膜。

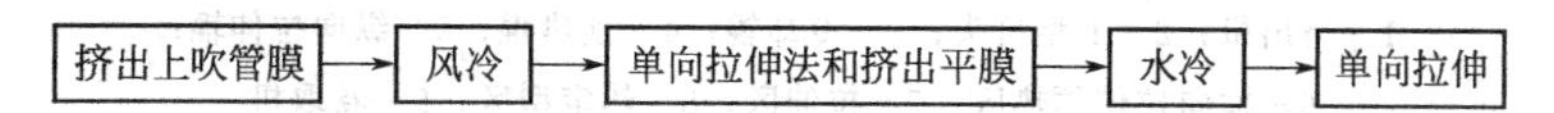


若所得膜用于切割成扁丝，则前一法所得扁丝柔软性好，不易劈裂，但厚度欠均匀，拉伸强度较低。下举一管膜法工艺操作实例：先将合用的树脂料挤出吹塑成厚度为0.14mm厚的膜，挤出温度为200～240℃，然后进行单向拉伸操作。拉伸前的预热温度为110～120℃，拉伸温度为120～140℃，拉伸倍率为7倍，最后的热处理温度控制在130～150℃。拉伸距离要慎重选定，它是指相对于拉伸薄膜厚度的倍率，一般应选100～800倍。在此拉伸距离内，薄膜可进行6～10倍的拉伸。小于6倍的拉伸，产品的强度偏低；高于10倍的拉伸，易造成膜的断裂。

## 七、双向拉伸聚丙烯薄膜

塑料薄膜的双向拉伸是热塑性的塑料厚片在软化温度与熔融温度之间，沿纵横两个方向进行拉伸的一种薄膜成型方法。聚丙烯是结晶型的高聚物，通过拉伸的薄膜，分子发生了定向排列，从而改善了薄膜的各项性能，提高了拉伸强度、冲击强度、透明性和电绝缘性，降低了透气性、吸潮性。BOPP膜适用于食品、医药、服装、香烟等各种物品的包装。并大量作复合膜的基材。热封型BOPP膜性能标准为GB 12026—89，电容器用BOPP膜性能标准为GB 12802—91。

（1）原料

采用熔体流动速率2～4g/10min的聚丙烯树脂。熔体流动速率大的树脂其流动性虽好，但结晶速度快，成片性能差。挤出厚片时，若结晶度太大，易发脆，直接影响到双向拉伸时的连续成膜性和拉伸后薄膜的性能。

（2）生产工艺

BOPP膜通常采用逐次拉伸法生产，其工艺流程如图2-36所示。

BOPP膜的生产分为两大部分，第一部分是制备厚片，第二部分是双向拉伸。

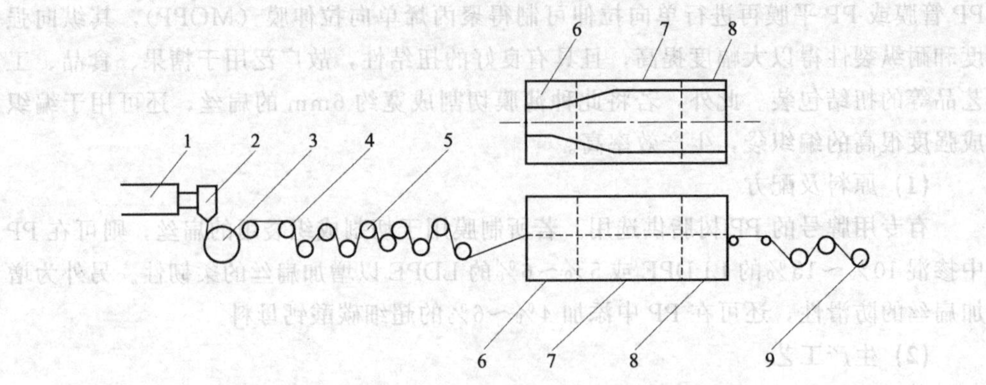


图 2-36 逐次拉伸法工艺流程

1—挤出机；2—T 型机头；3—冷却辊；4—预热辊；5—纵向拉伸辊；
6—横向拉伸预热区；7—拉伸区；8—热定型区；9—卷取机

① 制备厚片 将原料加入料斗中，经螺杆塑化，通过 T 形机头挤出成片，片厚 0.6mm 左右，挤出机温度控制在 190～260℃（从机身后部向前增温）。挤出厚片立即被气刀紧密地贴合在冷却辊上进行冷却，水温为 15～20℃，制备的厚片应是表面平整、光洁、结晶度小、厚度公差小的片材。

② 双向拉伸 首先进行纵向拉伸，纵向拉伸有单点拉伸和多点拉伸。所谓单点拉伸，是靠快速辊和慢速辊之间的速差来控制拉伸比，在两辊之间装有若干加热的自由辊，这些辊不起拉伸作用，而只起加热和导向作用。而多点拉伸是在预热辊和冷却辊之间装有不同转速的辊筒，借每对辊筒的速差，使厚片逐渐拉伸。辊筒之间的间隙很小，一般不允许有滑动现象，以保证薄膜的均匀和平整。这里介绍的是用多点拉伸法生产 BOPP 膜。首先将厚片经过几个预热辊进行预热，预热温度 150～155℃，预热后厚片进入纵向拉伸辊，拉伸温度 155～160℃；拉伸倍数与厚片的厚度有关，一般纵向拉伸倍数随原片厚度的增加而适当提高，这样才能保证原片经纵向拉伸后被均匀地展开，否则由于纵向拉伸倍数偏低而产生横格纹，犹如“搓衣板”状。如原片厚度为 0.6mm 左右时，拉伸倍数为 5 倍，如原片厚度为 1mm 左右时，纵向拉伸倍数为 6 倍。拉伸倍数过大，破膜率增大。所以，工艺条件的选择须视具体情况而定。

经纵向拉伸后的膜片再进入拉幅机进行横向拉伸，拉幅机分为预热区（165～170℃）、拉伸区（160～165℃）和热定型区（160～165℃）。膜片由夹具夹住两边，沿张开一定角度的拉幅机轨道被强行横向拉伸，一般拉伸倍数为 5～6 倍。

经过纵横两向拉伸定向的薄膜要在高温下定型处理，以减小内应力，并获得稳定的尺寸，然后冷却、切边、卷取。如果需印刷再增加电火花处理等工序。

当今生产幅宽为 5.5m 的 BOPP 膜的大型成套设备已很成熟，本书限于篇幅不作介绍。

## 八、聚丙烯热收缩薄膜

聚丙烯热收缩薄膜与聚乙烯热收缩薄膜相比，具有更好的透光性、刚性、耐曲折性和拉伸强度。表面经电晕处理后有较好的印刷性，可用热焊接、超声波焊接等方法焊接制袋，常用于书刊、文具、音像制品的包装，在自动包装流水线上应用也很方便。此种热收缩薄膜的热收缩率约30%～70%，收缩应力比聚乙烯热收缩薄膜大（1～2MPa），热收缩温度较高，在170℃左右，因而影响了它的广泛应用。为了综合聚乙烯热收缩薄膜和聚丙烯热收缩薄膜两者的优点，还开发有它们多层共挤的热收缩薄膜。多层共挤聚烯烃热收缩薄膜采用多种聚烯烃树脂为原料，具有更好的成型加工性。由于其密度低，对于相同的包装面积，可显著减少薄膜消耗量，减少包装成本。

**(1) 原料**

聚丙烯及选用聚丙烯进行多层共挤生产热收缩薄膜的树脂，其主要品种和规格：PP树脂——聚丙烯均聚物（MI 1.5～3.0g/10min，密度0.89g/$cm^3$）；EPB树脂——乙烯/丙烯/丁烯共聚物（MI 1.5～5.5g/10min，密度0.89g/$cm^3$）；LL-DPE——线性低密度聚乙烯（MI 1.0～2.0g/10min，密度0.92g/$cm^3$）。

**(2) 生产工艺**

聚丙烯热收缩薄膜当采用挤出吹塑法时，宜用两步吹胀工艺，全过程为：

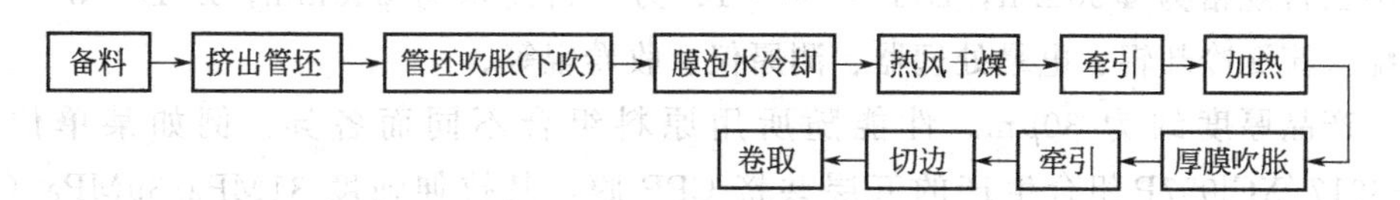


也可采用挤出流延双向拉伸工艺生产聚丙烯热收缩薄膜（参见双向拉伸聚丙烯薄膜），但与BOPP膜生产工艺不同点是不经热处理。

## 九、真空镀铝用五层共挤流延聚丙烯平膜

近年来真空镀铝膜包装材料以其艳丽外观、防潮、阻气效果好而迅速发展。虽然镀铝所用的基膜有CPP、BOPP、PET、PE等多种可用，但五层共挤流涎聚丙烯膜（五层共挤CPP膜）最为合用，它不仅具有强度高、平整度好、易热封及较高的耐热性、柔韧性，而且成本较低。

**(1) 原料**

真空镀铝用五层共挤CPP膜主要由镀铝层和热封层构成。为满足各层的不同要求，所用原料聚丙烯亦有所差异，两层的原料可分别选择。作为镀铝层的PP，其分子量分布不宜宽，一般采用熔体流动速率为10g/10min左右的无规共聚PP。树脂中应不含添加剂或只含高沸点的添加剂，以免经电晕处理后析到镀铝层表面，影响其表面张力，以及受热释放，阻碍镀铝，造成镀膜光泽不良。常用做镀铝层PP

的牌号有XC1051F、CF3017、R3400、R3410。作为热封层的PP，它需有较宽的热封温度区、较低的熔点，一般采用无规共聚型PP，牌号如XCl057P、R3400、XC1051F等。

**(2)** 生产工艺

工艺流程与单层挤出流涎平膜基本相同，只不过由四台挤出机完成挤出工作。

生产工艺参数，随镀铝层和热封层所采用PP树脂的不同，工艺条件稍有变化，表2-32给出两组原料组合下，生产此种产品的主要工艺条件。

**表2-32 生产五层共挤CPP膜的工艺条件示例**

| 原料组合 / 工艺条件 | XC1051F/R3400 | R3410/XC1057P | 原料组合 / 工艺条件 | XC1051F/R3400 | R3410/XC1057P |
|---|---|---|---|---|---|
| 膜厚/μm | 25±2 | 25±2 | 熔体温度/℃ | 235±5 | 240±5 |
| 温度/℃ | 180～230～235 | 190～235～240 | 电晕电流/A | 21 | 20 |
| 冷却水温度限/℃(1区) | 23.0±1 | 23.0±1 | 收卷张力/N | 30 | 30 |
| (2区) | 22.0±1 | 22.0±1 | $T_{ap}$张力/×0.01N | 150 | 200 |

注：$T_{ap}$张力实为收卷张力的衰减程度。

膜生产过程中，特别要注意使树脂充分塑化，防止晶点、鱼眼的产生，收卷张力要适中，要保证收卷平整不起皱。否则都将影响镀铝质量。

主要生产设备以意大利Prandi公司生产线为例，其主机为四台单螺杆挤出机，其中三台规格为$\Phi$55mm，$L/D=30:1$；另一台规格为$\phi$40mm，$L/D=30:1$。另配有流涎冷却辊、电晕处理器、测厚仪、收卷辊等。

产品厚度约为30μm。性能随所用原料组合不同而各异，例如某单位以CF3017/XCl057P组合生产的五层共挤CPP膜，其拉伸强度31MPa/39MPa（横向/纵向），直角撕裂强度（152N/mm)/(100N/mm)（横向/纵向），断裂伸长率478%/694%（横向/纵向）。

## 十、聚丙烯发泡珠光薄膜

此为利用高结晶度聚丙烯与无规聚丙烯或适量聚乙烯共混，添加发泡剂制成的一种带有珠光的薄膜，它含有均匀微细气泡，柔软并保有一定的强度。它适宜用做要求具有微透气、防震效果且美观的外包装材料。产品表观相对密度为0.5～0.6，气泡平均直径＞70μm，具有珠光外观和一定油墨扩散性。

**(1)** 原料及配方

参考配方为：在100份聚丙烯（MFR 25g/10min）中掺混10～80份聚乙烯（MFR 20～56g/10min）或适量无规聚丙烯，以及发泡剂0.3～1份。

**(2)** 生产工艺

采用挤出吹塑工艺生产，温度控制在170～180℃，挤出膜坯厚度为0.6～0.7mm，拉伸倍率约为6，成品厚度为0.1～0.15mm。

## 十一、聚丙烯微孔医用薄膜

此种膜具有均匀超微孔，孔径约 0.1μm，甚至小至 0.0005μm，同时又具有较高强度、耐酸碱腐蚀、材质轻薄、原料易得且价廉等特点，所以可作为筛网型过滤介质，应用于无菌包装、医用绷带、人工肺、水处理、电渗析以及气体分离膜的支撑体等方面。

此种膜有亲水型和憎水型两种。又按孔径大小分为高通量型和低通量型两类。此外，还有采用两张憎水膜贴合的以及将三层膜压制而成的复合型产品，可适应特种应用要求。

聚丙烯微孔医用薄膜的主要特性：厚度约 25pm，孔隙率为 38%～45%，密度为 0.49～0.56g/cm³，孔径为 0.2～0.4μm/0.02～0.04μm（纵/横）。

**(1)** 原料

主体原料是高等规度（＞98%）聚丙烯树脂，分子量大于 25 万，密度约为 0.90g/cm³。

**(2)** 生产工艺

以通用挤出吹塑法制成硬弹性聚丙烯薄膜后进行 10%～300%的拉伸后形成大量微孔，再经热定型而得。

## 十二、聚丙烯药物控释膜

此种薄膜是药物贴片的一个组合部分，当将此含药组合贴于人体穴位，它可使药物缓慢匀速地透过薄膜达于人体而起到治疗效果。

作为控释膜，它应无毒、无味、柔软，对指定药物具有高透过量和高透过速率且不引起皮肤的过敏。因此对不同药物，控释膜的组成与结构是有一定差异的。控释膜给药系统实际上是层状组合体，由无透过性薄膜和控释膜组成一个药库，药库中含有药物。控释膜另一面涂有对该药库中药物透过性优于控释膜本身的医用压敏胶黏剂，以便于贴在人体皮肤上。

**(1)** 原料

美国以聚丙烯为基础树脂，制成微孔薄膜作为药物控释膜。我国有报道，也可用 LDPE/EVA 共混树脂，再渗入微孔剂和分散剂后制造此种用途的薄膜，药物透过性能虽略逊于前者，但已有实用价值。EVA 分子链柔顺，用它与 LDPE 共混使薄膜柔软，并利于药物的透过。

**(2)** 生产工艺

先按配方混料后，用通用的挤出吹塑法生产。挤出温度为 180～190℃。

## 十三、微孔滤膜（PP 膜）

微孔滤膜（PP 膜）是由聚丙烯超细纤维热熔粘连在一起制成的，是属于深层过滤的一种膜料，具有如下特点：以食品级等规聚丙烯为原料，生产全过程无任何添加剂；物理、化学性能稳定，有很好的相容性；具有系列的孔径，孔隙率高、纳污量大、可反冲和高温消毒；耐压性好。

## 第四节 其他塑料薄膜

### 一、乙烯-乙酸乙烯共聚物吹塑薄膜

乙烯-乙酸乙烯共聚物（EVA）吹塑薄膜是一种弹性膜，此种薄膜弹性大，缚紧力强，自黏性好，无毒，透明度高，耐寒性好，并有适宜的透气性，所以是理想的包装材料。

**(1)** 原料和配方

EVA的性能取决于乙酸乙烯的含量及其熔体流动速率的高低，乙酸乙烯含量越高，弹性越大；其含量越低，性能越类似低密度聚乙烯。当乙酸乙烯含量小于5%，熔体流动速率小于5g/10min时，EVA树脂的结晶度高，柔软性差，自黏性低，所制得的薄膜表面粗糙，光泽度和透明度差，拉伸弹性也差；当乙酸乙烯含量大于30%，熔体流动速率大于5g/10min，树脂的流动性大，易流淌，熔体强度低，很难成膜。因此以选用乙酸乙烯含量为5%～20%且熔体流动速率为1～5g/10min的EVA树脂生产吹膜为宜。

典型配方为每100质量份EVA中加入少量防黏剂及防雾剂，两者总量为0.1～3质量份。防黏剂是一种至少含有两个羟基的聚烷基醚多元醇；防雾剂是一种多元醇酯的脂肪酸衍生物，它是一种非离子型表面活性剂。加入防黏剂及防雾剂的目的是要适当地改善薄膜的黏闭性、防雾性和透明度，以适应包装的需要。

**(2)** 生产工艺

EVA弹性膜采用挤出上吹法工艺生产，与普通聚乙烯吹膜相似，所不同的是EVA吹塑膜要有较大的吹胀比和较高的定向速比，从而使薄膜大分子于纵、横方向上迅速取向。取向程度高，热收缩率大。吹胀比一般控制在3～5。定向速比对薄膜的拉伸特性影响较大，它与模口间隙成正比，与膜厚和吹胀比成反比。定向速比控制在7～15为好，定向速比小，拉伸程度低；反之，拉伸过分则横向热收缩率可能出现负值。总之，定向速比过大或过小对薄膜的性能均有不良的影响。

一般，所用挤出机螺杆直径$\Phi$45mm，长径比为25∶1，压缩比为3。模口直径为$\Phi$85mm，模口间隙是0.8mm。挤出机的温度控制为：后部120～140℃，中部170～180℃，前部180～190℃，机头温度190～210℃。

## 二、聚乙烯醇水溶性包装薄膜

水溶性薄膜是指在常温下能完全溶解于水的一类薄膜，它常用于一些特殊场合所用物品或物料的包装，例如：可直接投入含水反应体系中的有毒物料、易污染环境物料的包装；医院内带菌衣、被等用品在投入洗衣机前的包装，这就可避免对人体的危害。此种膜因强度不高，所以膜厚一般大于 30μm。

(1) 原料

水溶性聚乙烯醇薄膜是使用平均聚合度和结晶度较低，且醇解度仅88%左右的聚乙烯醇树脂（PVA）为原料制得的。必要时，还可在成膜配方中少量加入丙三醇或二甘醇等作为 PVA 的增塑剂。

(2) 生产工艺

可将较高浓度 PVA 水溶液以水溶液流延法流延到循环运转的钢带上，然后通过卧式烘箱干燥脱水后成膜（仍保留 5%～8%的水含量），最后剥离、卷取、密封包装、储存于干燥环境。

此外，也可采用特殊配方和技巧用挤出流延法生产此种膜。

## 三、流延法维尼纶薄膜

聚乙烯醇（PVA）树脂是一种有良好制膜性的高聚物，以 PVA 为原料制成的薄膜一般分为两类，其中使用聚合度 1000 以上并经完全皂化的聚乙烯醇制成的耐水性薄膜，即所谓“维尼纶”膜。而由低聚合度部分皂化的聚乙烯醇可以加工成为水溶性薄膜。工业上生产“维尼纶”膜采用溶液流延法和挤出吹塑法。流延法是把 PVA 与增塑剂、添加剂等一同溶于水中，然后流延于干燥转鼓或循环钢带上，待水分挥发后进行热处理即得到薄膜。

维尼纶膜有许多独特的性能，如高度透明性（透光率 90%）、优良的表面光泽、不带静电、不易吸尘、耐摩擦性好、不易起毛等。因此采用维尼纶膜包装商品在运输、储存及销售过程中，不易丧失其高度的透明性。此外，维尼纶膜耐油性优良，气体透过率小，有突出的保香性，所以维尼纶膜除了做纺织品、服装的包装外，还适用于肉类、乳制品、糕点、医药等的包装。维尼纶膜还可与聚乙烯膜、聚丙烯膜复合，所以它还是复合膜的基材之一。

(1) 原料

要求选用聚合度 1000 以上，皂化度 98%以上完全皂化系列的聚乙烯醇树脂。溶剂为水，增塑剂常用甘油。配方通常是 PVA 15 份，水 85 份，甘油适量。

(2) 生产工艺

流延法生产维尼纶膜，其主要生产过程如下：

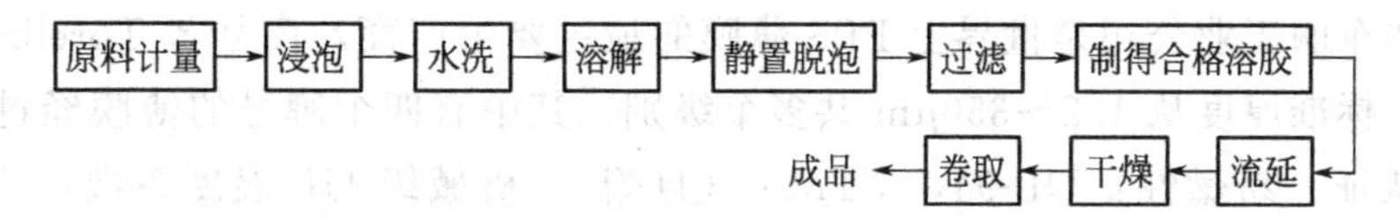

其中流延过程如图 2-37 所示。

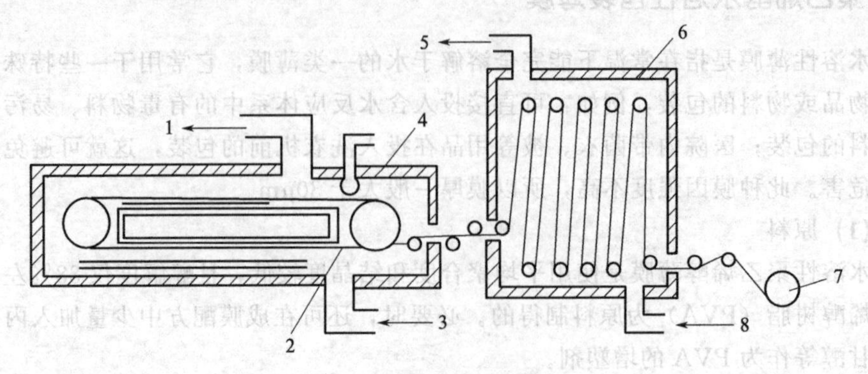


图 2-37　维尼纶膜流延成型示意

1,5—排风口；2—环形传送带；3,8—热风入口；
4—溶胶入口；6—后干燥装置；7—卷取

采用流延法生产维尼纶膜，其工序分为两大部分，第一部分是溶胶配制，第二部分是流延成型。

① 合挤溶胶的配制　由于聚乙烯醇中含有大量的乙酸钠，它的存在不仅降低薄膜的透明性，而且沉积于钢带表面，使薄膜的雾度增加，且可促进薄膜的热分解，为此必须除去乙酸钠。方法是将经水浸泡的 PVA 放入离心机中冲洗。除去乙酸钠后将 PVA 与溶剂（水）、增塑剂（甘油）、表面活性剂等混溶，制成均一的流延溶液，PVA 浓度为 10%～35%，将溶液放于脱泡釜静置脱泡（60～70℃，50min），再用 30 目滤网过滤，除掉不溶物，所得均匀溶胶液即可用于流延成型。

② 流延成型　溶胶液经流延嘴由刮刀将其刮在运动着的环形钢带上，形成一薄薄的溶液层，经过上下两层干燥烘道即从镜面钢带层上剥落下来，随后进入后干燥室，在 50～70℃下使残余的溶剂进一步蒸发，经过彻底干燥的薄膜，切边后即卷取为成品。

## 四、聚苯硫醚薄膜

聚苯硫醚（PPS）是热塑性工程塑料，具有极优良的耐热性、电性能、耐溶剂性、耐化学性、耐 γ 射线和中子射线性，它可以用多种成型加工方法制成多种类型塑料制品，广泛用于电子电气、精密仪器、化学化工、航空军工、核聚变等许多领域。聚苯硫醚薄膜可作为 F 级电绝缘膜，可长期工作在 160～200℃ 的高温环境，阻燃性达到 V-0 级，几乎可耐各种溶剂和酸碱（强氧化性物质除外），是备受关注的新型塑料制品。

日本东丽工业公司是世界上 PPS 薄膜的最主要生产商，商品名 Torelina，分 6 大牌号，标准厚度从 1.2～350μm 共多个级别。其中有四个牌号的薄膜经过美国安全标准认证。易燃性：UL-94，VTM-0（自熄）。机械级 UL 温度系数：UL 746B

160℃。电气级 UL 温度系数：UL 746B 200℃。

**(1) 原料**

典型聚苯硫醚树脂大分子线型结构中，对位结构占 90%以上，为了降低结晶化速率而利于加工，应引入一定量的间位结构聚苯硫醚，或制成在主链结构中含有醚、联苯、萘、砜等分子结构单元的聚苯硫醚。适宜制膜的 PPS 树脂，其指标见表 2-33。

表 2-33 适宜制膜的 PPS 树脂的指标

| 项目 | 指标 | 项目 | 指标 |
|---|---|---|---|
| 聚合度 | 100～300 | $M_w/M_n$ | 4～8 |
| 重均分子量 | 40000～70000 | 熔融黏度/Pa·s | 2400～5200 |
| 熔点/℃ | >260 | NaCl 含量 | $<20\times10^{-6}$ |
| 玻璃化转变温度/℃ | 92～95 | 金属(Ni、Cr、Fe)含量 | $<30\times10^{-6}$ |

此外，可根据应用需要，添加少量紫外线吸收剂，如 $SiO_2$、$TiO_2$、ZnO、$A_2O_3$、$CaCO_3$、$BaCO_3$等无机惰性粒子以及着色剂。

**(2) 生产工艺**

可采用挤出平膜后，先纵向拉伸，后横向拉伸的两步拉伸法。纵、横向拉伸的温度为 80～120℃，拉伸比为 2～6，热定型温度 220℃至熔点温度。此法的典型生产工艺流程如图 2-38 所示。也有采用同步双向拉伸工艺的，如日本吴羽化工公司和大日本油墨化学公司。

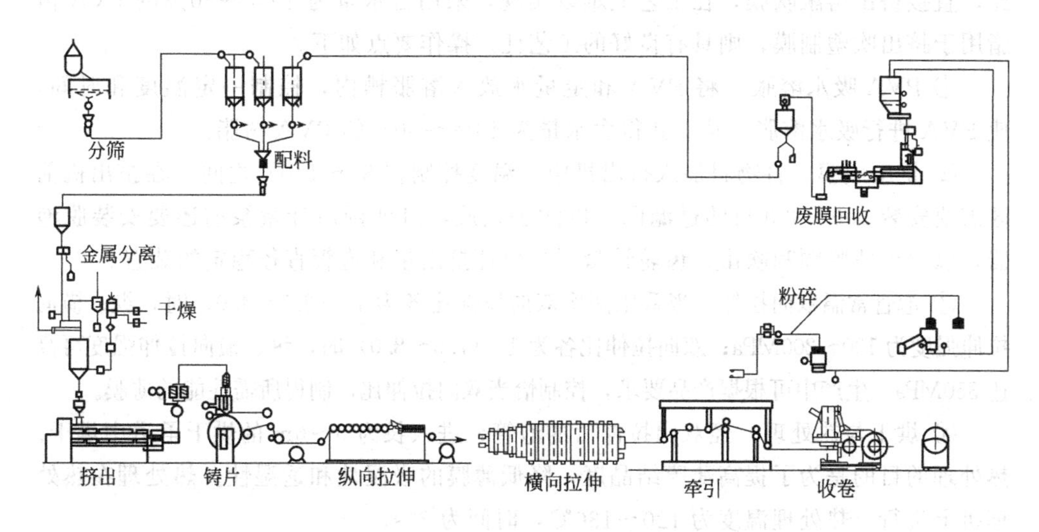


图 2-38 挤出两步拉伸法生产 PPS 薄膜生产工艺流程

另外，也可采用挤出吹塑-双膜泡法生产 PPS 薄膜。典型工艺条件为：挤出机温控分四段，1～4 段，依次为 310℃、306℃、306℃、306℃，口模温度为 283℃。第一个膜泡处，薄膜基本是无定形的，结晶度仅 7%～9%；第二个膜泡处，结晶度提升至 8%～20%。

## 五、吹塑法维尼纶薄膜

聚乙烯醇（PVA）薄膜又称维尼纶薄膜，此种膜有很高的阻氧性、阻油性、阻有机溶剂性和透明度。可用做复合薄膜的阻氧基材以及服装、油脂渗出物和需保香物品等的包装材料等。吹塑法生产维尼纶薄膜，由于设备较流延法简单，投资少，占地少，生产效率高，所以近年来有所发展。其缺点是：薄膜厚度均匀性和收卷平整性不如流延法产品。

**(1)** 原料

可选用聚乙烯醇。用蒸馏水作溶胀剂。通常配方为：PVA 100 份，水 100 份，增塑剂（如甘油）10 份，界面活性剂 0.1 份，其他助剂适量。

**(2)** 生产工艺

PVA 吹塑薄膜生产工艺流程如图 2-39 所示。

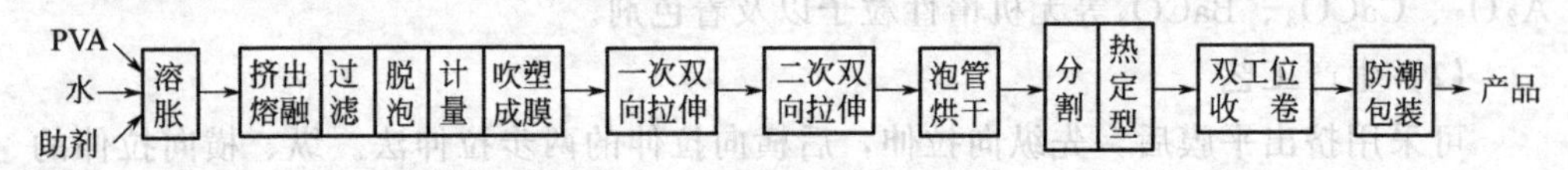


图 2-39　PVA 吹塑薄膜生产工艺流程

PVA 熔点为 220～240℃，由于在 160℃开始脱水醚化，200℃开始分解，因此，直接挤出熔融吹膜，在工艺上难以实现，采用含水量为 40%～50%的 PVA 树脂用于挤出吹塑制膜，则具有良好的工艺性。操作要点如下。

① PVA 吸水溶胀　将 PVA 和定量水放入溶胀槽内，控制一定温度和时间，使 PVA 进行吸水溶胀，从而获得含水量为 40%～50%的 PVA 树脂。

② 挤出成膜　将物料加入挤出机中，温度控制在 85～140℃之间。在挤出机前区需要安装 200～300 目的过滤网，以滤去杂质，过滤网后计量泵前还要安装脱泡器，以保证薄膜顺利吹出。齿轮计量泵是保证挤出量和泡管直径稳定的装置。

③ 泡管常温双向拉伸　当采用两次双向拉伸比各为 1∶(3.5～4.0) 时，纵、横向拉伸强度为 100～200MPa；双向拉伸比各为 1∶(7.0～8.0) 时，纵、横向拉伸强度可高达 350MPa。生产中可根据产品要求，控制恰当双向拉伸比，制得所需性能的薄膜。

④ 烘干与热处理　经双向拉伸后的泡管，进入长为 5～6m 的烘干甬道中烘干。热处理的目的是为了提高薄膜结晶度，降低薄膜的吸湿性和透湿性。热处理在热处理机上进行，热处理温度为 120～130℃，时间为 30s。

热处理后薄膜进入双工位收卷机，进行收卷和防潮包装后入库。

## 六、双向拉伸聚苯乙烯薄膜

双向拉伸聚苯乙烯（BOPS）薄膜是一种拉伸强度很高的硬质透明薄膜，其突出特点是具有优异的电性能：介电常数为2.4～2.7，介电损耗角正切值为$5\times10^{-4}$（是现有塑料薄膜中最小的一种），介电强度为50kV/mm（作为高频绝缘材料尤为适合）。BOPS膜的耐水性也非常突出，其吸水率是PVC膜的1/2、PET膜的1/5、乙酸纤维素膜的1%。聚苯乙烯膜的主要用途是利用它超群的电性能，用于高级电信器材，如可变电容器、高频电缆绝缘等。也可做食品包装薄膜，特别适于蔬菜、鱼、肉等需要透气情况下的包装。

**(1) 原料**

要求采用洁净且干燥的薄膜级聚苯乙烯树脂。

**(2) 生产工艺**

此产品有几种生产工艺，即平片拉伸法、泡管法和平管式一步拉伸法。各法特点如下。

① 平片拉伸法　此法的设备比较庞大，并有产生废边的弊病，但厚度均匀，拉伸倍数能够自由控制，利于宽幅、高速化生产。

② 泡管法　此法以同时进行拉伸为特点，设备简单，费用低，占地面积小，所生产的薄膜无废边，纵、横向性能平衡性好，但是加热和冷却方式复杂，膜管不稳，厚度均匀性差。

③ 平管式一步拉伸法　此法的生产技术开发最早，工艺成熟，设备简单，占地面积小，设备费用低，不足之处是薄膜厚度公差大，一般达到±10%。

我国主要采用平管式一步拉伸法，其一步双向拉伸示意如图2-40所示。

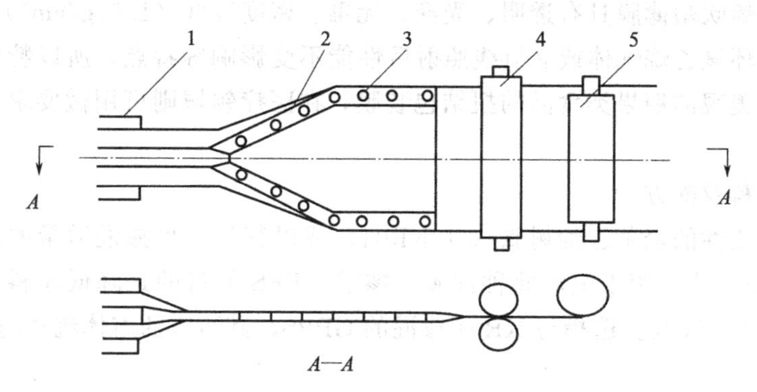


图2-40　平管式一步拉伸法示意

1—机头；2—拉伸架；3—导轮；4—导辊；5—卷取辊

平管式一步拉伸法与平吹聚乙烯膜相似，从机头挤出膜管后，进入平管式扩伸架进行定向拉伸，而后切边分卷。

一般，采用$\Phi$50mm挤出机，转速低，产量低，仅适宜生产25$\mu$m以下的薄膜。挤出温度200℃左右，拉伸温度100～130℃，纵、横向的拉伸倍数为3左右。

拉伸架为马蹄形扩伸架，如图2-41所示，扩伸架周围有一连串小轮，给平管膜导向，同时设有空气喷嘴，沿薄膜两边冷却，使拉伸膜固化定型。

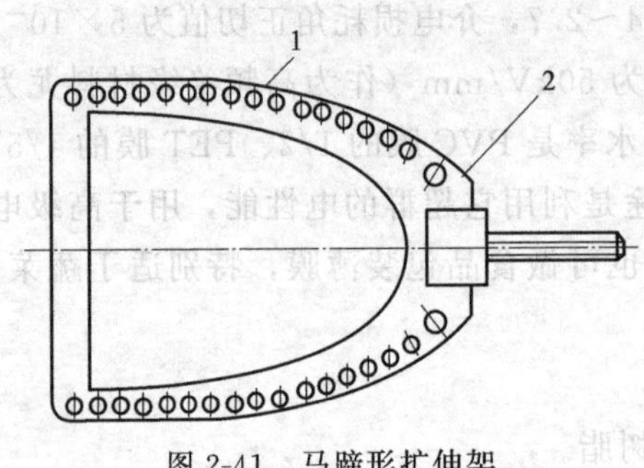


图 2-41　马蹄形扩伸架

1—扩伸架；2—导轮

其他几种生产方法的基本工艺条件分别如下所述。

① 挤出平片，三辊冷却定型法　挤出塑化温度：130～160℃，160～180℃，180～200℃。模具温度：中部 200℃，两侧端部 210℃。冷却定型三辊温度：上、中、下依次为 80℃、85℃、90℃。

② 挤出吹塑法制膜　挤出塑化条件同上法。应采用风环冷却吹胀膜泡，吹风口间隙应小些，吹胀比应小于 2.5 倍，冷凝线高度应控制在 100～150mm 范围内。

③ 挤出平片，双向拉伸法　拉伸倍数 2.0～2.5 倍为宜，纵、横拉伸比应接近。纵拉伸辊预热温度为 100～110℃，预热辊的转速比流延冷却辊的速度略快些，纵拉伸辊的温度为 110℃左右；横拉伸预热温度为 120℃左右，拉伸段温度约 125℃，定型段温度约 110℃。

## 七、改性聚苯乙烯吹塑薄膜

均聚的聚苯乙烯树脂薄膜性脆，不便成型和应用，所以多采用增韧改性为主要目的共聚型聚苯乙烯树脂来生产此种薄膜，如美国菲利浦公司牌号为 KR04 树脂。改性聚苯乙烯吹塑薄膜具有透明、光泽、无毒、密度较低（1.01g/cm$^3$）、保持折痕性好以及经环氧乙烷气体或β射线照射后性能不受影响等特点，所以特别适于用做要求透明、美观的糖果类食品的扭结包装膜，在医疗领域则可用做要求消毒器械的包装膜。

**(1)** 原料及配方

以共聚改性的聚苯乙烯树脂（如 KR04）或以其为主再掺混适量的通用型聚苯乙烯（GPPS）均可用于生产此种薄膜。掺混 GPPS 的目的是降低原料成本，一般掺混比为 5%～50%。选择与 KR04 掺混的 GPPS，其适宜的熔体流动速率应为 7～12g/10min。

另外，为便于加工和使用，配料中须掺混少量开口剂。

**(2)** 生产工艺

用通用的挤出吹塑成型机即可生产。挤出机螺杆长径比约 25∶1，压缩比为 2.5。各段温度控制依次为 170～180℃、185～195℃、200～225℃、200～225℃、180～205℃、185～195℃。机头口模间隙要稍宽些，冷却风喷风口取小些为好，吹胀比≤2.5。此种薄膜若欲印刷文字或图案需经电晕处理，使表面张力处于 38～40mN/m。生产中所得废边角料虽可回收利用掺在新树脂料中的重新挤出吹塑，但比例不应超过 30%。

## 八、乙烯-乙酸乙烯共聚物/聚乙烯共混铸造用薄膜

金属铸造是制造金属制品的最重要、最普及的技术之一，铸造用的砂型的表面越光滑、细腻，铸造所成金属制品的表面也越光滑。为此，多年来人们一直在为改进砂型表面光洁度而努力，采用塑料膜贴附于砂型型面的真空膜法工艺即是一例。此法是将一层塑料膜预热至接近黏流态，然后真空吸附于砂型型面，再喷涂一层涂料，涂料固化后即可用于铸造。用覆塑料膜的砂型进行铸造作业还可提高铸件成品率，简化铸件的后处理工序。

对上述用途的塑料膜要求：①有好的柔韧性和在不高温度下的黏附性，以便真空吸附在砂型型面上；②在真空吸附过程，薄膜将被延展 5～10 倍，所以该膜应有较高拉伸强度和延伸率；③应有较高极性以便吸附喷涂在其上的涂料层。这里介绍的 EVA/PE 共混膜就是较合用的一种。

**(1) 原料及配方**

从此种膜必要的柔软性、贴附性和极性等因素考虑，选择 EVA 树脂为主要原材料；从此种膜必要的强度考虑，选择在 EVA 树脂中掺混适当比例的 LDPE 和 LLDPE。

EVA，可选用北京有机化工厂生产的 EVA14/2、EVA18/3。

LDPE，可选用北京燕山石化生产的 1F7B、齐鲁石化公司生产的 2100TN00。

LLDPE，可选用盘锦公司生产的 0209AA。

参考配方①：EVA 70 份（由 EVA14/2∶1F7B＝4∶1 组成），LLDPE 15 份，LDPE（2100TN00）15 份。

参考配方②：EVA 70 份（由 EVA14/2∶EVA18/3＝4∶1 组成），LLDPE15 份，LDPE（2100TN00）15 份。

**(2) 生产工艺**

按配方将所需原料分别计量后，混合，用通用挤出吹膜机组挤出吹塑制膜，分剖，卷取得成品。以 SJ-65 挤出机生产时的工艺条件是：挤出机料筒的温度分三区控制，依次为 150℃、160～170℃、165～175℃，机头温度 170～175℃。

按上述配方生产的铸造用膜，基本满足使用要求，具体性能参见表 2-34。

**表 2-34 EVA/PE 共混铸造用薄膜的力学性能**

| 项　目 | 配方①制成品 | 配方②制成品 | 项　目 | 配方①制成品 | 配方②制成品 |
|---|---|---|---|---|---|
| 拉伸强度(纵/横)/MPa | | | 断裂延伸率(纵/横)/% | | |
| 膜厚 0.14mm | 32.14/33.21 | — | 膜厚 0.14mm | 625/600 | — |
| 膜厚 0.18mm | 35.00/38.89 | 33.33/34.44 | 膜厚 0.18mm | 650/680 | 730/738 |

注：引自：谢晨阳等．铸造用薄膜的开发与应用．工程塑料应用，2001（4）：21.

## 九、乙烯-乙酸乙烯共聚物多功能三层复合吹塑棚膜

此类膜是以 EVA 膜为主三层复合而成，树脂中添加有多种功能性助剂，因而

具有多功能性。目前，此类膜主要有两种：一种是节能型越冬日光温室用高透光、高保温、流滴、消雾、耐老化棚膜；另一种是春提早、秋延后型大棚覆盖用多功能棚膜。

EVA 多功能三层复合膜的柔软性优于 PE 类三层复合膜。由于 EVA 具有高支化度、低结晶度和较高的极性，其与流滴剂相容性较 PE 为好，所以能吸纳更多的流滴剂，可使棚膜的流滴防雾性优于 PE 膜。

**1. 原料**

**(1) EVA 树脂的选择**

① 节能越冬型　要求膜的透光率高、增温保温效果好。其内层应选用 VA 含量为 9%～14%、MFR 为 0.3～0.7g/10min 的 EVA；中层应选用 VA 含量 14%、MFR 为 0.3～0.7g/10min 的 EVA；外层应选用 VA 含量为 2%～3%、MFR 为 0.3～0.6g/10min 的 LDPE，或下述两种共混树脂之一：VA 含量为 4%～5%、MFR 为 0.3g/10min 的 EVA 与 MFR 为 0.8～1.0g/10min 的 LLDPE 共混树脂或 LDPE 与 mLLDPE（茂金属 LLDPE）共混树脂，共混比一般为 3∶2。

三层复合总厚度为 0.10～0.12mm。外层、中层、内层三者厚度比例可采用 30%∶40%∶30%或 25%∶50%∶25%。

② 春提早、秋延后型　使用 EVA 树脂的特点是其 VA 含量比例较低。一般，中、内层树脂可用 VA 含量为 5%、MFR 为 0.3g/10min 的 EVA 树脂，外层树脂可用 MFR 为 0.3～0.8g/10min 的 LDPE（包括 VA 含量为 2%～4%的 LDPE）与 MFR 为 0.9～1.0g/10min 的 LLDPE 共混树脂。

**(2) 耐老化剂的选择**

前述 PE 膜用的耐老化剂及其添加量也适用于 EVA 多功能三层复合棚膜。

**(3) 流滴剂**

我国 EVA 复合棚膜的流滴剂可与 PE 棚膜所用的相同，但最好按 EVA 树脂具体品牌在极性、结晶度、塑化温度等方面的不同而相应开发专用的流滴剂。按棚膜流滴持效期为 6 个月以上的要求，中层流滴剂的添加量一般为 1.8%～2.0%，内层为 1.5%～1.6%，而外层为 0.8%～1.0%。外层添加流滴剂不宜多，以免从棚膜外表面析出。有时，外层中的流滴剂，可复配一部分迁移较缓慢的非离子型表面活性剂，例如 S-60。

**(4) 消雾剂**

通常，仅在此类复合膜的内层或中、内层添加消雾剂。内层加氟类消雾剂时，添加量一般为 0.2%；加硅类消雾剂时，一般为 0.25%～0.3%。中层一般用硅类消雾剂，亦添加 0.25%～0.3%。

当消雾剂与流滴剂并用时，要注意两者间的配合效应，必须以消雾功能好且不缩短流滴持效期为准。

(5) 保温剂

EVA 膜的远红外线透过率较低，保温性较好。为进一步提高其保温性，可适量加入远红外线阻隔剂作为保温剂，目前主要用滑石粉、硅藻土、白炭黑等无机保温剂。但是，无机保温剂不可过多，因它们会使棚膜散射光透过比率（雾度）增大，散射光的能量较低，反而会使白天棚内的增温效果下降。按棚膜雾度不超过25%为准，保温剂的添加比例应小于1%。

**2. 生产工艺**

EVA 多功能三层复合棚膜的生产采用典型的三层共挤-吹塑成型工艺（见本书前述之复合膜部分）。

生产工艺中要特别注意如下几点。

(1) 采用反向吹塑工艺

高 VA 含量 EVA 在温度较高的条件下易粘连。为在迅速冷却条件下解决粘连问题并提高棚膜透明度和改善流滴性，将内层 EVA 与母料混合原料加至外层挤出机料斗中（同时将外层混合原料加至内层挤出机料斗中），即采用所谓的反向吹塑工艺生产 EVA 多功能三层复合棚膜。因生产的内、外层与使用的内、外层相反，必须印有明显的覆盖标志。

(2) 控制适宜的挤出机加工温度与螺杆转速

EVA 分解温度较低。挤出机最高温度控制为 185℃。有的企业采用挤出机“低—高—较高”加工温度曲线，以利于母料和 EVA 均匀混熔。EVA 熔体黏度较大，随着剪切速率增高，EVA 熔体黏度明显降低。因此，采用长径比（$L/D$）为 30∶1 的新型螺杆挤出机，适当提高螺杆转速，能降低 EVA 熔体黏度，使母料与 EVA 均匀混熔。通常，螺杆转速控制为 60～70r/min。在螺杆转速较高的条件下，可适当降低 EVA 加工温度。例如控制挤出机熔融段温度为 185～170℃，均化段温度为 175～170℃，机头（从下至上）温度为 175～160℃，有利于稳定吹塑膜泡和加速膜泡冷却，防止膜间粘连。

(3) 防止 EVA 棚膜蠕变

EVA 的耐蠕变性明显差于 LDPE。随着 VA 含量增加，EVA 耐蠕变性降低。防止 EVA 棚膜蠕变的工艺技术要点如下。

① 改进棚膜复合结构，将低 VA 含量的 EVA 或 VA 含量为 2%～3%的 LDPE (MFR 为 0.3～0.8g/10min) 作为吹塑膜泡的复合支撑层（吹膜时为内层），以提高三层复合熔体强度和挺括度。

② 适当提高挤出机螺杆转速，合理降低加工温度，强化冷却。

③ 改进折叠插板，使之与薄膜接触面全部呈圆弧过渡，减少应力集中现象。不宜采用 V 形架折叠机构。

④ 牵引辊压力应适当，不使棚膜折叠线处受力过大。收卷张力应均衡，薄膜

不应卷取过紧。

⑤ 高温季节强化生产车间通风，降低生产环境温度。

## 十、水溶性聚氧化乙烯包装薄膜

聚氧化乙烯（PEO）树脂是环氧乙烷经多相催化开环聚合而得到的高分子量均聚物，外观是一种白色粉末，易流动，完全溶于水。以其为原料制成之薄膜依靠水溶性这一独特之特性，也与前述之聚乙烯醇水溶性薄膜一样，应用于某些特殊场合所用物品或物料的包装，即：可直接投入含水反应体系中的有毒物料、易污染环境物料的包装；医院内带菌衣、被等用品在投入洗衣机前的包装，这就可避免对人体的危害。

**(1) 原料**

聚氧化乙烯树脂，国内只有小批量试产品。国际上生产企业有美国 UCC 公司、日本明成化学工业（株）、日本制铁化学工业（株）。美国 UCC 公司的 PEO 的主要性能为：结晶熔点为 62～67℃ 的白色粉末，熔流温度大于 98℃，挥发分小于 1.0%，溶液 pH 值为 8～10，粒度：100%通过 10 目，96%通过 20 目。

**(2) 生产工艺**

主要采用挤出吹膜法生产，此外也可用挤出流延法、压延法、浇铸法生产。

**(3) 性能**

挤出吹膜法生产的 PEO 薄膜的性能，参见表 2-35。

**表 2-35 挤出吹膜法生产的 PEO 薄膜的性能**

| 性　能 | 数据 | 性　能 | 数据 |
|---|---|---|---|
| 密度/(g/cm³) | 1.20 | 拉伸强度(纵/横)/MPa | 16/13 |
| 伸长率(纵/横)/% | 550/650 | 撕裂强度(纵/横)/(N/m) | 100000/240000 |
| 50%损坏的突然冲击/(N/m) | 80000 | 水中溶解时间/s | 15 |
| 透氧量/[cm³·μm/(cm²·d·100kPa)] | 1690 | 熔点/℃ | 67 |
| 热封性 | 优,相当于 LDPE | 耐冷龟裂温度/℃ | −46 |
| 热封温度/℃ | 71～107 | | |

## 十一、聚偏氯乙烯乳液涂覆复合薄膜

此类薄膜是以聚偏氯乙烯（PVDC）树脂为主要原料制成的。PVDC 对水和气体有很好的阻隔性，又有优良的耐油性、热封性及卫生性，所制膜适用于食品包装。但 PVDC 的热稳定性差，低于熔点就开始分解，因而成型加工较难，所以很少单独制造 PVDC 薄膜，而是利用其涂覆在其他塑料膜上制造复合薄膜。另外也开发了多种 PVDC 的共聚型树脂，使之可以单独制膜。

**(1) 原料**

与 PVDC 复合的基膜有很多种类，根据使用要求而分别选用，常用的有 PE

膜、PP 膜、PET 膜等。当采用乳液涂覆法制造此种复合薄膜时，使用的是偏氯乙烯的共聚物乳液，例如偏氯乙烯与氯乙烯（VC）或丙烯酸型单体的共聚物乳液。除上述两类主料外，必要时为强化两种树脂的界面作用还需加入黏合层。常用的 PVDC 树脂中，VC 含量 10%～25%，或丙烯酸甲酯含量 5%～20%。在 PVDC 薄膜生产原料中须加适量无毒稳定剂（有机锡）和增塑剂（环氧大豆油、癸二酸二辛酯等）以改善成型加工性能。

(2) 生产工艺

涂覆法的工艺流程如图 2-42 所示。

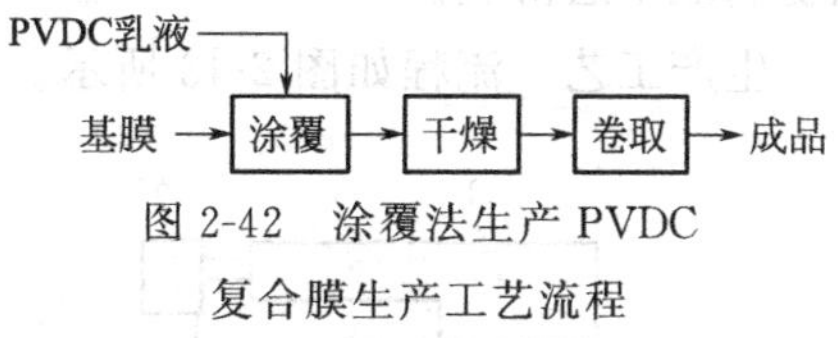

图 2-42　涂覆法生产 PVDC 复合膜生产工艺流程

涂覆法的基膜一般厚度为 0.020mm 左右，必须经电晕处理。涂布量每平方米约数克，涂布工艺参数随乳液具体组成的差异有很大变化。干燥后的膜最好在 40～80℃放置一定时间，以促使 PVDC 树脂层的结晶度提高，获得更好的阻隔性。

## 十二、聚偏氯乙烯热收缩薄膜

PVDC 热收缩薄膜为单层膜，表面光泽好，透明性高（透光率 90%以上），但紫外光透过率却很小。由于膜的密度较高，其阻隔性较突出，加之还具有耐油、不易燃，能耐 100℃高温杀菌消毒以及可着色等特点，就使其特别适用于火腿肠、熟制鱼、肉品以及奶酪等食品的包装。PVDC 热收缩薄膜的热收缩率大多为 20%～30%，特殊要求的还可调低或调高，这要取决于原料树脂的结构、制膜配方及生产工艺的变化。

(1) 原料及配方

所用聚偏氯乙烯树脂一般由 70%～85%的偏氯乙烯和 30%～25%的氯乙烯两种单体共聚得到，前者比例越大的树脂，所制膜的耐热性越高，收缩率越低，刚性越大，而成型加工性越差。因此要根据所制膜的应用范围和特性要求来选择不同组成的 PVDC 树脂。

为了改善 PVDC 树脂的成型加工性，配方中应添加增塑剂和热稳定剂。可用增塑剂有己二酸酯类、癸二酸酯类、柠檬酸酯类，最佳用量是 1.0%～5.0%（质量份），用量多虽然利于加工性能改善，但却会降低成品膜的阻隔性。通用的热稳定剂，如硬脂酸钡、环氧大豆油以及有机锡化合物类均可采用。此外，必要时还须加入抗氧剂。特别需要提醒的是，所用各种助剂必须对人体是无毒、卫生的。

(2) 生产工艺

通常采用挤出平吹法生产，过程如下：

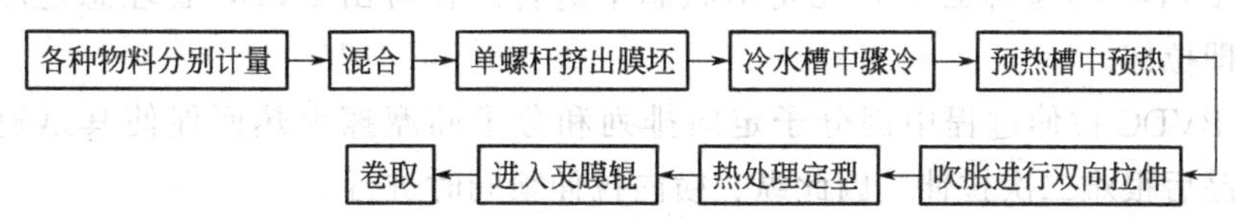

## 十三、聚偏氯乙烯双向拉伸薄膜

采用双向拉伸法生产的 PVDC 膜是单层膜，具有很好的阻隔性、耐油性、卫生性、热封性，适用于食品包装。用 PVDC 树脂制单层膜，其共聚组成中必须有较大比例的氯乙烯（VC）。此外，也可利用 PVDC/PE、PVDC/EVA、PVDC/PC 等共混物制取单层薄膜。

生产工艺　流程如图 2-43 所示。

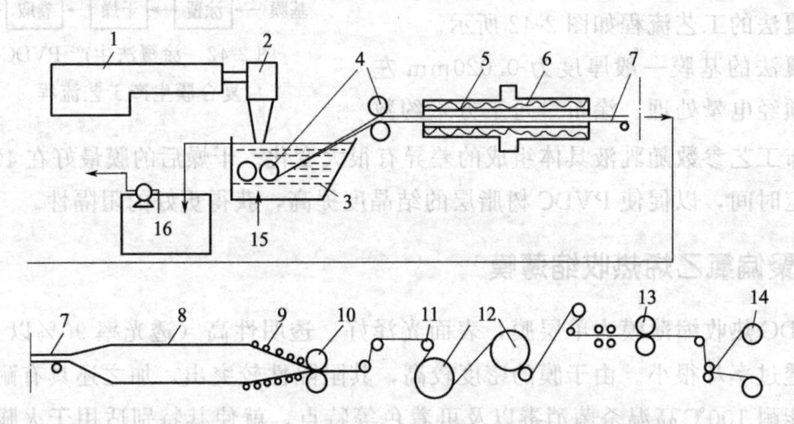


图 2-43　PVDC 双向拉伸膜生产工艺流程

1—挤出机；2—机头；3—冷却水槽；4—牵引辊；5—预热筒；6—风环加热器（5 和 6 可改为预热水槽）；7—未拉伸管坯；8—双向拉伸管膜；9—人字导辊；10—拉伸辊；11—导辊；12—热定型辊；13—输送辊；14—卷取装置；15—低温水；16—回水利用装置

双向拉伸法生产 PVDC 膜工艺要点如下。

**(1)** 原料的混合

采用高速热混合机混合原料，温度按 PVDC 吸收增塑剂情况而定，一般为70～75℃。混合完毕立即冷却至常温，然后过筛除去未分散的块状物和杂质。

**(2)** 挤出管坯

挤出机进料段温度不超过 140℃，压缩段温度为 160～165℃，计量段与机头温度为 170℃左右。挤出的管坯必须急冷，抑制 PVDC 结晶。冷却水温度为 6～8℃，水面不许搅动。为防止粘连，可经机头吹气管向管坯中注入适量隔离剂（甘油）。

**(3)** 管坯同时双向拉伸

PVDC 的拉伸过程有以下特点。

① PVDC 的拉伸必须在无定形状态下进行。在挤出 PVDC 管坯急速冷却后，必须立即拉伸。

② PVDC 拉伸过程中因分子定向排列和分子间摩擦生热而促使其迅速结晶，形成结晶后很难二次拉伸。因此纵、横向拉伸须同时进行。

③ PVDC 的拉伸倍数可在一定范围内选择，但纵、横向拉伸倍数必须相等或相近，否则对薄膜纵、横向强度均衡性有明显影响。

④ PVDC 处于无定形状态时很柔软，拉伸过程受到的阻力很小。因此，提高拉伸预热温度并不能明显改变其拉伸性能。

通常，吹胀比和牵伸比均为 3～5（有的为 2.5～4）。吹胀时膜温为 28～30℃，不应有明显的波动，以防结晶不均而使薄膜破裂。拉伸后热定型温度为 40～45℃。

## 十四、聚偏氟乙烯压电薄膜

聚偏氟乙烯（PVDF）树脂是一种热塑性树脂，分子量为（4～6）$\times 10^5$，结晶度为 60%～80%，具有耐化学药品性以及较优良力学性能、耐热性能、电绝缘性能、耐候性、不燃性、自熄性以及易成型加工性等突出特性。尤其是其薄膜经电晕极化及蒸镀金属层电极后，可制成压电性薄膜，广泛应用于水声、电声、医疗器械、离子辐射、生物医学、力学、光学和超声领域的传感器和换能器中，例如电声换能器方面的传声器、送话器、立体声耳机、高频扬声器、心音计、胎音计、脉搏计、血压计和呼吸监测仪等；水声、超声换能器方面的水听器、水下声摄像、超声波传感器、超声发射和接收仪、医用传感器等；热电性能方面的红外辐射光探测头、温度监控器、火灾报警器、不接触温度计等；机电换能器方面的无触点开关、电子计算机键盘、光纤开关、印刷传感器、压力传感器、温度检测仪等。

压电性缘于压电效应，它是指当某一介电质在一个方向受力而使其变形时，其内部会产生极化现象，这时，受力方向的两个表面同时产生极性相反的电荷。当外力消失后，又恢复原来状态。

**(1) 原料**

采用单一的 PVDF 树脂，不加任何助剂。国产品牌有上海有机氟研究所生产的 F903、F902（均为粉状），国外主要为美国 Pennwalt 公司生产的多种品牌：Kynar460、Kynar500、Kynar710/711、Kynar720/721、Kynar730/731、Kynar740/741 和 Kynar760/761，其中 Kynar460、Kynar500、Kynar710、Kynar720、Kynar730、Kynar740、Kynar760 为粒料，Kynar711、Kynar721、Kynar731、Kynar741、Kynar761 为细粉料。

**(2) 生产工艺**

有几种主要生产方法，但基本制造过程为：

PVDF 树脂→制原片（薄片）→拉伸→退火→电晕极化→膜的两面蒸镀金属层电极→成品

表 2-36 对比列出几种主要生产工艺条件。

原片拉伸的目的，不光是延长变薄，更主要是要把 PVDF 熔体冷却结晶得到的。相晶型变为 β 相晶型，使膜片中的偶极子的取向基本一致，从而提高了膜的压电性。

表 2-36 制造 PVDF 压电薄膜的几种生产方法

| 生产程序 | 溶液浇铸法 | 挤塑法 | 平板热压法 |
| --- | --- | --- | --- |
| 原片制造 | 将 PVDF 树脂按 20%比例溶于二甲基乙酰胺中，倾倒于铝模板上，200～300℃下烘干，水冷却，制成 50～80$\mu$m 的原片 | 将 PVDF 树脂加入挤出机，在 215～220℃下挤塑成膜，厚度 50～400$\mu$m | 将 PVDF 树脂匀铺在预热至 150～160℃的两不锈钢模板之间，在 8.6MPa 下热压 5min，制得 75～1000$\mu$m 的原片 |
| 拉伸 | 用专用拉伸机，于 105～110℃下，以 5～20cm/min 速度，单向拉伸 4 倍以上，然后升温至 120℃，自然冷却至室温 | 用专用拉伸机，于 60～80℃下，以 5～50mm/min 速度，单向拉伸 4 倍以上，然后自然冷却至室温 | 在 60～65℃下将原片拉伸 3～5 倍，在拉伸状态下冷却。在 100℃恒温条件下，以 2m/min 速度拉伸，则膜的压电性能更高 |
| 电晕极化及退火 | 将拉伸后的膜片放在硅油中，加热至 80～90℃，在电压 50kV/cm 下极化 0.5h，取出冷却至室温 | 采用尖端放电结构方式，施加低电流直流电，电压最高可达 50kV(由膜的宽度和厚度决定) | 将膜保持拉伸状态下升温至 120℃，恒温 14h，进行退火处理。然后进行极化 |
| 蒸镀电极 | 用镀膜机在膜的两面蒸镀上铝，或铝钛合金、银、金等电极层 | 参见溶液浇铸法<br>镀膜厚度不小于 100nm | 参见溶液浇铸法<br>镀膜厚度约 100nm |

极化操作的目的在于，PVDF 薄膜的压电性能主要取决于分子偶极子所形成的自发极化量值。此值既与其本身的分子结构有关，又与对其极化的工艺条件（电场强度、温度和时间）有关。电晕极化就是使偶极子链按电场方向稳定排列，更大程度增强 PVDF 膜的压电特性。

在 PVDF 薄膜两面蒸镀金属膜，就是为了形成两个电极，以导出 PVDF 压电薄膜在受力作用时产生的电流。

**(3) 性能**

PVDF 压电薄膜的密度为 1.78g/cm$^3$，介电强度为 150～200kV/mm，体积电阻率为 (8～10)×10$^4$Ω·cm，介电损耗角正切为 0.02～0.03kHz。另外，压电常数是表征压电薄膜的一项重要参数，目前以检测 $d_{33}$ 值为主，PVDF 薄膜压电常数值为 (18～35) $d_{33}$/(10$^{-12}$C/N)。

## 十五、聚偏氯乙烯干式复合薄膜

此种膜是以 PVDC 膜作为中间层的三层复合薄膜，上、下两层膜视应用及性能要求的不同而有多种选择。此种膜克服了 PVDC 单层膜耐寒性差、在冬季低温及冰箱中易破裂以及难以热封的缺点，所以应用范围更宽广，尤其适用于制容装炖焖食品、煲饭坯料、什锦合菜、粥等食品的软罐头以及输血（液）袋、透析器（人工肾）等医用品的包装，因其便于冷藏、蒸煮和 γ 射线消毒。

**(1) 原料及配方**

日本吴羽化学公司生产的牌号为 K-flex 的产品，其所用的 PVDC 树脂是 VDC 与 VC 的共聚物，其常采用的三层复合结构主要有：OPP/PVDC/CPP（厚度 320$\mu$m/15$\mu$m/50$\mu$m 或 20$\mu$m/20$\mu$m/40$\mu$m）；日本旭化成化学工业公司生产的牌号为 SaranUB 的产品，其所用的 PVDC 是 VDC 与 MA 的共聚物，其常采用的三层复合结构主要有：OPA/PVDC/CPP（厚度 15μm/15μm/50μm）、OPA/PVDC/LLDPE（15μm/15μm/50μm）或 PET/PVDC/LLDPE（12μm/15μm/50μm）。

**(2)** 生产工艺

采用三层共挤吹塑法生产。

## 十六、聚酯双向拉伸薄膜

一般工业上所说的聚酯膜主要指聚对苯二甲酸乙二醇酯（PET）薄膜而言，也常称之为涤纶膜。经双向拉伸的聚酯薄膜是现有热塑性塑料薄膜中最强韧的一种，其拉伸强度可与铝膜相匹敌，是普通聚乙烯膜的 10 倍。聚酯膜可在－60～120℃内长期使用，就耐高温这一点来说，聚酯薄膜仅次于氟塑料和聚芳香杂环化合物薄膜，同时此种膜还有较好的防潮性和绝缘性。由于聚酯膜有上述优异性能，所以大量用做电气绝缘材料和磁带基膜，另一个重要用途是做真空镀铝膜，这种膜像金箔、银箔，可做金银线及其他装饰品，聚酯膜在文教方面的应用也很重要，如用以制缩影胶片、绘图膜片、印刷膜片等，此外在军事、宇航方面也得到了某些应用。产品标准：JB 1256—77。

**(1)** 原料

聚酯树脂分为纤维级和薄膜级两大类，生产双向拉伸膜应使用薄膜级聚酯树脂。

**(2)** 生产工艺

以聚酯粒料为原料制聚酯双向拉伸薄膜分两步完成，第一步为 T 形机头挤出制聚酯厚片，第二步为双向拉伸制膜，其工艺过程示意如图 2-44 所示。

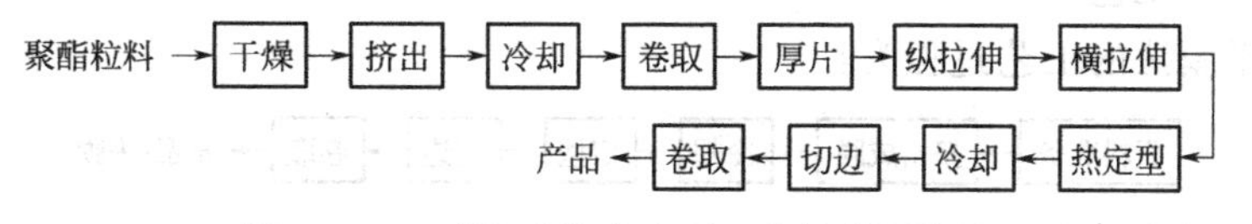


图 2-44　T 形机头挤出法制双向拉伸聚酯膜

另外一种常用的流程是以对苯二甲酸二甲酯和乙二醇为起始原料，在反应釜中经酯交换和缩聚反应制得聚酯树脂，然后流延至一个冷却辊筒表面冷却后得聚酯厚片，此厚片再经纵向拉伸、横向拉伸、冷却、切边、卷取，同样制得聚酯双向拉伸膜。

下面重点介绍上述第一种流程的生产操作。

生产聚酯双向拉伸薄膜与聚丙烯双向拉伸薄膜的工艺过程是相似的，可以采用逐次拉伸法，也可采用同时双向拉伸法，但较多采用的是前者。

① 厚片的制备　由于聚酯树脂含有可水解的酯键，在微量水分存在下挤出成型时会有明显的降解，因此树脂要首先进行真空干燥或沸腾床加热干燥。经干燥的

聚酯加入挤出机中，塑化熔融的物料通过 T 形机头挤出厚片，挤出温度控制在 280℃以下。挤出的厚片，若缓慢冷却则为球晶结构，不透明，脆性大，难以拉伸，因此挤出的厚片要通过冷却辊骤冷，使其保持无定形状态，以便于拉伸。

② 双向拉伸　首先进行纵向拉伸，纵向拉伸是厚膜片经加热后，在外力作用下，使 PET 分子链和链段沿片材长度方向取向，以提高拉伸强度。拉伸工艺条件为：预热温度 85～95℃，拉伸温度 95～110℃，拉伸倍数 2.4～4.0 倍。然后进行横向拉伸，横向拉伸是将纵向拉伸后的 PETP 膜在拉幅机中以同步速度进行横向拉伸。工艺条件为：预热温度 95～100℃，拉伸温度 100～110℃，拉伸倍数 2.4～4 倍。

③ 热定型和冷却　经过双向拉伸的聚酯膜，当外力去除之后，分子链的排列、取向度、结晶度都会发生变化，表现出尺寸及性能的不稳定。为了制备强度高、尺寸稳定的薄膜，必须进行热定型。热定型温度为 230～240℃，热定型是在拉幅机内的热定型区进行的。当薄膜离开拉幅机后就用冷风对薄膜上下进行冷却，然后切边，卷取。

## 十七、聚碳酸酯薄膜

聚碳酸酯（PC）薄膜透明、无毒，无味，具有优良的电性能、刚性和力学性能，而且吸水率低，所以极适宜制作薄膜电容、电声元件、绝缘膜等电子工业用制品以及高能物理等方面的特殊用品。

**(1)** 原料

挤出平膜法用聚碳酸酯树脂单一原料；溶液流延法，一般以氯代烃类为溶剂配制含 PC 20%左右的溶液。

**(2)** 生产工艺

挤出平膜法的工艺过程为：

原料准备 → 挤出成膜 → 冷却 → 定型 → 切边 → 卷取 → 成品(平膜)

溶液流延法的工艺过程为：

原料准备 → 流延成型 → 溶剂蒸发 → 成膜 → 切边 → 卷取 → 成品(平膜)

挤出平膜法的原料准备主要是 PC 树脂的干燥，由于 PC 有一定吸湿性，若不去除所含水分，在熔融挤出时，会发生降解以及使膜表面呈现气泡。烘干的物料应尽快使用，避免再次吸潮。烘干条件可掌握在（115±5）℃/12h。挤出成膜温度在 220～300℃范围。

溶液流延法的原料准备主要是配树脂溶液（胶液）、胶液过滤、恒温脱泡。溶液浓度和黏度对成品膜的质量稳定起着关键作用，必须严格控制。胶液从流延嘴均匀地流延于循环的不锈钢带上，钢带在烘干通道中运动，并受鼓入的热风作用而将溶剂蒸发并成膜。

## 十八、聚对苯二甲酸丁二醇酯包装薄膜

聚对苯二甲酸丁二醇酯（PBT）膜的耐热性好，高温热收缩率低，所以可用于制医疗器械杀菌用包装袋、微波炉烹调食品袋，又因保香性、耐湿性、耐化学药品性较好，又常用于制某些湿态食品、化学品的包装用袋。

**(1)** 原料

应采用比注塑成型用PBT更高熔体黏度的特定牌号的PBT，否则难以顺利挤出成型和保证PBT膜必要的强度。目前国内尚未生产PBT膜专用树脂，但有某些国外专用牌号树脂可供选用，如日本聚合塑料公司的600FP（MFR为15g/10min，特性黏度$\eta$为1.0dL/g）、700FP（MFR为5g/10min，特性黏度$\eta$为1.2dL/g）、800FP（MFR为3g/10min，特性黏度$\eta$为1.4dL/g）。

**(2)** 生产工艺

主要用挤出流延法生产（参见聚乙烯挤出流延法生产流程）。

## 十九、聚萘二甲酸乙二醇酯包装薄膜

聚萘二甲酸乙二醇酯（PEN）膜类似于PET膜，除有优良电性能外，更具有如下主要特点：

① 对$O_2$、$CO_2$等气体阻隔性为PET膜的5倍，对水的阻隔性则为PET膜的4倍；

② 耐热性优于PET膜，热收缩率更低；

③ 力学性能、耐化学药品性、光学性能均优于PET；

④ 由于硬挺性好、摩擦系数低，所以挤出成型时，甚至极薄薄膜也易收卷。

依靠上述特点，PEN膜适用于电子器件、医疗器械、医药品、食品、化妆品等的包装。

**(1)** 原料

适用于挤出双向拉伸PEN薄膜的PEN树脂，外观应是透明、有光泽的粒料，其特性黏度$\eta$=0.62dL/g，熔点为268℃，玻璃化温度$T_g$为121～123℃。由于PEN树脂较贵，所以常与PET树脂共混后来制膜，其中PEN比例大于30%。

**(2)** 生产工艺

采用挤出平膜再双向拉伸的工艺，其生产流程如下：

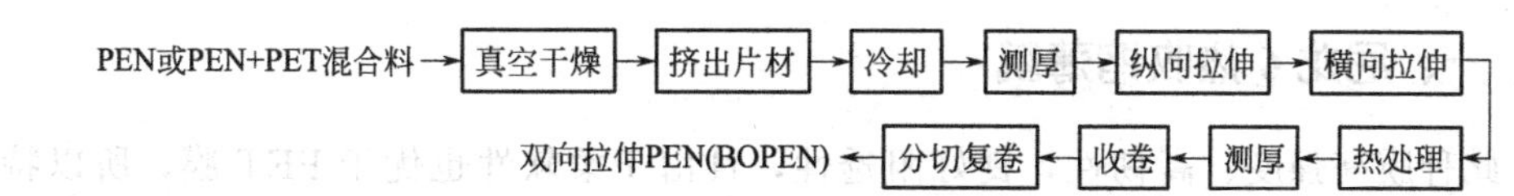


PEN挤出温度较高（约300℃），冷却辊表面温度约30℃。

纵向拉伸：温度135～163℃（红外线加热），拉伸倍数6.2倍。

横向拉伸：温度145℃，拉伸倍数3.7倍。

热处理的目的是定型，提高薄膜尺寸稳定性，降低热收缩率。热处理温度处于熔融温度与拉伸温度之间。

## 二十、聚芳酯薄膜

聚芳酯又称芳香族聚酯（简称PAR），它是分子主链上带有芳香族环和酯键的热塑性工程塑料。用聚芳酯树脂，采用溶剂流延法生产的PAR薄膜，其力学性能好，透明度高，光泽度优，所以可作为高档包装材料、光学透镜保护膜、太阳能集聚反射膜、高级镜片膜、飞机及汽车风挡防护膜等。同时，利用它的高性能，还可应用于原子能反应堆、石油钻探及宇航等方面。

**(1)** 原料

主要原料有：PAR树脂（共聚型，黏均分子量9000左右）、氯烃溶剂、增塑剂、流平剂、催干剂等。

**(2)** 生产工艺

PAR薄膜制备方法以溶液流延法为主，工艺过程为：

原料准备 → 流延成型 → 溶剂蒸发 → 成膜 → 切边 → 卷取 → 成品(平膜)

PAR树脂溶液流延制膜工艺要点如下：

① 树脂干燥　PAR树脂在使用前，要在105～130℃真空电热烘箱中烘12h，使其含水量小于0.02%。

② 胶液配制　将PAR树脂加到一定量的氯烃溶剂中，开动搅拌使之溶解，为加快溶解，可升温至30～40℃，待溶解完全后，再加入一定配比的增塑剂、流平剂、催干剂，搅匀后溶液中PAR树脂的含量为8%～15%（质量）。

③ 过滤　用板框过滤机严格滤去胶液中的机械杂质和未溶物。过滤后要恒温脱泡。

④ 流延　溶液流延过程是将胶液从高位槽流经流延机头、流延嘴、刮刀涂布机将胶液均匀地涂布到循环运转的环形不锈钢带载体上，随后经干燥去除溶剂，从而离型制得薄膜，再经干燥冷却而收卷。

⑤ 二次干燥　经上述过程制得流延PAR薄膜的溶剂含量为10%～13%。倘若要把此薄膜用做高性能的绝缘材料，则需对其进行二次（高温真空）干燥，以除去薄膜中所含的大量溶剂，最终制得仅含1%～4.65%溶剂的PAR薄膜。

## 二十一、尼龙6热收缩薄膜

此种膜高强度、高韧性，良好阻透性，且由于柔软性也优于PET膜，所以特别适用于多棱角不规则形状物品，甚至较重物品的热收缩包装。

**(1)** 原料

普通吹膜级尼龙6及改性吹膜级尼龙6。后者结晶度及结晶速率低于前者，更易进行拉伸操作。

(2) 生产工艺

尼龙 6 热收缩薄膜的生产工艺有两大类：挤出管膜法和挤出 T 形模法。挤出管膜法是同步拉伸，而挤出 T 形模法又有同步拉伸和逐步（二步）拉伸之分。

尼龙 6 是高结晶度树脂，而且结晶速率快，进行逐步拉伸是相当困难的，因为当第一次纵向拉伸时，树脂大分子很快取向并结晶化，若再进行横向拉伸，就会破坏已形成的结晶结构，使力学性能下降，所以一般均采用同步双向拉伸法来生产尼龙 6 热收缩薄膜。

通过改性制得之改性尼龙 6，其结晶度降低，结晶速率减缓，从而可以适应逐步拉伸技术。但也要在第一次拉伸时，温度尽量接近其玻璃化转变温度 $T_g$，以尽量降低结晶趋势。

尼龙类树脂是易吸湿性树脂，挤出制膜前，原料树脂须通过 80℃右烘干处理。制得的尼龙 6 薄膜也会因吸湿而引起尺寸和物性的变化，故应妥善包装和存储于干燥环境。

## 二十二、尼龙薄膜

尼龙的化学名称为聚酰胺（PA），目前工业化生产的尼龙品种很多，其中用来生产薄膜的主要品种有尼龙 6、尼龙 12、尼龙 66 等。尼龙薄膜是一类高强韧性塑料膜，具有较高的拉伸强度、伸长率和撕裂强度，尼龙薄膜的耐寒性和耐热性较突出，可在－60～200℃下使用，又有优良的耐油性、无毒性、保香性以及对氧气的阻隔作用，因此尼龙薄膜或尼龙覆合膜（与低密度聚乙烯、聚丙烯、铝箔等覆合）主要用做包装材料，例如包装腊肠、干酪、糕点等食品，由于可在 120～130℃的高温下进行蒸汽消毒，故特别适用于制作宇航人员的食品袋以及医疗器具容器。除作为包装膜外，也可用做电器绝缘材料以及制作大气球用于军事和气象部门。尼龙膜的缺点之一是透湿性较高，所以若包装食品，易发干。

尼龙薄膜可用吹塑法生产制成筒状膜，也可用挤出流延法生产平膜，还可双向拉伸制双向拉伸高强度膜。下面重点介绍前两种方法，至于双向拉伸法只是在挤出流延法之后再加以双向拉伸即可，有关双向拉伸的设备及工艺类似于聚丙烯及聚酯双向拉伸膜的情况。

(1) 吹塑法生产尼龙膜

① 原料　单一尼龙树脂，要求较高黏度品级，一般黏度应在 2500Pa·s 左右。

② 生产工艺　工艺流程与聚乙烯吹塑膜基本相同，仅在挤出前有一干燥过程。

尼龙为吸水性较高的树脂，在挤出成型前必须进行干燥处理，以免高温下使树脂发生降解以及造成薄膜中含气泡。干燥可采用真空干燥或在 100℃下流化床干燥，最终使树脂含水量在 0.05%以下。干燥后的物料应置于密闭容器内备用。

尼龙挤出的温度控制要严格，因其为结晶性高聚物，熔融温度范围窄，且熔体黏度随温度的提高而迅速降低，例如日本东立 CM1021 尼龙 6 的熔体黏度在 250℃、270℃、290℃下分别为 520Pa·s、320Pa·s、210Pa·s。当以尼龙 12 挤出吹塑制膜时，其挤出机的温度分布为：加料段 245℃，中段 245℃，前段 240℃，机头 240℃。

挤出后吹塑时的吹胀比较小，一般小于 2，例如常取 1.5。

尼龙吹塑膜自机头至卷取机之间易发生折皱现象，缩短牵引辊与吹膜机头的距离，减少薄膜与夹板的摩擦作用，掌握好夹板的角度，提高薄膜的厚度均匀性均可有利于皱纹的消除。

挤出机应采用单螺杆突变型挤出机，一般为 $\Phi$45mm，长径比为 20，压缩比为 3.5。

**(2) 流延法生产尼龙薄膜**

① 原料　主要用熔体流动速率为 1.8g/10min 的尼龙 6 生产流延法尼龙膜，例如日本东立公司牌号为 CM-1021-XF 的即适用此目的。

② 生产工艺　流延法生产尼龙膜的工艺流程为：

尼龙料粒 → 干燥 → 挤出流延 → 油冷却辊冷却 → 水冷却辊冷却 → 牵引 → 卷取 → 尼龙膜

原料干燥目的及要求与吹塑法相同。为严格控制挤出温度，挤出机筒分六段加热，自加料端至出料端，温度依次为 240℃、260℃、280℃、280℃、285℃、285℃。机头与机筒连接器的温度为 260～270℃，T 形口模温度分五段控制，均为 265～270℃。

自挤出机 T 形口模流延出来尼龙膜被牵引通过油冷却辊及水冷却辊进行冷却。尼龙膜力学性能同冷却温度和速度有很大关系，因为尼龙为高结晶度聚合物，恰当的冷却、避免过高的结晶度，可保证尼龙薄膜具有良好的力学性能、透明性及滑爽性。为此，第一冷却辊用 100℃左右的循环油冷却，第二冷却辊用普通自来水冷却，水温为 20～30℃。

所制尼龙薄膜如需再与其他树脂膜复合，则最好进行电晕处理，以保证有更好的粘接性。

挤出机可用渐变型或突变型单螺杆挤出机，混炼型螺杆效果更好。日本制钢所制造的典型设备为螺杆直径 90mm，长径比为 32，压缩比为 3.0～4.0。

## 二十三、尼龙 6 肠衣膜

尼龙 6 制成肠衣膜具有拉伸强度高、韧性突出、气体阻隔性好、耐油、无毒等优点，但又有保湿性差、易使包装食品发干的缺点。此种专用膜细分有未拉伸不收缩和拉伸热收缩两种类别，分别用于不同场合。

① 原料　普通吹塑级尼龙 6，如日本三菱化成公司生产的 1020 系列和 1030 系

列尼龙 6 树脂。

② 生产工艺　基本生产工艺是挤出吹塑法，但因尺寸较小，所以应采用下挤平吹式。全过程为：

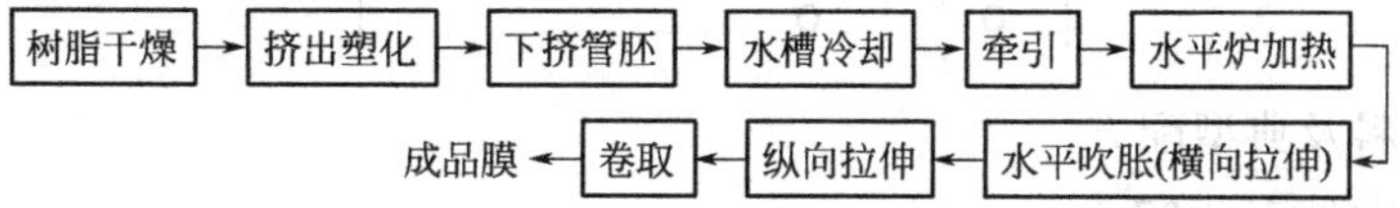

树脂干燥 → 挤出塑化 → 下挤管胚 → 水槽冷却 → 牵引 → 水平炉加热 → 水平吹胀(横向拉伸) → 纵向拉伸 → 卷取 → 成品膜

另外也可在水冷之前，先进行风冷，则冷却更充分和易控制。迅速冷却是为抑制树脂的结晶度，以提高薄膜的透明度和力学性能。

树脂挤出前干燥温度为 80～120℃，挤出温度按 Ⅰ 至 Ⅳ 区，依次为 230～250℃，250～260℃，250～270℃，250～270℃，模头温度 256～260℃。拉伸前的预热最好采用穿透力强的远红外线加热以利于拉伸。

## 二十四、聚酰亚胺薄膜

聚酰亚胺（PI）薄膜主要是指均苯型聚酰亚胺膜，PI 树脂是以均苯四酸二酐和二氨基苯醚为原料合成的。PI 膜首先由美国杜邦公司在 20 世纪 50 年代末开发，商品牌号为 Kapton。PI 膜又称为 H-薄膜，它具有极为突出的耐热性、电气性能、力学性能、耐腐蚀性能和抗辐射性能。因而特别适用于宇航、军工、原子能、电子电气等尖端科学技术领域。

PI 膜的生产包括聚酰胺酸树脂的合成和亚胺化成膜两个过程，这两个过程总是在一个生产部门连续完成，而不像聚乙烯膜、聚丙烯膜等，树脂合成与制膜可在两个完全独立的生产部门完成。

生产 PI 膜的两个过程是与下述两步反应相对应的。

第一步，缩聚反应合成聚酰胺酸树脂。

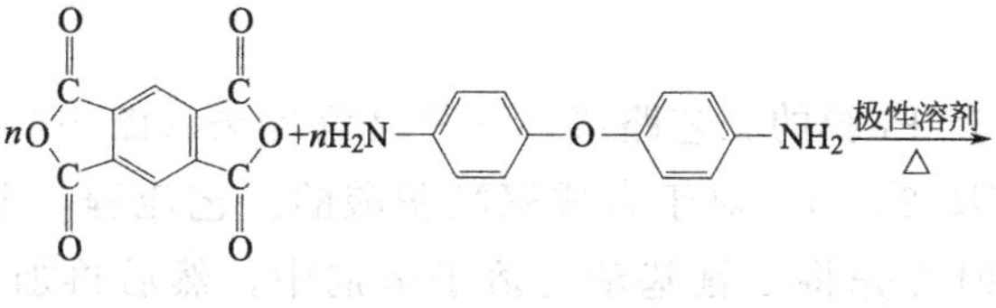

$$n\,\text{(均苯四酸二酐)} + n\,H_2N-C_6H_4-O-C_6H_4-NH_2 \xrightarrow[\triangle]{\text{极性溶剂}}$$

均苯四酸二酐　　4,4′-二氨基苯醚

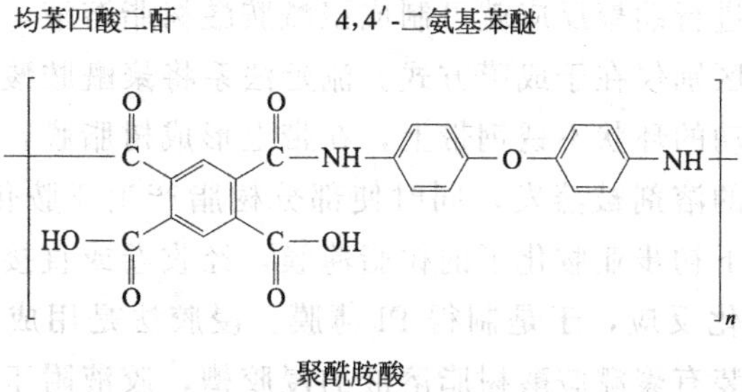

$$\left[ -\overset{O}{\overset{\|}{C}}-C_6H_2(COOH)_2-\overset{O}{\overset{\|}{C}}-NH-C_6H_4-O-C_6H_4-NH- \right]_n$$

聚酰胺酸

第二步，亚胺化反应合成聚酰亚胺。

$\xrightarrow{\triangle}$ $[\ \cdots\ ]_n$ $+2nH_2O$

(1) 原料及典型配方

典型配方见表 2-37。

表 2-37 生产 PI 膜的典型配方

| 物料名称 | 配比 |
| --- | --- |
| 均苯四酸二酐 | $n$ 摩尔 |
| 二氨基苯醚 | $n$ 摩尔 |
| 二甲基甲酰胺(或二甲基乙酰胺) | 按使反应物配成 6%～30%(质量)的含量加入 |

均苯四酸二酐系白色粉末，相对密度为 1.68，熔点为 286℃，有毒，刺激黏膜和皮肤，易吸湿水解成酸。所以此原料应密闭储存于塑料桶内。

4,4′-二氨基二苯醚为白色或浅黄色结晶，熔点为 186～187℃，有毒，吸入或接触能损害人的神经组织，使血形成变性血红蛋白，并有溶血作用。因而储存设备应密闭并放于干燥通风场所。

反应所用强极性溶剂为二甲基甲酰胺或二甲基乙酰胺。前者为无色透明液体，沸点为 152.8℃，有一定毒性。后者亦为无色透明液体，沸点为 166℃，剧毒。这两种溶剂均需密闭包装于铁桶内，远避火源。用作生产 PI 膜时，它们的含水量应严格控制，以免造成均苯四酸二酐水解，使得与二氨基苯醚不能保持等摩尔比，以致聚酰胺酸达不到合格的分子量。前者含水量应不大于 0.2%，后者含水量不得大于 $800\times10^{-6}$。

(2) 生产工艺

目前有两条生产 PI 膜的工艺路线，一种是流延法（图 2-45），另一种是浸胶法，又称铝箔法（图 2-45）。对于合成聚酰胺酸的工艺流程，上述两条路线是相同的（图 2-45），即首先将二氨基苯醚溶于溶剂中，然后再加入均苯四酸二酐，搅拌溶解后，加热进行缩聚反应就可制成聚酰胺酸树脂溶液，测定黏度，合格即用以制膜。两者的区别仅在于成膜方式。流延法系将聚酰胺酸树脂溶液流延分布于一个连续循环运动的环状不锈钢带上，在带上形成树脂膜，此带在一卧式烘箱中转动，树脂膜中的溶剂被蒸发，同时使部分树脂产生亚胺化反应，在出口端，从不锈钢带上剥离下初步亚胺化了的树脂薄膜，经收卷或直接送入高温的亚胺化炉进行充分的亚胺化反应，于是制得 PI 薄膜。浸胶法是用成卷的铝箔连续（但不循环）通过一个装有聚酰胺酸树脂溶液的浸胶槽，胶液附于铝箔两表面形成两张膜，随后在立式烘箱中蒸发溶剂和进行初步亚胺化反应，然后再进入亚胺化炉，经充分亚胺化制得 PI 薄膜。

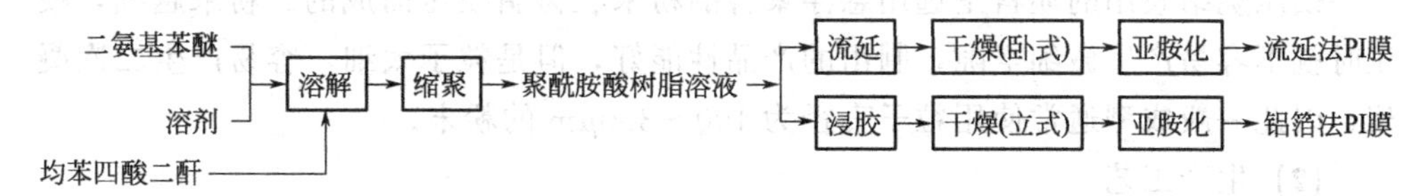


图 2-45　聚酰亚胺膜生产工艺流程示意

生产操作要点如下。

① 聚酰胺酸的合成　必须严格控制二种单体的等摩尔比，否则不能制得合格的高分子量聚酰胺酸树脂。在加料工序上，若先将均苯四酸二酐溶于溶剂中，然后再加二氨基苯醚，则不能制得合格产物，这种情况，反应是在均苯四酸二酐过量的情况下进行，均苯四酸二酐的过量会导致生成物的降解。上述溶解过程是在常温下进行的，缩聚是在 40～60℃，常压下保持 2～4h 完成的。所得聚酰胺酸溶液是制 PI 膜的中间产物，控制的技术指标是黏度，而黏度受分子量、溶液浓度及温度等因素影响。黏度过大或过小都难以制成合格的薄膜。

② 成膜及亚胺化　成膜是在烘箱中进行的，烘箱温度控制 150～200℃。要求烘箱各部位的温度稳定，总加热时间约 20min，烘箱应有排气口，不断将挥发的溶剂随热风一起排至室外，为避免废气造成环境污染和节约溶剂用量，还应设有自排出废气中回收溶剂的装置。亚胺化炉维持更高的温度以保证亚胺化反应的彻底完成，一般需要 300～350℃，并且自进口至出口，大约经历 15～20min 才能得到合格的 PI 膜。

## 二十五、聚四氟乙烯薄膜

聚四氟乙烯（PTFE）是目前氟塑料中产量最大、性能最突出的一种，其平均分子量一般为 15 万～20 万，相对密度为 2.11～2.19。由于 PTFE 链的规整性和分子的对称性好，所以它的结晶度很高，达到 93%～97%，晶区熔点也很高(327℃)，加上分子量大，分子链的紧密堆积等，使得聚四氟乙烯的熔融黏度很大，甚至加热至分解温度（415℃）时仍不能从高弹态变为黏流态，因此聚四氟乙烯虽然是热塑性塑料，却不能用热塑性塑料的一般成型方法来加工，而是首先根据不同用途，模压成不同形状的坯料，再烧结成型，然后用机械加工方法制成所需的产品。聚四氟乙烯膜是由模压烧结圆柱形坯料，经机床切削成膜后再压延而成的。

聚四氟乙烯膜具有优良的电性能、耐化学腐蚀性能、耐气候、耐热、耐寒性和低的摩擦系数。此种薄膜主要用在电气绝缘方面，如宇航、火箭和雷达的电子仪器绝缘，还可作为特殊包装材料，如气体取样袋、血液储存袋和用于宇航方面的“清洁包装”等。另外，在化工防腐方面也有极广的用途。

(1) 原料

模压烧结膜用的坯料是选用悬浮聚合的粉末状树脂模压而成的。粉末越细，模压时就不容易产生微细空隙，制出的产品性能好，但是粒子太细，容易产生二次凝聚，因此一般成型通常使用粒子直径为100～300μm的粉末。

(2) 生产工艺

聚四氟乙烯膜生产方法有两种，一种是模压型坯切削法，另一种是压延法，现大部分采用前一种方法，其工艺流程为：

树脂过筛 → 模压预成型 → 烧结 → 冷却 → 坯料 → 切削 → 膜片 → 压延 → 定向薄膜

如上，模压烧结法类似粉末冶金，它是将粉末状聚四氟乙烯树脂模压成密实的圆筒状预成型制品，然后将预成型制品加热到高于结晶熔点以上的温度，使树脂颗粒粘接成连续的一体，最后冷却到室温即得坯料，再切削成较厚的膜片，最后经压延成定向薄膜。生产操作要点如下。

① 模压预成型　PTFE是一种纤维状粉末，容易结团，使用前需捣碎过筛，一般使用20目进行筛析。根据制品的大小称取一定量的树脂，均匀地加入模腔，然后闭模并徐徐加压，为了避免制品产生夹层与气泡，在升压过程中需要适时地减压和放气；最后还需保压一段时间，使压力传递均匀，制品各处受压一致。成型压力的大小与保压时间的长短是影响制品外形尺寸及拉伸强度的主要因素，其压力大小随制品的形状与尺寸而异，通常约为35～40MPa。

② 烧结　将预成型品缓慢加热至晶体熔点327℃以上，并保持一段时间，再升温至370～380℃，使分散的单个树脂颗粒互相粘接融成一个密实的整体，此过程为烧结。烧结可分为升温、保温、冷却三个阶段。

升温阶段，因为PTFE受热体积膨胀，而导热性又差，故升温不能过快，否则内外温差过大，不仅导致预塑件各处膨胀不同产生内应力，甚至使制品开裂，对于一般制件，在达到327℃以前升温速度为50～60℃/h，在达到327℃以后升温速度为30～40℃/h。

保温阶段，由于晶区的熔解与分子的扩散均需要一定的时间，因此必须将制品在烧结温度下保持一段时间，一般制件在327℃时保温0.5h，在380℃时保温1h。

冷却阶段，冷却使制品从透明的无定形态转变为白色的结晶态，这一转变过程直接受降温速度的影响，小制品可以快速冷却，大制品则要慢慢地冷却，且在能引起急速收缩的熔点附近尽可能地缓慢冷却。因此当炉温下降到315～320℃时，一定要在此温度下保持一段时间，待成型品内外的温度均匀冷却到327℃以后再以20～50℃/h的速度降温冷却。

③ 切削成膜　聚四氟乙烯膜片（一般厚度为0.03～2.0mm）是由成型的圆筒坯料切削出来的，切削机床要求精密，刀头的刃口在全长上要非常锋利，不能有一

点缺口，刀尖角度要适宜，角度太大，切削效果不好；角度太小，加工时会产生振动。如切削宽幅膜时，刀就会吃进加工物料之中，造成不能切削，所以刀尖角以40°～45°为宜。

④ 压延定向　通过切削所得的薄膜为不定向薄膜，如制备定向膜还需进行压延定向，即将切削出的不定向膜由等速的双辊机压延，在一定温度和压力下产生变形、薄化并定向。薄化是将厚度大于0.1mm的车削所得膜压延至0.01～0.08mm厚，分子取向是为了提高薄膜的各项性能。

压延温度随薄膜厚度而异，一般5$\mu$m的薄膜可取（110±5)℃，30$\mu$m的薄膜应为（130±10)℃，压延倍数（压延前后薄膜横向面积之比）通常为2.5～3.0倍。

为进一步提高性能，还可进行纵向拉伸，通常采用辊式热拉伸：拉伸温度340～350℃，拉伸倍数2.5～3.5倍，冷却温度35～40℃。纵向拉伸的PTFE膜耐电压击穿强度从30kV/mm提高到250kV/mm，拉伸强度提高10倍以上，因而大大拓展了其应用领域。

压机模压预成型使用的压机是具有长冲程的油压机，其压强应保证达到约35～40MPa。烧结炉要求用能够升温至450℃连续工作的电加热烧结炉，炉温精度能控制在±5℃以内。为保持炉温的均匀性，必须保证有效的空气循环以及放置预制件的圆盘能够匀速旋转。由于在烧结温度下聚合物会产生少量分解物，因此烧结炉应有排气装置，不断地将分解气体排出炉外。

## 二十六、聚四氟乙烯生料带

聚四氟乙烯生料带是一种制成薄带状而又未经烧结的聚四氟乙烯膜制品的俗称，它具有耐高温、耐腐蚀、强度高、电绝缘性好等特性，而且柔软并具有一定的延伸性，故广泛用于水管接头螺丝口、腐蚀性流体输送管线和低压蒸汽管路接头的密封材料以及用做包覆电线、电缆的绝缘介质。

聚四氟乙烯生料带以分散（乳液）聚合的聚四氟乙烯树脂为原料，先用推压成型方法制成棒材或较厚的带材，再将其放到辊压机上滚压延展成为具有一定厚度和宽度的符合要求的薄带，并经后处理得到制品。

(1) 原料及典型配方

主要原料是加工性能较好的分散聚合聚四氟乙烯树脂。为便于树脂的推压成型，需要在每100质量份的树脂中，加入17～20质量份的助挤剂，这是一类能减少推压阻力的润滑剂，常用的助挤剂是石蜡油，它的沸程温度高，不易挥发，推压所得半成品黏性好，在滚压延展过程中制品不易产生纵向裂纹，故废品率低。同时，它易溶于有机溶剂，在后处理过程中易被萃取除掉。溶剂油也可用做助挤剂，但有沸点低、易挥发、推压条件控制难等缺点，优点是后处理中易被除去。也有采用二氯乙烯作为助挤剂的，优点是产品质量好、色泽优。

作为辅助材料，在后处理过程中要用萃取剂来萃取生料带中的助挤剂，常用的萃取剂有丙酮和三氯乙烯。

(2) 生产工艺

工艺流程为：

树脂、助挤剂→混合→预成型→推压→棒或厚带→压延→萃取→卷取→裁切→生料带

生产操作：按配比将聚四氟乙烯与助挤剂混合后在约 0.7～1.5MPa 下预压成型，压缩比为 50～150。推压的压力约 5～10MPa，推压速度为 1～2m/min。推压所得棒或厚带为中间品，用于压延制生料带。

压延是在双辊压延机上进行，操作分一步法和多步法两种。一步压延法系用较小尺寸的推压料（如 $\Phi$3mm 左右的棒）一次性通过调节好的辊筒间隙得到符合要求的生料带半成品，不必分割。多步压延法则用较粗的推压料棒或较厚的推压料片经多次辊压处理制得宽幅生料带半成品，然后再切割成一定宽度规格的数条生料带产品。压延辊筒温度为 50～80℃，辊筒线速度在 3～10m/min 之间。压延工艺是影响产品质量的重要因素。如生料带的拉伸强度随压延次数的增加而提高，但其伸长率则随压延次数的增加而略有降低。热辊压延比冷辊压延所得制品质量好，因助挤剂可不断地从辊压料中向外渗出，内部空隙减少，制品密实、边缘整齐、表面光洁、拉伸强度高，但温度过高会使伸长率显著降低。制品的拉伸强度还随压延比的增大而增高，而伸长率则随之随低，这是因为增大压延比时生料带更致密，纤维受到更大的拉伸作用。

压延所得生料带中间品需在专门的萃取槽中用溶剂将其中所含助挤剂萃取除去。萃取装置示意如图 2-46 所示。萃取槽由两个溶剂槽串联组成，内装三氯乙烯或丙酮，第一个槽的底部装有加热器，将溶剂加热到沸腾状态以萃取带条中的助挤剂。生料带中间品带条连续通过萃取槽，停留时间约 10s。槽上方装有盘旋形冷却管，将三氯乙烯蒸气冷却成纯度很高的溶剂导入第二个溶剂槽，供进一步萃取用。经两槽萃取以后，料带中的助挤剂基本去除，仅残留微量助挤剂。料带随后即导入

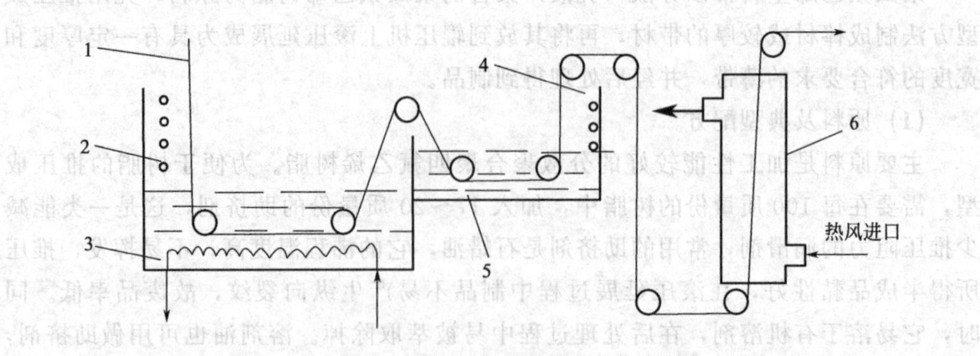


图 2-46　萃取装置示意

1—生料带中间品带条；2,4—冷却盘管；3—加热器；
5—萃取槽；6—干燥塔主要设备

干燥塔，在150～200℃风温的干燥下使残余助挤剂挥发。料带是在卷取张力下通过萃取槽的，适当的张力可避免生料带起皱，并能提高制品的拉伸强度，但张力不可过大，否则会拉断生料带。

## 二十七、电化铝烫金塑料膜

电化铝烫金塑料膜是在BOPP、BOPET等基膜上经涂布分离液、染色保护液、真空镀铝、涂布胶黏剂等工序而制成的。烫金膜主要用于纸张、塑料、木材、布、皮革等物品的装饰烫印。广泛用于请柬、卷烟、各种高级包装袋、盒、窗帘、装饰布、皮革、皮鞋、家具等产品。经烫印后的产品高雅、豪华、美观，具有提高产品包装档次的装饰效果，因此烫金膜是一种高级的装饰材料。

**(1)** 原料

① 烫金膜的基膜为BOPET、BOPP，以BOPET为佳。为了保证涂布和镀铝均匀，基膜的厚度以0.012～0.03mm为宜，公差应控制在厚度的±7%以内。

② 分离液，主要作用是将烫印部分的电化铝箔完全与基膜分离，保证烫印的图案、字迹清晰、光亮、丰满、边缘切割性好。分离液一般以蜡状物为主进行配制。

③ 染色保护液，根据应用需要配制各种色泽，如金色、红金色、蓝金色等烫金膜，为了保证烫印后电化铝箔层的耐磨性，配制中还应加入起表面保护作用的保护层物质。综上，染色保护液通常由颜料或染料、溶剂、异氰酸盐、甲基丙烯酸甲酯等化合物组成。

④ 胶黏剂，将烫印后的电化铝箔牢固地黏合在被烫印的物品上。在使用中保证不脱落、烫印时不漏印，因此胶黏剂也是烫金膜生产中很关键的一个环节。胶黏剂应根据不同的被烫印物品进行配制。通常胶黏剂由溶剂（如乙酸乙酯等）胶黏剂（如聚乙烯醇缩丁醛、EVA等）组成。

**(2)** 生产工艺

工艺流程示意如图2-47所示。

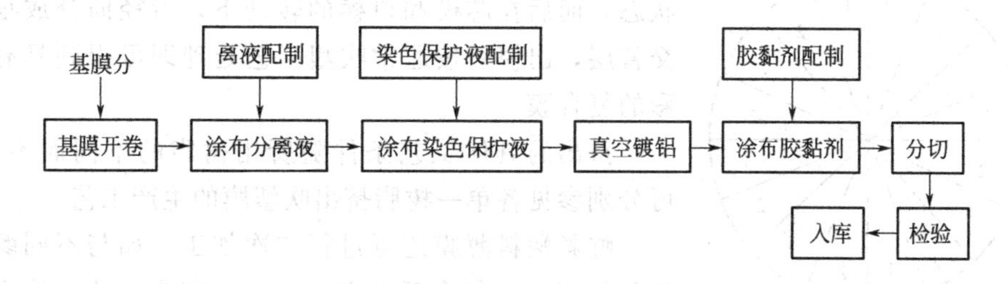


图2-47 烫金膜生产工艺流程示意

为了保证各种分离液、染色保护液、胶黏剂的涂布均匀，在配制过程中固体物质均需经研磨成一定的细度，并与各种溶剂等充分搅拌后方可使用。

涂布工艺一般采用网纹辊涂布保证涂布量和涂布均匀。涂布染色保护层后应在干燥室（温度为30～35℃）内固化24h左右，以使保护层表面达到所要求的硬度。真空镀铝后也应在常温下放置8h左右，保证铝层的牢度。

## 二十八、虹彩薄膜

虹彩塑料薄膜是一种厚度仅有0.0076～0.0127mm的透明薄膜，它是由两种透明而各具不同折射率的聚合物（如聚丙烯、聚乙烯、聚苯乙烯、聚甲基丙烯酸甲酯和乙烯/乙酸乙烯共聚物等），经交替共挤出制成的，这种复合膜不加任何颜色就有五彩斑斓的色彩，因而称为虹彩薄膜。虹彩产生的原理是在此种复合膜中，入射光的一部分在各个界面被反射，而反射光波又相互干涉。另外，当光线照射时，通过薄膜的光波显示一种颜色，透过的光波另显示一种颜色，两者颜色互补。此种制品因无着色剂，所以色彩经久不变。颜色还随观察角度不同而异，因而更能赏心悦目，它在国外广泛用做装饰品，如灯罩、礼品包装、壁纸、工艺美术制品、广告装潢、舞台布景等。

**(1)** 原料

聚乙烯、聚丙烯、聚苯乙烯、聚甲基丙烯酸甲酯、乙烯/乙酸乙烯共聚树脂。以上树脂均要求流动性较好的品级。两种树脂的搭配必须具有较好的相容性，但又不必充分地相容，且具有不同的折射率。

**(2)** 生产工艺

图2-48为虹彩薄膜生产工艺流程示意。

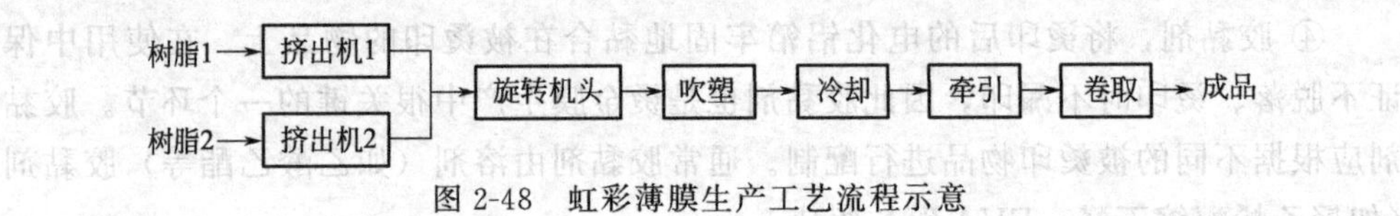


图2-48　虹彩薄膜生产工艺流程示意

如图2-48所示，选用的两种树脂分别由两台挤出机塑化挤出，在旋转机头处汇合并在流道的起点处形成如图2-49所示之间位分布状态，而后在芯模和口模的转动下，沿径向分成很多交替层，出模后按通常吹塑工艺处理即可得到具有虹彩的复合膜。

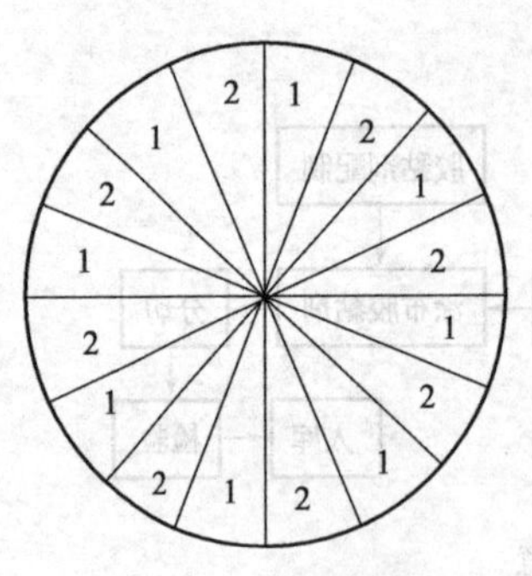


图2-49　虹彩薄膜中树脂的分布示意

1—树脂1；2—树脂2

挤出的具体工艺条件随所用树脂的不同而不同，可分别参见各单一树脂挤出吹塑膜的生产工艺。

虹彩塑料薄膜还可进行二次加工，如与不同颜色的基材复合，复合后轧花、烫金、印刷，从而使之更加绚丽多彩。为改善韧性和二次加工性，薄膜的表层通常较内层厚，它可以是两种内层材料，也可以是第三种材料。

## 二十九、醋酸纤维素包装用薄膜

醋酸纤维素是天然高分子物的改性产物，它是纤维素的醋酸酯，其中最有应用价值的是纤维素三醋酸酯（三醋酸纤维素，CTA）。CTA 除可注塑成型制取笔杆、笔套等文具外，还可用于生产薄膜。CTA 薄膜因具有良好透明性、光泽性、力学（主要指弯曲模量、弹韧性、变形后的复原性）性能、耐油性、耐水性而适用于作为食品、医疗用品的泡罩包装、贴体包装以及包装盒上的透明窗用材料。

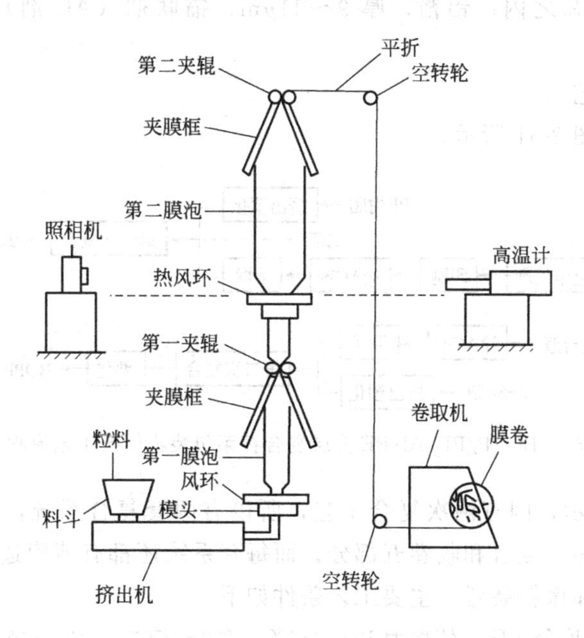


图 2-50 挤出吹塑-双泡法生产 PPS 薄膜工艺流程示意

**(1)** 原料

以精制木浆制得之高纯度纸浆（主要含 $\alpha$-纤维素）为原料，经醋酸酐充分乙酰化后得到纤维素三醋酸酯 CTA。国内外均有 CTA 供应，如上海醋酸纤维素厂以及德国拜耳公司、美国 Eastman 公司的产品。

**(2)** 生产工艺

有两种工艺生产此种薄膜。

① 溶液流延法　将 CTA 与增塑剂一同加于有机溶剂中配成浓溶液，然后将其均匀流延于置于 SL 式干燥箱中连续循环转动的不锈钢带上，溶剂逐渐蒸发后，成膜，剥离得到产品。

② 熔融挤出流延法　将 CTA 与增塑剂充分混熔后造粒，再用粒料通过挤出流延制薄片或膜。此法节省溶剂，生产成本低，环保，但成膜工艺较难掌握，膜质量难以保证。

## 三十、BOPP/PE/Al/PE 多层复合榨菜包装膜

榨菜类咸菜软包装时需要抽真空，但不用高温蒸煮灭菌，对包装材料要求不很高，但对气体阻隔性、防潮性、遮光性、强度、热封性却要求甚高。为此选择含铝膜的多层复合膜是比较理想的材料。

(1) 原料

涂覆级 LDPE 树脂，如北京燕山石化产 1C7A，MFR 为 7g/10min；BOPP 膜，膜厚公差在±10%之内；铝箔，厚 9～11μm；锚联剂（AC 剂），聚氨酯类，如 AD502、AD1010。

(2) 生产工艺

工艺流程如图 2-51 所示。

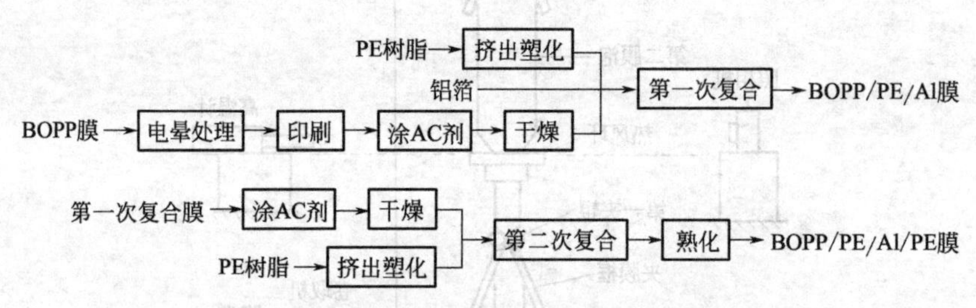


图 2-51 BOPP/PE/Al/PE 多层复合榨菜包装膜生产工艺流程示意

如图 2-51 所示，因有两次复合工艺，所以有两套复合系统，每套系统均包括放卷、涂覆、干燥、复合和收卷五部分，而每套系统还都有薄膜边缘控制装置、收卷前的切割装置和撒粉装置。主要工艺条件如下。

挤出机料筒温度分 4 区，依次为 180～200℃，220～250℃，240～280℃，280～300℃。

机头连接器温度分 2 段，均为 320～330℃。

机头模唇温度分 5 段，依次为 330～350℃，330～350℃，320～345℃，330～350℃，330～350℃。

熔融物料的温度，控制在 305～325℃之间。

AC 剂涂覆量：采用光辊涂覆，溶液的固含量为 5%～10%，涂覆量为 0.03～0.6g/m²。

干燥温度为 50～80℃。

冷却辊温度为 12～18℃。

熟化时间：依 AC 剂不同而异，对 AD502 来说，至少 48h；对 AD1010 来说，至少 72h。

## 三十一、烧伤植皮用塑料膜

烧伤治疗的一种主要医学处理是使用植皮，植皮材料分为三类，即动物原生材

料、合成的发泡聚氨酯膜、植物原生材料。

烧伤植皮必须具有如下三种功能：

① 吸收伤口的渗出物，包括新陈代谢产物和有毒物质；

② 在伤口和空气之间提供最佳的水、空气和热交换；

③ 防止伤口受到空气中的细菌侵入。

合成高分子材料中，除发泡聚氨酯外，PVC、尼龙等也可作为吸收层材料。

**(1) 原料**

植皮聚氨酯是由甲苯二异氰酸酯和聚氧化亚丙二醇合成的。

**(2) 性能**

植皮为双层结构，为了防止液体蒸发和细菌侵入，外层密度更高，且植皮厚度一般是不均匀的。植皮发泡聚氨酯的一般孔的分布密度约为200～300个/$cm^2$，且要求能调节层内孔的数量和尺寸。表2-38列出主要烧伤植皮用塑料膜的名称、结构、成分。

表2-38 主要烧伤植皮用塑料膜一览

| 植皮的名称 | 结　　构 | 成　　分 |
|---|---|---|
| 复合烧伤植皮 | 双层，弹性多孔植皮，由0.005～0.01mm的上层和软的尼龙织物基层构成，是亲水成分和弹性硅薄膜的结合 | 硅主层，聚酰胺作底层 |
| 合成植皮 | 双层，弹性多孔植皮。上层致密，非多孔，厚0.2mm | 聚氨酯作主层，聚丙烯作上层 |
| 合成烧伤植皮 | 在纱布基层上的单层植皮，全大孔，柔性适中 | 聚氨酯 |
| 合成伤口植皮 | 具有均相组分的弹性植皮，孔的分布：上层厚0.1mm，是小而多孔的结构，孔径0.01mm；下层接近伤处，孔尺寸大，约0.05mm | 聚氨酯 |
| 合成伤口植皮 | 防腐双层植皮，主层是聚氨酯，孔尺寸0.1～1.5mm。上层厚0.1mm，非多孔 | 聚氨酯 |
| 无损伤植皮 | 在织造的尼龙基层上的大而多孔的植皮 | 聚酰胺 |

## 三十二、真空镀铝塑料膜

真空镀铝塑料膜又称蒸镀塑料膜，是在CPP、BOPP、BOPET等基膜上经真空镀铝镀上一层铝层而成。真空镀铝膜具有外表美观、高雅、气密性好、防潮、防油、保香、强度高等特点，经印刷、复合等工艺可制成各种包装材料，适用于食品、茶叶、化妆品、油炸食品、礼品等物品的包装，也可制作气球、拉花等玩具及装饰品，是应用十分广泛的塑料包装材料。

**(1) 原料**

真空镀铝膜（直接镀铝膜）主要原料有基膜及铝块或铝丝。目前国内外通常采用的基膜有BOPP、BOPET、CPP、HPVC等。薄膜厚度要求在0.01～0.03mm，镀铝层厚度为35～50nm，为了保证镀铝层的均匀、无针孔等质量要求，薄膜应保证无鱼眼、晶点，公差应在厚度的±7%之内。铝块或铝丝，应保证纯度达到99%以上，以确保镀铝层的质量和光泽度。

**(2)** 生产工艺

真空镀铝膜的生产工艺流程主要由基膜开卷、真空镀铝、分切、检验、包装等工序构成。

真空镀铝根据真空度的高、低可分为高真空和低真空镀铝两种。镀铝后的膜应在常温下放置4～8h。以提高铝层和薄膜的附着力，保证真空镀铝膜的使用中铝层不脱落。

主要生产设备为真空镀铝机。真空镀铝机由真空泵、传动系统、控制系统、铝蒸发系统、壳体等部分组成。真空镀铝机根据抽真空度的高、低，可分为高真空镀铝机或低真空镀铝机两种。高真空镀铝机的真空度一般在0.013～0.13Pa，低真空镀铝机的真空度在0.13～1.3Pa，根据所用铝块或铝丝的不同蒸发系统有蒸发盘（铝丝用）和坩埚（铝块用）两种。高真空镀铝机和低真空镀铝机各有利弊，高真空镀铝机因真空度高，所需抽真空时间长，耗电量高，但镀铝层均匀，铝层与薄膜的附着力好。采用铝块作为蒸镀材料比铝丝价低，低真空镀铝机因真空度低所以抽真空时间短，耗能较低。但铝层与薄膜附着力相对较差。

## 三十三、聚酯录音、录像带基膜

录音、录像磁带由带基膜和表面涂覆的磁粉组成。目前的带基膜是一类特种配方制成的双向拉伸聚酯膜，其性能不仅保持通用双向拉伸聚酯膜高强度、高绝缘以及耐热性、防潮性优良的特点，还具有优良的润滑性、耐磨性和抗静电性。

**(1)** 原料及典型配方

主要原料为薄膜级聚对苯二甲酸乙二醇酯树脂和改性添加剂。

改性添加剂之一是苯并胍胺-甲醛树脂粉末，其加入量为每100份聚酯树脂中加0.1份。改性后的树脂，静摩擦系数为0.30，动摩擦系数为0.26，润滑性优良。

改性添加剂之二是一种含有山梨醇三硬脂酸酯的聚酯母料，其加入量为每100份聚酯树脂中加该母料6份。改性后的树脂，动摩擦系数为0.23～0.25，耐磨性优良。

**(2)** 生产工艺

工艺流程如图2-52所示。

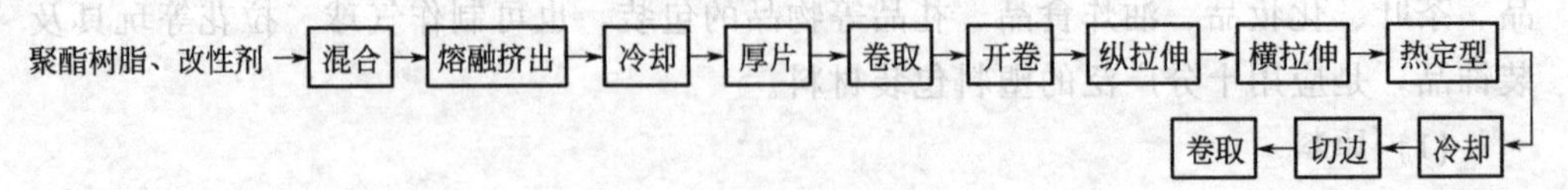


图2-52　录音、录像带聚酯基膜生产工艺流程

聚酯基膜的生产工艺与前述的通用聚酯双向拉伸膜基本相同，不再赘述。下面

仅介绍改性剂的制备工艺。

改性添加剂苯并胍胺-甲醛树脂硬化粉末的制备：首先合成热塑性苯并胍胺-甲醛树脂，粉碎后分散于含有聚乙烯醇的水中，制成悬浮液，加热至固化，然后过滤、水洗、分离、球磨成粒径约1μm的微粉即可。

改性添加剂含山梨醇三硬脂酸酯的聚酯母料的制备：每100份聚酯树脂中加8份山梨醇三硬脂酸酯，均匀混合后即成高浓度母料，必要时，经挤出造粒制成高浓度母料粒。

## 三十四、抗菌性功能薄膜

抗菌性薄膜具有良好的抗菌性功能，适用于医疗物品、某些特殊食品的包装、覆盖，在食品保鲜、粮食储存、医疗防细菌传播感染方面有着重要的应用价值。

随产生抗菌、抑菌功能原理的不同，其原料及生产工艺有如下几种。

① 添加（含）银沸石的薄膜。银沸石在一定环境下可催化产生活性氧，从而具有杀菌、抑菌功能。将银沸石作为添加剂与聚乙烯、聚丙烯等树脂混炼挤出吹塑或挤出流延成膜，即得抗菌性功能薄膜。也可以采用共挤出复合法制得仅一面具有抗菌性功能的复合薄膜，这时的抗菌膜层的厚度可薄至6μm左右，其中银沸石添加量为1%～3%，使原料成本大为降低。

② 添加或涂覆抗菌抑菌剂的薄膜。抗菌抑菌剂有吸收型和放出型两种。前者如吸湿剂，它可吸收包装袋内的湿气降低湿度以抑制微生物的生长发育；后者是一些可以释放出抗菌、抑菌物质的化合物。多孔二氧化硅材料可吸附烯类气体减缓食品的腐败，是有效的抗菌抑菌剂。日扁柏醇、香草醛、稳定化了的二氧化氯等也是常用的抗菌抑菌剂。

③ 以溶液涂覆法将可释放远红外线的放射性物质，如锆化合物，涂覆于塑料薄膜表面，然后干燥去除溶剂，制得表面覆有锆化合物的塑料膜，依靠锆化合物释放的3～10mm波长的远红外线起到杀菌、抑菌作用。在树脂中添加具有释放远红外线功能的陶瓷材料，其所制塑料薄膜同样有着抗菌、抑菌功能。

④ 以EVA、EEA、EEMA等高极性树脂制成的薄膜为基材，使其吸附高浓度酒精后即制得一种简单的具有抗菌功能性薄膜。

# 第三章 新型塑料包装薄膜新工艺与新技术

## 第一节 概述

### 一、塑料包装薄膜的形成及其原理

塑料薄膜是入射原子（分子或原子团）到达基板表面凝聚而形成的。薄膜的形成过程绝不是入射原子单纯落到基板的过程，如果是这样的话，构成薄膜的原子只能是随机排列，薄膜的结构只能是无定形的。实际上确实有无定形结构的薄膜，但是多数情况下形成多晶结构的薄膜（图 3-1），在某些条件下形成单晶结构的薄膜。

图 3-1 多晶结构的薄膜

薄膜具有某种结构的主要原因可能是由于入射到基板表面的原子表面位移的结果。

薄膜的形成过程按形态学分为三维生长、单层生长和单层上核生长。

三维生长是入射原子凝聚在基板表面形成核，这些核在三维方向生长。大多数薄膜是以这种形式生长的。单层生长在入射原子和基板间相互作用很强时容易发生，是单原子层叠加而形成的。单层上核生长形式是首先形成 $n$ 层单原子层，然后在其上面形成三维核。

在三维核生长的情况下，开始形成三维岛状结构的核，然后岛和岛合并而连接成网络状结构。再继续沉积时网孔被填，在岛和岛之间以及网孔中形成小的岛，叫做二次粒子成核。这时的薄膜结构大多数为多晶结构，而且其晶粒取向是随机的。

决定薄膜结构的重要条件是基板温度，它对基板表面沉积原子的吸附、再蒸发以及表面扩散起到很大影响。

## 二、塑料包装薄膜常用的生产工艺方法

塑料薄膜根据生产工艺的不同而有三类：流延膜、吹胀膜以及定向膜（即拉伸膜）。同一种原料，由于生产方法的不同，在薄膜的各种性能上有较大的差别。

流延膜有挤出熔融流延生产的和溶剂流延法生产的两种。溶剂法生产的流延膜由于需要使用到大量有机溶剂，加热挥发去除溶剂和回收溶剂需要消耗大量能源，还需要投资一套设备，操作成本和设备成本都比较大，因此只有在高科技的高性能热固性塑料及迫不得已的情况下才使用，如玻璃纸的生产等。溶剂流延法生产的流延薄膜具有纵、横向性能平衡、无内应力、厚度的均匀性极高、可以生产 5μm 以下的超薄薄膜、用于高科技领域、生产速度低等特点。

挤出熔融流延法是塑料包装用热封用膜的主要生产法，由于流延膜热封性好、纵、横向性能平衡、生产速度快、透明性好等优点，成为软塑包装业的主要生产工艺之一。

吹胀膜是用挤出吹塑的方法生产的薄膜，这种薄膜的性能处于定向膜同流延膜之间：强度比流延膜好，热封性比流延膜差，薄膜的性能同操作参数关系大。而定向膜由于拉伸分子发生定向，提高了结晶度，因而结晶型聚合物的定向膜无热封性，强度是三种薄膜中最大的。

此外，压延法生产薄膜是 PVC 的主要成膜工艺。压延工艺虽然投资大、设备维修保养技术要求高、操作较复杂，但具有生产速度快、生产的薄膜质量好的优点，可以生产 70～350μm 的各种厚度的 PVC 膜、片。

挤吹薄膜的生产工艺流程是：原、辅材料开包验收—配方造粒—挤出机料斗上料—挤出机口模挤出—吹胀膜泡—风环冷却—人字架—夹膜辊牵引—电晕处理—卷取。

挤出流延薄膜的生产工艺流程如下（以 CPP 为例）：PP 粒子真空上料—挤出机 T 形口模挤出—气刀吹贴—1 号冷却辊骤冷—2 号冷却辊冷却—电晕处理—切废边—卷取成流延膜产品。

双向拉伸工艺是 20 世纪 70 年代工业化的一种提高塑料薄膜强度的方法。此法自开发至今发展迅速，生产的双向拉伸薄膜已广泛用于软塑包装中。定向膜生产工艺有挤出管膜法和挤出平膜法两种。

以辊筒为塑化成型工具，利用热塑性塑料在熔融状态下具有的延展性，在辊筒的强大压力下制成薄膜、片材的方法叫压延工艺。

## 三、三层共挤热收缩包装膜的加工新技术

### 1. 产品的主要特点

三层共挤热收缩包装薄膜是以 PE 和 PP 为主要原料经共挤吹塑工艺加工生产的一种新型环保无毒型热收缩包装材料。20 世纪 90 年代初起源于意大利，目前在欧美等发达国家已得到广泛应用。主要应用于饮料、方便食品、日化用品、音像制品、书刊、医药、电子元器件等其他生活用品的外包装，特别适合于超市商品的包装和货架存放。该产品的主要特点是：

① 透明度高、光泽性好，可清晰展示产品外观，提高感观意识，体现高档次。

② 收缩率大，最高可达 75%，柔韧性好，可对任何外形的商品进行包装，而且经过特殊工艺处理的三层共挤薄膜的收缩力可控，满足不同商品包装对收缩力的要求。

③ 焊封性能好、强度高，适合手动、半自动和高速全自动包装。

④ 耐寒性好，可在－50℃保持柔韧性而不发生脆裂，适合被包装物在寒冷环境下储存和运输。

⑤ 环保无毒，符合美国 FDA 及 USDA 标准，可包装食品。

国内从 5～6 年前开始陆续引进设备和原料生产三层共挤热收缩膜，目前已有 10 余条生产线投产，表现出良好的发展势头。本文就三层共挤热收缩包装薄膜的原料、加工工艺、产品性能加以介绍，并与 PVC 热收缩包装膜进行了性能比较，从而对三层共挤热收缩包装膜的发展前景进行了论述。

### 2. 三层共挤热收缩包装膜的主要原材料

三层共挤热收缩包装膜的主要原料包括 LLDPE（线性低密度聚乙烯）、TPP（三元共聚聚丙烯）、PPC（二元共聚聚丙烯）及必要的功能性助剂如爽滑剂、抗粘连剂、抗静电剂等。这些原料均为环保无毒型材料，加工过程和产品应用过程中不会产生有毒气体及异味，产品卫生性能符合美国 FDA 及 USDA 标准，可用于包装食品。

### 3. 三层共挤热缩包装膜的生产工艺过程

三层共挤热收缩包装膜是以线性低密度聚乙烯（LLDPE）及共聚聚丙烯（TPP、PPC）为主要原料，添加必要的助剂，经共挤吹塑工艺加工而成的，其工艺与传统的吹塑工艺不同，由于 PP 熔体状态拉伸性能差，因而不能采用传统的吹塑工艺，而采用双膜泡工艺，国际上又称普兰迪工艺，它是将原材料经不同的挤出机熔融挤出，通过特殊设计的共挤模头，形成初膜后骤冷，再经过加热二次吹胀拉伸制得产品。

#### 4. 三层共挤热收缩包装膜的主要性能

① 产品规格　三层共挤热收缩膜根据用途可生产各种规格，一般厚度范围为12～30μm，常用厚度有12μm、15μm、19μm、25μm等，宽度规格视包装物体积而定。

② 物理性能　三层共挤热收缩包装膜的物理性能如表3-1所示。

③ 耐寒性　三层共挤热收缩包装膜在－50℃环境下保持柔软，不发生脆裂，适合被包装物在寒冷环境下的储存和运输。

④ 卫生性能　三层共挤热收缩包装膜采用的原材料均为环保无毒型材料，加工和使用过程卫生无毒，符合国家FDA及USDA标准，可用于食品包装。

#### 5. 三层共挤热收缩包装膜与PVC热收缩膜的性能比较

三层共挤热收缩包装膜与PVC热收缩膜相比具有明显优势，因此正逐步取代PVC热收缩膜，成为热收缩包装材料中的新宠。

#### 6. 三层共挤热收缩包装薄膜的应用

三层共挤系列热收缩包装薄膜用途十分广泛，市场广阔，并具有环保无毒的优点，因此受到世界发达国家的广泛重视，已基本取代PVC热收缩包装膜成为热收缩包装材料中的主流产品。我国该系列产品的生产始于20世纪90年代中期，目前国内已有十余条生产线，全部为引进设备，总生产能力约为2万吨。由于我国包装技术与国际发达国家存在一定差距，三层共挤系列热收缩包装膜在国内应用尚处在初级阶段，应用范围还较窄，仅限于饮料、音像制品、方便食品及少量日化产品少数领域，年需求量约2.5～3万吨。PVC热收缩膜还占据着相当大的热收缩包装市场，开发潜力巨大。随着我国加入WTO后与国际市场的接轨，大量出口商品对包装要求的逐步提高，以及国内超市的迅速发展，对三层共挤热收缩包装薄膜的应用量将迅速增长，可以预见，三层共挤系列热收缩膜的市场前景是非常广阔的。

## 四、塑料包装常用的薄膜产品

(1) 单层薄膜

要求具有透明、无毒、不渗透性，具有良好的热封制袋性、耐热耐寒性、力学强度、耐油脂性、耐化学性、防粘连性。可用挤出吹膜法、挤出流延法、压延法、溶剂流延法等多种方法制得。单层薄膜的热封性能不但同树脂的分子量分布、分子歧化度有关，还与制膜时工艺条件，如温度、冷却速度、吹胀比等有关。

(2) 铝箔

99.5%纯度的电解铝熔融后用压延机压制成箔，作软塑包装的基材非常理想。它具有良好的气体阻隔性、水蒸气阻隔性、遮光性、导热性、屏蔽性，25.4μm以上的铝箔无针孔，不渗透性好。

（3）真空蒸镀铝膜

在高真空度下，把低沸点的金属，如铝，熔融气化并堆积在冷却鼓上的塑料薄膜上，形成一层具有良好金属光泽的镀铝膜。镀铝厚度400～600mm，可大大提高基材的阻氧性、阻湿性。基材要经电晕处理，用溶胶涂布。

（4）硅镀膜

20世纪80年代开发的具有极高阻隔性能的透明包装材料，又称陶瓷镀膜。不管多高温度、湿度下，性能不会变化，适合于制高温蒸煮包装袋。镀层有两种：一为硅氧化物 $SiO_x$，$x$ 越小阻隔性越好；二为 $Al_2O_3$。镀膜方法有物理蒸镀法（physical vapor deposition，PVD）和化学蒸镀法（chemical vapor deposition，CVD）。

（5）涂胶（干式/湿式）复合膜

单层薄膜都有一定优点，也有固有的缺点，往往难以满足多种包装性能要求，多层不同基材复合，即能互相取长补短，发挥综合优势。

湿式复合膜方法：一种基材上涂胶后同另一基材薄膜压贴复合，然后干燥固化。如果是非多孔材料，涂胶干燥可能不良，则复合膜的质量下降。

干式复合膜方法：在基材上涂布黏合剂，先让胶干燥，然后才压贴复合，使不同基材薄膜黏结起来。干式复合方法可选基材范围广，有塑-塑、塑-箔、塑-布或纸、纸-箔。各层薄膜厚度可以精确控制，复合膜上可以表面印刷，可里层印刷。由于溶剂黏结剂的环境污染与残留毒性问题，美欧禁止干式复合膜用于食品药品包装，其他国家无规定。对于复合用黏合剂中有毒成分残余量，国家卫生标准有严格规定。

（6）挤出涂布复合膜

在一台挤出机上，热塑性塑料通过T形口模流延在准备被复合的纸、箔、塑料基材上，或以挤出的树脂为中间黏结剂，趁热把其他一种薄膜基材压贴在一起，组成“三明治”式的复合膜。为提高复合牢度，需电晕处理，并涂上锚涂剂（anchor coating-agent，AC）。挤出复合膜可以反印刷，各层厚度可精确控制，溶剂残留量小，价格便宜。

（7）共挤压（coextrusion）复合膜

使用二或三台挤出机，共用一个复合模头，在具有相容性的几种热塑性塑料之间层合，生产出多层薄膜或片材。共挤复合膜只能正面印刷不能反印刷。与干式复合膜和挤出流延膜相比，各层厚度控制较难。不使用黏结剂和锚涂剂，无污染、卫生性好。共挤复合膜成本最低。

（8）高阻隔性薄膜

指在23℃、相对湿度（RH）65%条件下，厚度25.4μm的材料，其氧气透过量在5mL/(m²·d)以下，湿气透过量在2g/(m²·d)以下。用通常所称的高阻隔性高强度材料，如EVAL、PVDC、PET、PAN、selar PA等做成的包装薄膜，可显著延长食品的货架寿命，或者可替代阻隔性能好的传统刚性包装材料。

**(9)** 保鲜与杀菌薄膜

主要有以下几种：

① 乙烯气吸附膜。在薄膜中加入沸石、方英石、二氧化硅等物质，可吸收水果蔬菜呼出的乙烯气体，抑制其成熟过快。

② 防结露发雾膜。多水青果的包装薄膜内表面多结露生雾，容易使食物发生霉变。在薄膜材料中加入如硬脂酸单甘油酯、多元醇酯脂肪酸衍生物、山梨糖醇酐硬脂酸酯等防雾防滴剂，加入含氟化合物等防水雾剂，可有效防止食品霉变。

③ 抗菌膜。在塑料材料中加入具有离子交换功能的合成沸石（$SiO_2+Al_2O_3$），再加入含银离子的无机填料，银钠离子交换后成为银沸石，其表面有抗菌性。采用共挤压复合工艺可使薄膜具有 6μm 的银沸石内层，当银离子浓度达 10～50mg/kg 时完全可以杀灭青果物表面的细菌。

④ 远红外线保鲜薄膜。在塑料薄膜中混炼入陶瓷充填剂，使此种薄膜具有产生远红外线功能，除能杀菌，又能活化青果物中的细胞，故有保鲜功能。

**(10)** 无菌包装膜片

主要用于食品和医药无菌包装生产中，要求具有：耐杀菌能力；高度阻隔性与强度；良好的耐热、耐寒性（－20℃不发脆）；耐针刺性、耐弯折性好；印刷图案在高温杀菌中或其他杀菌方法中不会损坏。

**(11)** 耐高温蒸煮袋

20 世纪 60 年代，美国海军研究所首先开发耐高温蒸煮袋应用于宇航食品，之后，日本迅速加以推广，开发应用于各种新型的方便食品。包装食品经过高温杀菌，保质期达一年以上。而且包装袋型多样：自立袋、托盘形、碟状、杯状、圆筒形，颇受消费者欢迎。在当今工作节奏紧张，生活休闲便捷的条件下，高温蒸煮袋装商品迅速获得市场。

高温蒸煮袋可以分为透明型（保质期一年以上）和非透明型（保质期两年以上），高阻隔型和普通型。按杀菌温度分为低温蒸煮袋（100℃，30min），中温蒸煮袋（121℃，30min），高温蒸煮袋（135℃，30min）。

蒸煮袋的内层材料用各种流延及吹胀 PE（LDPE、HDPE、MPE）薄膜、耐高温流延 CPP 或吹胀 IPP 等。EVAL、铝箔、PVDC 膜适合做中间层。双向拉伸 PET、尼龙 6 等适合做面层材料。聚酯型双组分聚氨酯酸胶黏剂适合做干式复合膜用胶。

高温蒸煮袋主要优点有：①高温蒸煮能杀死所有细菌，121℃/30min 可杀死所有肉毒杆菌；②可常温下长久保存，无须冷藏，可冷食也可温热食；③包装材料有良好阻隔性，不亚于罐头；④可反印刷，印刷装潢美丽；⑤废弃物易焚烧处理。

**(12)** 耐高温包装膜片

材料熔点在200℃以上，适合做高强度的硬质/软质容器。塑料是一种良好的诱电体，具有良好的电磁波透过率。微波炉加热杀菌烹调时至少150℃，可微波炉加热包装材料有PS、PP、PET、PBT、PC。结晶聚酯（CPET）托盘可以微波炉和电热炉二者兼用。

聚苯醚PPO/PS片材组成的复合容器可耐160℃。美国GE公司PC片材可耐141℃，其另一产品Micon，聚亚酰胺醚/聚对苯二甲酸碳酸酯/聚亚酰胺醚三层共挤片材，可耐受230℃和−40℃。

氟塑料（如聚四氟乙烯等）薄膜的透明度好，表面光滑，不沾油污灰尘，阻气性好，耐日光，适用温度为−200～260℃，特别适合于油性的、高温烹调的食品包装。

**(13)** 降解塑料薄膜

降解塑料产品，按分解机理可分为光降解、生物降解、光与生物双降解等几种。世界上已有许多降解塑料产品问世，但技术与价格仍是关乎市场竞争力的关键问题。随着社会各界环保意识加强和国家相关政策法规的出台，降解材料应用前景是毋庸怀疑的。

光降解塑料分为共聚型和添加型两类，前者是用一氧化碳或含碳单体与乙烯或其他烯烃单体合成的共聚物组成的塑料。由于聚合物链上含有碳基等发色基团和弱键，易于进行光降解。后者是在通用的塑料基材中加入如二苯甲酮、对苯醌等光敏剂后制得的，制造技术简单。光敏剂能吸收300nm波长的光线，与相邻的分子发生脱氢反应，将能量转给聚合物分子，引发光降解反应，使分子量下降。

生物降解塑料可分为完全生物降解塑料（truly biodegradable plastics）和生物崩解性塑料（bio-destructible plastics）。前者如天然高分子纤维素，人工合成的聚乳酸、聚己内酯等。后者生物崩解塑料是在塑料基材中加入如木质素、纤维素、淀粉、甲壳粉等天然高分子材料助剂而制成的。在自然环境中天然高分子材料被微生物吞噬而使塑料基体分子链削弱，最后分解为水和二氧化碳。

光与生物双降解塑料是理想的具有双重降解功能的新型高分子材料。为世界各国主攻方向，目前主要采用引入微生物培养基、光敏剂、自氧化剂等添加剂的技术途径制造。但仍有许多技术关键需要突破。

**(14)** 热收缩薄膜

20世纪60年代后得到飞速发展。材料有PP、PVC、LDPE、PER、尼龙等。先挤出薄膜，在软化温度（玻璃化点）以上、熔融温度以下的某个温度上，在高弹性状态下，用同步或两步法平模拉伸法、或压延法拉伸法、或溶剂流延法进行定向拉伸，拉伸分子被冷却到玻璃化点以下锁定。使用时利用高分子聚合物的记忆效应，通过受热，取向了的高聚物分子又恢复到原来未拉伸时的状态——产生收缩。除了小型消费产品，高强度热收缩薄膜对于外形不规则的中、大型产品的定位与集装化特别适用，省却了刚性包装材料或刚性包装容器，大大节约了运输包装成本。

## 五、软塑包装常用的水溶膜产品

### 1. 主要特点

水溶性薄膜（PVA 薄膜）采用能够在水中迅速溶解的水溶性高分子材料，通过特定的成膜工艺制作而成，是一种水溶性的、可降解的、新颖的绿色包装材料，在欧美、日本等国家和地区被广泛用于各种产品的包装等。具有环保易溶、安全无毒、耐油耐腐、防止静电、弹性抗拉、随意包装、计量准确、热封性强、透气阻氧、印刷清晰、高度防伪的特点。

### 2. 主要性能

① 含水量　成卷的水溶性薄膜用 PE 塑料包装以保持其特定的含水量不变。当水溶性薄膜从 PE 包装中取出后，其自身的含水量随环境湿度发生变化，其性能也随之有所变化。

② 防静电性　水溶性薄膜是一种防静电薄膜，与其他塑料薄膜不同，具有良好的防静电性。在使用水溶性薄膜包装产品过程中，不会因为静电而引起其可塑性降低及静电附尘性能。

③ 水分及气体透过率　水溶性薄膜对水分及氨气具有较强的透过性，但对氧气、氮气、氢气及二氧化碳等气体具有良好的阻隔性。这些特点，使其可以完好保持被包装产品的成分及原有气味。

④ 热封性　水溶性包装薄膜具有良好的热封性，适合于电阻热封及高频热封，热封强度与温湿度、压力、时间等条件有关，一般大于 200g/cm。

⑤ 力学性能　水溶性包装薄膜的力学性能为：弹性模量 2500～400kg/cm$^2$，抗拉强度 400～200kg/cm$^2$，撕裂力 200～50kg/cm，延伸率 150%～220%。

⑥ 印刷性能　水溶性薄膜可以用普通的印刷方法进行清晰的印刷，印刷性良好。

⑦ 耐油性及耐化学药品性　水溶性包装薄膜具有良好的耐油性（植物油、动物油、矿物油）、耐脂肪性、耐有机溶剂和碳水化合物等，但强碱、强酸、氯自由基及其他可与 PVA 发生化学反应的物质，如硼砂、硼酸、某些染料等，建议不要用水溶性薄膜包装。

⑧ 水溶性　水溶性薄膜的水溶性与其厚度和温度有关，以 25μm 厚的薄膜为例，20℃时溶解时间≤300s，30℃时溶解时间≤50s，40℃时溶解时间≤30s。

### 3. 产品分类

① 按温度：4～90℃；②按厚度：0.03～0.07mm；③按尺寸：最大宽度 1m，

可进行分切；④按外观：光面、压纹；⑤按色泽：无色、有色（红色、蓝色、黄色、绿色等）。

**4. 技术参数**

① 厚度：0.03～0.07mm；②延伸率：10%～600%；③撕裂度：30～100kg/cm；④热合强度：50kg/m；⑤pH：6～8；⑥安全性：$LD_{50}$＞10000mg/kg，无刺激；⑦5 日生物耗氧量：＜1%；⑧最低含水量：＜5%；⑨水蒸气透过率为 100%；⑩重金属含量：＜10mg/kg；⑪稳定性：＞60℃，14 天。

**5. 水溶膜在软包装上的应用**

主要用于产品的包装，作为暂时性载体用于假发及刺绣的制作过程，用于农用种子袋育苗、洗涤袋等。在包装上主要有以下应用：

① 水中使用产品的包装（可计量）。主要用于农药、颜料、染料、清洁洗涤剂、除草剂、化肥、清洁剂、水处理剂、混凝土添加剂等水中使用产品的包装，以达到减少环境污染、改善作业环境的目的。

② 洗涤包装。高温水溶性 PVA 薄膜包装袋，在医院中用于包装带污染的用品和衣物，在消毒清洗时将包装袋直接投入清洗消毒设备中，减少医务人员接触有污染的用品、衣物，避免疾病的交叉传染。

③ 服饰包装。PVA 薄膜具有不带静电、透明度与光泽度均优于其他薄膜的特点，用于纺织品的包装能使物品更加美观，提高其附加值。

④ 用于食品包装。PVA 薄膜是阻隔性能十分优异的材料，用其作为食品包装的阻隔层材料，能使被包装食品的存储期得以大大延长。

⑤ 电子、电器产品包装。PVA 薄膜几乎不带静电，尤其适用于电子、电器产品的包装。水溶性 PVA 薄膜还可以利用其具有良好的印刷性能和可控水溶性的特点配合特种油墨，制作出新颖防伪功能的高附加值防伪又环保的包装，这也必将受高端电子产品厂家的欢迎。

⑥ 种子袋包装。在农业育苗方面，将包装了植物种子的水溶性聚乙烯醇薄膜包装袋或包装网放在土壤里，既可避免种子在大风沙地区因裸露而吹失或被动物吃掉，又可使植物按种子袋或种子网的布局生长。雨水或湿气将水溶性聚乙烯醇薄膜溶掉后，分布在种子周围的聚乙烯醇提高了土壤的保水性，有利于种子的发芽生长。此外，还可以将农药、营养素等做成种子袋的一部分以促进种子的生长。这一技术也必将在农田增产、绿化造林、沙漠改造中大有作为。

此外，一些用户正在探讨水溶性 PVA 薄膜在香烟包装、药品包装、水果保鲜包装等方面的可行性。

尽管水溶性 PVA 薄膜在包装上的应用已经十分广泛，但在我国主要的应用并不在包装领域，而在刺绣及水转印两个领域，原因主要是价格问题。由于我国国民消费水平与发达国家对比还比较低，在包装上很难接受 PVA 薄膜目前这样的价格。

因此水溶性包装薄膜主要用于出口产品的包装。

## 六、软塑包装常用的 PVDC 薄膜产品

### 1. 主要特点

① 低的气体透过性和透湿性，保香性好；②常温下尺寸稳定，而 70℃以上则具有热收缩性；③透明、柔软，可看到被包装物的状态，不损坏内包装物；④易高频或超声波焊接，自身黏合或与其他物质的黏合性好，可机械自动化包装；⑤耐水和耐药品性优良，且可在 100℃加热杀菌，符合卫生要求。

### 2. 主要性能

PVDC 乳胶涂布加工过程不同于 PVDC 树脂吹膜和挤出加工，胶乳的涂布只存在涂层展布和加热干燥过程。在最后的成膜中不含额外的添加剂，因而涂层尽管只有 2～3$\mu$m 厚，但其对氧气、湿气的阻隔性能几可相当于 25$\mu$m 的吹塑薄膜的阻隔性能。

作为阻隔包装材料，PVDC 涂布膜最适合于制作复合包装袋，这是因为涂布膜的力学和某些物理性能是由其选用的被涂基材所决定的，而最后的阻透、保香、耐油性能是由涂层所提供的，使用者只需根据所包装物品的特质和流通的环境来确定包装材料的力学、物理性能要求和被保护的程度来选择基材和涂层的阻隔能力。

PVDC 涂布膜的阻隔能力除了与涂层厚度有直接关系外，更与涂层的成膜过程及其工艺控制有关系。

### 3. 产品分类与薄膜种类

(1) PVDC 树脂分类

从用途上看，PVDC 可分为如下几类：

① 挤出用 PVDC 树脂，用于保鲜自粘膜（单膜），军品、食品复合膜，食品袋（单膜）。

② 溶液型涂布用 PVDC 树脂。

③ 纤维 PVDC 树脂，用于渔网丝、阻燃织物、人造草坪。

④ PVDC 胶乳，用于复合膜、食品包装、军品包装、双面涂布膜、香烟外包装、硬片复合膜、药品吸塑包装、铝箔复合、特种医药、器材包装、纸上涂布、食品防潮包装。

⑤ PVDC 肠衣系列/复合 PVDC 肠衣系列，广泛应用于猪肉香肠、鸡肉香肠、牛肉香肠、鱼肉香肠等产品。

(2) PVDC 涂布薄膜种类

① BOPP 单面涂布薄膜（KOP），适用于各类食品包装，常用规格为 21$\mu$m、30$\mu$m。

② BOPA 单面涂布薄膜（KPA），适用于肉制品、水产品等包装，常用规格

为 17μm。

③ BOPET 单面涂布薄膜（KPET），适用于花生米、干果、碘盐、调味品等包装，常用规格为 14μm、17μm。

④ BOPP 单面涂布消光薄膜（K 消光），适用于糕点等食品包装，常用规格为 21μm。

⑤ BOPP 双面涂布薄膜（KOPP），适用于香烟、莎琪玛、香米饼等轻质包装，常用规格为 22μm、31μm。

⑥ BOPET 双面涂布薄膜（KOPET），适用于电蚊香片等包装，常用规格为 19μm。

⑦ CPP 单面涂布薄膜（KCPP），适用于袋装农药等包装，常用规格为 35μm、40μm。

⑧ CPE 单面涂布薄膜（KCPE），适用于各类食品包装的复合层，常用规格为 50μm。

⑨ 玻璃纸单面涂布薄膜（KPT），适用于巧克力包装，常用规格为 $28g/m^2$ 膜包装的应用。

⑩ 三层共挤黑白 PE 单面涂布薄膜，适用于液体牛奶包装，常用规格为 70μm、80μm、90μm。

**4. 阻隔性包装薄膜的性能参数和结构**

**(1) 阻隔性包装薄膜的性能参数**

国际上某些包装学者认为，所谓高阻隔，可以定义为一种材料具有很强的阻止另一种材料进入的能力，不论另一种材料是气体、水汽、气味，比如怪味或香气。目前正在使用的高阻隔包装材料中最典型的就是阻氧材料，其中常见的是 PVDC、EVOH 和尼龙树脂制成的。这些阻氧性材料又通常需要与聚乙烯（PE）复合后使用，因为后者具有良好的隔潮性。此外，聚丙烯（PP）和聚酯（PET）一般可利用来作为高阻隔包装薄膜的基材。这样，PE、PP 和 PET 三种塑料薄膜可作为阻隔材料的基材加工成多层结构。后来，在生产这些高阻隔多层薄膜中不断形成了不同的加工技术与方法，其运作艺术体现在使加工成本和材料性能之间的比例关系达到合理协调。很多制造厂根据各自具体情况采用不同的加工方法，有的使用共挤加工，有的采用层合技术，有的则采用涂布方法。具体采用什么加工技术，往往取决于用户的最终使用需求，例如，如果使用场合只需要中等水平的高阻隔薄膜材料，那么，他们只需要使用 PVDC 或 EVOH 涂布到 PE 的基材上去即可，这是一种十分经济的加工方法。生产这种同等性质的阻隔薄膜的另一种加工方法，就是先得到 PE 的薄膜材料，然后用 EVOH 作为阻隔层进行层合，再在其上面增加另一层 PE。究竟包装薄膜材料的结构应该设计成什么形式，这取决于很多因素，如需要加工的数量，运作的时间长度，必须达到的性能参数，还有最后包装件的充填方式，是否常温封严还是需要配装拉链，等等。

(2) PVDC包装薄膜阻隔性和结构

纯PVDC膜可以用做收缩包装和拉伸包装薄膜（图3-2）。但是，PVDC多用来与其他塑料制复合薄膜，常用的复合方法有共挤出法和涂料涂覆法。复合的目的主要是利用PVDC对水和气体的渗透率小的特性来提高、改善薄膜的阻隔性能。经PVDC复合的薄膜不仅有优良的阻隔性，而且还有优良的耐油性及热封合性能，适于食品等的包装。

图3-2 PVDC阻隔性包装薄膜

PVDC可以与多种塑料复合，必要时可以在复合层之间加入黏结剂层，以改善PVDC与其他塑料层之间的黏结。

近年来，在超高压、超高温和超细粒子等极端条件下以及宇宙空间无重力状态的特殊环境中进行合成或加工，得到了用从前的普通材料合成技术不能得到的新材料。经过原子过程形成的塑料薄膜材料，作为开发新材料的合成技术，近年来引起了人们的极大兴趣和重视，得到迅速发展。

人们用新的技术实现材料的薄膜化。形成多层结构，制造新的器件等的愿望，已逐渐变成现实。人工超晶格、薄膜弹性表面波器件和薄膜光集成电路等就是最好的例子。

由于薄膜材料制备过程的特殊性，导致薄膜材料所特有的性质和形状效应。由于合成块状材料的原料粒子的最小尺寸为0.1～1μm，而薄膜是由尺寸为埃（Å）数量级的原子或分子构成的超细粒子形成的，因此块状材料不能形成或很难形成的结构在薄膜化过程中却很容易形成。

**5. PVDC在软包装上的应用**

基于PVDC的优良特性，其用途十分广泛，被大量用于肉类食品、方便食品、奶制品、化妆品、药品及需防潮、防锈的五金制品、机械零件、军用品等各种需要有隔氧防腐、隔味保香、隔水防潮、隔油防透等阻隔要求高的产品包装。PVDC各品种的应用领域主要有以下几个。

**(1) PVDC肠衣膜**

主要应用于包装火腿肠，耐高温杀菌，适合用在高频焊接的自动灌肠机上进行工业化大批量火腿肠的生产。为提高生产效率，现在国内许多客户创造性地使用大收缩肠衣膜来包装低温肉制品，已取得了很好的效果。

**(2) PVDC保鲜膜**

PVDC保鲜膜由于其优越的透明性、良好的表面光泽度及很好的自粘性，被广泛用于家庭和超市包装食品；PVDC保鲜膜不但可以满足于家庭冰箱中保存食品，而且也可用于微波加热，成为发达国家常用的包装材料之一。在中国因PVC保鲜膜所用的DEHA增塑剂有致癌作用，一些包装肉制品的生产单位也逐步改用PVDC或PE保鲜膜。随着人民生活水平、生活质量的提高及生活节奏的加快，PVDC在调理肉的工业保鲜膜包装方面及家用高档保鲜膜方面将会出现大的增长。

**(3) PVDC热收缩膜**

PVDC热收缩膜的结构一般为PE/EVA/PVDC/EVA/VLDPE（Sur-lyn），通过共挤的方式生产出来。PVDC收缩膜主要用于包装冷鲜肉，通过采用真空包装机实现对冷鲜肉的包装，利用其高收缩、高阻隔性的特点，所包装的冷鲜肉产品不仅有好的外观，同时可长久保持冷鲜肉的新鲜度。在欧美、澳洲等地，PVDC收缩膜被广泛用于包装新鲜牛肉产品，用其包装鲜牛肉已成为不可替代的方式，使鲜牛肉的保质期延长至最长两个月的时间。PVDC收缩膜在中国主要用于包装新鲜猪肉，新鲜度可达15天以上。

**(4) PVDC共挤拉伸膜**

在PVDC多层共挤膜中，现广泛使用MA-VDC共聚的PVDC，此类PVDC树脂阻隔性能要好于肠衣用PVDC树脂数十倍，从而大大提高共挤膜的阻隔性。这种新开发的包装技术也将使食品行业开发新产品、采用新工艺成为可能，可以预见PVDC多层共挤薄膜将发展为PVDC主导产品。利用可拉伸的PVDC共挤膜，在自动拉伸包装机上拉伸成型，可自动包装中、低温肉制品，采用此包装可以有效防止产品出水变质，从而大大延长产品货架期，确保产品的正常市场流通。

**(5) PVDC涂布膜**

PVDC涂布膜在国外使用相当普遍，品种繁多。纸、玻璃纸、塑料薄膜片材（如BOPP、BOPA、PET、LDPE、HDPE、PVC等）经PVDC涂布后可大大提高其阻隔性能，既保持了被包装物的香味不会挥发逸出，又防止了外部水蒸气、氧气的侵入，可延长储存期，在美国近一半的食品包装使用PVDC涂布膜，主要用于包装奶酪和经处理的肉食、水果及蛋黄酱等。目前，PVDC涂布膜主要用于干式食品的包装，比如包装饼干、茶叶、奶粉、巧克力等。

(6) PVDC 复合膜

高温蒸煮包装的食品可在常温下长期放置而不发生腐败变质，可以冷食也可热食。典型的结构为 BOPP（BOPET）/高温胶/铝箔/高温胶/CPP。这种结构在实际应用中还存在以下不足。

① 为了延长肉食品的保质期，高温蒸煮的肉食品均采用抽真空贴体包装。铝箔复合材料在抽真空时，由于铝箔的柔软性不够，很难完全贴在内容物上，造成包装袋内空气抽不干净，影响食品保存，因此肉制品包装使用的铝箔厚度不能太厚，但如果太薄又很容易产生针孔，影响肉制品的保质期，再加上经过抽真空后会形成许多皱褶，铝箔经过皱褶易产生裂纹，造成阻隔性下降，所以其内装物的保质期并不是想象中的那样长。

② 从市场上看，铝塑复合膜包装食品因不透明而使消费者看不到内装物的色与形，不利于消费者购买，加上有些生产厂家利用铝塑复合膜不透明掩盖产品的缺陷，甚至弄虚作假，坑害消费者。因此，消费者不喜欢选择完全不透明的铝塑复合膜包装的产品。

③ 铝塑复合膜不能用微波进行加热，再加上与塑料薄膜相比价格较贵，这些都影响其应用。

基于以上原因，食品加工业一直要求包装材料工业能够提供一种阻隔性与铝塑复合膜接近，但全透明、价格适中，又能耐高温蒸煮的包装材料来替代铝塑复合膜。在目前工业应用的塑料中，只有 PVDC 塑料薄膜与铝箔相似，既具有高阻隔性又具有耐高温蒸煮性。但制成高温下不收缩、雾度低、成本低的基材膜的技术还不成熟。随着 PVDC 成膜技术的发展，现在已有商家成功开发出了可满足高温蒸煮袋要求的 PVDC 基材膜，用其复合成的高温蒸煮袋阻隔性与铝塑复合薄膜较接近，全透明，更加柔软，用于肉制食品真空贴体包装，袋中空气被抽得很干净，更利于肉食品的保鲜。可微波加热，价格只相当于铝塑复合膜的 80%，因此可在相当大的范围内替代铝塑复合膜。

目前，一些商家开发的以 BOPP/PVDC/CPP 为代表结构的复合膜及 BOPA/PVDC/CPP 结构的复合膜，被广泛用于肉制品包装，比如，包装猪蹄、烧鸡、烤鸭、酒类、榨菜、调料等，均得到消费者的称赞。

## 七、软塑包装用聚酯薄膜生产技术与新工艺

在包装行业中的软包装的新工艺的相关介绍如下。软塑包装是指塑料的薄膜包装，把厚度在 0.2mm 以下的平面状塑料制品称为薄膜，把 0.2～0.7mm 的平面状制品称为片材，而把 0.7mm 的平面状制品称作板材。目前在四大包材，即纸及纸板、塑料、玻璃、金属中塑料占第二位，而塑料薄膜几乎占塑料包材中的一半。

塑料的应用是包装发展史上的一次飞跃，它具有轻、便、优、美四大优点。至今它在包装中的地位仍无可替代。以美国为例，2010 年包装消费金额超过 1800 亿

美元，其中塑料包装材料为600亿美元，占35%，为第二位。在欧洲，2010年包装消费金额约1360亿美元，塑料包装占29%（其他为金属、玻璃、木材等）。在我国，2010年全国包装总产值达2800亿元，塑料包装在所有包装材料中排第二位（第一位是纸），占36%。

据海外媒体报道，近几年来，由于实行了强强联合、跨国合作等举措，世界塑料包装行业有了新发展，包装材料、包装产品产量平稳增长，包装新材料、新工艺、新技术、新产品不断涌现，如下以聚酯薄膜举例。

**1. 酯薄膜生产技术**

1948年英国帝国化学公司（I. C. I）和美国的杜邦公司（DUPONT）制出聚酯薄膜以来，并于1953年实现了双向拉伸聚酯薄膜的工业化生产。双向拉伸聚酯薄膜（BOPET）具有优良的物理和化学特性，在电子、电器、磁记录、包装、装潢、制版印刷和感光材料等方面具有广泛的用途，在国内市场应用越来越多，特别是我国塑料包装制品业发展迅猛，远高于国内生产总值的增长速度，预计未来几年塑料包装制品生产总值年增长率将保持在10%以上。随着包装向高档化发展，BOPET膜的产量和消费量显著增加，其中包装薄膜是BOPET膜需求增长最快的应用领域。截至2003年，我国薄膜用聚酯产量为20万吨，基本满足了国内BOPET生产企业对原料的需求。使用膜用聚酯切片的用户主要分布在广东、江苏、上海、河南等地区。大部分直接生产薄膜加工烫金、复合、镀铝等包装材料出厂。我国可以生产膜级切片的厂家主要有仪征化纤、辽化、燕化、天化等企业，年产量在25万吨左右，薄膜用聚酯已成为非纤用聚酯发展的一个重要方向。

聚酯薄膜是以优质的纤维级聚酯切片（黏度为0.64$m^2/s$）为主要原料，采用先进的工艺配方，经过干燥、熔融、挤出、铸片和拉伸制成的高档薄膜。

聚酯薄膜双向拉伸又可以分为一次拉伸和两次拉伸，比较多的采用后者，也就是使用挤出——纵横逐次拉伸法。拉伸的温度通常都是在聚酯的玻璃化温度以上和熔点温度以下，拉伸后的膜经过热定型，使得分子排列成为固定的，称为定型膜；不经过热定型，分子排列是不固定的，则为收缩膜，这种膜加热时可以快速收缩。根据生产聚酯薄膜所采用的原料和拉伸工艺不同可分为以下两种：

① 双向拉伸聚酯薄膜（简称BOPET），是利用有光料（也称大有光料），即是在原材料聚酯切片中添加钛白粉，经过干燥、熔融、挤出、铸片和纵横拉伸的高档薄膜，用途广泛。

② 单向拉伸聚酯薄膜（简称CPET），是利用半消光料（原材料聚酯切片中没有添加钛白粉），经过干燥、熔融、挤出、铸片和纵向拉伸的薄膜，在聚酯薄膜中的档次和价格最低，主要用于药品片剂包装。由于使用量较少，厂家较少大规模生产，大约占聚酯薄膜领域的5%左右，我国企业也较少进口，标准厚度有150$\mu$m。

根据取向度的异同和性能，聚酯薄膜可以分为平衡膜和强化膜。平衡膜是纵、横两向取向基本相同，拉伸强度、相对热收缩率相等；通常人们把两个方向的拉伸强达到 2.7～3MPa 时，就称为超级平衡膜。强化膜是纵、横两个方向中其中一个方向的取向度大于另一个方向的取向度，而且该方向的拉伸强度大于 2.6MPa 的薄膜；拉伸强度大于 4MPa 的，则称为超级强化膜。

由于聚酯薄膜的特性决定了其不同的用途。不同用途的聚酯薄膜对原料和添加剂的要求以及加工工艺都有不同的要求，其厚度和技术指标也不一样；另外，只有 BOPET 才具有多种用途，因此根据用途分类的薄膜都是 BOPET。可分为以下几种：

**(1) 电工绝缘膜**

由于其具有良好的电器、机械、热和化学惰性，绝缘性能好、抗击穿电压高，专用于电子、电气绝缘材料，常用标准厚度有 25μm、36μm、40μm、48μm、50μm、70μm、75μm、80μm、100μm 和 125μm。其中包括电线电缆绝缘膜（厚度为 25～75μm）和触摸开关绝缘膜（50～75μm）。

**(2) 电容膜**

具有拉伸强度高、介电常数高，损耗因数低，厚度均匀性好、良好的电性能、电阻力大等特点，已广泛用于电容器介质和绝缘隔层。常用标准厚度有 3.5μm、3.8μm、4μm、4.3μm、4.8μm、5μm、6μm、8μm、9μm、9.8μm、10μm、12μm。

**(3) 护卡膜**

具有透明度好、挺度高、热稳定好、表面平整优异的收卷性能、均匀的纵、横向拉伸性能，并具有防水、防油和防化学品等优异性能。专用于图片、证件、文件及办公用品的保护包装，使其在作为保护膜烫印后平整美观，能保持原件的清晰和不变形。常用标准厚度有 10.75μm、12μm、15μm、25μm、28μm、30μm、36μm、45μm、55μm、65μm、70μm，其中 15μm 以上的主要作为激光防伪基膜或高档护卡膜使用。

**(4) 通用膜**

具有优异的强度和尺寸稳定性、耐寒性及化学稳定性，广泛用于复合包装、感光胶片、金属蒸镀、录音录像等各种基材。具体有以下几种：

① 半强化膜。最主要的特点是纵向拉伸强度大，在较大的拉力下不易断裂，主要用于盒装物品的包装封条等。常用标准厚度有 20μm、28μm、30μm、36μm、50μm。

② 烫金膜。最大特点是拉伸强度和透明度好，热性能稳定，与某些树脂的结合力较低。主要适合高温加工过程中尺寸变化小或作为转移载体的用途上。常规标准厚度为 9μm、12μm、15μm、19μm、25μm、36μm。

③ 印刷复合包装膜。主要特点是透明性好、抗穿透性佳、耐化学性能优越、耐温、防潮。适用于冷冻食品及食品、药品、工业品和化妆品的包装。常用标准厚度为 12μm、15μm、23μm、36μm。

④ 镀铝膜。主要特性是强度高、耐温和耐化学性能好、有良好的加工以及抗老化性能，适当的电晕处理，使得铝层和薄膜的附着更加牢固。用于镀铝后，可广泛用于茶叶、奶粉、糖果、饼干等包装，也可作为装饰膜如串花工艺品、圣诞树；同时还适用于印刷复合或卡纸复合。常规标准厚度有 12μm、16μm、25μm、36μm。

⑤ 磁记录薄膜。具有尺寸稳定性好、厚度均匀、抗拉强度高等特点。适用于磁记录材料的基膜和特殊包装膜。包括录音录像带基（常用标准厚度有 9～12μm）和黑色膜（常用标准厚度有 35～36μm）。

不同厂家根据聚酯薄膜的质量可有不同的分类名称，我国厂家一般分为优等品、一级品和合格品，而国外厂家一般都分为 A 级品、B 级品和 C 级品。一般厂家所销售的产品中 A 级品占 97%～98%，B 级品只占 2%～3%，C 级品即是不合格品，不上流通领域销售。主要原因是原料价格高，一般厂家将其回炉重新作为原料使用，或者将其作为短纤卖给纺织厂作纺织原料。国外厂家有时也将每季度或每半年的库存薄膜当 B 级品出售，此做法是东南亚国家一些厂家的一贯做法，目的是减少库存。

**2. 聚酯薄膜所用的原料质量指标加工性能**

聚酯薄膜通常为无色透明，有光泽，强韧性和弹性均好的薄膜。与其他塑料薄膜相比，具有相对密度大、拉伸强度高、延伸率适中、冲击强度大、透气性小、耐热性好和透明度高等特点。目前，市场上的聚酯薄膜大多数都是单层结构的薄膜。而生产这些薄膜所用的原料，基本上由以下三部分组成：一是空白切片（不含改性和其他添加剂的聚酯树脂）；二是母切片（含有高浓度添加剂的聚酯树脂）；三是回收切片。

原料切片的质量对聚酯薄膜的性能有直接的影响，一般可通过控制切片的特性黏度、熔点、二甘醇、水分、灰分、羧基、凝聚粒子等参数来保证聚酯薄膜的性能。

而用户在使用纤维级大有光切片加工 BOPET 过程中，存在拉膜慢、薄膜色泽发灰、薄膜表面不光滑等问题。开发膜用 PET 光片专用基料，在技术上主要是通过优化工艺，调整添加剂用量，实现对特性黏度、DEG 及色值的控制。

一般膜用聚酯专用基料经使用后，在拉膜成型性能和薄膜透明度、色泽方面有了较大改善。为下一步开发添加一定含量无机物的膜用切片，提高拉膜速率，进一步提高树脂基料的加工性能。

聚对苯二甲酸丙二醇酯（PTT）是 20 世纪 90 年代末国际上开发成功的一种极具发展前途的新型聚酯材料，它是由对苯二甲酸二甲酯（DMT）或对苯二甲酸（PTA）和 1，3-丙二醇（1，3-PDO）聚合而得的聚酯树脂。PTT 具有良好的加工性能、电气性能、力学性能和尺寸的稳定性，可广泛应用于合成纤维和工程塑料领域，1998 年被美国评为六大石化新产品之一。PTT 和 PET 同属聚酯一族，两者具备共混改性的条件。当 PET 添加适量 PTT 熔融共混时，可改善膜用 PET 的后加工性能及成品膜的力学性能，因此，PET/PTT 共混已受到国内外膜用聚酯原料研究领域的关注。

观察不同配比的 DSC 热谱图，发现都只有一个介于 PET 和 PTT 玻璃化转变温度之间的 $T_g$ 峰。根据 $T_g$ 法对共混体系相容性的判断：相容体系①只有一个 $T_g$；②Tg1 PTT 与 PET 在分子构象上只差了一个碳原子，在晶态结构上与 PET 存在较大的差异。PTT 的力学力学性能主要由亚甲基的内旋转和分子间力等因素决定，PTT 中的亚甲基呈螺旋排列方式，其晶格堆积却比 PET 的要疏松得多。因此相对 PET 而言，PTT 具有良好的透明性、耐热性和加工性等，可用做薄膜。据日本公开专利报道，经改性的 PTT 可用于制作耐热容器，磁记录盘以及需要透明性好的包装薄膜等。

随着人们环保意识的增强，聚酯瓶回收已成为环保界关注的问题。聚酯瓶外包装膜多为 PE 或其他高分子热收缩膜，需分瓶体和外包装膜两道回收工艺，且外包装膜不能再利用，大大增加了聚酯瓶回收成本。目前国内 PTT 尚未工业化，价格较高。因此通过开发 PET/PTT 共混聚酯加工成外包装薄膜，将减少一道回收工艺，大大降低回收成本，具有良好的社会效益。

通过在对苯二甲酸和乙二醇的聚合过程中引入第三共聚单体，破坏整个分子结构的有序对称性，从而破坏其结晶性能，得到结晶度大大降低甚至完全非晶的 PET，从而使产品具有优良的透明性。通过用 CHDM 替代部分 EG 或者用 IPA 替代部分 TPA 进行改性 PET 的生产，使产品获得优异的透明度，同时可以提高产品的玻璃化温度，改善其使用时的耐温性能，还降低了熔点，从而降低了加工温度，改善加工成型性，有广泛的开发和应用前景。

PETG 的物理特性为非晶体，100％无定形，常温下为球状小颗粒，同扁平（或圆柱）状小颗粒相比具有更市制容积密度，更容易挤压输出，熔点可达到220℃，玻璃化转化温度为 88℃，除具有耐热性、耐化学腐蚀性的特点，还具有优越的光学性能（高透光性、高光滑和低光晕）、突出的可印刷性、高韧性、高强度、易加工定型的综合特性，冷状态没有应力白。

PETG 可专门应用于高性能收缩膜，有大于 70％的最终收缩率，可制成复杂外形容器的包装，具有高吸塑力，高透明度，高光泽，低雾度，易于印刷，不易脱落，存储时自然收缩率低，应用于饮料瓶、食品和化妆品包装、电子产品标签，一改传统包装膜不透明或包装效果差的缺点。PETG 易于加工、可回收使用及环保等性能，更符合了现代生产商家的要求。目前消费者对商品的外表包装要求越来越高，这就使化妆品包装设计显得越来越重要。要达到美观、质感良好及经久耐用，对设计者提出了很高要求，而 PETG 的良好加工性能使设计构思成为了可能。

2010 年我国的 BOPET 膜消费水平平均为 425g/人，日本平均为 3200g/人，全球平均为 480g/人。如中国人均消费水平达到全球人均水平，则我国的 BOPET 膜的市场需求将达到50万吨/年以上。根据国内聚酯产能统计，2012年我国BOPET产能为100万吨。预计2016年我国BOPET产能为180万吨。

随着社会经济的发展，人均消费水平将会有所增加。另一方面，如果能够适当调整行业方向，用BOPET代替常规的PP、PVC膜，相信薄膜用聚酯市场还有很大的空间。

膜用聚酯切片专用料的生产在我国仍然处于起步阶段，现在聚酯薄膜生产商一般采用在纤维级切片中添加母粒的方式进行，这样既增加了生产成本，也影响了薄膜的开口性，更主要的是不能适应高速拉膜的需要。随着聚酯薄膜应用领域的不断拓宽和交互渗透，膜用聚酯原料品种不断丰富化，以录像切片、录音切片、普通包装切片、高透明切片、电容切片、超高速拉膜切片等专用料的出现，逐渐替代了母粒添加制膜方式。开发膜用聚酯将进一步增强我国聚酯技术实力，有利于产品结构的调整，为在激烈的聚酯行业竞争中开辟一条出路。相信在国家产业政策支持、宏观经济背景好的条件下，我国聚酯薄膜的发展空间将十分巨大，作为原料膜用聚酯开发市场前景广阔。

世界塑料包装产品的发展出现了以下几个特点：新型聚酯包装独领风骚；新型降解塑料受到关注；企业大力发展茂金属塑料、发泡塑料走向零污染。

**3. 高阻隔性聚酯薄膜开发举例**

气体在聚酯薄膜中的渗透主要包括吸附、溶解和扩散3个过程，要想提高聚酯薄膜的阻隔性能，也必须从这3个方面入手。

山东省聚酯包装材料工程技术中心通过原位聚合的方式，成功地将一种无机粉体添加到聚酯树脂中。在聚合过程中，该无机粉体形成一种具有纳米级的层状结构，并在薄膜的拉伸过程中形成互相平行的取向。由于这种层状结构对气体的透过率极低，气体只能“绕道而行”，无形中增加了气体在薄膜中的“扩散行程”，从而提高了薄膜的阻隔性能。同时，由于无机粉体在聚酯树脂中以纳米尺寸分散，所以在一定的含量范围内不会影响薄膜制品的透明度。

聚酯的合成工艺既可以采用酯交换法（DMT法），也可以采用酯化法（PTA法），关键在于无机粉体的有机化处理和原位聚合的工艺控制。下面以DMT法为例加以说明。

由于无机粉体本身与聚酯基体的结合力不强，在拉伸过程中容易破膜，影响生产的稳定性。因此，有必要对无机粉体进行有机化处理。用相应的有机处理剂处理无机粉体，在其表面引入羧基，通过聚合使无机粉体与聚酯基体间以化学键结合，从而提高两者的结合力。

将经过有机化处理的无机粉体分散于适量的乙二醇中，在常温下搅拌12h，待用。将对苯二甲酸二甲酯（DMT）与乙二醇（EG）按计量比例投入反应釜中，在180～220℃下进行酯交换，根据甲醇馏出量判断反应终点。酯交换结束后，物料导入缩聚釜，同时加入无机粉体的乙二醇分散液，在260～280℃、60Pa的条件下进行缩聚反应，以电机功率作为出料分子量判断依据，特性黏数控制在0.65以上。

## 八、新型绿色包装用塑料薄膜的新技术进展

### 1. 可食性薄膜

可食性包装膜是以天然可食性物质（如多糖、蛋白质等）为原料，通过不同分子间相互作用而形成的具有多孔网络结构的薄膜。如壳聚糖可食性包装膜、玉米蛋白质包装膜、改性纤维素可食性包装膜及复合型可食包装膜等，可食性薄膜可应用于各种即食性食品的内包装，在食品行业具有巨大的市场。

### 2. 可降解包装薄膜

主要解决废弃、不易降解的包装材料回收难度大，埋入地下会破坏土壤结构，焚烧处理又会产生有毒气体造成空气污染的矛盾。

可降解塑料包装薄膜既具有传统塑料的功能和特性，又可在完成使用寿命以后，通过土壤和水的微生物作用或通过阳光中的紫外线的作用，在自然环境中分裂降解，最终以还原形式重新进入生态环境中，回归大自然。可降解塑料和生物/光降解塑料等。国内研发的品种已涵盖光降解、光生物降解、光氧生物降解、高淀粉含量型生物降解、高碳酸钙填充型光氧降解、全生物降解等几大类；降解塑料制品在包装方面的应用已遍及普通包装薄膜、收缩薄膜、购物袋、垃圾袋等，对改善环境质量发挥了积极的作用。

### 3. 水溶性塑料包装薄膜

水溶性塑料包装薄膜作为一种新颖的绿色包装材料，在欧美、日本等国家和地区被广泛用于各种产品的包装，例如农药、化肥、颜料、染料、清洁剂、水处理剂、矿物添加剂、洗涤剂、混凝土添加剂、摄影用化学试剂及园艺护理的化学试剂等。

水溶性薄膜由于具有降解彻底、使用安全方便等环保特性，因此已受到世界发达国家广泛重视。目前，国外主要有日本、美国、法国等国企业生产销售此类产品，国内也已有企业投入生产，其产品正在走向市场。

加强回收与再利用，实现包装废弃物的生态化循环。绿色包装在其整个生命周期过程中，遵循循环经济“减量化、再利用、资源化”的经济活动行为原则，使包装对环境的影响降到最低限度。近年来在塑料废弃物资源化和再利用等方面都不断取得进展，并逐步解决了二次污染问题。

包装废弃物法规因地而异，但有一个共同的原则：鼓励少用原材料。在包装设计上应尽量使用同一材料、可分离共存的材料并趋向于使用结构简单、容易循环再生的材料。

在满足包装功能的前提下，尽量减少垃圾的产生量，从而呈现出包装薄膜轻量

化发展趋势，其关键技术是采用具有超韧性、能加工较薄且较易加工的新型原料，如双峰位高分子 HDPE、茂金属催化剂的聚烯烃以及优质的阻隔性包装材料等。

国内塑料软包装业在减少废弃物污染方面已取得了许多进步，随着国内有关环保法规的逐步落实近年将会取得更大的进步。例如使用可热封拉伸薄膜加罩光油可显著减少材料的用量，在冷饮冰淇淋包装方面得到了大量的应用；通过采用高强度的茂金属聚烯烃而成功地减少了整个包装薄膜的厚度，过度包装也正在逐步减少；共挤出复合技术和设备应用也越来越普及，解决了精确控制各层膜厚度的问题，价格高的阻隔层厚度可以控制得很薄，同时保鲜性能成倍甚至几十倍的提高。

随着塑料软包装的绿色化，塑料软包装业在新的世纪将得到更好、更快的发展。

## 九、新型绿色聚酯塑料包装新技术的发展

目前，世界塑料包装产品的发展现状出现以下几个特点：新型聚酯包装更具有发展前途；新型降解塑料受到关注；发泡塑料走向零污染。

国内塑料软包装的发展重点在于以下几个方面：

① 提高保护性能，延长货架寿命的高阻隔包装材料如高阻隔共挤复合薄膜的开发应用等；

② 无菌包装材料、抗菌性包装膜、耐辐射包装膜的开发及应用；

③ 适用于电磁灶、微波炉加热的耐热性包装材料；

④ 适用于粮食等农产品储存的包装材料可控气调包装；

⑤ 电磁屏蔽用复合薄膜。

在积极发展塑料包装的同时，还要大力采用塑料包装新技术，目前，国外流行的包装技术有：真空包（760mmHg）、100℃杀菌，采用 PE/PET、PA/EVA 等包装熟食制品；充气包装（$CO_2$、$O_2$、$N_2$、乙醇气）大量用于食品包装；气调包装用于包装鱼类制品；贴体包装用于离子型薄膜取代 PE、PVC 膜；保鲜包装以微孔透气薄膜、硅薄膜等包装具有呼吸规律的新鲜水果蔬菜等；灭菌包装以高温短时、超高温瞬时加热灭污染菌、巴氏灭菌包装饮料；无菌包装用无污染菌包装果汁等饮料；杀菌包装采用离子型薄膜，以环氧乙烯气体消毒，包装医药器械；泡罩包装主要作药片包装；防锈包装在薄膜中加防锈剂包装精密仪器；拉伸裹包主要用单元装（托盘、托板等）的裹包包装；热收缩包装主要作小型零部件包装；防霉包装在薄膜中加防霉剂包装织物品；压缩包装主要包装质轻的棉衣、羽绒等；防震缓冲包装采用软质聚氨、PVC、发泡 PE、PP、LLDPE、离子型聚合物等包装材料技术。

但不论采用哪种塑料包装，都要达到绿色包装的要求：

① 减少废弃物污染；

② 解决溶剂的环保问题；

③ 回收再利用问题。

名牌产品的高知名度、高市场占有率和高效益，使一些利欲熏心的不法之徒干起制假、售假的违法勾当。近年来，国家质检总局和各地质量技术监督部门对整个市场进行了全面的调查，发现假冒伪劣产品屡禁不止。2014年全国查处的假冒伪劣案件达20多万件，也是近年来增长幅度较大的一年。另外，食品污染问题也相当严重，食品质量安全问题以及食品标志滥用问题也日益突出。

国家质检总局规定，从现在开始，肉制品、乳制品、饮料、调味品、冷冻食品、方便面、饼干、罐头、速冻面米食品、膨化食品10大类食品开始实施市场准入制度，出厂必须加贴QS标志，否则，不准出厂和进入流通领域销售。

此外，国家质检总局还规定，全国19大类132种商品（涉及电子、家电、空调器等产品），要实施强制认证（即"3C"：China Compulsory Certification），从实施日起，凡没有"3C"强制认证标志的不准出厂和进入流通领域销售。

上述情况表明，我国防伪技术的发展和防伪行业的形成，是发展社会主义市场的需要，发展对外贸易，促进我国商品走向国际市场的需要，是当前打假治劣、净化市场、保护名优、维护国家企业和消费者利益的需要。这些，都给包装印刷企业提供了商机。

符合环保要求，无污染的绿色包装，将越来越受到社会重视。因此，应大力发展绿色包装，抓好包装废弃物处理和资源的回收再利用工作，实现可持续发展要求。

## 第二节 新型环保的POF功能性薄膜开发生产与新工艺

### 一、概述

POF就是热收缩膜的意思，POF全称多层共挤聚烯烃热收缩膜，它是将线性低密度聚乙烯（LLDPE）作为中间层，共聚丙烯（PP）作为内、外层，通过三台挤出机塑化挤出，再经模头成型、膜泡吹胀等特殊工艺加工而成的。

POF是一种热收缩膜，主要用于包装规则和不规则形状的产品，由于其无毒环保、高透明度、高收缩率、良好的热封性能，高光泽度、强韧性、抗撕裂、热收缩均匀及适合全自动高速包装等特点，是传统的换代产品，广泛应用于汽车用品，塑料制品，文具，书本，电子线路板，MP3，VCD，工艺品，相框等木制品，玩具，杀虫剂，日用品，化妆品，罐装饮料，乳制品，医药，盒带及录像带等产品。

### 二、主要特点

① 透明度高、光泽性好，可清晰展示产品外观，提高感观意识，体现高档次。

② 收缩率大，最高可达75%，柔韧性好，可对任何外形的商品进行包装，而且经过特殊工艺处理的三层共挤薄膜的收缩力可控，满足不同商品包装对收缩力的要求。

③ 焊封性能好、强度高，适合手动、半自动和高速全自动包装。

④ 耐寒性好，可在−50℃保持柔韧性而不发生脆裂，适合被包装物在寒冷环境下储存和运输。环保无毒，符合美国FDA及USDA标准，可包装食品。

## 三、POF热收缩膜的高聚物分子链拉伸定向原理

POF热收缩膜系采用高聚物分子链拉伸定向原理设计，是以急冷定型的方法成型。其物理原理是：当高聚物处于高弹态时，对其拉伸取向，然后将高聚物骤冷至玻璃化温度以下，分子取向被冻结，当对物品进行包装过程中对其加热时，由于分子热运动产生应力松弛，分子恢复原来的状态，产生收缩。目前市场上常见的热收缩膜有PE收缩膜、PVC收缩膜、PP热收缩膜、POF共挤收缩膜等，而在热收缩包装膜这个大家庭中，POF三层共挤热收缩膜（POF-C3）是一种近年来逐渐兴起并为人们所接纳的新型换代产品。

## 四、新型的POF热缩包装发展

热缩薄膜广泛应用于各种快餐食品、饮料、乳酸类食品、啤酒罐、各种酒类、农副产品、小食品、干食品、土特产等的包装。用于各种PET瓶装啤酒、饮料标签，可减少除掉标签的工序，便于回收再用；用于瓶装啤酒替代捆扎绳包装，防止瓶装啤酒爆炸伤人。收缩膜是一种在生产过程中被拉伸定向，而在使用过程中受热收缩的热塑性塑料薄膜。薄膜的热收缩性早在1935年就获得应用，最初主要用橡胶薄膜来收缩包装易腐败的食品。

如今，热收缩技术已经发展到几乎可以用塑料收缩薄膜来包装各种商品。此外，收缩包装还被用来制作收缩标签和收缩瓶盖，使不容易印刷或形状复杂的容器可以贴上标签。近年来，又不断有更新的应用领域被开发出来。食品工业是热缩包装最大的市场生产技术与特点收缩薄膜的生产通常采用挤出吹塑或挤出流延法生产出厚膜，然后在软化温度以上、熔融温度以下的一个高弹态温度下进行纵向和横向拉伸，或者只在其中的一个方向上拉伸定向，而另一个方向上不拉伸，前者叫双轴拉伸收缩膜，而后者叫单向收缩膜。使用时，在大于拉伸温度或接近于拉伸温度时就可靠收缩力把被包装商品包扎住。

热收缩膜所用材料主要为各种热塑性薄膜。最初以PVC热收缩膜为主，随着市场需求不断发展，PVC热收缩膜逐渐减少，而各种PE、PVDC、PP、PET、POF等多层共挤热缩膜发展迅速，成为市场主流。目前，国内收缩薄膜厂家仅中国包装联合会塑料包装委员会就已有近40多家，2010产量超过20万吨。“十二五”期间实际完成累计超过150万吨。据专家预测“十三五”期间，国内热缩薄膜市场

将以10%～12%以上的速度增长。

收缩膜包装的优点：①外形美观，紧贴商品，所以又叫贴体包装，适宜各种不同形状的商品包装；②保护性好，如果把收缩包装的内包装同悬挂在外包装上的运输包装结合起来，可以有更好的保护性；③保洁性好，尤其适合精密仪器、高精尖的电子元器件包装；④经济性好；⑤防窃性好，多种食品可以用一个大的收缩膜包装在一起，避免丢失；⑥稳定性好，商品在包装膜中不会东倒西歪；⑦透明性好，顾客可以直接看到商品内容。

近几年来，热收缩包装薄膜得到迅速发展，随着市场需求的不断变化，热收缩薄膜正向多层次、功能性方向发展，出现了许多新技术和新产品。多层共挤复合热收缩薄膜采用线性低密度聚乙烯作为中间层，共挤级聚丙烯作为内外层，经共挤而制成，具有PE和PP的优点，优于单层的PE或PP薄膜，是目前国际上广泛推广使用的热收缩包装材料。单层热收缩薄膜在快餐面食包装上获得广泛应用，多层热收缩薄膜在新鲜肉、含脂肪食品包装上也得到广泛应用。因此，热收缩包装薄膜在食品行业发展趋势越来越好。

## 第三节 BOPP功能性薄膜开发生产与新工艺

### 一、概述

BOPP是一种非常重要的软包装材料，具有质轻、无毒、无臭、防潮、力学强度高，尺寸稳定性好，印刷性能良好，透明性好等优点，广泛应用于食品、糖果、香烟、茶叶、果汁、牛奶、纺织品等的包装，有“包装皇后”的美称。BOPP薄膜包括平膜、热封膜、消光膜、珠光膜等。中国近年来BOPP膜的应用领域为：普通光膜75%，烟膜10%，珠光膜7%，电工膜3%，其他膜5%。

BOPP在卷烟行业最主要是用于小盒烟包及条盒烟包的外包装上，另外也有少量用于拉线和商标纸的覆膜方面。根据相关介绍，BOPP（双向拉伸聚丙烯）薄膜强度大，阻气性高，印刷性能和抗撕裂性好，是PP薄膜制品中消耗量最大的品种，应用也最广泛。由于前几年BOPP薄膜利润空间较大、需求增长较快，2000年以来国内各地BOPP膜生产线一哄而上，导致产能严重过剩，市场竞争激烈，效益滑坡。自2003年以来，中国BOPP膜销售价格下降了23%，已经供过于求，大部分生产企业利润下滑。最近几年来，我国引进的双向拉伸BOPP薄膜设备达到160条生产线，生产企业90多家。其中引进德国布鲁克纳公司生产线占总数的50%；还引进日本三菱生产线，引进法国DMT公司生产线。从上述三家公司引进的生产线占总数的90%以上。如此多的生产线投产，使竞争更加激烈，对国产BOPP原料的需求也逐年增加。

## 二、BOPP专用树脂的性能要求

BOPP薄膜按性能和用途可分为许多类，总的来说，对BOPP薄膜专用料的性能有下列部分要求。生产BOPP薄膜要用高分子量的PP做原料，但分子量过高会使高速加工困难。一般来说，普通膜要求熔体流动指数值为2～3g/10min，电容膜熔体流动指数要求在3～4g/10min。另外，为了保证原料的成膜率，必须选结晶度较低的PP做原料，为此PP树脂的等规度要控制在95％～96.15％。BOPP薄膜中含金属离子杂质越少，其电绝缘性能越高，故须选用灰分含量很低的PP做原料。对于电容膜的原料，灰分含量应小于50mg/kg，最好在35mg/kg以下；生产普通膜和共挤出膜的BOPP原料，灰分含量一般应小于200mg/kg，最好在150mg/kg以下。BOPP薄膜的力学强度要求高，因而对其原料也有相应要求。通常规定，PP均聚物的拉伸强度应大于32MPa，弯曲模量应大于140MPa，悬臂梁冲击强度应大于42J/m。对于无规共聚物，其拉伸强度应大于30MPa，弯曲模量大于140MPa，悬臂梁冲击强度大于30J/m。BOPP烟膜和珠光膜用做包装材料时，要求薄膜的热封强度大于20N/mm，故薄膜生产采用了3层共挤，外2层选用乙烯含量3％～5％的无规共聚PP原料。为了减少鱼眼，除了在BOPP薄膜生产中严格控制指标外，更重要的是要严格控制生产BOPP薄膜专用料的工艺参数，以免产生较多的凝胶粒子。BOPP薄膜专用料中应添加适当的抗氧剂和辅助抗氧剂，以使PP具有良好的热稳定性，一些特殊要求的薄膜还应加入符合规定的添加剂。

PP聚集态结构中的取向和结晶将对BOPP薄膜光学性能、力学性能起决定性影响，通过工艺的调整，控制BOPP薄膜生产过程中的取向和结晶是改善产品品质等级的关键。

## 三、BOPP双向拉伸薄膜工艺流程

BOPP薄膜制造工艺简易可靠、价格合理又使它成为比BOPET薄膜和BOPA薄膜更为普遍使用的包装材料。BOPP薄膜表面能低，涂胶或印刷前需进行电晕处理。经电晕处理后，有良好的印刷适应性，可以套色印刷而得到精美的外观效果，因而常用做复合薄膜的面层材料。BOPP膜也有不足，如容易累积静电、没有热封性等。

聚丙烯是一种结晶性聚合物，在BOPP薄膜的加工过程中，PP在力、热和电场等的作用下，经历了复杂的取向和结晶的变化，PP聚集态结构中的取向和结晶将对BOPP薄膜光学性能、力学性能起决定性影响，因此如何通过工艺的调整，控制BOPP薄膜生产过程中的取向和结晶是改善产品品质、提高产品等级的关键。

### 1. 工艺流程

目前世界上BOPP薄膜的生产方法主要有管膜法和平膜法两大类，管膜法属双向一步拉伸法，具有设备简单、投资少、占地小、无边料损失、操作简单等优点，但由于存在生产效率低、产品厚度公差大等缺点，20世纪80年代后几乎没有发展，目前仅用于生产双向拉伸PP热收缩膜等特殊品种。平膜法又分双向一步拉伸和双向两步拉伸两种方法。双向一步拉伸法制得的产品纵、横向性能均衡，拉伸过程中几乎不破膜，但因设备复杂、制造困难、价格昂贵、边料损失多、难于高速化、产品厚度受限制等问题，在目前还未大规模被采用。双向两步拉伸法设备成熟、线速度高、生产效率高，适于大批量生产，是目前平膜法的主流，被绝大多数企业所采用。

总体上，逐次拉伸法是将挤出的PP片材先经过纵向拉伸、后横向拉伸来完成二次取向过程。生产过程中主要控制的工艺参数有生产线速度、温度、拉伸比等。

**2. BOPP薄膜的取向**

BOPP薄膜质量控制指标包括弹性模量，纵、横向的抗张强度，断裂伸长率，热收缩率，摩擦系数，浊度，光泽度等，这些指标主要体现薄膜的力学性能和光学性能，它们与PP高分子链的聚集状态如取向、结晶等有密不可分的联系。由于聚合物分子具有长链的结构特点，聚合物成型加工过程中，在外力场的作用下，高分子链、链段或微晶会沿着外力方向有序排列，产生不同程度的取向，形成一种新的聚集态结构，即取向态结构，致使材料在不同方向上的力学、光学和热力学性能发生显著变化。

BOPP薄膜生产中的取向主要包括流动取向和拉伸取向。

①流动取向。流动取向发生在挤出口模中，BOPP薄膜生产通常使用衣架形模头，PP熔体在口模中成型段的流动近似为狭缝流道中的流动，在靠近流道壁面处溶体流动速度梯度大，特别是模唇处温度较低，在拉伸力、剪切应力的作用下，高分子链沿流动方向伸展取向；熔体挤出时，由于温度很高，分子热运动剧烈，也存在强烈解取向作用。因此流动取向对BOPP薄膜性能的影响相对较小。

②拉伸取向。BOPP薄膜生产过程中的取向主要发生在纵向拉伸和横向拉伸过程中，在经过纵向拉伸后，高分子链单轴纵向取向，大大提高了片材的纵向力学性能，而横向性能降低；进一步横拉之后，高分子链呈双轴取向状态，因此可以综合改善BOPP薄膜的性能，并且随分子链取向度提高，薄膜中伸直链段数目增多，折叠链段数目减少，晶片之间的连接链段增加，材料的密度和强度都相应提高，而伸长率降低。但在横拉伸预热及横拉伸时，由于温度升高，分子链松弛时间缩短，利于解取向，加上横向拉伸力的作用，会在一定程度上降低分子链的纵向取向度，导致薄膜的纵向热收缩率减小。

为了制得理想的强化薄膜，拉伸取向过程中，温度、拉伸比、拉伸速度等工艺参数的控制非常重要。BOPP双向拉伸通常在玻璃化转变温度$T_g$至熔融温度$T_m$之间进行，如纵向拉伸温度一般为80～110℃，横向拉伸温度为120～150℃，在给定的拉伸比和拉伸速度下，适当降低拉伸温度，分子伸展形变会增大，黏性变形就会减小，有助于提高取向度；但过低的温度会降低分子链段的活动能力，不利于取向；在热拉伸取向的同时，也存在着解取向的趋势，因此拉伸之后应迅速降低温度，以保持高分子链的定向程度。一般来说，在正常的生产温度下，取向程度随拉伸比的增大而增加，而随拉伸速度的增加，拉伸应力作用的时间缩短，从而影响取向的效果。

**3. BOPP 薄膜的结晶**

晶态结构是高聚物中三维有序的最规整的聚集态结构，结晶是 BOPP 生产加工过程中不可回避的问题，PP 结晶的速度、结晶的完善程度、结晶的形态、晶体的大小等对生产工艺、薄膜性能都有非常重要的影响。

(1) 结晶对生产工艺调整的影响

均聚 PP 有 α、β、γ、δ 和拟六方共五种晶系，其中 α 晶系属单斜晶系，是最常见、最稳定的结晶。PP 结晶贯穿着从熔体挤出到时效处理等 BOPP 生产的整个过程。为了提高成膜性，PP 挤出时采用骤冷铸片，以控制结晶的生成，降低结晶度；在双向拉伸时要求结晶速度较慢，以利于拉伸取向，较早、较快的结晶和较大的结晶颗粒都有可能导致破膜；在横拉后热处理定型阶段，为了提高刚性和强度，要求产生并加速结晶。

PP 的最大结晶速度的温度大约为 $0.85T_m$［也可以根据差示扫描量热仪(DSC) 测定的结果确定］，温度越高或越低，如在 $T_m$ 或 $T_g$ 附近，越难结晶，在拉伸过程中要防止预热、拉伸时结晶度急剧增加，因此不要在 PP 最大结晶速率的温度区域内选择拉伸温度，最好在结晶开始熔融、分子链能够运动的温度下进行拉伸，即最大结晶速率的温度到熔点之间。实际生产时应根据 PP 的热力学特性来相应地调整生产工艺。

(2) 结晶对 BOPP 性能的影响

薄膜中 PP 的结晶度和晶体尺寸对 BOPP 薄膜的力学性能和光学性能有重要影响。结晶度高则强度高，韧性差；晶体尺寸小而均匀，有利于提高薄膜的机械强度、耐磨性、耐热性，提高薄膜的透明度和表面光泽度。

双向拉伸过程中的结晶有着高聚物聚集态结构特殊性的一面，存在取向与结晶互生现象，即取向导致结晶，结晶中有取向。拉伸取向引起晶片倾斜、滑移延展，原有的晶片被拉伸细化，重排为取向态，形成取向的折叠链晶片、伸直链晶或球晶转变为微纤晶状结构等。因此薄膜的综合性能进一步得到强化。

如研究表明，拉伸取向导致分子链规则排列，产生均相晶核，诱导拉伸结晶，形成串晶互锁结构，可以大大提高取向方向 PP 的力学性能；双向拉伸也可以使 PP 中可能产生的较大颗粒晶体破碎，从而减小晶体尺寸，提高透光率，降低雾度。如 PP 经双向拉伸后，雾度下降 50%。

从结晶的角度来看，要生产高质量的BOPP薄膜，应尽量减小PP晶体的尺寸，一般可以从两个方面考虑：其一是工艺调整，如各段的冷却速度、温度、拉伸比、拉伸速度等；其二是配方，如主料PP的选择、成核剂的使用等。在PP高性能工程化和透明改性方面，如何使PP结晶微细化、均质化也是重要改性途径之一。

## 四、英国一项新型BOPP食品包装薄膜

研发Propafilm这款新产品（图3-3）的想法起源于瑞士苏黎世食品控制局官员Koni Grob博士的一项研究。其研究报告指出，纸板包装中矿物油的迁移会对食品造成污染。

图3-3　新型BOPP食品包装薄膜

Koni Grob认为，食品中会出现矿物油残留物，这些矿物油来自包装表面以及被回收报纸的印刷油墨中，被回收的报纸常被用于制造纸板包装，矿物油迁移后就会进入食品中。

即使在室温下，这些残留物也能发生迁移，沉积在包装于盒内的干制食品中，如意大利面、米饭、早餐谷物和饼干。

英国食品标准局进行了进一步的研究，强调就食品包装样品来看，矿物油的安全水平常常超标。

Propafilm的制造商称，这种薄膜具备优越的光学性能，密封临界值低且密封范围广，使其成为饼干、面包、糕点、糖果、干制食品、茶叶和谷类食品等各个市场的理想选择。

英诺薄膜包装和可持续性市场经理Andy Sweetman说道："能够为市场提供一种极具成本效益的多功能性薄膜我们感到很荣幸，重点是这种薄膜已被证实能够保护干制食品不受污染。它允许印刷，可应用于多种机器。"

## 五、国产BOPP功能性薄膜开发

以下介绍的是江苏中达新材料集团股份有限公司BOPP功能性特种薄膜的成功开发情况，采集如下几种薄膜供读者参考。

**1. 浅网印刷膜**

随着印刷业的发展，印刷品质量要求也越来越高，特别是近几年，层次版和柔性印刷发展是一个趋势。与之对应的是用于印刷的基材质量也要求达到高质量。普通BOPP薄膜在印刷层次版时，由于容易产生网点，特别是在印刷层次版的产品时体现得更加明显。BOPP浅网印刷膜的出现解决了普通平膜难以完成的高精度、高质量的印刷图案，适合高档印刷版的要求，特别适用于照相版的印刷，是普通BOPP膜的升级产品，主要应用于高档食品、药品、工艺品、日用化学品等方面的包装。因而浅网印刷膜就成为一种替代普通BOPP薄膜的一种趋势。BOPP基膜对浅网印刷的适应性主要是通过薄膜的表面改性来实现的，通过精选原材料，改善工艺配方和优化工艺参数，研究开发表层粗糙度小于2$\mu$m的浅网印刷型BOPP平膜，通过改善薄膜表面粗糙度，减少了表层分子粒径，在浅网印刷过程中，由于表层粗糙度小，印刷油墨容易从版面转移到薄膜表面，不会出现丢点现象。目前在解决浅网印刷薄膜工艺上，江苏中达集团是走在最前的公司之一，该公司早在2002年底就已经解决此问题并批量生产。作为一种新型薄膜由于其特有的印刷特性和光学特性，以及作为适合当前印刷发展趋势要求的产品来说，浅网印刷膜取代传统的普通BOPP印刷平膜将成为一个趋势。而且从它的发展来看这两年也逐渐向BOPET、CPP上发展，并在国内有个别厂家也成功得到了开发和运用。

**2. 抗皱防污烟膜**

BOPP薄膜用于香烟的小包和条包包装时，薄膜是缠绕于香烟的印刷纸皮包装上，由于香烟纸皮印刷油墨残留溶剂的作用，在烟包的储存、销售过程中，BOPP薄膜会因为吸收这些残留溶剂而发生皱折，同时，薄膜的雾度会大幅增加，使得香烟包装失去平整、光洁的外观，使烟包看起来显得陈旧，失去对顾客的吸引力，特别是当香烟纸皮包装为深色印刷图案时，纸皮上残留溶剂更多，对BOPP薄膜的影响更大，这一现象在国内烟草行业，也称之为BOPP薄膜的防红抗皱、防水雾问题。解决这一问题的办法，可采用PVDC涂敷BOPP薄膜的办法，但PVDC涂敷时需经过冗长的预处理、涂敷、干燥程序，效率低，成本高，薄膜无收缩性，而且PVDC涂敷物含氯、不环保。江苏中达集团通过与国内有关科研院校合作，对BOPP香烟包装膜发皱、雾度增大机理的研究，认为BOPP烟用薄膜对纸皮残留溶剂的抵抗能力与薄膜的双向拉伸过程、使用的助剂有较大的关系，经过无数次的试验和攻关，成功开发了制备抗皱防污BOPP香烟包装膜的拉伸工艺和专用的助剂体系，形成了抗皱防污 BOPP 香烟包装膜的完整的生产工艺技术。生产的 BOPP 抗皱防污烟膜，克服了传统 BOPP 烟用薄膜在残留溶剂作用下引起的发皱、污损和雾度变大的缺陷，薄膜具有高光泽、低雾度、高刚性的特点，适用于各种类型的烟用包装机，很好地解决了这一问题。江苏中达集团的 BOPP 抗皱防污烟膜，2003 年获江苏省科技进步二等奖及国家重点新产品证书，产品现已批量生产，并在香烟包装应用上获得成功，产品具有较强的市场竞争力。

**3. 抗磨花膜**

BOPP 薄膜具有良好的防潮阻湿性及高透明性，不仅对被包装物具有良好的保护作用，而且能清晰再现被包装物，从而提高顾客的购买欲。如 BOPP 薄膜用于香烟包装时，不仅要求对烟标具有良好的展示效果，同时要求对香烟包装起到很好的防潮保香作用，从而延长香烟的保质期。但是 BOPP 薄膜在香烟高速包装过程中，薄膜表面与机器的快速接触及摩擦会在产品表面形成擦伤；在产品运输过程中，薄膜表面与薄膜表面、薄膜表面与包装箱会在薄膜上形成擦花。尤其是后者形成的较为严重的擦伤会对烟包的外观，甚至品质（保质）产生影响。因此，要求 BOPP 薄膜具有一定的耐磨花性。其他物品的透明包装，如盒状物的透明裹包、针织物产品的包装，也要求 BOPP 薄膜具有一定的耐磨花性。BOPP 抗磨花烟膜，为江苏中达集团的专利产品，并已通过江苏省科技成果鉴定，它从烟包烟膜产生磨花的机理入手，通过原料、工艺的改进，成功开发出了 BOPP 抗磨花烟膜，能有效减轻或消除烟包表面产生的磨花现象，大大提高了烟包的展示效果，自投放市场以来，得到广大烟厂和客户的认可。BOPP 抗磨花膜，经磨花试验后，雾度增加值仅为 0.1%，而普通 BOPP 膜达 2.0%。

**4. 合成纸**

BOPP 合成纸是以聚丙烯等树脂和无机填充物为主要原料，通过多层共挤及双向拉伸加工而成，同时具有塑料和纸的特征的多功能性材料。它是一种塑料新型材料产品，也是一种环保产品。具有密度小、强度大、抗撕裂，印刷性好，遮光、抗紫外线，经久耐用，经济环保等特点。由于合成纸的生产过程无污染，可以 100% 回收，循环使用，是现代纸张生产的一次重大改革。

**5. 防雾膜**

食品保鲜和果蔬包装中由于本身自带的水分及冷冻后空气中形成的水滴，易在包装膜上形成较多的水滴，即产生“结露”现象。“结露”为微生物的迅速繁殖和生长创造了有利条件，特别是受机械损伤后的果蔬，更易引起腐烂。“结露”产生较大的雾度，还影响产品的外观，使消费者看不清内容物，影响产品销售。BOPP 防雾膜具有高低温变化下薄膜表面不会由于水分的蒸发形成水雾，并有一定的防菌抗菌作用，是国际上迅速发展起来的新材料，主要用于新鲜水果、蔬菜、色拉、食用菌等包装。

### 6. 激光全息基膜

BOPP激光全息膜，也称镭射膜，它是将激光全息图像模压到BOPP薄膜上而成。激光全息膜不仅具有强烈的表面装饰效果，而且以其防伪性好、科技含量高在防伪包装中发挥着越来越大的作用，广泛应用于轻工、医药、食品、烟草、化妆品、电子行业的商标、有价证券、机要证卡及豪华工艺品等的防伪，以及装饰等领域。BOPP激光全息膜分为电化铝烫金转移型和非转移型。电化铝烫金转移型，是经模压镀铝涂胶后与卡纸复合剥离转移再表印加工，或与热封薄膜复合后剥离转移。非转移激光全息膜，是经模压或镀铝后模压，与纸制品、薄膜复合或直接用于烟包、酒盒、包装盒、食品袋、礼品袋、拉花膜、圣诞用品等。

### 7. 超低温热封膜

热封膜是BOPP薄膜的基本品种之一，主要用于印刷、复合制袋或裹包包装。分为单面热封膜和双面热封膜。单面热封膜，在非热封层印刷图案后，与PE、BOPP及铝箔复合制袋，用于食品、茶叶、饮料等包装。双面热封膜直接热封成型包装食品、纺织品、音像制品、扑克等。这些都要求薄膜具有良好的热封性能。

## 六、国产BOPET薄膜新工艺与创新技术

除了BOPP薄膜近几年发展过热并没有降温的趋势，BOPET薄膜又成为新的热点。

2010年国产BOPET薄膜产量为80万多吨，2014年国产BOPET薄膜产量为150万多吨。其消费结构为包装材料（复合印刷膜、烫金膜、真空镀铝膜）占58%，绝缘及电气专用膜占14%、感光材料占13%、音像制品占5%、扩卡膜占6%、制图及装饰膜占4%。

“十二五”期间引进建设的项目以搞好市场定位，集中力量开发应用市场，以占65%～70%的包装薄膜市场为主，努力开发盐业包装、感光材料、扩卡级建筑装饰、药片包装和特种聚酯薄膜。引进高新技术设备，开发特种聚酯薄膜，如高透明薄膜，低雾度、高透光率，可广泛用于防伪、真空镀铝、彩印、金拉线等；通过多层共挤工艺技术，生产热封薄膜，占领保鲜食品、冷冻食品包装市场引进适应生产热收缩薄膜技术，开发聚酯瓶标签用膜等。

## 七、可热封BOPET薄膜的制造工艺与创新技术

BOPET薄膜具有优良的综合性能，如透明度好、雾度低、光泽度高、强度大、挺括、耐折、阻隔性优良等，广泛用于印刷、镀铝、复合包装、护卡、金属化、绝缘材料、感光材料、磁带带基等领域。但是由于普通PET树脂是结晶型高聚物，经过热拉伸后具有较大的结晶倾向，如对其进行热封，将会产生严重的收缩变形。

因此，用普通 PET 生产的 BOPET 薄膜（以下简称为普通 BOPET 薄膜）不具备热封性能。为解决此问题，通常采用将普通 BOPET 薄膜与 PE 薄膜或 CPP 薄膜进行复合的办法，但是这样做既费工费料，又增加了原料成本，从而在很大程度上限制了 BOPET 薄膜的应用。下面的几个典型应用实例就很好地说明了普通 BOPET 薄膜的这种局限性。

① 虽然普通 BOPET 薄膜完全具备香烟包装用塑料薄膜所要求的高透明、高光亮、高强度、阻隔性、挺括等性能，甚至远远超过 BOPP 膜，但是它却缺少香烟快速热封包装所需要的热封性能。因而普通 BOPET 薄膜无法拓展烟膜之应用领域，只能放弃烟膜这个利润丰厚的市场。

② 在食品包装行业中，由于普通 BOPET 薄膜不具备热封性能，加工商不得不采用将 BOPET 与 CPP 或 PE 膜复合的方法来解决包装封口的问题。例如，采用 BOPET/胶黏剂/CPP 或 BOPET/胶黏剂/PE 或 BOPET/AL/胶黏剂/CPP 等复合方式。

③ 对于在护卡方面的应用，普通 BOPET 薄膜也是由于无热封性而必须先将热熔胶（如 EVA）通过挤出机熔融挤出、涂布复合于 BOPET 薄膜表面，再通过加热加压来完成热封的。

为了省掉这种繁琐而费钱的复合工序，从而进一步拓展 BOPET 薄膜的应用领域，科研人员开发出了对普通 PET 树脂进行共聚改性的方法，使之具有可热封性。

众所周知，普通 PET 树脂是由对苯二甲酸（PTA）和乙二醇（EG）在催化剂的作用下经加热缩聚而成的一种结晶性高聚物。为了破坏或削弱其结晶性能，可采用第三甚至第四组分与之进行共聚，使之生成无定形的 PET 共聚物，从而具有可热封性能。所选用的第三组分可以是二元酸或二元醇而进行三元共聚，也可以同时选用这两种单体而进行四元共聚。采用二元酸进行共聚改性所生成的 PET 称为 APET；采用二元醇进行共聚改性所生成的 PET 称为 PETG。例如，美国 Eastman 公司采用了对苯二甲酸、乙二醇以及对环己烷二甲醇（CHDM）进行三元共聚反应，通过控制对环己烷二甲醇的加入量，可分别制得 PETG 或 PCTG，它们均属于无定形的 PET 共聚物。用这种无定形的 PET 共聚物制成的 BOPET 薄膜与普通 BOPET 薄膜相比，不但保持了原有的优点及解决了热封性的问题，而且还具有低熔点、高收缩的特性，从而大大扩展了 BOPET 薄膜的应用范围。

一般，可热封 BOPET 薄膜与普通 BOPET 薄膜的加工方法基本相同，系采用熔融挤出（单层挤出或多层共挤）、流延铸片、纵向拉伸、横向拉伸、牵引收卷、分切等工序而制得。它可以被加工成单层膜，但更多的是被加工成三层膜，其结构为 A/B/C 结构。其中，A、C 层为表层，B 层为芯层。表层之一就是共聚 PET 热封层，该层厚度可占整个薄膜厚度的 10%～20%，这要根据热封强度的要求而定。通常，可热封 BOPET 薄膜的热封强度范围为 5～8N/15mm。

无论是采用单层挤出拉伸还是三层共挤出拉伸的工艺来生产可热封BOPET薄膜，其技术关键都是要掌握PET共聚树脂区别于普通PET树脂的特性，即具有无定形结构、玻璃化温度较高及熔点和软化点较低。在此仅以三层共挤生产A/B/C结构的BOPET膜为例，简要介绍其制膜工艺。

① 配料混合。假设C层为可热封层，为了使其具有可开口性，防止收卷时薄膜之间产生粘连，需在共聚树脂中掺入一定比例的含硅切片，并且要混合均匀，目的是使制成的薄膜表面具有合适的粗糙度，减低摩擦系数。

② 干燥处理。因为PET树脂分子中含有酯基，在高温下即使只有微量水分存在，也容易产生水解，从而使PET分子量下降，品质变劣。同时，因水分的存在，在加工过程中会产生大量气泡。因此在制膜加工前必须对PET树脂进行干燥处理。其干燥温度应控制在70℃左右，真空转鼓的干燥时间应不少于6h。

③ 熔融挤出。A/B/C结构的三层共挤需要三台挤出机，其中的一台作为主挤出机，用来进行芯层（B层）物料的挤出，另两台作为辅挤出机，分别用来进行两个表层（A层和C层）物料的挤出。如果表层物料采用排气式双螺杆挤出机进行挤出，则可省去A、C两个表层的干燥装置。其原因是这种排气式双螺杆挤出机带有两个排气口，它们通过管道与真空泵相连，在高真空度下（≤0.08MPa），PET中的水分及加工过程中所产生的挥发性低分子物可从排气口直接排出。这种通过排气式挤出机加工表层树脂的方法既可以节省设备投资，又可以降低运行成本。作为C层的共聚PET树脂的挤出温度应控制在230～270℃。计量泵、过滤器及熔体管的温度应控制在270～280℃。

④ 模头铸片。对于A/B/C结构的三层共挤可热封BOPET薄膜的加工来说，最好选用具有三模腔的模头。其原因是三层模腔的模头设计可使铸片的两端不含有可热封的共聚PET树脂成分，以避免在横向拉伸时因该树脂的软化点较低而与链夹发生粘连。同时，这样做也便于边料的回收再利用。至于模头的温度，则应控制在270℃左右，而冷却转鼓温度应控制在30℃左右。

⑤ 纵向拉伸。为了防止热封层黏附拉伸钢辊，纵向拉伸机的最后几个预热辊和慢速拉伸辊宜采用陶瓷辊或在辊表面喷涂“Teflon”防黏层。纵向拉伸温度为75～80℃，拉伸倍数为3～3.5倍。补充加热用的红外加热器的温度应控制低一点，并且要放在热封层的另一侧。

⑥ 横向拉伸。该工艺条件与普通BOPET的横向拉伸基本相似。如用于单层可热封BOPET的横向拉伸，其拉伸温度应控制在90～100℃，拉伸倍数为3～3.5倍。链夹须加强冷却，以防止PET共聚树脂黏夹。

⑦ 牵引收卷。在此过程中的电晕处理应选在非热封表面。这是因为可热封表面无须电晕处理便具有很好的印刷性能和镀铝性能。

总之，BOPP作为一种新型的包装材料，自问世以来就备受关注，由于双向拉伸工艺的固有特点，使得在该工艺下制得的BOPP薄膜迅速扩展应用到包装行业的多个领域，主要包括彩印、黏膜带、电容膜、合成纸、烟膜等等。

## 第四节 CPP软包装功能薄膜（消光膜）材料与新工艺

### 一、概述

CPP是塑胶工业中通过流延挤塑工艺生产的聚丙烯（PP）薄膜。该类薄膜与BOPP（双向聚丙烯）薄膜不同，属非取向薄膜。严格地说，CPP薄膜仅在纵向（MD）方向存在某种取向，主要是由于工艺性质所致。通过在冷铸辊上快速冷却，在薄膜上形成优异的清晰度和光洁度。

### 二、CPP功能薄膜的主要特性

与LLDPE、LDPE、HDPE、PET、PVC等其他薄膜相比，CPP功能薄膜成本更低，产量更高；比PE薄膜挺度更高；水气和异味阻隔性优良；多功能，可作为复合材料基膜；可进行金属化处理；作为食品和商品包装及外包装，具有优良的演示性，可使产品在包装下仍清晰可见。

虽然有些PP薄膜通过流延工艺进行生产，用于卫生领域或作为含填料和其他添加剂的合成纸，但是CPP薄膜一词通常指适用于层压、金属化和包装等应用领域的高清晰度薄膜。

### 三、CPP薄膜的功能及用途

CPP薄膜具有透明性好、光泽度高、挺度好、阻湿性好、耐热性优良、易于热封合等特点。CPP薄膜经过印刷、制袋，适用于：服装、针织品和花卉包装袋；文件和相册薄膜；食品包装；阻隔包装和装饰的金属化薄膜。

潜在用途还包括：食品外包装，糖果外包装（扭结膜），药品包装（输液袋），在相册、文件夹和文件等领域代替PVC，合成纸，不干胶带，名片夹，圆环文件夹以及站立袋复合材料。

CPP功能薄膜具有如此大的吸引力，是因为成本低，与PET、LLDPE、LDPE等材料相比，具有价格优势。与LLDPE相比，5%～10%的价差另加2%的密度差异是特别之处。再者，由于流延薄膜内在的快速冷却性质，可形成优异的光洁度和透明度。对于要求清晰度较高的包装用途而言，这一特性使PP薄膜成为首选材料。它能提供透明窗口，使内装物清晰可见，特别适合于软包装市场。通过电晕处理后，便于使用各种工艺进行印花，这一特性能改善薄膜的最终外观。

CPP耐热性优良。由于PP软化点大约为140℃，该类薄膜可应用于热灌装、蒸煮袋、无菌包装等领域。加上耐酸、耐碱、耐油脂性能优良，使之成为面包产品包装或层压材料等领域的首选材料。其与食品接触性安全，演示性能优良，不会影响内装食品的风味，并可选择不同品级的树脂以获得所需的特性。

## 四、聚丙烯 CPP 消光膜原料的选择

聚丙烯消光膜就其加工方法主要可分为双向拉伸聚丙烯消光膜（BOPP 消光膜）和流延聚丙烯消光膜（CPP 消光膜），也可采用吹膜法加工（IPP 消光膜）。目前，聚丙烯消光膜以 BOPP 消光膜为主，主要用于覆膜。而 CPP 消光膜采用多层共挤流延加工技术，将热封层共挤在同一层薄膜上，具有抗冲击强度高、柔软性好的特点，可以直接制袋，用于阻隔要求不高的品种上，如用于高级购物袋、面包袋、餐巾纸等包装。

流延聚丙烯消光膜直接用于制袋，除了具有消光效果，还须具备可热封和高抗冲击的特点，这就需要在配方设计时对 PP 原料加以选择。

（1）耐低温性能

由于聚丙烯的分子结构中甲基的存在，阻碍了聚丙烯分子链的运动，造成聚丙烯耐低温性较差，其玻璃化温度 $T_g$ 为－1℃，在低温使用时会出现脆裂现象，可以采用共聚和共混增韧方法进行改性。由于共聚改性产品质量稳定，我们采用丙烯-乙烯共聚物来改善薄膜的低温性能。

（2）消光层原料的选择

采用添加有低熔点聚烯烃树脂的聚丙烯消光原料作为消光层的添加剂，并通过试验来确定添加的比例，对消光层的原料的选择要考虑到以下因素：

① 消光原料的熔融指数是否和加工设备相匹配。

② 和芯层原料的亲和问题。

③ 加工过程中的适应性问题，薄膜是否出现层厚分布不匀、云纹、晶点等表面问题。

（3）低热封性能

为了保证流延聚丙烯消光膜具有良好的低温热封性能，一般选择丙烯-乙烯-丁烯三元共聚物作为流延聚丙烯消光膜的热封层原料。

（4）基本配方案例

A 层（热封层）原料为 F800EPS，上海石化股份有限公司生产。

B 层（芯层）原料为 RF5307，韩国产。

C 层（消光层）原料为 F800DF 和聚丙烯消光料混合物。

## 五、CPP 塑料功能薄膜的生产工艺

塑料薄膜按生产方法可分为流延薄膜、吹胀薄膜和拉伸薄膜三种。

流延薄膜占世界薄膜总消费量的 35%，主要有 CPP 薄膜、CPE 薄膜、PVB 夹层薄膜、PET 薄膜等。其中，CPP 薄膜是由流延方法制得的未拉伸聚丙烯薄膜。

目前，我国CPP薄膜经过几十年来的积累，已经有了长足的发展，与发达国家相比，国内CPP薄膜不管在生产工艺还是在其生产设备上均达到了国际先进水平。

**(1) CPP流延膜生产工艺的要点**

T形机头是生产关键设备之一，机头设计应使物料沿整个机唇宽度均匀地流出，机头内部流道内无滞留死角，并且使物料模具有均匀的温度，需考虑包括物料流变行为在内的多方面因素。要采用精密加工机头，常用的是渐减歧管衣架式机头。冷却辊的表面应经过精加工，表面粗糙度不大于0.15mm，转速应稳定，动力平衡性能应良好，以免产生纵向的厚度波动。采用β射线或红外测厚仪对薄膜厚度进行监测，以达到满意的厚薄公差。要生产合格的流延薄膜，不仅要在原料上调节工艺，而且要掌握好加工工艺条件。

对薄膜性能影响最大的是温度。树脂温度升高，膜的纵向（MD）拉伸强度增大，透明度增高，雾度逐渐下降，但膜的横向（TD）拉伸强度下降。比较适宜的温度为230～250℃。冷却辊上风刀使薄膜与冷却辊表面形成一层薄薄的空气层，使薄膜均匀冷却，从而保持高速生产。风刀的调节必须适当，风量过大或角度不当都可能使膜的厚度不稳定或不贴辊，造成折皱或出现花纹影响外观质量。冷却辊温度升高，膜的挺度增加，雾度增大。冷却辊筒表面若有原料内部添加物析出，必须停机清理，以免影响薄膜外观质量。流延薄膜比较柔软，收卷时必须根据膜的厚度、生产速度等因素调整好压力和张力。否则会产生波纹影响平整性。张力选择要根据产品的拉伸强度大小而定，通常收卷张力越大，卷取后的产品不易出现卷筒松弛和跑偏现象，但在开始卷取时易出现波纹，影响卷平整。反之，卷取张力小，开始效果好，但越卷越易出现膜松弛、跑偏现象。因此，张力大小应适中，并控制张力恒定。

**(2) 多层共挤流延膜的工艺特点**

为了提高薄膜性能，降低成本，满足用户多种用途和高性能要求，多层复合膜发展很快，尤其在生活水平相对高、重视环境保护、要求延长食品保质期和质量的发达国家。多层共聚流延膜也是其中的一种多层膜，改变了CPP薄膜产品性能单一、不能满足市场多方面要求的问题和弊端。

① 通用型：多层共聚流延膜可根据不同用途设计不同的如用于自动包装机上的面包包装、衣料（特别是内衣、裤）包装、水果包装等，或用于与印刷后BOPP膜复合成BOPP/CPP二层膜，用于衣料、干燥食品（如快餐面袋、碗盖等）包装，通用型的结构是共聚PP/均聚PP/共聚PP或均聚。

② 金属化型：要求产品表面对蒸镀金属（如铝）具有极强的附着强度，蒸镀后仍能保持较好的尺寸稳定性和刚性，另一表面具有较低的热封温度和较高的热封强度，金属化型的结构亦为共聚PP/均聚PP/共聚PP。

③ 蒸煮型：用于蒸煮的二层共聚CPP，能承受120℃和15MPa压力的蒸煮杀菌。既保持了内部食品的形状、风味，且薄膜不会开裂、剥离或黏结，并具有优良

的尺寸稳定性，常与尼龙薄膜或聚酯薄膜复合，包装含汤汁类食品以及肉丸、饺子等食品或食前加工冷冻食品，蒸煮型三层 PP 膜结构为共聚 PP/共聚 PP/共聚 PP。

④ 高温蒸煮型：包装烧鸡、烧排骨和果酱、饮料需 121～135℃高温杀菌的三层共聚 CPP 膜，其中共聚 PP 要求比一般蒸煮型用共聚 PP 性能更好。除三层膜外，还有流延阻隔性五层包装，其结构为：PP/黏合剂/PA/黏合剂/共聚 PE；PP/黏合剂/PA/黏合剂/EVA；PP/黏合剂/EVOH/黏合剂/PE；PP/黏合剂/EVOH/黏合剂/EVA；PP/黏合剂/EVOH/黏合剂/PP。

## 六、CPP 塑料功能薄膜的生产设备

我国从 20 世纪 80 年代中期开始引进国外的流延膜生产装置，大多是单层结构，属初级阶段。进入 90 年代后，我国从德国、日本、意大利、奥地利等国引进了多层共聚流延膜生产线，是我国流延膜工业的主力军，其最小生产能力为 500t/a，最大生产能力达 6500t/a。引进的主要设备厂家为德国 Reifenhauser、Barmag、Battenfeld 公司，奥地利 Lenzing 公司，日本三菱重工公司、日本制钢所、日本摩登机械设备公司，意大利 Colines、Dolci 公司等。

进入 21 世纪，我国的流延膜设备生产企业，在二十几年来的不断学习与积累基础上，已经有了长足的发展，国产流延膜设备的各项技术指标均基本达到国际先进水平。例如：广东仕诚塑料机械有限公司推出宽幅达 5000mm 的三层大型流延薄膜生产线等，现已批量生产。

# 第五节　高阻隔性软包装薄膜材料与新工艺

## 一、概述

高阻隔性塑料包装材料是随着食品工业的迅速发展而发展起来的，它对食品起到了保质、保鲜、保风味以及延长货架寿命的作用。保存食品的技术多种多样，像真空包装、气体置换包装、封入脱氧剂包装、食品干燥包装、无菌充填包装、蒸煮包装、液体热充填包装等等。在这些包装技术中许多都要使用到塑料包装材料，虽要求其具备多种性能，但重要的一点是都须具备良好的阻隔性。下面就各种常见软包装形态的阻隔性材料作些介绍。

比较常见的高阻隔性薄膜材料有如下几种：PVDC、EVOH、尼龙类包装材料、无机氧化物镀覆薄膜、塑料阻气包装层压材料。

## 二、PVDC（聚偏二氯乙烯）

PVDC 树脂常作为复合材料或单体材料及共挤薄膜片，是使用最多的高阻隔性

包装材料，其中 PVDC 涂覆薄膜使用量特别多。PVDC 涂覆薄膜是使用聚丙烯（OPP）、聚对苯二甲酸乙二醇酯（PET）等作为基材的。由于纯的 PVDC 软化温度高，且与其分解温度接近，又与一般增塑剂相容性差，故加热成型困难而且难以直接应用。实际使用的 PVDC 薄膜多为偏氯乙烯（VDC）和氯乙烯（VC）的共聚物，以及和丙烯酸甲酯（HA）共聚制成的阻隔性特别好的薄膜。

PVDC（聚偏氯乙烯）的特点是低透过性、阻隔性和耐化学药品性。我国 PVDC 是伴随着火腿肠加工技术引进并得到发展的。

2014 年国内 PVDC 产量约为 30 万吨，目前已广泛应用于食品、卷烟、饮料保鲜和隔味，以及化工、医药、电子和军工产业的防潮包装。

单层 PVDC 薄膜采用双向拉伸吹塑制取，具有收缩性、阻隔性、阻水性，在微波加热的条件下不分解，广泛用于家用保鲜膜；PVDC 与聚乙烯（PE）、聚丙烯（PP）、聚苯乙烯（HIPS）等合成树脂多层挤出用于真空奶制品、果酱等包装，其拉伸性能较好，适于较大容积的包装；PVDC 与 PE、聚氯乙烯（PVC）的复合片材适用于易吸潮、易挥发药品的包装。目前国内许多科研单位和生产厂家集中研究 PVDC 与其他树脂复合层压薄膜技术及复合薄膜的耐高温技术。

PVDC 使用于多种基材如 PE、PP、PVC、聚胺（PA）、聚对苯二甲酸乙二醇酯（PET）等，以双向拉伸聚丙烯薄膜为例，涂覆后透氧率降低 1000 倍，透水率降低 3 倍；涂覆可以单层或多层，一般单层涂覆为 2.5$\mu m$ 即可具备良好的阻隔效果。

## 三、EVOH（乙烯/乙烯醇共聚物）

EVOH 一直是应用最多的高阻隔性材料。这种材料的薄膜类型除了非拉伸型外，还有双向拉伸型、铝蒸镀型、黏合剂涂覆型等，双向拉伸型中还有耐热型的用于无菌包装制品。

EVOH 的阻隔性能取决于乙烯的含量，一般来说当乙烯含量增加的时候，气体阻隔性下降，但易于加工。

EVOH 显著特点是对气体具有极好的阻隔性和极好加工性，另外透明性、光泽性、机械强度、伸缩性、耐磨性、耐寒性和表面强度都非常优异。

在包装领域，EVOH 制成复合膜中间阻隔层，应用在所有的硬性和软性包装中；在食品业中用于无菌包装、热罐和蒸煮袋，包装奶制品、肉类、果汁罐头和调味品；在非食品方面，用于包装溶剂、化学药品、空调结构件、汽油桶内衬、电子元件等。在食品包装方面，EVOH 的塑料容器完全可以替代玻璃和金属容器，国内多家水产公司出口海鲜就使用 PE/EVOH/PA/RVOH/PE 五层共挤出膜真空包装。在加快 EVOH 复合膜研究同时，国外也在研究 EVOH 拉伸取向，新型 EVOH 薄膜对气体的阻隔性能为现有的高性能的非拉伸 EVOH 薄膜的 3 倍。另外 EVOH 也可以作为阻隔材料涂覆在其他合成树脂包装材料上，起到增强阻隔性能效果。

## 四、尼龙类包装材料

尼龙类包装材料以前一直使用“尼龙 6”。但是“尼龙 6”的气密性不理想。有一种从间二甲基胺和己二酸缩聚而成的尼龙（MKD6）的气密性比“尼龙 6”高 10 倍之多，同时还有良好的透明性和耐穿刺性，主要被用于高阻隔性包装薄膜，用于阻隔性要求很高的食品软包装。其食品卫生性也得到 FDA 的许可。

它作为薄膜的最大特点是阻隔性不随湿度的上升而下降。在欧洲，由于环境保护问题突出，作为 PVDC 类薄膜的替代产品，MXD6 尼龙的使用量是很大的。由 MXD6 尼龙和 EVOH 复合而成的作为一种高阻隔性的尼龙类薄膜，具有双向延伸性的新型薄膜。这种复合的方法有多层化复合，也有采用将 MXD6 尼龙和 EVOH 共混拉伸的方法。

## 五、无机氧化物镀覆薄膜

在其他基材的薄膜上镀覆 $SiO_x$（氧化硅）后制得的所谓镀覆薄膜越来越受到市场重视，除了氧化硅镀膜以外，还有氧化铝蒸镀薄膜。其气密性能与同法获得的氧化硅镀膜相同。

近年来多层复合、共混、共聚、蒸镀技术发展极为迅速。高阻隔性包装材料如乙烯/乙烯醇共聚物（EVOH）、聚偏氯乙烯（PVDC）、聚胺（PA）、聚对苯二甲酸乙二醇酯（PET）的多层复合材料及硅氧化合物蒸镀薄膜等得到进一步开发，其中尤以下列产品更为引人注目：MXD6 聚酰胺包装材料；硅氧化物蒸镀薄膜等。

## 六、塑料阻气包装层压材料

阻气包装层压材料，其具有对于应力开裂形成的耐久性以及具有弯曲刚性和层压层之间的良好完整性，其包括可热封聚烯烃外层，每层都涂有 $SiO_x$ 阻气层的两层聚合物载体层，其中带有 $SiO_x$ 层的两层聚合物载体层通过包括具有高弹性性能的热塑性聚合物的中间聚合物层彼此层压在一起。该包装层压材料的所需刚性通过形成带有由较厚的低密度中间层分开的两层刚性载体层的结构夹层构造得到。其中中间聚合物层的厚度构成包装层压材料的总厚度的约 30%～55%。

## 七、三泡法生产热收缩包装薄膜的生产工艺

目前市场上常见的冷鲜肉热收缩包装一般分为 PVDC 高阻隔热收缩袋（膜），尼龙（PA）阻隔热收缩袋（膜）和 EVA 热收缩袋（膜），其工艺一般采用三泡法如下：

① 一泡挤出：采用平挤下吹法挤出胚管，此时高聚物处于熔融状态；

② 二泡吹胀：胚管挤出后，马上通过真空筒冷却水套冷却，然后进入水浴或

加热箱，加热管玻璃化温度以上拉伸，再利用压缩空气进行吹胀，吹胀比与拉伸比为3.5∶1左右。

这里有两个重要的概念：牵引比、吹胀比。

牵引比：是指薄膜的牵引速度与管环挤出速度之间的比值。牵引比是纵向的拉伸倍数，使薄膜在引取方向上具有定向作用。牵引比增大，则纵向强度也会随之提高，且薄膜的厚度变薄，但如果牵引比过大，薄膜的厚度难以控制，甚至有可能会将薄膜拉断，造成断膜现象。

吹胀比：是热收缩薄膜生产工艺的控制要点之一，是指吹胀后膜泡的直径与未吹胀的管环直径之间的比值。吹胀比为薄膜的横向膨胀倍数，实际上是对薄膜进行横向拉伸，拉伸会对塑料分子产生一定程度的取向作用，吹胀比增大，从而使薄膜的横向强度提高。但是，吹胀比既不能太大也不能太小，太大容易造成膜泡不稳定，且薄膜容易出现皱折；太小则成品的收缩率不够。因此，吹胀比应当同牵引比配合适当才行。

二泡工艺的物理原理是：当高聚物处于高弹态时，对其拉伸取向，然后将高聚物骤冷至玻璃化温度以下，分子取向被冻结，当对物品进行包装过程中对其加热时，由于分子热运动产生应力松弛，分子恢复原来的状态，产生收缩。

③ 三泡定型：二次吹胀后的薄膜还需进行定型处理，然后收卷。热收缩膜即便在常温下储存，也会产生收缩，因此定型处理相当关键。

④ 热收缩膜往往还需要进行交联处理，以提高耐热温度。交联一般分为在线交联和离线交联，读者可参阅“聚乙烯（PE）辐照交联的研究”一文。

用此法生产的各类收缩膜的热收缩率可达30%～50%。

⑤ 热收缩膜和普通薄膜工艺的关键区别在于：一泡法吹胀时高聚物是在熔点以上进行纵向和横向拉伸的，而三泡法则是将胚管温度控制在玻璃化温度以上，熔点以下，然后进行拉伸和吹胀的。

## 八、威特塑业推出创新产品示例

**(1)** PVDC多层共挤高阻隔下吹拉伸膜

该产品外层为PP或PA，下吹水冷工艺，除保持良好的纵横向强度外，透明度可与流延膜媲美。该产品不用复合即可直接用于低温生产线上。

**(2)** PVDC多层共挤高阻隔热收缩膜

该产品具有热收缩功能，应用于收缩包装冷鲜肉等，并可取代PVDC单层人造肠衣膜。

**(3)** PVDC多层共挤高阻隔保鲜自粘膜

该产品除具有热收缩特性之外，外层材料具有自粘性。

**(4)** PVDC高阻隔吹塑薄膜

中外合资邢台威特塑业有限公司生产的PVDC多层共挤高阻隔吹塑薄膜，是以高阻隔 MA-PVDC 为阻隔层的新型包装材料。它利用共挤的特点，将 MA-PVDC、PE、EVA、PP、PA 等材料有机地结合起来，性能互补，成为一种综合性能极佳的高阻隔包装材料。威特塑业还可根据用户的需求，将其透氧量控制在＜$1cm^3/(m^2 \cdot 0.1MPa \cdot d)$（GB/T 1038—2000），透气量控制在＜$0.7g/(m^3 \cdot d)$（GB/T 1037—1987），可取代 EVOH 共挤膜、尼龙共挤复合膜等材料。

**(5) PVDC 多层共挤高阻隔吹塑薄膜**

PVDC 是同时对氧气和水汽具有高阻隔性的唯一塑料，在对气味阻隔方面更有着无与伦比的优越性。

PVDC 对氧气的阻隔性能相当于 LDPE 的 1700 倍、PP 的 1000 倍、PET 的 20 倍、PA 的 10 倍（测试条件为 23℃、1atm（1atm＝101325Pa）、相对湿度 75%）。

PVDC 对水汽的阻隔性能相当于 LLDPE 的 20 倍、EVOH-32 的 76 倍、EVOH-44 的 30 倍、PA 的 190 倍；PVDC 对气味的阻隔性能相当于 EVOH 的 1000 倍、PA 的 500 倍、PP 及 PE 的 17000 倍。

PVDC 复合膜对产品的保质效果明显好于 EVOH 多层共挤拉伸膜；上、下膜必须同时使用 PVDC 复合膜，才能充分发挥 PVDC 优越的高阻隔性；PVDC 复合膜包装中、低温产品有望实现常温流通。

## 九、PVDC 涂布薄膜典型包装产品示例

### 1. 月饼包装

目前，广东、上海、江苏、浙江一带的月饼包装已基本上采用 KOP 膜/CPP 复合结构，北方地区也有大量使用。一般采用的结构有：KOP/CPP、K 消光/CPP、KPET/CPP、KPA/CPP 等。对使用含苯油墨的包装则采用 BOPP（BOPET、BOPA、消光膜等）/KCPP 或 KCPE，但成本随之增加。经国家包装产品济南检测中心对 K 膜样品进行检测，结果表明，上述 K 膜的氧气透过量（OTR）在 5～$10cm^3/(m^2 \cdot 24h \cdot atm)$ 范围内，能够很好地达到了各类食品包装的要求。若有更高阻隔性能的要求，材料生产商只需调整涂布配方工艺即可。

### 2. 法式面包包装

法式小面包方便、营养、香味天然，成为备受人们喜爱的食品。法式小面包的主料是面粉，是属于长链碳水化合物结构的食品，面粉的碳水化合物结构决定了面包的特有香味。当面粉被氧化反应后，其分子结构断裂，变成短链的碳水化合物，面粉的香味消失，食物不再好吃。如何使小面包浓郁的香味保持更长的时间？有一个更长的货架寿命期？选择高阻隔环保型包装材料 KOP/CPP 结构取代长期使用的阻氧性能较差的 BOPP/CPP 结构来解决此问题，成本仅增加 0.2 元/$m^2$ 左右。

### 3. 蛋糕（派）包装

① 产品特性：高油脂、高水分、高蛋白、浓香、含糖。

② 包装目的

A. 防油脂氧化：油脂易被空气中的氧气氧化，其结果是脂肪酸败，酸败的脂肪会发出刺喉的哈喇味，这严重影响蛋糕的品质。

B. 持水量稳定：蛋糕失水会变硬，影响松软性；蛋糕吸水会增大水的活度，这有利霉菌的繁殖；水分量增大时，蛋白质可能产生水解，特别是在有氧气存在下，蛋白质的水解会很快，水解产物有腥臊味。水分变化会引起糖的形态变化，从而可能出现蛋糕外形变化；而且在糖化酶的作用下会产生酒味。

C. 香味：香味应该是食品固有品质，不应当随储藏期延长而流失，保香是必需的。

③ 包材推荐：建议用KOP21/CPP30复合膜再适当选用脱氧剂来包装蛋糕，保香性好，阻氧阻湿性能也得到提高，保质期可达8个月，大大延长蛋糕的货架期。也可以采用K消光21/CPP30或KPA17/CPP30包装蛋糕。不推荐BOPP/CPP或PET/CPP，因为脱氧剂对食品复合包装袋的要求：以透氧率低于20cm$^3$/(m$^2$·atm·24h·20℃)的复合材料才可达到理想效果。

**4. 肉制品包装**

肉制品如常见的香肠、火腿、烧鸡等，采用含尼龙五层共挤薄膜和尼龙/PE双层复合袋。前者的缺点是只能表印，而低价位的共挤薄膜中，尼龙的比例很小。两者都具有很好的阻湿能力、优良的耐穿刺能力及耐油性。但在温热条件下，阻氧能力达不到要求，氧气的渗透会使油脂氧化变质，最终导致肉制品腐败。

在干燥状态下，尼龙（25$\mu$m）在高阻隔性范围内。而在90%相对湿度条件下，其阻氧能力迅速下降，氧气透过率一般在80～200cm$^3$/(m$^2$·atm·24h·23℃)，只能属于中阻隔性包装材料。值得一提的是，由于包装材料不同所引起的过氧化物不同，K膜的阻氧性能不会因环境温度和湿度的变化而下降。

**5. 暖贴、暖宝宝、暖手袋包装**

暖贴、暖宝宝、暖手袋冬季需求量很大，尤其在日本、韩国使用较为普遍。此类产品遇到氧气反应较为敏感，和氧气接触后发热而起到保暖作用。但在流通过程中如果包装袋使用不当，使用对氧气阻隔性较差的材料来包装，产品遇到渗透到包装袋内的氧气就会提前失去应有的作用。消费者使用时就起不到保暖作用，造成极大的负面影响。暖贴、暖宝宝、暖手袋的包装通常使用阻隔性能较好的K膜与PE复合做成袋子，一般用KPET/PE、KPA/PE，厚度为70～80$\mu$m。日本通常要求氧气透过率小于6cm$^3$/(m$^2$·atm·24h)，卫华公司采用世界上阻隔性能最为杰出、最为稳定的比利时苏威PVDC胶乳涂布生产的K膜能够充分满足使用的超高阻隔要求。

## 十、典型的阻透性塑料包装薄膜的生产新工艺

由于材料自身特性的局限性或价格的因素，一般阻透性材料都不单独使用，为

了满足不同商品对阻透性的要求，软塑包装已经由原来的单层薄膜的生产，向多品种、多功能层次的复合包装膜发展，目前使用得最为普遍的阻透性塑料包装薄膜的复合技术有4种：干式复合法、涂布复合法、共挤出复合法和蒸镀复合法。

(1) 干式复合法

干式复合法是以各种片材或膜材作基材，用凹版辊在基材表面涂布一层黏合剂，经过干燥烘道烘干发黏后，再在复合辊上压贴复合。这是目前国内最常用的一种复合膜生产方法，干式复合的特点是适应面广，选择好适当的黏合剂，任何片材或膜材都可以复合，如PE膜、PP膜、PET膜、PA膜等，而且复合强度高，复合速度快。但在这几种方法中，干式复合成本最大，另外由于黏合剂用量一般在2.5%～5%（干固量），因此有溶剂的残留和环境污染问题存在。

(2) 涂布复合法

涂布复合法的工艺比较简单，对于较难单独加工成膜的阻隔性树脂，如PVA、PVDC等均可以采用涂布复合。PVA的熔融温度为220～240℃，分解温度200℃，要加工成薄膜需要添加增塑剂和稳定剂，以提高热分解温度，降低熔融温度，生产PVA系聚合物薄膜的设备和技术都很昂贵，国内声称已经开发了PVA的制膜技术，并且已开始规模化生产。同样的原因，PVDC也难以单独成膜。所以，目前对于PVA和PVDC的使用较为成熟的技术是涂布工艺，PVA是水溶性的，在实际使用中采用水和乙醇的混合物作溶剂，在PE或PP薄膜上涂布4～6$\mu$m的厚度PVA，由于PVA的耐水性较差，可以采用在PVA溶液中添加交联剂以提高其耐水性，同时也提高了PVA与PE、PP的附着力，可省去底涂，为了制袋方便，涂布PVA的PE或PP膜可以与其他膜进行干式复合，形成涂布PVA/PE（或PP）/LDPE结构的复合薄膜，这种膜的阻透性能好，抽真空效果比PA/LDPE还要好，成本比较低。用于涂布的PVDC是偏氯乙烯与丙烯酸酯单体进行乳液聚合的共聚物，加上适当的溶剂和添加剂后，涂覆于玻璃纸、BOPP、尼龙和聚酯上面，使之具有良好的阻湿、阻气性能和热封性能，PVDC使用的最大问题在于其安全卫生性。

(3) 共挤复合法

共挤出复合法是利用多台挤出机，通过一个多流道的复合机头，生产多层结构的复合薄膜的技术。这种方法对设备特别是机头设计和工艺控制的要求高，近年来随着机械加工和制造技术的成熟，共挤出复合法得到较快发展，从最早的2层到现在的9层复合膜都可以生产，根据功能的需要，可选择不同的材料，比如一种典型的7层复合膜，其芯层是EVOH，夹在2层尼龙膜之间，提高了阻隔性能，减少了膜的厚度，外层用黏合剂复合PE或EVA作热封层，这样确保了包装的需要，又降低了成本。据有关调查表明，发达国家的共挤包装薄膜占整个软塑包装材料的40%，而我国仅占6%，因此多层共挤技术在我国将有很大的应用空间，随着薄膜表面印刷油墨的开发和表面印刷技术的提高，预计共挤出复合技术将得到更大的发展。从工艺上来说，共挤出复合包括共挤吹膜和共挤流延2种方法。

据W&H公司最新介绍，用于生产多层（3层、5层、7层）阻隔复合薄膜的吹膜生产线，最大产量达1000kg/h；厚度可控制在7～251mm，在满足功能需要的条件下，超薄型薄膜节约了资源，减少了包装废弃物，符合环保要求；由于采用了新的技术，气泡更加稳定，对薄膜厚度偏差的控制更加精确。目前国内也开发了5层共挤出阻隔性薄膜吹塑设备，但其产品一般适用于低端市场的需要。共挤出复合法的另一种工艺是共挤出流延，流延薄膜是聚合物熔体通过T形平缝模头，在冷却辊上骤冷而生产的一种无拉伸平挤薄膜。我国流延薄膜的生产始于20世纪80年代从日本和德国引进的单层流延生产线，到90年代中期引进的3层或5层的共挤流延设备，国外已出现7层和9层的薄膜结构的生产线。目前国内有流延薄膜生产线近50条，年总产能达16.5t左右，近年来，由于多层共挤吹膜的发展迅猛，冲击了流延薄膜的部分市场，因此其需求相对疲软。但是随着新材料的开发和新设备的使用，提高了生产效率，增加了产品的类型，新的应用领域不断拓宽，流延膜的制造正在进入新一轮投资热潮。

**(4) 蒸镀复合法**

蒸镀复合法是以有机塑料薄膜为基材与无机材料复合的技术，致密的无机层能赋予材料绝佳的阻隔性能。最典型、最常见的蒸镀复合是真空镀铝技术，在高真空条件下，通过高温将铝线熔化蒸发，铝蒸气沉淀集聚在塑料薄膜表面，形成一层厚约35～40nm的阻透层，作为基材的塑料薄膜可以是PE、PP、PET、PA、PVC等，真空镀铝膜具有优良的阻透性能，在不要求透明包装的情况下，镀铝膜是最佳的选择，尽管镀铝层很薄，但是其阻透性能达到透湿$<0.1g/(m^2 \cdot 24h)$，透氧$<0.1cm^2/(m^2 \cdot 24h)$，其阻透性能不受湿度的影响；镀铝膜的保香性好，具有金属光泽，装饰美观，但不透明，包装内容物不直观；耐曲挠性差，揉折后易产生针孔或裂痕，从而影响阻透性。为了改善镀铝膜的不足，最新的技术之一是采用在塑料薄膜上镀氧化硅（$SiO_x$），其中$SiO_x$是$Si_2O_3$与$Si_3O_4$的混合物，工艺上可采用物理沉积法和化学沉积法，镀氧化硅膜的无机层致密，厚度仅0.05～0.06$\mu$m，阻透性优于一般共挤出膜和PVDC涂覆膜，除此之外，还具有很好的透明性、耐揉曲性、耐酸碱性、极好的印刷性，适应在微波炉中使用，燃烧处理的残渣很少。可以用于蒸镀的原料除$SiO_x$外，还有$Al_2O_3$、MgO、$TiO_2$等。

在阻透性塑料包装新材料的研究方面，纳米技术也发挥了其独特的作用，德国Bayer和美国Nanocor把纳米级的改性硅酸盐黏土分散在PA基体中制成了阻透性良好的薄膜材料；日本纳米材料公司采用微晶涂层工艺，把纳米硅灰石和二氧化硅涂于BOPP、PET和PA薄膜表面，开发出了性能优良的高阻透性薄膜。

综观阻透性材料的开发及其包装薄膜生产工艺技术的发展状况，笔者认为有一点应该引起我国相关部门的重视，无论是阻透性原料树脂，还是阻透性薄膜的生产设备和相关工艺技术，国内科研院所和企业的自主开发能力缺乏，严重依赖进口，国内绝大多数企业实际上还停留在来料加工的初级阶段，包装行业技术整体落后的局面依然没有缓解，随着产品的分类细化和生产设备的专业化，国内外技术的实质性差距在继续扩大，从原料、设备和工艺技术等都将受制于国外公司，国家行业发展规划机构应当出台相关法规，积极引导国内企业在引进设备和技术的基础上认真消化吸收，提高自主创新的能力。

## 第六节 液体软塑料包装膜的特点与新工艺

### 一、液体软塑料包装膜的特点

随着社会的进步，人类需求不断增长，各种功能性和环保性的包装薄膜不断出现。例如环保安全、降解彻底、又有良好的热封性能的水溶性聚乙烯醇薄膜，除了作为单层包装材料外，作为内层膜的应用也正在开发。

液体软塑料包装膜所用的薄膜材料主要为聚乙烯（PE）共挤膜，它必须符合包装印刷、加工、储运和卫生等方面的要求。从膜的外观性能看，可分三大类：软质乳白 PE 膜、黑白共挤 PE 膜、硬质高温蒸煮 PE 膜。

**(1)** 软质乳白 PE 膜

软质乳白 PE 膜主要应用于牛奶、酱油、醋等简易液体包装，共挤吹膜母料由 LDPE、LLDPE 和乳白色料组成。该膜在性能上，阻隔性能比较差，杀菌温度不超过 90℃，保质期比较短；一般用在手工或低速的灌装设备上。比如低档的牛奶包装，一般保质期最多三天，就近销售。

**(2)** 黑白共挤 PE 膜

黑白膜多为三层，最多为五层，吹膜时，增加的中间层为阻隔性的母料共挤而成。热封内层的黑色母料起到阻光、隔绝紫外线作用。由于中间阻隔层的存在，以 EVA、EVAL 等母料组成，内装物的保质期较长，可以维持在三十天以上，不过在市面上有部分三层共挤黑白膜，中间层并非是以阻隔性的母料组成，所以这样的黑白膜同样属于第一种的范畴。在三类膜中，黑白膜是最不利于印刷操作的。黑白膜在成膜时，含有的爽滑剂和光亮剂的量最大，以满足黑白膜在高速自动灌装机上摩擦系数小的要求，而所添加的油性物质对彩印工序极为不利，大大降低了墨层的附着性能。在大多数的高速自动灌装机上，直接装有热双氧水的杀菌系统，用于包装膜的灭菌。在这种情况下，就要注意杀菌条件对油墨层的影响，因为油墨中的某些颜料抗氧化性能并不是很好。试验表明，双氧水的氧化性随着温度的升高而显著提高，因此，彩印厂家在提供包装材料时，一定要清楚客户的后加工条件。

**(3)** 硬质高温蒸煮 PE 膜

硬质的高温蒸煮 PE 膜，主要用于酸奶、豆奶等奶制品饮料，内容物在灌装后灭菌时，采用超高温杀菌工艺。硬质的共挤 PE 膜以 HDPE 母料为主体，添加部分的LDPE和有色母料，因此，硬质PE膜有良好的耐高温性能，可以满足超高温杀菌的要求。由于杀菌时存在压力差，容易产生“胀袋”现象，所以要求硬质PE膜不仅要有良好的热封强度，而且膜的拉伸强度性能要好，彩印厂家一般采用“三米抛高”或“人单脚踩”测试效果。

## 二、CPP膜、CPE膜

20世纪80年代末至90年代初期，随着新一代软包装设备和流延设备的引进，包装内含物的范围进一步扩大，一些膨化食品、麦片等包装袋的透明度要求较高，而煮沸、高温杀菌产品又相继地问市，对包装材料的要求也相应提高，以LDPE和LLDPE为主的内层材料已不能满足上述产品的要求。用流延法生产的具有良好热封性、耐油性、透明性、保香性以及特殊的低湿热封性和高温蒸煮性的CPP在包装上得到广泛使用。在此基础上开发的镀铝CPP，因其金属光泽、美观、阻隔的性能也迅速而大量使用。并且用流延法生产的CPE膜，因其单向易撕性、低温热封、透明度好也正进一步得到使用。

## 三、MLLDPE树脂

随着包装市场的不断发展和变化，对包装的特种要求也越来越多。美国的DOW化学公司用茂金属催化法聚合生产了茂金属聚乙烯MLLDPE。如APFINITY、POP1880、1881、1840、1450等树脂。接着美国的埃克森、日本的三井、美国的菲利浦也相继生产了MLLDPE，如埃克森的EX-CEED350D60，350D65，三井石化的E-VOLVE SP0540、SP2520，菲利浦的MPACT D143、D139等。由于MLLDPE与LDPE、LLDPE具有良好的共混性和易加工性，可在吹膜或流延加工中混合MLLDPE，混合比可由20%至70%。此类膜具有良好的拉伸强度、抗冲击强度、良好的透明性以及较好的低温热封性和抗污染性，以其作内层的复合材料广泛使用于冷冻、冷藏食品、洗发水、油、醋、酱油、洗涤剂等。能解决上述产品在包装生产、运输过程中的包装速度、破包、漏包、渗透等问题。

## 四、盖膜内层材料

果冻、果汁、酸奶、果奶、汤汁等液体包装杯、瓶，其主要材料是HDPE、PP、PS等。此包装的盖膜，既要考虑保质期限，又要考虑盖膜与杯子间的热封强度，还要考虑消费者使用方便——易撕性。达到这样的特殊性，内层材料只能与杯口形成界面粘合强度，而不能完全渗透、熔合在一起。一般用改性的EVA树脂。如美国杜邦的APPEEL53007、日本东洋的TOPCO L-3388、法国的LOTRYL 20MA 08、日本HIRO.DINE的WT231等。其结构可以为：PET/PE/HM、BOPA/PE/HM、PET/VMPET/PE/HM、PET/AL/PE/HM、纸/PE/AL/PE/HM。对于要求盖膜与底杯盖牢、不撕开，一般要求底杯的材质与盖膜内层材料一致，以便二种材料热封时，完全熔合。如 HDPE 杯，其盖膜内层材料为 LDPE 或 EAA；PP 杯，其盖膜的内层为 CPP 膜；PET 瓶，人们已找到一种经过涂布改性的 PET 膜作热封层，封盖装农药 PET 瓶，取得了满意的结果。

## 五、共挤膜

以单层 LDPE 或 LDPE 与其他树脂共混生产的薄膜，性能单一，无法满足现代物品发展对包装的要求，因此用共挤吹膜或共挤流延设备生产的共挤膜，其综合性能提高。如膜的机械强度、热封性能、热封温度、阻隔性、开口性、抗污染性等综合性能提高，而其加工成本又降低，得到广泛使用。如双层共挤吹膜的热熔胶膜：PE/HM，电缆膜 PE/EAA、MLLDPE 的低温热封膜、EVA 的盖膜以及抗静电膜、滑爽膜。双层共挤流延的共挤 CPP、无改性 PP/可热封 PP 等。三层、五层结构的尼龙共挤膜，五层、七层的 EVOH、PVDC 高阻隔膜也在不断发展、广泛使用。

复合软包装材料内层膜的发展，从 LDPE、LLDPE、CPP、MLLDPE，发展到现在的共挤膜的大量使用，基本实现包装功能化、个性化，满足了包装内含物保质、加工性能、运输、储存条件。随着新材料的不断推出，内层膜生产技术和设备的提高，复合软包装材料内层膜必将得到飞速发展，并推动食品业发展。

## 六、微米薄型聚酯膜

双向拉伸聚酯薄膜（BOPET）是一种综合性能优良的高分子薄膜材料，它是以 PET 切片为主要原料，经结晶、干燥、熔融、挤出、铸片和双向拉伸、后处理等一系列工序制成的。BOPET 薄膜具有机械强度高、耐温性好、耐化学腐蚀、电绝缘性能优良、透明、无毒、透气性较小、耐折、挺括等一系列特点。可用做复合包装、印刷、真空镀铝、金拉线、热烫印箔、电容器介质、绝缘材料等。在电子、电器、磁记录、包装、装潢、制版印刷和感光材料等方面有着广泛的用途。在国内外市场应用越来越广，特别是我国塑料包装行业发展迅速，远高于国内生产总值的增长速度，预计未来几年塑料包装制品生产总值年增长率将保持在10%以上。随着人民生活水平的不断提高和环境保护意识加强及能资源日趋紧张的现实，软塑包装材料将向功能化和减量化方向发展。

作为软塑包装材料，它主要有两大功能：一是保证被包装物的安全，使不受外界的破坏、污染，在商品储存、运输过程中，起到保护商品的作用；二是对被包装物起到美化的作用，通过包装可提升产品的档次，提高顾客购买欲望，增加产品的附加值。当然，在全世界能资源紧张、环境保护日益受到人们关注的今天，商品包装减量化已得到重视和提倡。即在满足包装物要求的前提下，为了节约能源、资源，减少污染，保护环境，降低成本，应该大力提倡包装薄膜的减量化。例如，作为软塑包装材料的 BOPET 薄膜，一般使用的厚度为 12μm，由于聚酯薄膜具有非常高的机械强度，将其减薄至 7～8μm 就能满足包装的要求，这就是减量化的具体体现。

仍以 BOPET 薄膜为例，如果全国每年 12μm BOPET 薄膜用量以 20 万吨计算，由 12μm 减薄为 8μm 后，全国一年可节省 PET 原料约 7 万吨。以每生产 1t PET 原料的能耗约 69kW·h 计算，单算能耗全年可节能 $4.83\times10^{6}$kW·h。同时，包装材料减量后，也减少废弃的包装材料对环境造成的污染。所以，包装用 BOPET 薄膜减薄/减量化具有很大的现实意义，其经济效益和社会效益是十分明显的。

常州钟恒新材料有限公司为适应市场的新要求，为节省能源、资源，减少环境污染，经过优化 PET 配方和拉膜工艺，目前已开发出薄型 7μm PET 包装薄膜，其各项性能指标及厚度均匀性完全达到并超过 GB/T 16958 国家标准。常州钟恒新材料有限公司及时开发出 7μm 薄型聚酯包装膜将为我国软塑包装做出新的贡献。

### 七、纳米抗菌复合包装膜

纳米抗菌复合包装膜，属新型结构多层食品包装材料技术领域，新型的设计一种纳米抗菌复合包装膜，用来克服和解决阻隔性、阻湿性和阻气性不好的问题；纳米抗菌复合包装膜由内封层、黏合层 2、黏合层 4、中间层、印刷层五层组成，内封层、黏合层 2、中间层、黏合层 4、印刷层为自内向外依次排列加工制成，纳米抗菌复合包装膜用于食品包装，物理机械性能好，具有良好的稳定性、耐热性、韧性和透明性、耐酸、耐碱、抗老化，降低紫外线照射，阻隔空气侵入，抗菌杀菌，可有效地抑制细菌的生长和食品的腐烂变质，防止包装内容物的香气和湿气向外泄露，使食品保持新鲜的原汁原味，延长包装内容物的保鲜期的有益效果、优点和特点。

## 第七节 共挤出复合法加工塑料薄膜工艺与创新技术

### 一、概述

这是将品种不同的塑料树脂原料用两台挤出机挤出，并通过接合器最终由一个挤出口（模口）挤出复合的方法。目前以聚丙烯/聚乙烯为主，今后聚乙烯/聚偏二氯乙烯等具有高度气密性的复合塑料薄膜将不断得到发展。

共挤出复合法分为吹塑法和 T 模挤出法两种。

由于它是把各种塑料熔融薄膜在模口内或模口外熔成一体的，因此，对挤出机的操作条件、控制的准确程度、模具的构造，特别是薄膜间的相容性等问题需要认真研究。否则将对各层间的黏合程度产生不良影响。采用这种方法的优点是：薄膜

图 3-4　共挤出复合法加工塑料薄膜

生产效率高，所以它也是一种很有发展前途的复合方法（图 3-4）。

## 二、新型包装复合薄膜共挤出的特点

多层复合薄膜的特点为：对氧和水汽的阻隔性好；薄膜的强度和耐穿刺性高；热封性好；黏结性强；有良好的防雾性、防滑性、着色性，因此，在包装领域有着广泛的应用。

共挤吹膜法主要用于生产高阻隔性包装膜、收缩膜、中空保鲜膜、土工膜等，在食品、药品、日用化学产品包装、农用大棚、水利工程、环境工程等领域有广泛应用。

## 三、新型包装复合薄膜制取的四种方法

现在新型包装复合薄膜（图 3-5）制取的方法大体上有如下四种：

图 3-5　新型包装复合薄膜

① 湿式复合法。所用黏合剂有淀粉、酪朊、聚乙烯醇等的水溶液或乙酸乙烯、

氯乙烯、丙烯酸酯等树脂的乳液。在第一基材上涂布，然后在第二基材上立刻重合干燥贴合的方法。

② 干式复合法。系以聚乙酸乙烯、聚氯乙烯、环氧树脂、聚氨酯树脂等的溶液在第一基材上涂布，热风加热干燥后，将第二基材重合上去，加热加压下复合的方法。

③ 热融复合法。是将蜡类添加乙酸乙烯-乙烯、丙烯酸酯与乙烯共聚物，或聚异丁烯等改质的蜡类加热，使呈熔融状态而涂布于第一基材上，然后立即把第二基材重合上去冷却而复合的方法。

④ 挤出复合法。是用聚乙烯、聚丙烯、离子聚合物/聚乙烯、聚氯乙烯、尼龙等树脂通过熔融挤出法由平模制出薄膜挤出，使薄膜在熔融状态将第二基材压附复合上去的方法。

⑤ 共挤出复合法。是用熔融挤出法，在薄膜成形时，由两台挤出机或多台挤压机分别挤出不同的聚合物，模具的模唇有两层或三层同时挤出而复合制取的方法。

## 四、共挤吹膜法生产工艺

采用共挤吹膜法生产工艺，通过厚度的有效调整使膜的功能得到量化控制，膜的各层结构组合方便灵活，基材选用范围更加广泛。从而使复合膜的成本降低、强度提高、阻隔性增加，附加值增加而市场适应性增强。

共挤吹膜法的技术难点在于复合机头的流道设计，流道设计应保证各层熔料的流速均匀、结合层剪切应力一致，各层机头的料温应能独立控制。为此，加拿大 Brampton Engineering、美国 Battenfeld Gloucester、加拿大 Marco Engineering、意大利 Amut、美国 MA 等公司分别研究成功多层圆盘式环形共挤出机头、同心螺旋芯轴式共挤出机头和多层圆锥盘环形共挤出机头等，其每层流道的结构形状有环形流道、心形包络式流道、螺旋支管式流道等数种型式。

目前共挤出吹膜机头的最新技术为多层圆锥盘环形共挤出机头和螺旋支管式流道的组合型式，相邻层间温差可达80℃，制品厚度误差在5%以内。在此用己二醇制冷机组来替代冷却水机，冷却采用模体内冷和风环外冷结合，提高冷却和结晶速度，以增加薄膜的透明度、强度和韧性。复合膜的最多层数为十一层，大棚膜最大幅宽达24m。

共挤吹膜法不足之处有：

① 层数不允许有较多的变化；

② 各层膜的比率不允许有大幅的波动；

③ 随着层数的增加，机头外径的增加，外层膜的熔体在机头内停留时间增加，有分解的危险；

④ 当相邻层树脂熔点、黏度相差较大时，若各层温度控制不当，对某些热稳定性较差的树脂，有可能形成分解层。

## 五、平膜和流延膜共挤出

流延膜成型原理是将在挤出机中塑料熔体经 T 形模头挤出，直接进入水溶液或骤冷辊经冷却、牵引后制得流延膜。这种加工方法能够充分地发挥被加工材料的性能，而同时又能保持最佳的尺寸精度。大多数热塑性塑料薄膜都可以用流延法生产。尤其对半结晶型热塑性塑料更为合适。

平膜挤出的成型原理是：将在挤出机中已经塑化均匀的塑料熔体从平膜机头挤出，经冷却辊接触而冷却固化，最后剪裁成一定宽度的膜，卷取成卷。共挤膜各层的结构可以是对称的或不对称的，当两层膜之间的黏附性能不佳时，就需要在两层之间加入一层很薄的黏结层，以提高热封性能和边界黏附性能。

用于平膜和流延膜的共挤出机头有三种型式，即多流道共挤出机头、带喂料块共挤出机头以及多流道机头和喂料块组合的共挤出机头。

① 多流道共挤出机头。由数台挤出机挤出的熔体从一个拥有多流道的机头进料端分别流入设定宽度及厚度的分流道中，各层熔体在机头口型内复合成型。采用这种方法，人们可以选择流动性和熔点相差较大的塑料原料制取复合制品。但复合层数不能太多，否则共挤出机头过于庞大。

② 带共挤出喂料块的机头。由数台挤出机挤出的熔体经喂料块分流道，通过其内设置的熔体流率比调节阀和厚度调节栓调节，然后汇合进入衣架机头挤出成型。这种方法允许人们生产较多层数的复合薄膜，共挤出机头小巧而精密。其缺点是只有流动性和加工温度相近的塑料才能彼此复合，加工范围较窄。

③ 多流道机头和喂料块组合的共挤出机头。它是由德国 Unicor 公司和克劳勃公司开发的专门用来加工五层以上热敏性物料的共挤出机头。

共挤出复合成型同其他复合成型工艺相比，各层厚度的控制和调节比较困难，层间界面不够清晰，界面处两层料流有可能发生相互干扰，尤其是机头内各层物料流汇合处到口型之间距离比较长的情况下更容易发生。

国外，制造平膜和流延膜共挤出的著名厂家有美国 Cloeren 和 EDI 公司，德国 Unicor 公司和克劳勃公司等。挤出复合膜的宽度为 100mm 到 10m，复合层数为五层，膜厚的控制采用计算机和热膨胀螺丝自动反馈来控制模唇开度。每一个模唇调节螺丝都配以一个调节块，包括一根加热棒和一个空气冷却通道。热调节系统在每个热调节点上安置一个电源，以增加或减少调节块的长度，从而改变模唇的开度。

## 六、挤出复合机的工作原理

复合机主要用于玻璃纸、铝箔、尼龙、纸张、PET、OPP、BOPP、CPP、PE

等卷筒状基材的涂布复合。挤出复合机的工作原理如下：

**1. 准备**

首先，按走线方向将基材各导辊装好，同时将黏合剂按比例调整好，启动烘箱的加热系统，当达到相应的设定温度后，再开启传动电机，即可开涂布生产。

**2. 涂布**

放卷装置的基材先要经过网纹辊，上胶涂布后，再经过烘道进行干燥，即完成涂布工艺。

**3. 复合**

经 EPC 气液纠偏进入复合部分，并与第二放卷部分的基材贴合，就实现了复合工艺。

**4. 冷却收卷**

冷却卷之后就完成了基材的整体生产加工，生产时要注意以下问题：

① 通过调节调偏辊的位置来调节基材的平整度。

② 通过调整两复合辊间的相对间距来调节复合辊间的复合压力。

③ 通过调节离合器和制动器的张力夹控制基材的牵引张力和收卷张力，使机器平稳运转，从而得到良好的涂布质量和复合效果。

## 第八节 塑料薄膜的干法复合工艺

作为包装材料，它要求透明、柔软、机械强度高、气体阻隔性好、防潮、防腐蚀、耐高低温等等。然而，各种单一的塑料薄膜有它的局限性，不能完全满足各种产品的包装要求，尤其是食品、医药包装的要求比较高而又复杂，有的要高温杀菌，有的要真空包装，有的要冷冻冷藏等，而且食品本身又很复杂，水、油、酒、盐、酸、辣、甜、香等各种成分都可能遇到。复合塑料薄膜就是利用单膜的各自特性，由两种或两种以上的塑料单膜粘接在一起成为统一的整体，从而克服各自的缺陷，集中各自的优点，改进单一薄膜的不足，以适应各种商品的包装要求。

### 一、复合塑料薄膜中最常用的基材

**1. 纸**

纸的特性是无毒、易燃、刚性、不透明、易印刷、好粘接；缺点是透过性大、防潮防湿性差、机械强度不高。

**2. 铝箔**（AL）

铝箔本身极薄，耐高、低温性能与高阻隔性能优异，但机械强度不高，易撕裂、折断。

**3. 聚乙烯**（PE）

聚乙烯的种类很多，根据密度不同可分为高密度聚乙烯（HDPE）、中密度聚乙烯（MDPE）、低密度聚乙烯（LDPE）。

**4. 聚丙烯**（PP）

在包装上使用的聚丙烯薄膜，有两种方法制造，一种是流延聚丙烯（CPP），另一种是双向拉伸聚丙烯（BOPP）。

**5. 聚酯**（PET）

复合包装中常用的聚酯薄膜是双向拉伸的聚酯薄膜，具极高的机械强度和刚性，耐热性好，耐药品性也极好。

**6. 镀铝膜**（VMPET、VMCPP）

复合包装的真空镀铝膜用得最多的是PET真空镀铝膜和CPP真空镀铝膜；它具有强烈的金属光泽，阻隔性能好。

**7. 尼龙膜**（PA）

复合用的尼龙薄膜是尼龙6树脂经双向拉伸制成的薄膜，用OPA表示；它具有很好的耐热性、柔软性。

**8. 聚氯乙烯**（PVC）

聚氯乙烯薄膜透明性、印刷适应性好。

**9. 聚偏二氯乙烯**（PVDC）

聚偏二氯乙烯薄膜是阻隔性能最好的一种薄膜，它具有良好的透明性和较好的耐热、耐寒性。

**10. 乙烯-乙酸乙烯共聚物**（EVA）

作为包装用的薄膜，EVA树脂中的VA含量不超过20%；乙烯-乙酸乙烯共聚物薄膜具有很好的透明性、抗穿刺性、耐寒性、柔软性、耐冲击性和低温易封性。

**11. 乙烯-乙酸乙烯共聚水解物**（EVAL）

双向拉伸的乙烯-乙酸乙烯共聚水解物薄膜具有很高的断裂强度、冲击强度和极好的耐穿刺强度，也有良好的保香性能、透明性和柔软性。

**12. 聚乙烯醇**（PVA）

聚乙烯醇薄膜的突出优点是强韧性好、不带电、有高极性、高透明性，又有良好的耐油性和耐溶剂性。

## 二、干法复合工艺

干法复合是在一种基材上涂上胶黏剂以后，先进烘道加热，将溶剂挥发，剩下真正起黏接作用的半固体胶黏剂，然后在“干”的状态下，以一定的温度将它与另一种基本贴复黏合，再经冷却就成为复合材料了。

干法复合的主要工序有：① 基膜准备；②配制胶液；③涂胶；④干燥；⑤复合；⑥冷却收卷；⑦熟化。

## 三、干法复合的问题及对策

干法复合是制造复合包装材料的方法。由于其牵涉到基材、油墨、胶黏剂，甚至设备和工艺、气候环境等诸多方面，常常会出现这样那样的质量问题。

### 1. 溶剂与异味

配制聚氨酯胶黏剂胶液，一般使用纯度高的酯、酮、烃类惰性溶剂作为稀释剂。当适用的溶剂沸点较高或气味较重，而复合时干燥又不够彻底时，残留在复合膜中的溶剂就会通过薄膜迁移出来，使包装袋产生异味，甚至迁移到包装中的食品里去，导致食品异味或有毒。使用乙酸乙酯做溶剂配制胶液，并在复合时彻底干燥可以避免异味的产生。导致复合膜异味的另一个原因是复合油墨中所使用的溶剂残留过多。复合油墨中使用的溶剂乙酸乙酯以外，还有丁酮、二甲苯、丁醇等高沸点、有臭味的毒性溶剂。由于油墨中颜料颗粒很小，比表面很大，吸附能力很强。干燥的不彻底时残留溶剂太多，特别是大面积多套色印刷时更是如此。

解决的方法是：

① 严格干燥，确保残留溶剂量达到国家标准。

② 使用不含有毒性、有异味、臭味的溶剂油墨与胶黏剂。

### 2. 上胶量的控制

上胶量的多少基本上由凹版辊网点深度和胶液浓度决定。除此以外，还多少受橡胶压辊的软硬程度、压力和刮刀压力的影响，刮刀压力小，甚至压不紧，则上胶量多；橡胶辊很软，弹性好，且压力大，则上胶量少。上胶均匀与否是保证复合膜质量的重要手段。如果设备机械精密度不高，刮刀不平直或夹有机械杂质，甚至左右两边的压力不相同，都会造成上胶不均匀的问题，最后使复合膜的剥离强度不均匀。

解决的方法是：

① 刮刀要经常检查，保证刀刃平直。

② 刮刀与版辊间检查、清除夹在二者的机械杂质。

③ 刀架与版辊平行度可靠。

④ 橡胶辊左右两边压力要匀等，橡胶辊本身的弹性、硬度要均一。

**3. 操作过程**

操作过程中胶液变浊发白操作过程中胶液变浊发白所造成的原因可能是由于原材料、溶剂中含有水、醇、酸、胺等杂质；另外，当高温多雨时，使空气中的水分在导辊表面凝结成水滴，造成胶液变浊发白。

解决的方法是：

① 仔细检查原材料、溶剂的质量。

② 对导辊经常清理除去水分。

**4. 基膜表面处理**

表面处理以后的基膜有一个时效问题，刚处理好的基膜表面张力为 40～42dyn，但存放时间过长，表面张力会下降到 38dyn 以下。

解决的方法是：

① 表面处理好的基膜最好在短时间内用完。

② 短时间内用不完，下次用时再处理。

**5. 关于复合膜透明度问题**

造成复合膜透明性不良的原因有许多，大致如下：

① 胶黏剂本身颜色太深或透明性不佳。

② 所用的基材本身透明度不好。

③ 基膜表面张力不够。

④ 基膜涂胶后进入烘道温度太高。

⑤ 上胶量不足。

⑥ 复合时橡胶辊有缺陷。

解决的方法是：

① 选用高透明度胶黏剂。

② 更换透明度好的基材。

③ 改用表面张力大于 38dyn 的基膜。

④ 调整烘道进口温度。

⑤ 检查上胶量，使其足够且均匀。

⑥ 检查、换好的橡胶辊。

**6. 复合膜有小气泡问题**

① 基膜表面张力太小，湿润性差。

② 复合辊压力不足，钢辊表面温度太低。

③ 复合辊与膜之间的角度不适宜。

④ 使用的网线辊网眼堵塞。

⑤ 胶黏剂自身的原因或胶中混入水分。

⑥ 复合后复合膜中残留溶剂太多。

解决的方法是：

① 改用表面张力大于38dyn的基膜。

② 增加钢辊表面温度，提高压力。

③ 调整辊与膜角度。

④ 清理网线辊，调整上胶浓度。

⑤ 调换无水分无颗粒的胶黏剂。

⑥ 逐步提高烘道温度，控制残留溶剂量。

**7. 复合膜发皱**

① 两种基膜复合时的张力互不适应。

② 复合基材本身厚薄不均匀。

③ 残留溶剂太多胶黏剂干燥不够，粘接力太小。

④ 涂胶量不足、太多、超过范围、不均匀，引起粘接力不好，不均匀引起局部皱纹。

⑤ 收卷张力太小，卷的不紧，复合膜有松弛现象，给收缩的基材提供了收缩的可能。

⑥ 复合的橡胶辊有质量问题：A. 平面不在一条直线上有粗细现象；B. 橡胶辊的橡胶和铁芯有脱层现象，造成受力不均匀而产生复合膜有皱纹。

解决的方法是：

① 调整二种基膜放卷张力，使二者相适应。

② 检查复合基材，若厚薄不均匀则调换。

③ 改用初黏力大的胶种，控制残留溶剂量。

④ 检查上胶量及其是否均匀，若有问题，从涂胶器，刮刀和胶液浓度等方面改进，使其能达到要求。

⑤ 增加收卷张力，不出现松弛现象。

⑥ 调换橡胶辊。

**8. 粘接牢度问题**

复合膜正常工艺过程在50～60℃环境中熟化48h以后，粘接牢度不好，剥离强度不高，其原因比较复杂，分析如下：

① 胶黏剂的品种、质量与复杂材料的应用性能不相适应。

② 复合时钢辊表面温度太低以致胶黏剂活化不足，复合时黏性不高对第二基材浸润性差，黏附力不好。

③ 上胶量不足。

④ 胶黏剂对油墨胶黏剂粘接牢度表现在有油墨的地方，特别是多套色，油墨胶层较厚的地方粘接强度低。

⑤ 薄膜表面的电晕处理不好，表面张力小于 38 达因。

⑥ 残留溶剂太高，复合后气化造成许多小气泡，使两基材部分分层脱离。

⑦ 复合膜熟化温度偏低特别是在冬天气温较低的情况下，或熟化时间太短造成固化不完全，复合膜未达到最终的粘接强度。

⑧ 稀释剂纯度不高，含有水，醇等活性物质，耗去了一部固化剂，造成胶黏剂主剂与固化剂实际比例不当粘接力下降。

⑨ 薄膜中添加剂的影响使粘接强度下降，而且这种影响要几天，一般是 7 天以后才会表现出来，粘接强度有逐渐下降的趋势。这是因为薄膜在制造过程中加入的一些小分添加剂如抗氧剂、热稳定剂、防腐剂、开口爽滑剂等，随时间的推移迁移至薄膜表面，把胶膜与该基膜隔开，破坏了原有的粘接状态，使复合强度下降。

⑩ 复合层压辊的压力不够或没有。

解决的方法是：

① 根据复合材料的最终用途来选择胶种，如制造蒸煮袋的复合膜要用耐高温蒸煮型胶黏剂。装榨菜、果汁等食品的包装袋要用抗酸辣型胶黏剂。

② 按正常复合工艺要求，使复合钢辊的表面温度经常保持 75～85℃。

③ 保证足够的上胶量。

④ 选用低黏度高固量胶黏剂，干燥速度慢一些，让胶液有充分的时间渗透到基材表面。另外适当增加上胶量，当然选用适当油墨提高油墨附着牢度也是方法之一。

⑤ 认真检测表面张力，务必提高到 38～42 达因。

⑥ 提高烘道温度和减慢复合运转的线速度，避免使用高沸点溶剂，特别是印刷油墨中所用的高沸点溶剂。

⑦ 提高固化温度值 50～60℃固化 48h 以上。

⑧ 严格控制稀释剂的质量。

⑨ 从薄膜材料牌号上检查，选用不用添加剂或少用添加剂的材料。

⑩ 调整压辊的压力，并使两端压力均匀。

**9. 胶液飞丝问题**

这是由于胶黏剂本身黏度太大，再加上固体含量太高所引起的。

解决的方法是：选用高固量、低黏度型的胶黏剂。

**10. 胶盘中胶液泡沫多的问题**

复合操作高速进行时，辊的高速运转使胶液中夹带有大量空气，出现很多气泡。

解决的方法是：改用高固量、低黏度的胶黏剂或降低较高黏度胶黏剂的固体含量；在补胶液时，输液管靠近胶盘中的胶液面；另外胶液液面尽量维持高一些，减少胶液泡沫的形成。

## 第九节 挤出工艺复合薄膜剥离强度的影响因素

挤出复合工艺具有投资少，成本低，生产效率高，操作简便等多方面的优点，因此，它在塑料薄膜的复合加工中占有相当重要的地位。但是，在实际生产中也难免会出现这样或那样的问题，在此，就以最为常见的剥离强度差为例与大家共同分析探讨。

### 一、基材对剥离强度的影响

#### 1. 基材表面处理效果对剥离强度的影响

被涂布基材应当预先进行电晕处理，使表面张力达到 $4.0\times10^{-2}$N/m 以上，以改进基材同熔融挤出树脂的黏结性，从而提高挤出复合强度。因此，生产前要检测基材的表面张力是否达到要求，一旦发现表面张力太低，应立即更换基材或对基材重新进行表面处理。此外，经表面处理过的薄膜，其表面张力应当是均匀一致的，否则也会对剥离强度产生一定的影响，造成剥离强度不均匀、不一致。

#### 2. 基材表面清洁度对剥离强度的影响

被涂布基材表面应当无灰尘、无油污。如果基材表面的清洁度差，黏附了灰尘、油脂等污物，就会直接影响到熔融树脂与塑料薄膜表面的黏合力，从而使挤出复合膜的黏结强度下降。

#### 3. 其他因素的影响

对于一些易吸湿的薄膜材料（如尼龙薄膜），如果已经发生吸湿现象，也会影响挤出复合膜的黏结牢度。因此，对于易吸湿的薄膜材料一定要注意防潮，尼龙薄膜在使用前和使用后应当及时用铝箔包裹好。

### 二、油墨对剥离强度的影响

#### 1. 油墨质量对剥离强度的影响

在实际生产过程中，有时候会出现无油墨或油墨较少部位的剥离强度好，而有油墨或油墨较多部位的黏合牢度比较差的现象。这就是由于所用的油墨印刷适性不好，油墨与基材之间黏结不良，从而造成挤出复合膜的剥离强度差。一旦发生这种情况，应当及时更换合适的油墨，并同油墨厂商联系，共同协商和研究解决办法。

**2. 油墨干燥性对剥离强度的影响**

如果油墨干燥不良，特别是当油墨中大量地使用了甲苯、丁醇等沸点比较高的溶剂，而且干燥箱温度设置不当时，就会有少量或较大量的溶剂残留在油墨层中，复合后可能会造成复合膜的分层，使剥离强度变差。因此，在印刷过程中一定要对油墨的干燥性能进行严格的控制，保证油墨能够充分干燥。

此外，在印刷过程中还要注意对印刷速度和干燥温度等工艺条件的控制，因为它们也会对油墨中溶剂的挥发速率产生一定的影响。如果印刷速度较快，且印刷机干燥箱的温度又比较低，油墨中的溶剂可能无法完全挥发掉，这些残留的溶剂就会在薄膜上形成一些小泡，造成复合膜黏结牢度下降。一般来说，在设定干燥箱的温度时，必须综合考虑印刷速度、油墨的干燥速率、承印材料的种类以及印刷图案的大小等因素。

## 三、复合用树脂对剥离强度的影响

**1. 树脂类型对剥离强度的影响**

挤出涂布复合用树脂可以是聚乙烯、聚丙烯、EVA、Surlyn、Nucler、Bynel、EVAL、EAA 等。挤出涂布复合的目的不同，选用的树脂也不同。例如，用于普通层合塑料制袋的树脂，可以是热封性较好的各种热封用树脂；用于夹心挤复用的树脂，要求同面层和内封层塑料均有良好的相容性，可根据面层及内封层材料的不同选用各种相容剂树脂，如 Sulyn、Nucler、Bynel 等。如果树脂选用不当，会影响到它同被涂布基材的相容性，从而影响挤出复合强度。

**2. 树脂熔融指数对剥离强度的影响**

熔融指数（MI）是指树脂熔融料在一定温度和一定压力下，在 10min 内通过标准毛细管的质量值，以 g/10min 表示。熔融指数是反映树脂流动性的一项指标，一般来说，树脂的熔融指数越高，则其流动性越好，熔融薄膜的黏度越低，黏合力越大。在挤出复合工艺中，不宜选用熔融指数太小的树脂，如果树脂的熔融指数偏小，其分子量较大，但融合性却比较差，不能与被涂布基材很好地黏合，致使剥离强度有所下降。比如在使用 LDPE 树脂进行挤出复合时，一般选用熔融指数为 4～7g/10min 的 LDPE 树脂。

**3. 树脂密度对剥离强度的影响**

树脂的密度越小，支链含量越高，表面越容易活化，黏合力就越大，对剥离强度的提高也就越有利。

**4. 树脂中助剂及水分含量对剥离强度的影响**

树脂中的助剂，特别是润滑剂对挤出复合膜的剥离强度有很大影响，比如在使用LDPE树脂进行挤出复合时，应当选用不含或少含润滑剂的挤出涂复级树脂粒子，例如北京燕山石化公司的1C7A等树脂。此外，如果树脂中所含的水分比较多，在挤出复合过程中可能会发生塑化不良现象，从而影响复合膜的剥离强度。

## 四、挤出复合工艺对剥离强度的影响

**1. 挤出机温度对剥离强度的影响**

挤出机机筒温度和T模温度的控制极为重要，是挤出复合工艺的关键和核心。温度太低，树脂塑化不良，从模口流延下来不能很好地与基材复合，致使剥离强度下降；温度高，流出的熔融膜氧化充分，表面产生极性分子，对基材的亲和力越大，剥离强度也就越高。但是温度也不宜过高，否则树脂容易分解，还可能会烫伤基材，而且还会产生烟雾，污染工作环境。机筒和T模的温度还要根据挤出复合设备和所用树脂的具体情况来设定。

**2. 树脂温度对剥离强度的影响**

树脂温度高，有利于其在基材上的润湿和渗透，因而有利于复合强度的提高，但过高会引起树脂分解。如果树脂与基材接触时的温度过低，树脂表面氧化不充分，应当适当提高树脂温度。

**3. 气隙对剥离强度的影响**

气隙是指从挤出模口到复合冷却钢辊与压力辊接轴线之间的距离。由于气隙的存在，熔融树脂膜表面会同空气中的氧气发生氧化，氧化后的熔融树脂膜与基材复合后的剥离强度会大大提高气隙的大小对挤出剥离强度也有很大的影响，气隙太小，树脂表面氧化不充分，致使挤出复合强度变差。气隙大，熔融树脂膜同空气接触的时间长，其表面被氧化的程度大，增加极性基因，同基材表面的黏结力也就越大，从而有利于剥离强度的提高。但如果气隙太大，则熔融树脂膜的热损失大，温度降低得过多，复合时的温度过低，反而会引起剥离强度下降，而且热封性也变差。因此，挤出复合时应当根据实际情况来调节气隙的大小，一般来说，气隙控制在50～100mm为宜。

**4. 复合压力对剥离强度的影响**

复合压力小，熔融树脂与基材之间贴合不紧密，会使剥离强度下降。但复合压力也不可太大，否则基材容易被压变形。

**5. 冷却钢辊表面温度对剥离强度的影响**

冷却辊采用的是表面镀铬的钢辊，其作用是将熔融树脂膜的热量带走，让复合后的薄膜立即冷却、固化，以形成较强的内聚力，使熔融树脂膜与被涂布基材黏牢，定型，不产生相对位移，从而保证良好的剥离强度。因此，冷却钢辊表面的温度对挤出复合薄膜的剥离强度有着一定的影响。如果冷却钢辊的表面温度太高，则冷却定型效果不好，可能使挤出复合膜起皱，剥离牢度降低；如果冷却钢辊的表面温度太低，冷却速度太快，也会引起剥离强度下降，一般来说，冷却辊的表面温度控制在30℃左右为佳。而且，冷却辊表面必须光滑，表面温度分布应当均匀一致，这样才能保证挤出复合膜的冷却效果一致，从而保证其黏结牢度和剥离强度的一致性。

### 6. 硅橡胶压力辊表面状态对剥离强度的影响

硅橡胶压力辊的作用是将基材和熔融树脂膜以一定的压力压向冷却辊，将基材和熔融树脂膜压紧、黏合，并冷却、固化成型。硅橡胶压力辊是在钢辊的外表面包覆了一层硅橡胶制成的，硅橡胶的硬度一般为HS80～85为佳，而且，硅橡胶压力辊表面的硬度应当均匀一致，这样才能保证整体压力基本保持均匀一致，从而保证挤出复合产品剥离强度的均匀、恒定。

### 7. 复合线速度对剥离强度的影响

在挤出量一定的情况下，即挤出主电机转速不变的情况下，复合线速度越快，则复合层越薄，熔融树脂膜温度将会下降，涂布基材上的热量减少，熔融树脂的黏合力降低，从而也就造成剥离强度的下降。相反，复合线速度降低，复合层厚度增加，剥离强度也会有所提高，但会影响生产效率。因此，在生产过程中一定要根据实际情况，既要保证生产进度，又要保证挤出剥离强度和复合质量。

### 8. 挤出涂复层厚度对剥离强度的影响

在挤出复合中，挤出的熔融树脂膜主要起热黏合作用，如果挤出涂复层的厚度太薄，热量和强度都不够，就会造成剥离强度下降，一般将涂复层的厚度控制在18$\mu$m以上。

### 9. 收卷张力对剥离强度的影响

收卷张力可以适当大一些，即收卷时应当尽量卷紧一点儿，这样可以避免因复合膜起皱和分层剥离而引起的黏结牢度下降。由于在收卷时被复合在一起的两种材料还未立即产生很强的黏合力，复合牢度不太好，此时适当地加大收卷张力可以使收卷平整紧凑，不容易产生收缩，经冷却定型后，复合牢度就会好一些。

### 10. 设备工装对剥离强度的影响

在日常生产中应当注意对工装设备的保养和维护，保证设备处于良好的运行状态，这是保证挤出复合生产顺利进行的基础条件。还要经常检查硅橡胶压辊表面有无影响正常生产的划道、凹坑、碰伤等异常现象，一旦发现要及时修补或更换。此外，也要注意保持各工装的清洁干净，及时清除黏附在表面的灰尘、杂质或油污。

## 五、底涂剂对剥离强度的影响

在挤出复合工艺过程中，为了增强黏性，可以先在基材上涂布底涂剂（AC

剂），然后再用聚乙烯、聚丙烯等树脂与之复合。涂布了底涂剂之后，可以大大提高挤出的热熔树脂同基材之间的热黏结牢度，从而提高挤出复合膜的剥离强度。

**（1）底涂剂类型对剥离强度的影响**

挤出复合用底涂剂的种类和牌号比较多，大体可分为含水型和溶剂型两大类。含水型底涂剂有聚乙烯亚胺类底涂剂，溶剂型底涂剂有钛系底涂剂、异氰酸酯系底涂剂等。含水型底涂剂一般用于被包装物不含水、复合强度要求不高的材料。而溶剂型底涂剂一般则用于被包装物含水量较大，复合强度要求较高的材料。

**（2）底涂剂的涂布量及涂布状况对剥离强度的影响**

底涂剂的黏度要适当，以保证其对基材有良好的润湿性，并要有适当的涂布量，以保证足够的剥离强度。一般来说，底涂剂的涂布量控制在 0.1～0.5$g/m^2$（干固量）。此外，底涂剂涂布一定要均匀，以保证熔融树脂同被涂布基材之间黏结力均匀一致，从而使挤出复合膜的剥离强度保持恒定。

**（3）底涂剂的质量对剥离强度的影响**

底涂剂也有一定的保存和使用期限，如果底涂剂已经超出了使用期限，或者在使用期限内就已经发生了变质，这势必会影响到其作用的发挥，从而影响挤出复合膜的剥离强度。

**（4）底涂剂的干燥状态对剥离强度的影响**

如果底涂剂干燥不充分，就会残留部分溶剂或水分，从而影响挤出复合膜的黏结牢度，造成剥离强度降低。因此，当发现底涂剂干燥不良时，应当适当降低复合线速度，同时还可以提高干燥温度和通风量，保证底涂剂能够充分干燥。

## 六、环境卫生对剥离强度的影响

车间内的环境卫生对挤出复合产品的质量也有一定的影响，如果环境卫生状态比较差，空气中的灰尘、杂质等粒子就会被吸附到基材表面，或者落到冷却钢辊、硅橡胶压辊以及各导向辊等上面，从而影响复合时熔融树脂膜同基材贴合的密切程度，使复合膜中夹杂异物，从而影响复合膜的剥离强度。因此，一定要注意使车间内的环境保持清洁、卫生。

针对上述情况，在实际生产中还应当注意以下事项：

① 加强对各种原、辅材料（包括薄膜、油墨、树脂、底涂剂等）的质量检测工作，严格把关，为提高复合膜质量奠定基础；

② 根据包装内容物的性质以及复合膜质量要求选用适当的底涂剂，控制好涂布量和干燥温度，使底涂剂能够充分干燥，保证复合质量；

③ 在实际生产中，应当根据树脂、基材、设备等具体情况来调整和控制挤出复合工艺参数，保证复合膜的产品质量。在挤出复合生产前，一定要充分了解和掌握所用树脂的性能和各项主要指标，并以此为依据来调整生产工艺和温度，尤其是

要严格控制挤出机各工作段的挤出温度，保证树脂均匀塑化，定量地从机头挤出，并能够同基材很好地黏合在一起；

④ 重视设备、工装的维护和保养，保证生产过程的连续性和正常性，降低故障发生率，提高产品质量，保证优质、高产、低消耗；

⑤ 注意保持库房和车间内的环境卫生，保证清洁干净，并应具备良好的通风条件，避免灰尘、沙粒等杂质异物对复合工艺及复合强度产生不利影响。

# 第四章 新型食品软包装薄膜新工艺、配方及应用

## 第一节 食品用软包装

在塑料包装材料中，薄膜材料的市场需求量增幅最大，约占塑料包装材料总量的46%，其中复合塑料软包装材料所占份额尤为突出。目前，塑料已经广泛地应用于各生产领域，其中又以食品包装所占比例最大。

食品用软包装是发展的必要产品，发展前景是非常光明的。软包装，现在市场与以后市场都是需求量非常巨大的，不存在已经饱和情况。

随着国民生活水平的提高，市场经济的发展，社会对食品用塑料软包装的需求呈年年上升的趋势，而且越来越上档次了。食品用塑料软包装色彩艳丽、图案新颖、使用方便的特点诱导消费充斥市场，尤其是在大、小超市里琳琅满目令人顾不暇及。也作为无形的产品广告，吸引顾客前来购买而促进了销售。

### 一、食品用软包装的特点

① 轻便性，与金属、陶瓷、玻璃等传统包装材料比较，软包装的轻便性是其他材料无法比拟的；

② 食品用塑料软包装的防潮性、阻隔性、加工成型性等都较为突出，且成本相对低廉；

③ 食品用塑料软包装也有其自身的弱点，比如回收利用比较困难、容易造成污染等。

### 二、食品软包装的“绿色”要求

当前，食品的卫生安全已经成为举国关注的题目，然而人们对食品包装的卫生安全状况却未能给予同等的重视。

据国家质检总局最新公布的食品包装袋（膜）抽查结果，抽检不合格率高达15%，其中主要质量问题是卫生指标不符合标准要求及产品物理力学性能差。在食品软包装中，塑料薄膜占总成分的70%，黏合剂占10%，油墨占10%，其他占10%。

目前，国内软包装产品在生产和应用中存在一定的卫生问题和安全隐患。食品软包装生产过程中大量排放于空气中的溶剂苯、甲苯等有害物质不仅对环境造成污染，也对工人和消费者的身体健康构成危害，而且有机溶剂可能会残留在复合膜之间，随着时间的推移，从膜表面迁移到食品中，使之变质、变味。

中国包装技术协会秘书长钱进以为，目前市场上绿色食品的种类愈来愈多，但是很多绿色食品却没有采用绿色包装。绿色包装应采用环保的包装材料、印刷油墨和黏合剂。中国包装产业快速壮大的同时，必须重视卫生和环保，让消费者对食品本身放心的同时也对食品包装的卫生状况有信心。这需要全社会的共同努力。

目前，欧洲和美国的软包装用黏合剂已逐渐转向水性和无溶剂产品，而醇溶油墨取代甲苯油墨也在欧美、日本及韩国成为主要趋势，国外已留意到食品软包装的环保问题，很多国家和地区都建立了相应的法律法规。有关专家以为，我国与发达国家相比，在此方面的法规条款有待完善。

## 三、食品用塑料软包装薄膜的新工艺

巴西维索萨联邦大学成功开发出一种新的抗微生物的塑料薄膜，这种食品用塑料软包装薄膜的材料可以延长食品的保质期并使消费者减少防腐剂的摄入量。目前，防腐剂都是一次性加入食品的，其弊端在于消费者在保质期初期食用含摄入量较高的防腐剂，而在保质期末期防腐剂则几乎失去了效力。该大学的研究人员开发的一种含有抗微生物的塑料薄膜，可以在一定期限内逐渐向食品内释放防腐剂，这样不仅有效地保证了食品质量，还可解决保质期初期消费者摄入较高防腐剂的问题。研究人员利用面包和香肠所做的实验取得了令人满意的结果。

澳大利亚一家公司研制成功了一种活性塑料包装薄膜，能使被包装的新鲜水果、蔬菜和花朵等易腐烂的产品维持其新鲜度达数个星期之久，较好地解决了这些产品的长途运输问题。这种保鲜性能好的包装薄膜是一种透气膜，它能让产生的二氧化碳和氧气透过，使易腐烂的产品保持睡眠状态。该薄膜用有机化学试剂浸渍，能吸收对果蔬成熟起促进作用的乙烯，并使易腐烂产品的周围保持潮湿；同时，因薄膜中含有微量缓慢释放的杀霉菌剂，还能阻止霉菌的生长。所以，被包装果蔬的保鲜期可延长1倍以上。

**(1)** 热收缩膜

塑料薄膜的竞争日趋激烈，人们对于薄膜更好的收缩性和更低的成本愈加重视，很多公司都推出了性能更好的聚苯乙烯树脂。目前已经出现了由玉米等原材料加工而成的收缩薄膜，这种薄膜具有很强的环保性和回收性。另外，低收缩率的OPP薄膜也大有市场，它可以轻松融入企业现有的回收系统。近来，热收缩膜标签在消费品包装中大受欢迎，PVC薄膜所占市场份额很大。

**(2)** 共挤薄膜

共挤薄膜是包装薄膜业最新的技术发展趋势。这种薄膜采用普通的油墨和涂料，具有高阻隔性、较好的透明度、热密封性和排版印刷的灵活性，可用做等离子涂层材料。共挤包装薄膜的发展将改变多功能薄膜的产品结构，适用于饮料、牛奶、鲜肉等食品包装。发达国家共挤包装薄膜约占全部软塑料包装薄膜的40%，而我国仅占6%左右。

**(3)** 高阻隔性薄膜

Notran薄膜是用气体阻隔性很强的Nylon或EVOH（高阻隔性）与热封性、水分阻隔性很强的聚烯烃树脂共挤而成的一种多层结构的薄膜。Notran薄膜可阻断氧气、香味、溶剂等，使用目的主要是提高内容物的储存性，主要用于包装肉类加工产品（如火腿、香肠、蛤肉薄片）、鲜肉、干酪、沙拉酱、酱类食品、腌菜、农产品及海产品等。

阻隔气体薄膜的主要功能是：

① 防止氧气等气体进入包装内，避免引起包装内微生物繁殖；

② 防止由于氧气透过而引起的包装内容物氧化；

③ 防止香味、溶剂等逸出；

④ 用做气体（氮、二氧化碳、氧气）替换包装、真空包装，防止包装内气体泄漏或外部气体进入包装内。

**(4)** 新型蒸镀PET膜

氧化硅蒸镀PET膜具有安全阻隔性，但在加工、使用过程或流通过程中，一旦受到张力、热振动和弯曲等外力的作用，蒸镀层便会受损，使阻隔能力大幅度降低。目前，研究人员正在研究开发具有稳定性能的蒸镀膜，试图改变这种情况。

**(5)** 新型PVDC膜

PVDC是一种具有良好的阻气、阻湿、耐油、耐化学药品性能的高阻隔性材料。由于均聚PVDC同增塑剂、稳定剂的相容性很差，而且是一种热敏性塑料，所以很难用熔融加工的方法使之成型。市售的PVDC树脂均是用氯乙烯或丙烯酸单体改性后的PVDC共聚物。

尽管通过共聚改性提高了PVDC同增塑剂、稳定剂的相容性，但作为高阻隔性材料使用时，增塑剂和稳定剂等助剂的添加量还是受到严格限制（助剂的加入会显著降低其阻隔性），因而其加工过程的温度控制相当严格。为此，国内加工PVDC的设备均是进口设备，所用的PVDC粒子也依靠进口。我国目前已经从美国、日本等国引进了近20条生产PVDC肠衣膜生产线，如天津第二塑料厂、邢台塑料厂，还有邯郸、洛阳等地的一些企业。

PVDC肠衣膜光滑、平整，厚度一般为15～20μm，透明性好，但由于目前一般均添加了红色颜料，因此只能进行表面印刷。为了使PVDC肠衣膜的印刷墨层有良好的附着牢度和耐高温蒸煮性，必须使用PVDC专用油墨，软塑包装印刷中使用的表印油墨和复合里印油墨是不能满足PVDC肠衣膜的印刷要求的。

**(6) 新型珠光膜**

珠光膜具有乳白珍珠色泽，它是在塑料粒子中掺入珠光颜料而生产出来的一种经过双向拉伸热定型的BOPP薄膜。由于这种薄膜经表面印刷后具有特殊的珍珠般光泽，因而在冰淇淋、冰棒、糖果、点心等食品包装上得到广泛应用。

一种典型的珠光膜是采用A/B/A三层共挤双向拉伸法生产的BOPP珠光膜，其中B是掺混了珠光母料的聚丙烯，A是一种随珠光膜表面性能而异的PP共聚体，具有良好的热封性。双向拉伸在B料的熔点以下、A料的熔点以上进行。

由于B料中含有较多珠光无机颜料颗粒，聚丙烯分子沿外力作用方向进行了定向，而珠光颜料颗粒之间的距离被拉大，形成孔隙，使B层成了机械发泡的泡沫塑料。因此，A/B/A结构的珠光膜是一种双向拉伸BOPP泡沫塑料薄膜，相对密度较一般BOPP薄膜小，仅为0.7～0.75，而一般的BOPP薄膜相对密度在0.9左右。

A料层在BOPP珠光膜中具有保护B料层的作用，并赋予珠光膜一定的热封性，因此A/B/A结构的珠光膜热封性良好。而仅用B料生产出的珠光膜，只能依靠薄膜的孔隙性和少量未经定向的PP分子略有的热封性，热封后的珠光膜很容易撕剥开来。

**(7) 可食性薄膜**

这种装膜是以天然可食性物质（如多糖、蛋白质等）为原料，通过不同分子间相互作用而形成的具有多孔网络结构的薄膜，可应用于各种即食性食品的内包装，在食品行业具有巨大的市场。

**(8) 可降解薄膜**

这种薄膜主要解决某些不易降解的包装材料回收难度大，埋入地下会破坏土壤结构，焚烧处理又会产生有毒气体造成空气污染的矛盾。可降解塑料包装薄膜既具有传统塑料的功能和特性，又可在完成使用寿命以后，通过土壤和水中的微生物作用或通过阳光中的紫外线的作用在自然环境中降解。降解塑料制品在包装方面的应用已遍及普通包装薄膜、收缩薄膜、购物袋、垃圾袋等，为改善环境发挥着积极的作用。

**(9) 水溶性薄膜**

水溶性塑料包装薄膜作为一种新颖的绿色包装材料，在欧美、日本等国家和地区被广泛用于各种产品的包装。水溶性薄膜由于具有降解彻底、使用安全方便等环保特性，已受到世界发达国家重视。目前，国外主要有日本、美国、法国等国的企业生产、销售此类产品，国内也已有企业投入生产，其产品正在走向市场。

## 四、食品用现代塑料软包装的调色方法

**(1)** 塑料印刷的调色原则

① 印墨调色应尽可能采用油墨厂生产的色相相同的定型油墨；

② 应尽量利用颜色接近的定型油墨为主色进行配色；

③ 配色时，应尽量减少油墨的品种；

④ 调配浅色墨时，应以白墨为主，少量加入原色油墨；

⑤ 塑料稀释膜是非吸收性材料，不能用稀释剂来冲淡色墨，应加入白墨来冲淡；

⑥ 不同厂家、不同品种的油墨不能混用。

**(2)** 运用色料减色法互补原理调配墨色

根据色料减色法互补色原理，互补色相加成消色。在调配彩色油墨时，要正确对待互补色，有时要避免，有时要利用。如在调配间色或冲淡原色墨时，应尽可能地避免互补色油墨的混入。因为补色混入越多，增加的消色成分越多，色彩度下降，色泽变暗。在生产实践中，有时为了使白色更白，在白墨中加微量的群青（约1%左右），用来消除白色中的黄色调就可达到目的；而只要在黑墨中加入少量的钛青蓝，就可消除黑墨中的黄色调，黑墨就更墨。再如：当蓝墨偏红，只要在油墨中加少量的绿墨，就可以变成偏黄的蓝墨了；同理，若蓝墨偏黄色，只要加入紫蓝色油墨便可；而当黄墨偏蓝色时，为了获得偏红的黄墨，可加入少量橙色等。

**(3)** 调淡色墨技法

塑料印刷的淡色墨调配要注意以下三点：

① 用白墨不用稀释剂；

② 调色时以白墨为主，往白墨中加少量色墨；

③ 选色要准确。

下面列举一些淡色的调配方法。

粉红：以白为主，略加金红、大红、洋红、荧光橘红等为辅。

湖绿：以白为主，略加天蓝、孔雀蓝、绿、中黄、淡黄为辅。

湖蓝：以白为主，略加孔雀蓝或天蓝、绿为辅。

米色：以白为主，略加中黄、洋红或中黄、橘黄为辅。

玉色：以白为主，略加中黄，荧光橘红为辅。

淡蓝：以白为主，略加中蓝为辅。

灰色：以白为主，略为黑墨为辅。

银灰：以白为主，略加银浆，黑墨为辅。

雪青：以白为主，略加淡红、品蓝为辅。

## 第二节 食品软包装单层膜的生产工艺、配方及应用

### 一、软包装单层膜概述

**1. 软包装薄膜分类、单层膜及复合膜优点与缺点**

**(1) 单层薄膜**

要求具有透明、无毒、不渗透性，具有良好的热封制袋性、耐热耐寒性、机械强度、耐油脂性、耐化学性、防粘连性。可用挤出吹膜法、挤出流延法、压延法、溶剂流延法等多种方法制得。单层薄膜的热封性能不但同树脂的分子量分布、分子歧化度有关，还与制膜时工艺条件，如温度、冷却速度、吹胀比等有关。

**(2) 铝箔**

99.5%纯度的电解铝熔融后用压延机压制成箔，作软塑包装的基材非常理想。它具有良好的气体阻隔性、水蒸气阻隔性、遮光性、导热性、屏蔽性，25.4μm 以上的铝箔无针孔，不渗透性好。

**(3) 真空蒸镀铝膜**

在高真空度下，把低沸点的金属，如铝，熔融气化并堆积在冷却辊上的塑料薄膜上，形成一层具有良好金属光泽的镀铝膜。镀铝厚度 400～600μm，可大大提高基材的阻氧性、阻湿性。基材要经电晕处理，用溶胶涂布。

**(4) 硅镀膜**

20 世纪 80 年代开发的具有极高阻隔性能的透明包装材料，又称陶瓷镀膜。不管多高温度、湿度下，性能不会变化，适合于制高温蒸煮包装袋。镀层有两种：一为硅氧化物 $SiO_x$，$x$ 越小阻隔性越好；二为 $Al_2O_3$。镀膜方法有物理蒸镀法（physical vapor deposition，PVD）和化学蒸镀法（chemical vapor deposition，CVD）。

**(5) 涂胶（干式/湿式）复合膜**

单层薄膜都有一定优点，也有固有的缺点，往往难以满足多种包装性能要求，多层不同基材复合，即能互相取长补短，发挥综合优势。湿式复合膜方法：一种基材上涂胶后同另一基材薄膜压贴复合，然后干燥固化。如果是非多孔材料，涂胶干燥可能不良，则复合膜的质量下降。

干式复合膜方法：在基材上涂布黏合剂，先让胶干燥，然后才压贴复合，使不同基材薄膜黏结起来。干式复合方法可选基材范围广，有塑-塑、塑-箔、塑-布或纸、纸-箔。各层薄膜厚度可以精确控制，复合膜上可以表面印刷，可里层印刷。由于溶剂黏结剂的环境污染与残留毒性问题，美、欧禁止干式复合膜用于食品药品包装，其他国家无规定。对于复合用黏合剂中有毒成分残余量，国家卫生标准有严

格规定。

(6) 挤出涂布复合膜

在一台挤出机上，热塑性塑料通过T形口模流延在准备被复的纸、箔、塑料基材上，或以挤出的树脂为中间黏结剂，趁热把其他一种薄膜基材压贴在一起，组成“三明治”式的复合膜。为提高复合牢度，需电晕处理，并涂上锚涂剂（anchor coating-agent，AC）。挤出复合膜可以反印刷，各层厚度可精确控制，溶剂残留量小，价格便宜。

(7) 共挤压（coextrusion）复合膜

使用二或三台挤出机，共用一个复合模头，在具有相容性的几种热塑性塑料之间层合，生产出多层薄膜或片材。共挤复合膜只能正面印刷不能反印刷。与干式复合膜和挤出流延膜相比，各层厚度控制较难。不使用黏结剂和锚涂剂，无污染卫生性好。共挤复合膜成本最低。

(8) 高阻隔性薄膜

指在23℃、相对湿度65%条件下，厚度为25.4μm的材料，其氧气透过量在5mL/($m^2$·d)以下，湿气透过量在2g/($m^2$·d)以下。用通常所称的高阻隔性高强度材料，如EVAL、PVDC、PET、PAN、selar PA等做成包装薄膜，可显著延长食品的货架寿命，或者可替代阻隔性能好的传统刚性包装材料。

(9) 保鲜与杀菌薄膜

有以下几种：①乙烯气吸附膜，在薄膜中加入沸石、方英石、二氧化硅等物质，可吸收水果蔬菜呼出的乙烯气体，抑制其成熟过快。

② 防结露发雾膜，多水青果的包装薄膜内表面多结露生雾，容易使食物发生霉变。在薄膜材料中加入如硬脂酸单甘油酯、多元醇酯脂肪酸衍生物、山梨糖醇酐硬脂酸酯等防雾防滴剂，加入含氟化合物等防水雾剂，可有效防止食品霉变。

③ 抗菌膜，在塑料材料中加入具有离子交换功能的合成沸石（$SiO_2+Al_2O_3$），再加入含银离子的无机填料，银钠离子交换后成为银沸石，其表面有抗菌性。采用共挤压复合工艺可使薄膜具有6μm的银沸石内层，当银离子浓度达10～50mg/kg时完全可以杀灭青果物表面的细菌。

④ 远红外线保鲜薄膜，在塑料薄膜中混炼入陶瓷充填剂，使此种薄膜具有产生远红外线功能，除能杀菌，又能活化青果物中的细胞，故有保鲜功能。

(10) 无菌包装膜片

主要用于食品和医药无菌包装生产中，要求具有：耐杀菌能力；高度阻隔性与强度；良好的耐热、耐寒性（－20℃不发脆）；耐针刺性、耐弯折性好；印刷图案在高温杀菌中或其他杀菌方法中不会损坏。

(11) 耐高温蒸煮袋

20世纪60年代，美国海军研究所首先开发应用于宇航的食品，之后，日本迅速加以推广，开发应用于宇航的各种新型的方便食品。包装食品经过高温杀菌，保质期达一年以上。而且包装袋型多样：自立袋、托盘形、碟状、杯状、圆筒形，颇受消费者欢迎。在当今工作节奏紧张，生活休闲便捷的条件下，高温蒸煮袋装商品迅速获得市场。高温蒸煮袋可以分为透明型（保质期一年以上）和非透明型（保质期两年以上），高阻隔型和普通型。按杀菌温度分为低温蒸煮袋（100℃，30min），中温蒸煮袋（121℃，30min），高温蒸煮袋（135℃，30min）。

蒸煮袋的内层材料使用各种流延及吹胀 PE（LDPE、HDPE、MPE）薄膜、耐高温流延 CPP 或吹胀 IPP 等。EVAL、铝箔、PVDC 膜适合做中间层。双向拉伸 PET、尼龙 6 等适合做面层材料。聚酯型双组分聚氨酯酸胺黏剂适合做干式复合膜用胶。

高温蒸煮袋主要优点：①高温蒸煮能杀死所有细菌，121℃/30min 可杀死所有肉毒杆菌；②可常温下长久保存，无须冷藏，可冷食也可温热食；③包装材料有良好阻隔性，不亚于罐头；④可反印刷，印刷装潢美丽；⑤废弃物易焚烧处理。

**(12)** 耐高温包装膜片

材料熔点在 200℃以上，适合做高强度的硬质/软质容器。

塑料是一种良好的诱电体，具有良好的电磁波透过率。微波炉加热杀菌烹调时至少 150℃，可微波炉加热包装材料有 PS、PP、PET、PBT、PC。结晶聚酯（CPET）托盘可以微波炉和电热炉二者兼用。

聚苯醚 PPO/PS 片材组成的复合容器可耐 160℃。美国 GE 公司 PC 片材可耐 141℃，其另一产品 Micon，聚亚酰胺醚/聚对苯二甲酸碳酸酯/聚亚酰胺醚三层共挤片材，可耐受 230℃和－40℃。

氟塑料（如聚四氟乙烯等）薄膜的透明度好，表面光滑，不沾油污灰尘，阻气性好，耐日光，适用温度－200～260℃，特别适合于油性的、高温烹调的食品包装。

**(13)** 降解塑料薄膜

降解塑料产品，按分解机理可分为光降解、生物降解、光与生物双降解等几种。世界上已有许多降解塑料产品问世，但技术与价格仍是关乎市场竞争力的关键问题。随着社会各界环保意识加强和国家相关政策法规的出台，降解材料应用前景是毋庸置疑的。

光降解塑料分为共聚型和添加型两类，前者是用一氧化碳或含碳单体与乙烯或其他烯烃单体合成的共聚物组成的塑料。由于聚合物链上含有碳基等发色基团和弱键，易于进行光降解。后者是在通用的塑料基材中加入如二苯甲酮、对苯醌等光敏剂后制得的，制造技术简单。光敏剂能吸收 300nm 波长的光线，与相邻的分子发生脱氢反应，将能量转给聚合物分子，引发光降解反应，使分子量下降。

生物降解塑料可分为完全生物降解塑料（truly biodegradable plastics）和生物崩解性塑料（bio-destructible plastics）。前者有天然高分子纤维素，人工合成的聚乳酸、聚己内酯等。后者是在塑料基材中加入如木质素、纤维素、淀粉、甲壳粉等天然高分子材料助剂而制成的。在自然环境中天然高分子材料被微生物吞噬而使塑料基体分子链被削弱，最后分解为水和二氧化碳。

光与生物双降解塑料是理想的具有双重降解功能的新型高分子材料。为世界各国主攻方向，目前主要采用引入微生物培养基、光敏剂、自氧化剂等添加剂的技术途径制造。但仍有许多技术关键需要突破。

**(14)** 热收缩薄膜

20 世纪 60 年代后得到飞速发展。材料有 PP、PVC、LDPE、PER、尼龙等。先挤出薄膜，在软化温度（玻化点）以上熔融温度以下的某个温度上，在高弹性状态下，用同步或两步法平模拉伸法、或压延法拉伸法、或溶剂流延法进行定向拉伸，拉伸分子被冷却到玻化点以下锁定。使用时利用高分子聚合物的记忆效应，通过受热，取向了的高聚物分子又恢复到原来未拉伸时的状态——产生收缩。除了小型消费产品，高强度热收缩薄膜对于外形不规则的中、大型产品的定位与集装化特别适用，省却了刚性包装材料或刚性包装容器，大大节约了运输包装成本。

### 2. 软塑包装薄膜的重要性及性能要求

所谓软塑包装是塑料的薄膜包装。一般我们把 0.3mm 以下厚度的片状物称为薄膜（film），把 0.3～0.7mm 厚度的平片状物称为片材（sheet），而把 0.7mm 厚度以上的平片状物称为板材（plate）。软包装材料主要是薄膜和片材生产的包装制品，主要用于销售包装，如食品、小的机械零部件、学生文具用品等包装，衣服、鞋类包装等。软塑包装在整个塑料包装中占 40%左右，所以是一个很重要的工业部门。

大部分软包装用于食品及药品，为此，无毒是很重要的，例如：对于 PVC 树脂而言，VCM 单体在树脂中的含量必须小于百万分之一。VCM 是强致癌物，国际上普遍认为小于百万分之一的 VCM 不可能在包装材料中转移到食品中去。对乙烯、丙烯聚合物主要是考虑重金属含量。由于软包装使用量大，易处理、回收再用也就成了人们所关心的问题，废弃的一次性包装物易收集再生利用，已普通受到重视。阻隔性是延长食品存放期的重要性能之一，高阻隔性的薄膜被用于无菌包装，充 $N_2$ 包装和高温蒸煮包装食品等，是软包装的性能要求之一。易热封、低温具有夹杂物热封性的薄膜，可以防止包装后食品的外露，便于在高速充灌、成型、热封机上快速热封是软包装的又一性能要求。由于软包装大部分用于销售包装，顾客需要见到内容物，所以透明也是软包装性能的要求之一，即使是满版印刷的包装袋，一般也应当留一个观察内包装物品的窗口供消费者观察。在能够全面满足包装内容物对包装性能提出的要求情况下，尽量使用价格最低的包装结构和材料。

在软包装结构设计的同时，应当注意印刷的图案花纹彩色文字适应当地人民的宗教信仰与习俗，否则会遭到冷遇或退货处理，要充分注意各国的禁忌色彩和风俗。经研究软包装袋的破损率同纵/横向尺寸之比有一定的关系：如果把纵/横向尺寸之比为 1 的破损率定为 1 的话，则当纵/横向尺寸比为 1.08 时，袋的破损率为 1.3；当纵/横向尺寸比为 1.15 时，袋的破损率达 1.53；当纵/横向尺寸比为 1.20

时，袋的破损率为 1.55；纵/横向尺寸比为 1.30 时，袋的破损率为 1.80；再提高纵/横向尺寸比时，袋的破损率接近于 2.0。由此可见在考虑到袋的尺寸的美观外，还应注意其尺寸比对袋的破损率的影响。

## 二、软包装单层膜的生产工艺和配方

软包装的单层膜可以通过挤出流延法、挤出吹胀法、压延法、溶剂流延法来生产。即使用同一种配方，使用不同的生产工艺，生产出来的薄膜质量上也是不同的，因此要根据包装的性能要求正确地选择不同的生产工艺。

### 1. 压延法生产包装用 PVC 薄膜的工艺和配方

压延工艺以辊筒为主要成型工具，辊筒的加热和挤压，使塑料塑化并延展成薄片状成品，冷却后成为压延薄膜。压延工艺可以生产 PVC、ABS、PP、橡胶改性 PS、离子型聚合物等薄膜或片材，还可以用于 PVC 同布、纸等复合制品，生产人造革、地板砖或卷地板等工业制品。产品的厚度在 0.05～1mm，宽度为 1～2.5m。根据辊筒的数目，常用的三辊、四辊压延机，每增加一个辊筒在保证塑化质量的前提下可提高车速 5～10m/min。表 4-1 和表 4-2 是四辊压延机的技术参数和工艺参数。而辊筒的排布形式有 I 形、L 形、倒 L 形、Z 形、斜 Z 形等方式。辊筒的排布形式要方便引膜，方便工人操作，还要方便观察、检修和保养。由于 PE 的熔体黏度小、易流淌，所以不能用压延法来生产纯的各类 PE 薄膜。

**表 4-1　国产四辊压延机的技术参数**

| 辊筒直径/mm | 400 | 450 | 500 | 550 | 600 | 650 | 700 | 750 | 800 |
|---|---|---|---|---|---|---|---|---|---|
| 辊筒宽度/mm | 1200 | 1400 | 1500 | 1700 | 1800 | 2000 | 2200 | 2300 | 2500 |
| 薄膜最小厚度/μm | 50 | 50 | 50 | 50 | 50 | 50 | 50 | 50 | 50 |
| 薄膜最大厚度/μm | 1000 | 1000 | 1000 | 1000 | 1000 | 1000 | 1000 | 1000 | 1000 |
| 薄膜最大宽度/mm | 900 | 1100 | 1200 | 1400 | 1500 | 1700 | 1800 | 1900 | 2100 |

**表 4-2　生产 PVC 透明硬片硬膜的四辊压延机工艺参数**

| 辊　筒 | Ⅰ号辊 | Ⅱ号辊 | Ⅲ号辊 | Ⅳ号辊 | 剥离辊 | 冷却辊 |
|---|---|---|---|---|---|---|
| 辊速/(m/min) | 18 | 23.5 | 26 | 22.5 | — | 36 |
| 辊温/℃ | 175 | 185 | 175 | 180 | — | — |

PVC 压延薄膜或片材（配方见表 4-3）的生产工艺流程如下：原、辅材料开包检验→树脂过筛（目的是使树脂颗粒大小均匀一致，塑化所需温度，时间一致）→配方称重→捏合机捏合（高速捏合机或低速 Z 型捏合机，出料温度 100℃）→二辊炼塑机（辊温对于软膜为 175～180℃，硬膜为 180～185℃）充分薄通→四辊压延机供料→剥离辊→压花辊压花纹→冷却辊冷却→橡胶带输送→卷取产品。冷却辊用自来水冷却。橡胶带输送可充分消除薄膜内应力。

表 4-3 日本三井东压化学株式会社推荐的压延法 PVC 包装用薄膜、片材配方　　单位：质量份

| 材　　料 | 透　　明 | 不透明 | 不透明 |
| --- | --- | --- | --- |
| PVC(Vinychlon 4000M3①) | 100 | 100 | 100 |
| DOP | 30～60 | 20～40 | 30～90 |
| ESO(环氧大豆油) | 2～3 | DHP10～20 | — |
| 液体 Ba-Zn 稳定剂 | 1～2 | 0～1 | — |
| 硬脂酸钡 | 0.5～1 | 1～1.5 | — |
| 螯合剂 | 0.2～0.5 | 0.2～0.5 | — |
| 酰胺类润滑剂 | 0.2～0.5 | — | — |
| 钛白粉 | — | 2～5 | — |
| 3PbO・$PbSO_4$ | — | — | 2～3 |
| 2PbO・PbSt | — | — | 0.5～1 |
| CPE | — | — | 1 |
| $CaCO_3$ | — | — | 0～50 |

① Vinychlon 4000M3 是日本东压化学公司生产的 PVC 均聚物，$K=70$、40 目全通过。

日本铁兴社推荐的压延法生产包装用 PVC 硬片和透明片配方如下。

压延硬片：PVC（700D，日本铁兴社 PVC 树脂牌号，$\overline{P}=1020$）　100 份
马来酸二丁基锡（N-2000E 牌号）　2 份
马来酸二丁基锡（3LP-1 牌号）　1 份
蓖麻油蜡　0.5 份

压延透明片：PVC（800B，日本铁兴社生产的 PVC 牌号，$\overline{P}=800$）　100 份
硫醇有机锡（17MJ）　2 份
有机锡（Advastable T-52NL-J）　0.5 份
HST　0.5 份

## 2. 挤出法生产包装用 PVC 薄膜的工艺和配方

使用螺杆挤出机，可以用挤出吹胀法生产吹胀薄膜（inflation film），也可以在挤出机机头安装一个 T 形口模，挤出生产流延膜（cast. film），还可以生产双向拉伸薄膜（diorientation film）。正如前述，即使使用同一种原料，这三种薄膜在性能上也是不一样的。流延薄膜在生产过程中，不受到牵引力的拉伸，薄膜的纵向和横向的性能基本上是平衡的，这种薄膜无内应力问题，且热封性能好，常用做层合膜的热封层（配方见表 4-4）。双向拉伸薄膜，经过了纵、横向在高弹态下的拉伸力的作用，如果不经过热定型，冷却到常温，就成了热收缩薄膜；如果在高弹态下经双向拉伸后，再经过热定型，就成了分子在双向定型了的定向膜，这种膜强度高，透明性好，但是不能热封，如要热封制袋，则要通过挤出涂布、层合或共挤出热封树

脂后方能实现。吹胀膜的性能，处于流延膜和定向膜之间，可以热封，但热封性上不如流延膜好，强度比流延膜高，但不如定向膜。

**表 4-4 日本推荐的压延法包装用 PVC 薄膜、片材配方 单位：质量份**

| 材 料 | 低毒 | 无毒 | 无毒 | 无毒 | 一般用 | 无毒 |
|---|---|---|---|---|---|---|
| PVC($P=800$) | 100 | 100 | 100 | 100 | 100 | 100 |
| MBS | 2 | 2 | 2 | 2 | 3 | 3 |
| DOP | 2 | 2 | 2 | 2 | 3 | — |
| T-410(马来酸锡) | 2 | — | — | — | — | — |
| C-102(月桂酸二丁基锡) | 0.8 | 0.8 | — | — | 0.3 | — |
| KalenA-88(高级醇) | 0.3 | 0.3 | 0.3 | 0.3 | 0.3 | 0.4 |
| SS-1000(硬脂酸单甘油酯) | 0.3 | 0.3 | 0.3 | 0.3 | — | — |
| OP 蜡 | 0.1 | 0.1 | 0.1 | 0.1 | — | — |
| M-101-EK(液体马来酸二丁基锡) | — | 2 | — | — | — | — |
| OM-2E(马来酸二辛基锡) | — | — | 3 | 3 | — | — |
| OT-4(硫醇二正辛基锡) | — | — | — | 0.4 | — | — |
| K-1400(液体 Ca-Ba-Zn) | — | — | — | — | 1.5 | — |
| HST | — | — | — | — | 0.2 | 0.3 |
| As-900A(粉状 Ca-Pb-Ba 稳定剂) | — | — | — | — | 0.3 | — |
| TC-203B(亚磷酸酯系) | — | — | — | — | 0.3 | — |
| NF-3000(环氧大豆油) | — | — | — | — | — | 3 |
| TMF-362(液体 Ba/Zn 稳定剂) | — | — | — | — | — | 0.4 |
| TMF-168(粉状 Ca/Zn 稳定剂) | — | — | — | — | — | 0.3 |
| TC-110S(有机亚磷酸酯稳定剂) | — | — | — | — | — | 0.6 |

挤出法生产 PVC 包装薄膜、片材（配方见表 4-5 和表 4-6）的流程是：原、辅材料开包检验→PVC 粉过筛→配方称重→高速捏合→挤出机挤出造粒→PVC 粒子进入挤出机成型（T 形口模或圆形口模）→圆形口模吹胀→膜泡上升，至熄泡夹辊→冷却收卷。

**表 4-5 日本推荐的挤出法 PVC 包装用薄膜、片材配方 单位：质量份**

| 材 料 | 低毒 | 无毒 | 低毒 | 无毒 |
|---|---|---|---|---|
| PVC($P=800$) | 100 | 100 | 100 | 100 |
| MBS | 5 | 3 | 3 | 2 |
| DOP | 1 | — | — | 2 |
| M-101-EK(液体马来酸二丁基锡) | 2.5 | — | — | — |
| C-102(月桂酸二丁基锡) | 0.5 | — | — | — |

续表

| 材 料 | 低毒 | 无毒 | 低毒 | 无毒 |
|---|---|---|---|---|
| KalenA-88(高级醇) | 0.4 | 0.7 | 0.5 | 0.2 |
| OP蜡 | 0.2 | — | — | — |
| 硬脂酸丁酯 | 0.7 | — | 0.5 | 0.5 |
| Kalen A-71(石蜡) | — | 0.3 | — | — |
| PG-450(环氧化物) | — | 2 | — | — |
| OP-20(液体Ba/Zn稳定剂) | — | 2.5 | — | — |
| OT-4(硫醇二正辛基锡) | — | 0.5 | — | 1 |
| P-20C(粉状马来酸二丁基锡) | — | — | 3 | — |
| SS-600(特殊的有机锡稳定剂) | — | — | 0.5 | — |
| G-N(月桂酸马来酸二丁基锡) | — | — | — | 0.3 |

**表4-6 日本菱日工业公司推荐的PVC包装用薄膜、片材配方** 单位：质量份

| 材 料 | 透明 | 透明 | 不透明 | 透明 | 透明 | 透明 |
|---|---|---|---|---|---|---|
| PVC(Nikavingl悬浮树脂) | 100 | 100 | 100 | 100 | 100 | 100 |
| DOP | 25 | 40 | 20 | 20～23 | — | — |
| DOA | 10～12 | — | 12～15 | — | — | — |
| Paraplex G62或ADK-Gigero-120(环氧增塑剂) | 10 | 10 | 10 | — | — | — |
| CaSt. | 0.7 | 1～1.5 | — | — | — | 0.3 |
| 二月桂酸二丁基锡 | 1.5 | — | — | 1.8～2.0 | 0.5 | 0.5～1 |
| PbSt. | — | 0.1～0.2 | — | — | — | — |
| BaSt. | 0.3 | 0.2～0.4 | — | 0.4～0.5 | — | — |
| Epikote 828(环氧稳定剂) | — | 0.4 | — | — | — | — |
| $3PbO \cdot PbSO_4$ | — | — | 2.5 | — | — | — |
| 2PbO・PbSt. | — | — | 1.0 | — | — | — |
| 沉淀$CaCO_3$ | — | — | 10 | — | — | — |
| 生产方法 | 压延 | 压延 | 压延 | 挤吹 | 挤吹 | T形口模挤出流延 |
| 树脂型号① | S形 | S形 | S形 | SG1100 | MG800 | MG800 |
| 马来酸二丁基锡 | — | — | — | 0.8～1.0 | 2.5～3 | 3.0～3.5 |
| 双酰胺 | — | — | — | 0.6 | 0.3～0.5 | — |
| 硬脂酸丁酯 | — | — | — | — | 0.6～1.5 | 0.5～1 |

① S表示悬浮树脂，M表示内增塑，G表示已有助剂添加在树脂中。

在我国PVC一般是以悬浮聚合的树脂粉或乳液聚合的树脂粉供市的，由于溶剂聚合要耗费大量溶剂，溶剂回收成本又贵，本体聚合不易控制聚合反应的进度，

目前市场上只有这两种形式的树脂粉。在国外，PVC 都以牌号的粒子供市，同其他树脂一样，用户只要根据性能要求选购合适的牌号就可以了。在我国需要根据配方自己造粒，造粒可以用单螺杆挤出机旋风切粒，也可以用二辊车混炼后，拉片冷却，把冷却了的 PVC 片材，在平板切粒机上切成粒子。造粒还可以使用双螺杆挤出机，有较好的粒子质量。

单螺杆挤出机有以下一些机械参数：

① 螺杆直径 $D$。挤出机的产量同挤出机螺杆直径的平方成正比，即：

$$\frac{Q_1}{Q_2}=\frac{D_1^2}{D_2^2}$$

我们已经知道，一个标准的 65mm 直径的挤出机，年生产量可达到 450t，由此可以计算出任何直径挤出机的年产量。

② 螺杆的长径比 $L/D$。螺杆的有效长度同螺杆直径之比，这个比值越大，则挤出的产品质量越好，产量越低。但 $L/D$ 不能无限加大，受到材质和加工精度的影响，一般为 15～25，国外最大的 $L/D$ 可达 31。

③ 挤出机压缩比。压缩比越大，则产品质量越好，塑料受挤压力量越大，强度越高。各种塑料成型所需的压缩比是不同的，列于表 4-7 中。

④ 螺槽的深度。$h_1:h_2=KD$，式中 $D$ 为螺杆直径，$K$ 为经验常数，$h_2$为计量段螺槽深度（mm）。$h_1$为进料段螺槽深度，$h_1=\varepsilon h_2$，$\varepsilon$ 是螺杆压缩比。几种塑料的 $K$ 值如下：硬质 PVC 0.03～0.06，软质 PVC 0.04～0.07，PE 0.03～0.05，PA 0.02～0.05。

⑤ 螺距 $S=\pi Dtg\Phi$。$\Phi$ 为螺旋角度，粉料 $\Phi$ 为 30°，方块料 $\Phi$ 为 15°，粒料 $\Phi$ 为 17°。$\pi=3.14$，$D$ 为螺杆直径。

⑥ 螺棱宽度 $L$。$L=0.1D$。

⑦ 螺杆与机筒的间隙 $\delta$。$\delta=0.1$～$0.6$mm，若太大，则泄漏料严重，应重新镀铬、氮化处理。

聚乙烯牧草青储膜实例如下：

此类膜类似于果蔬保鲜膜，但又有所不同。它专用于储存新鲜收割的牧草，有此膜（或袋）保护，牧草经半年储存，仍能保持其中所含营养成分及水分，并在此期间进行厌氧发酵，部分淀粉成分转化为乳酸，使牲畜更爱食用。

牧草青储膜的基本要求是：

① 较好的阻氧性，以利于储草过程中的压氧发酵作用；

② 较低的透光性，以减低牧草受光照所产生的生化反应，所以青储膜常制成黑色（可吸收大量阳光）或白色（可大量反射阳光），最理想的是制成黑白双层复合膜，白色在外，黑色在内；

③ 较高的耐穿刺性和拉伸强度，因储放牧草的操作比较粗放，且储放装填密度大，青储膜及袋易被刺破和拉破；

④ 适当的保温性，以适应牧草存放时必需的温度范围。

牧草青储膜除制成袋使用外，还常加工成缠绕膜，用专用缠绕包装机进行纵横向的交叉缠绕，亦有较好应用效果。

原料及典型配方：青储膜所用材料，早期曾采用PVC，近年来多用LDPE、LLDPE或它们的共混改性树脂，例如LLDPE/(PIB+EVA)、LLDPE/PIB。配方中还必须含有少量着色剂（主要是炭黑）、遮光剂（无机填料）。表4-7列出多层复合牧草青储膜的参考配方。

**表4-7 多层复合牧草青储膜的参考配方** 单位：质量份

| 物料 \ 序号 | 1 | 2 | | 3 | | |
|---|---|---|---|---|---|---|
| | | 外层 | 内层 | 外层 | 中层 | 内层 |
| LLDPE | 75 | 100 | 40 | 100 | 75 | 5 |
| LDPE | 25 | — | 60 | — | 25 | — |
| EVA | — | — | — | — | — | 95 |
| 白母料(40%～60%) | 3～5 | 3～5 | | 3～5 | — | |
| 黑母料(40%～60%) | — | — | 3～5 | — | 3～5 | — |
| 防老化母料 | 3～5 | 3～5 | — | 3～5 | — | — |
| 加工助剂 | — | 适量 | — | 适量 | — | — |
| 增黏剂 | — | — | — | — | — | 1～2 |

生产工艺：工艺流程如图4-1所示。

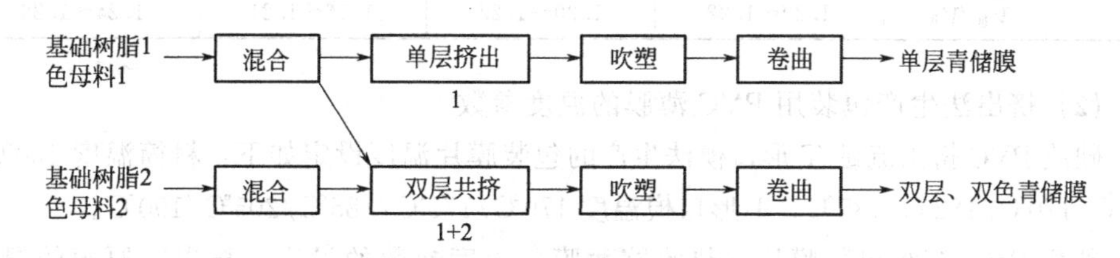


图4-1 牧草青储膜生产工艺（两种）示意

生产操作参见普通聚乙烯膜及多层共挤食品包装膜。

### 3. 压延法和挤出法生产包装用PVC的温度工艺参数

(1) 压延法生产包装用PVC薄膜的温度参数

**表4-8 生产硬质PVC四辊压延机的工艺参数**

| | Ⅰ辊 | Ⅱ辊 | Ⅲ辊 | Ⅳ辊 | 剥离辊 | 冷却鼓 | 橡皮带 |
|---|---|---|---|---|---|---|---|
| 辊速/(m/min) | 18 | 23.5 | 26 | 22.5 | 0 | 36 | 32 |
| 辊温/℃ | 175 | 185 | 175 | 180 | — | — | — |

**表4-9 生产软质PVC薄膜、片材时的四辊压延机辊速辊温条件**

| | Ⅰ辊 | Ⅱ辊 | Ⅲ辊 | Ⅳ辊 | 剥离辊 | 冷却鼓 | 橡皮带 |
|---|---|---|---|---|---|---|---|
| 辊速/(m/min) | 42 | 53 | 60 | 50.5 | 78 | 90 | 86 |
| 辊温/℃ | 165 | 170 | 170～175 | 170 | — | — | — |

辊筒从一个辊上包裹到另一个辊上的原则：PVC熔体包辊是包在两个辊筒中温度相对较高且辊速较大的辊筒上。

应当指出的是：

① 辊温来源于：加热介质的加热；物料与辊筒的摩擦；物料之间由于辊速不一样而产生的剪切摩擦。辊间温差应控制在5～10℃，便于包辊，Ⅱ辊温＞Ⅰ辊温，Ⅲ辊温＞Ⅳ辊温，Ⅲ辊温≤Ⅱ辊温，但Ⅲ辊线速度＞Ⅱ辊线速度，因此仍能使薄膜顺利包在Ⅲ辊筒上，Ⅳ辊线速度和辊温都低，因此不再包辊，而由剥离辊引离压延机。

② 辊距与辊隙存料：辊距是根据辊隙存料的多少来进行调节的，如生产过程中，辊隙存料呈铅笔状不停地在辊隙间转动，则表明存料量合适，辊距合适。存料过多或过少都会使PVC薄膜表面粗糙；硬片存料过多，还会在薄膜上出现僵块，存料过少，则会出现菱形孔洞。

**表4-10　四辊压延机各辊筒的速比**

| 产品种类 | | 0.1mm衣膜 | 0.23mm工膜 | 0.14mm包装膜 | 0.5mm硬片 |
|---|---|---|---|---|---|
| 主辊转速/(m/min) | | 45 | 35 | 50 | 18～24 |
| 辊筒速比 | $\overline{V}_{Ⅱ}/\overline{V}_{Ⅰ}$ | 1.19～1.20 | 1.21～1.22 | 1.20～1.26 | 1.06～1.18 |
| | $\overline{V}_{Ⅲ}/\overline{V}_{Ⅱ}$ | 1.18～1.19 | 1.16～1.18 | 1.14～1.16 | 1.20～1.23 |
| | $\overline{V}_{Ⅲ}/\overline{V}_{Ⅳ}$ | 1.20～1.22 | 1.20～1.22 | 1.16～1.21 | 1.24～1.26 |

**(2) 挤出法生产包装用PVC薄膜的温度参数**

硬质PVC挤出流延T形口模法生产的包装膜片温度设定如下：料筒温度160℃/165℃/170℃/182℃/185℃，T形口模温度170℃/175℃/185℃/205℃/190℃。

硬质PVC挤吹包装膜片（热收缩薄膜）温度参数的设定：挤出吹厚膜的温度140℃～160℃/165℃～170℃/170℃～175℃，挤出厚膜，冷却后，热水中加热，然后吹入空气并横向吹胀，牵引辊牵引纵向拉伸，冷却后收卷成PVC热收缩膜。

PVC过滤网，无论是挤出吹胀膜还是挤出T形口模、流延膜都应当是80/100/80三层不锈钢网目，如果薄膜要求薄，则中间用120目三层。

PVC是热敏性塑料，挤出机分流梭是压在铁制的机筒上的，由于挤出机螺杆的强有力挤压，使机头处的熔融PVC料压力很大，一般在150～200kgf/cm$^2$(1kgf/cm$^2$＝0.1MPa)，分流梭与机头的承接处，不可避免地会有料被压入孔隙中，时间超过5～10min就会发焦，引起吹膜爆破或流延膜中有焦黄点甚至破裂。因此PVC挤出吹膜或挤出流延成膜一定要使用硅橡胶作为铁与铁之间的耐高温垫圈，防止液体状的PVC熔料渗入缝隙中去，只有这样才能使PVC生产正常地运转下去。硅橡胶垫圈可以长期在250℃下使用，短时间可耐350℃的高温。

PVC当然可以与其他树脂一样溶解在四氢呋喃、环己酮等溶剂中，然后涂布在钢带或玻璃板上，干燥后从上面剥离下来而成薄膜，但是，溶剂很贵且污染空气，因此，PVC膜、片、板都是用压延、挤出吹膜或挤出流延生产的。生产PVC硬板要把硬片叠加在一起，用不锈钢作隔板，成一定厚度后，用热压机在160～165℃加热加压成板材。PVC片材可以在加热到130～140℃下真空成型或压空成型成各种器皿或包装容器。

## 三、热封用塑料薄膜的生产工艺和配方

### 1. 热封用塑料薄膜的性能要求

软包装中很大一部分是复合薄膜，是由薄膜层合起来的多层次的膜，其中最内一层膜是能够热封制袋包装的可热封薄膜。对这一层可热封薄膜有以下一些性能要求：

① 热封温度要低，这样可以在高速热封灌装机上快速热封。各种树脂的起始热封温度如下：LDPE 135℃，LLDPE 148℃，EVA（VA含量7.5%）107℃，EVA（VA含量12%）93℃，EMA（乙烯丙烯酸甲酯）79℃，EMAA（乙烯甲基丙烯酸共聚物）93℃，Surlyn121℃，EAA（乙烯丙烯酸共聚物）93℃。

② 要有良好的热封强度。在2kgf/cm$^2$的压力和0.5s的热封棒热封时间，热封50.8$\mu$m厚的试样薄膜上热封，测得的热封强度是：LDPE 1800g/25.4mm宽，EVA（VA含量7.5%）1800g/25.4mm宽，EVA（VA含量12%）1700g/25.4mm宽，EMA 13g/25.4mm宽，EMAA 1800g/25.4mm宽，Surlyn 2000g/25.4mm宽，EAA 1700g/25.4mm宽。

③ 要有良好的夹杂物热封性，即薄膜热封表面即使被灰尘、油腻污染仍然有良好的热封强度。夹杂物热封性的性能比较如下：Surlyn和茂金属聚乙烯mPE＞LLDPE＞HDPE＞MDPE＞LDPE＞EVA。

④ 热间剥离距离要小，即在热封时，不会因机械牵引力的作用，使正在或已经热封的膜发生剥离开来的现象。离子型树脂剥离强度大，为此剥离距离最小，而EVA剥离距离最大。

除了上述要求外，由于内层塑料直接同被包装内容物相接触，因此，无毒无味也是十分重要的。

热封用薄膜还应有良好的耐内容物性，不会因内容物中的油、盐等而被腐蚀；热封用薄膜应有良好耐化学性，还应当有耐寒性和耐热性，有一定的拉伸强度、良好的耐穿刺性和耐应力开裂性。一般而言，MI越低，耐应力开裂性越好，对不同塑料而言，均聚丙烯＞嵌段共聚丙烯＞无规共聚丙烯＞HDPE，而PE的耐应力开裂性为HDPE＞MDPE＞LDPE。

由于PP共聚物可以耐0℃以下的冷冻，且有比PE高的耐高温性和高的强度，常使用共聚丙烯做高温蒸煮袋的内封层膜，而均聚丙烯不能用于0℃以下场合，其耐寒性差。

## 2. 包装用单层膜及热封用膜的生产配方

**(1)** 玉米淀粉填充聚乙烯食品包装膜

此种薄膜可用于包装豆制品、糕点、酱制品、肉及肉制品等各种食物，它比一般包装纸强度高、美观、耐水、耐油；比普通聚乙烯包装膜手感和开口性更好，且因密度仅为普通聚乙烯膜的 2/3，在使用同等厚度包装膜情况下，可降低包装成本。

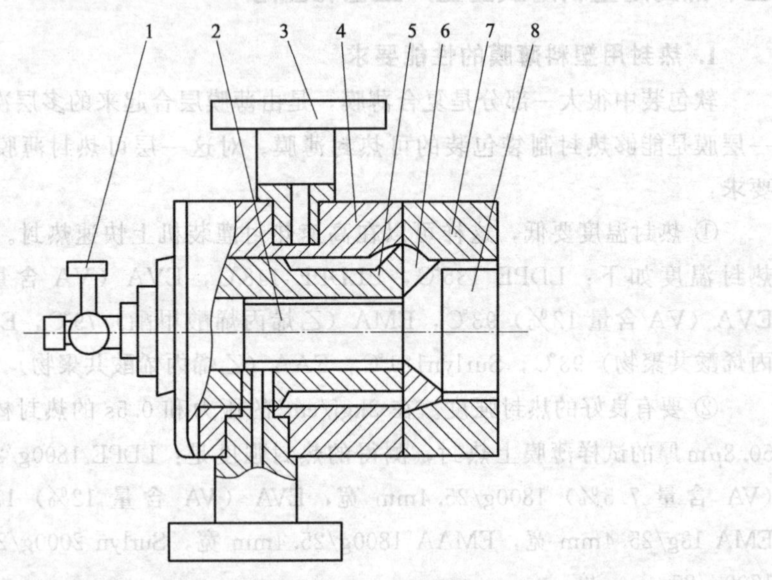


图 4-2　侧进料双流道螺旋芯棒式共挤机头

1—气阀；2—内螺旋芯棒；3—连接法兰；4—机头体；5—外螺旋芯棒；6—模板；7—外口模；8—内口模

原料及配方：LDPE 70 份，应选用 MFR 较大的品牌；玉米淀粉 20～30 份，随比例增加，成品强度显著降低；改性剂 30 份，为弥补因加入淀粉导致的强度下降；润滑剂 4 份，有助于淀粉的分散，并改善物料的加工流动性。

生产工艺：生产过程分为以下两步。

① 淀粉母料的制备。其过程是，玉米淀粉、改性剂、润滑剂分别计量后采用双辊混炼，出片后切粒或采用高速混合机直接制成淀粉母料。

② 将 LDPE 树脂与淀粉母料充分混合，用普通挤出吹塑法制取此种薄膜。挤出机料筒温度分四段控制，依次为 150℃、175℃、190℃、195℃，机头温度 190℃。

玉米淀粉填充聚乙烯膜的力学性能：拉伸强度（纵/横）9.4MPa/7.5MPa，断裂伸长率（纵/横）6.8%/3.73%，直角撕裂强度（纵/横）5.4kN/m/4.5kN/m。

由于挤出吹膜设备简单、价格低，工人亦容易操作和维修保养，因此虽然挤出流延薄膜作为内封层用膜，热封性比吹胀膜好，但在生产实践中，大多数软塑包装厂还是使用挤出吹胀膜作为内封层用膜，也用挤出吹胀膜直接用于简单的包装。

**(2)** 简易牛奶包装膜、盐膜、垃圾袋膜及衣服、鞋、袜包装膜配方

配方一：HDPE（MI<1g/10min）100PHR，CaSt. 0.3%～0.7%混合挤出吹

膜，强度高透明性由67%提高到73.5%，制品用于垃圾袋、手袋、购物袋，也可用于85℃下巴氏杀菌的简易牛奶包装袋，有3天的浅冷包装适用期。如在HDPE中使用苯甲酸钠0.25%，或者苯甲酸0.4%，或碳酸钠0.2%，或滑石粉0.05%，均有同样的效果，提高HDPE的透明度和微结晶度。

配方二：可用普通挤出机挤出吹膜的LLDPE配方。LLDPE（美国DOW化学公司的Dowlex 2045），98.2%；LMWPE（美国Eastman公司EpoleneN），1.8%。共混后，在130A、80r/min的转速下，用普通挤出机挤出吹膜，可以有74kg/h的产量，挤膜可用于热封内膜或单膜包装袋使用，有良好强度、韧性和透明性。

配方三：高透气性的多孔性薄膜配方。树脂A和树脂B不相容，B的熔点高于A，在高于B的熔点下混合，然后在A和B熔点之间的一个温度下挤出吹膜，再在低于A熔点的一个温度下拉伸，可得多孔薄膜，有良好耐化学性和电性能，透气性大。

MP（熔点）为160℃的PP（A）在260℃下同MP为245℃的聚碳酸酯混合挤出切粒，然后在200℃下挤出制片材，厚度为400$\mu$m，冷却到100℃时，纵向拉伸6倍，可得透气率为5200L/($m^2$·min·MPa)的高透气包装薄膜。

配方四：高透明聚乙烯包装膜配方。LLDPE（MI＝28g/10min，密度为0.918g/$cm^3$），98g；马来酸盐（$2.4\times10^{-5}$mol/g），200g。混合后挤出吹膜，有良好透明性，冲击强度为44.1kJ/m，弹性模量343MPa。

配方五：低动静摩擦系数的热封用内膜配方。LDPE、LDPE 50%与LLDPE 50%混合后挤出吹膜，粒子中添加600mg/kg以上的芥酸酰胺，这种薄膜适宜用做低摩擦系数的内封层膜用，干式复合后应在35℃以下的温度下熟化一个星期，然后才可以分切制袋，这种袋口易开启，灌装粉状内容物时，不会飞粘在袋口，且有夹杂物热封性。也可直接用此薄膜作轻食品包装，有良好强度和热封性。LLDPE 50%与LDPE 50%混合，可使用普通挤出机吹塑，如采用纯的LLDPE吹膜，则需要特殊设计的混炼型螺杆，且需要高速和主电机马力超过50kW（一般为15kW）的挤出机生产。

配方六：韧性优，低温下可热封的PE包装袋配方。结晶PP（日本Sumitome化学公司生产的Noblen F4A）6PHR，LLDPE（含丁烯18%）3PHR，LDPE（日本Mitsubishi石油化学公司生产的YukalonZH51）1PHR，混合，230℃下挤出，所得薄膜在115℃下垫封，剥离强度达29.4N/mm。

配方七：耐115℃高温蒸煮杀菌的内封层膜配方。乙烯-丙烯嵌段共聚物(MI＝0.5g/10min)，30%；HPP（MI＝0.5g/10min)，30%；HDPE（MI＝0.3g/10min)，40%。混合挤出吹膜，有良好撕裂强度，耐115℃高温蒸煮，有高度的耐应力开裂性。挤出流延片材可真空吸塑成型成盒、盘、碟，用于微波炉加热食品用。

配方八：可加热消毒的聚烯烃包装膜配方。1-丁烯-乙烯共聚物，84.75PHR；

乙烯-丙烯共聚物，15PHR；二苄基叉山梨糖醇，0.25PHR。混合，挤出吹膜而得可热封消毒的袋子，这种袋子有足够的强度和低的透湿性，可用于医疗器械的消毒袋上。

配方九：有良好包辊性和切割性的PE包装膜配方。LDPE（MI=7g/10min，密度为0.922g/cm$^3$），60PHR；1-丁烯-乙烯共聚物（8.5%丁烯，MI=4g/10min），20PHR；乙烯-1-辛烯共聚物（3%辛烯，MI=4g/10min），20PHR。

配方十：有良好透明性和热封强度的聚乙烯复合膜配方。LLDPE 95%，LDPE 5%，混合挤出流延在其他薄膜上热压贴合而得复合膜，浊度1.8%，在95～120℃下热封，强度达2.16～3.63N/15mm宽，不产生波纹，缩颈（neckin）仅42mm。

配方十一：乙烯及其同丙烯酸酯共聚物提高热封内膜耐热性的配方。70%EAA加30%的嵌段共聚丙烯或者70%EMAA加30%的嵌段共聚丙烯（B-CPP）共混后挤出吹胀可用于115℃的耐高温蒸煮内封层膜或直接用于包装轻食品的包装袋。应当指出的是各种聚乙烯之间均可互相共混还可同乙丙共聚丙烯共混，但是Surlyn树脂不能同PP共混，它们之间不相容。

配方十二：HDPE 70%+LDPE 30%+白色母料，混合挤出吹膜，可用于巴氏杀菌简易牛奶包装袋，作浅冷下销售和保存，有3天的适用期。也可用于轻食品，尤其是干燥食品的包装，有良好的强度和阻湿性。

配方十三：具有良好阻隔性的共混乙烯膜配方。0.3PHR的马来酸酐和100PHR的丁烯-乙烯共聚物接枝产物，在2,5-甲基-2,5-双叔丁基过氧基-3-己炔交联剂存在下同EVAL树脂共混挤出吹膜，薄膜有良好阻隔性和机械强度，可用做包装袋，包装需要良好阻氧、阻湿的食品。

**(3) 其他单层聚烯烃膜的配方**

配方一：有持久抗静电的包装膜配方。30%的聚苯乙烯磺酸钾盐（60%磺化值）水溶液100PHR；甘油18PHR；摩尔比为93.3∶6.7的乙烯∶甲基丙烯酸共聚物的钠盐100PHR。混合挤出吹膜，厚度为70μm，雾度为20%，体电阻率为$3\times10^7\Omega\cdot cm$，拉伸强度为27.4Mh。

配方二：LDPE/LLDPE共混改性膜配方。LLDPE（1-丁烯-乙烯共聚物）MI=1.7g/10min，密度为0.937g/cm$^3$；分散性4.3，100PHR；LDPE（密度为0.928g/cm$^3$），10PHR。混合，200℃下挤出吹膜，吹胀比为2，膜厚50μm，有良好透明性，柔软性。可以作热封内膜使用，也可直接印刷制袋做包装用。

配方三：具有高度黏结强度和低温热封性的包装膜配方。90.9∶2.0∶7.1的乙烯/马来酸酐/甲基丙烯酸甲酯共聚物（MI=8.2g/10min）1PHR；88∶12的乙烯/MMA共聚物（MI=6.0g/10min）5PHR。在180～200℃下捏合，在310～325℃下挤出得厚度为30μm的薄膜，然后贴在厚度为30μm的铝箔上，可做包装材料。

配方四：易开封的包装袋配方。在厚度为40μm的铝箔上涂布一层厚为30μm

的内含50%饱和聚酯（MP为80℃，密度1.26g/cm³）和50%的聚乙烯（MI=3.7g/10min）的增黏涂层，得到的包装材料易热封、易开封。饱和聚酯是苯二甲酸乙二醇酯和1,4环己烷二甲醇的反应产物。

配方五：有良好抗冲性抗撕性的聚乙烯膜配方。乙丙共聚物（含乙烯3.8%），100PHR；乙烯-α烯烃共聚橡胶，15PHR；LLDPE，5PHR。混合切粒，挤出吹膜制30μm厚的膜，浊度为4.5%，冲击强度为1.27kJ/m，撕裂强度为7.35N/cm。如果乙丙共聚物100PHR，乙烯-α烯烃共聚橡胶20PHR，薄膜浊度为7.0%，冲击强度为1.42kJ/m，撕裂强度为1078N/cm。

### 3. 挤出双向拉伸薄膜的生产工艺和配方

在软塑包装中，表面层常使用双向拉伸的尼龙6薄膜或双向拉伸的PET薄膜。尼龙6和PET都是强韧的工程塑料，强度大，有较好的阻隔性，透明性优，常在表面进行反印刷后与其他材料，如铝箔、纸张或其他塑料薄膜中间层进行干式复合，再同内封层薄膜复合成复合材料，分切制袋。

双向拉伸工艺可以大大地提高薄膜的强度，节省了材料，同时阻隔性和透明性都由于双向拉伸而提高，缺点是双向拉伸薄膜不可热封制袋，还有继发撕裂强度很低。虽然其原发撕裂强度仍很高，但继发撕裂强度很低，薄膜边缘只要有一点点很小的切口或缺痕，就很容易由这里轻轻地被撕断。BOPP、BOPA6或BOPET薄膜在分切时，切刀要非常锋利，避免边缘留下小切口，撕裂薄膜。

挤出双向拉伸工艺有逐级平膜双拉法、同步平膜双拉法和管膜拉伸法，其工艺比较见表4-11。

**表4-11　三种双向拉伸工艺的比较**

| 项目 | | 平膜拉伸法 | | 管膜拉伸法 |
|---|---|---|---|---|
| | | 逐级双拉 | 同步拉伸 | |
| 生产性 | 设备费用 | 大 | 更大 | 中 |
| | 废边损失 | 多 | 多 | 无 |
| | 薄膜宽度 | 广 | 广 | 中 |
| | 制膜速度 | 高 | 高 | 中速 |
| | 拉伸倍数 | 较大 | 较小 | 较小 |
| 产品质量 | 物性方向性 | 差 | 差 | 良好 |
| | 冲击强度 | 差 | 稍差 | 良好 |
| | 透明性 | 差 | 稍差 | 良好 |
| | 厚度均匀性 | 良好 | 良好 | 稍差 |
| | 尺寸稳定性 | 良好 | 良好 | 稍差 |
| | 结晶性 | 高 | 高 | 稍低 |

各种塑料适用的双向拉伸工艺见表 4-12。

**表 4-12 各种塑料适用的双向拉伸工艺**

| 塑 料 | 同步双拉法 | 逐级拉伸法 | 塑 料 | 同步双拉法 | 逐级拉伸法 |
|---|---|---|---|---|---|
| PP | ○ | ○ | PMMA | ○ | ○ |
| LDPE | ○ | × | PVDC | ○ | × |
| 交联 LDPE | ○ | × | PAN,ABS | ○ | ○ |
| HDPE | ○ | × | PET | ○ | ○ |
| TP*x* | ○ | × | PBT | ○ | × |
| Surlyn | ○ | × | PA6 | ○ | × |
| EVA | ○ | × | PA66 | ○ | × |
| 聚丁烯 | ○ | ○ | 聚乙烯醇 | ○ | × |
| PVC | ○ | ○ | | | |

同步双拉法适宜于结晶速度快的，如尼龙 6 薄膜，拉伸倍数一般为 3～5 倍，而逐级拉伸法则适用于结晶速度较慢的结晶型聚合物，如 PP 和 PET，拉伸倍数可高达 8～10 倍。我国引进了国外双拉设备 100 多条生产线，光 BOPP 就达 65 条(截至 2003 年)，BOPA6 2 条流水线和 75 条 BOPET 流水线，门幅可达 10～12m。平膜拉伸工艺生产速度快，设备投资大，工艺流程如下：挤出机进料挤出→T 形口模挤出厚膜→骤冷→辊筒加热到 $T_f$→$T_g$ 的高弹态下→纵向块辊逐级拉伸→横向张力架式呈八字形逐步拉伸→加热热定型→冷却→收卷。

各种塑料的拉伸温度如下：聚亚己基己二酰胺 67～75℃（MP：250℃，$T_g$：40～50℃），聚亚己基癸二酰胺 65～75℃（$T_g$：45～50℃，$T_f$：250℃），聚己内酰胺 65～75℃（$T_g$：45～50℃，$T_f$：250℃），PVC（未增塑）115～145℃（$T_g$：105℃，$T_f$：170℃），PP 135～145℃（纵向），100～120℃（未增塑），140～145℃（横向）；PET 80～90℃（纵向），100～110℃（横向），230～240℃（热定型）。

管膜法拉伸工艺流程：PP 加料挤出机圆形口模挤出厚膜→骤冷（肥皂冷却水）→热风管吹送上行→夹膜辊吹胀横向拉伸→块辊夹膜熄泡纵向拉伸→剖切→热定型加热 140～145℃，5～8s→冷却→收卷。

双向拉伸尼龙 6 粒子时要求尼龙 6 粒子的临界分子量相对黏度在 3.5 以上，而国内间歇法聚合反应的尼龙 6 树脂分子量较低，相对黏度仅 2.4～2.6，即使是先进的连续常压或减压聚合的尼龙 6 粒子，分子量也不过相对黏度 2.8～3.0，所以不能应用于双向拉伸薄膜的挤出工艺。为了生产出能双向拉伸的尼龙 6 粒子，首先要应用下面提高聚合度的配方。

配方一：在相对黏度为 2.7 的尼龙 6 切片中，加入 0.003%的 $H_3PO_4$ 和 0.1%

的6-氨基己酸，然后在转鼓式干燥器中以180℃和1.3kPa的干燥条件，干燥8h，就可以得到相对黏度达3.8的尼龙6粒子。

配方二：把400kg相对黏度为2.7的尼龙6粒子加入已预热到170℃的转鼓式干燥器中，再加入40g 4%的$H_3PO_4$水溶液，加料后，自然状态下降低起始温度，保持30min，再在170℃下加热3h，即可得到相对黏度达6.4的尼龙6粒子。

配方三：用1.3%的$H_3PO_4$和尼龙6，在不高于尼龙6熔点的温度下熔融成母炼胶，再用相对黏度为2.95的尼龙6混入$11\times1.0^{-6}$的母炼胶中，混合物在170℃下以50r/min在旋转式汽化器中加热3h、7h和14h，所得尼龙6的相对黏度分别为3.1、3.2和3.6，母炼胶的原料还可以是$H_3PO_4$、亚磷酸（$H_3PO_3$）的酯类、热塑性塑料等。

能用于双向拉伸的尼龙6粒子的配方如下：

配方一：将甲醇和$SiO_2$（3μm细度）加入到上述高黏度尼龙6粒子中，使其含量分别为0.8%和0.4%，再用60份己二酸，40份1,6-己二胺，3份硬脂酸钠制成熔融体，其体电阻为14kΩ·cm的尼龙6金属化合物，混合加热，在260℃下挤出造粒，经双向拉伸成薄膜，贴在冷却辊上冷却成为尼龙6薄膜。

配方二：在100份高黏度尼龙6中加入0.20份比表面积为$130m^2/g$、平均粒径为2.2μm的精细$SiO_2$和12%的（$CH_3O_3$）Si（$CH_3$）$NHCH_2$、$CH_2NH_2$（以$SiO_2$质量为基准），混合挤出熔融后，双向拉伸，可形成15μm厚的尼龙6双向拉伸薄膜，有高度的透明性和抗粘连性。

## 四、表面改性的聚烯烃薄膜的生产配方

### 1. 配方

配方一：日本继中塑料公司推荐的配方。把厚度为0.25mm表面粗糙的PVC片材浸在由100PHR的偏三氯乙烷、0.1PHR的环烷酸钴、2PHR的PVC（牌号为C-309M）组成的溶液中，然后用热空气干燥，可以直接印刷，干燥速度加快。也可以用其他热塑性片材浸在用辛酸、己酸、环烷酸的钴盐、锰盐或铅盐的黏结剂溶液中，来改性薄膜表面的印刷性。

配方二：ICI公司推荐的聚烯烃共混物的蜂窝状薄膜配方。聚乙烯，80PHR；聚丙烯，7.8PHR；$TiO_2$，2.2PHR；$SiO_2$，10PHR。混合挤出机挤出，并在挤出机的降压段注射入22%的戊烷和0.7%氮气，140℃挤出得110μm厚的薄膜，开孔率57%，闭孔率43%，不透明度78%，对油墨有良好的吸收能力。

配方三：日本住友化学公司推荐的配方。为了改善PS、PP、PVC薄膜的印刷性，可用下述混合物的水悬浮物进行涂覆：无机颜料100份，酪素0～3份，EVA（VA含量5%～40%）3～30份。又如：将90份高岭土、10份$TiO_2$悬浮在10%的六偏磷酸钠水溶液中，得60%的颜料悬浮物。将酪素溶解在10%的氨水中，得15%的酪素溶液。将组分为颜料100份、黏结剂10份、EVA（乙烯/VA＝20/80）

54%的乳液 8 份组成的 45%的水悬浮体涂覆在 HIPS 薄膜上，可得光洁度、印刷性皆优的表面。

配方四：东京玻璃纸公司推荐可热封、可印刷的聚烯烃薄膜配方。在 20μm 厚的双向拉伸 PP 薄膜上，用下面配方涂覆 1μm 厚的涂层，即得可热封、可印刷的 BOPP 膜。

80/20 的氯乙烯/醋酸乙烯树脂 60PHR；环己酮-甲醛树脂 30PHR；氯化聚丙烯（含氯 30%）7PHR；氢化蓖麻油 2.5PHR；石英粉 0.5PHR；甲苯 500PHR；丁酮 500PHR。涂层在 95℃下干燥后，在 100℃下可热封，剥离强度达 150g/15mm 宽。

配方五：日本东洋纺工业公司推荐的涂布可热封 BOPP 薄膜配方。BOPP 包装膜用苯胺或二丁胺胺化的氯化聚丙烯涂布，可制得可热封的透明膜。如将 20g 的氯化聚丙烯（含氯 28%）和 200mL 的苯胺在 160～170℃加热 2h，就可得到胺化氯化聚丙烯（含氯 15.7%，含氮 2.2%），用电晕处理 BOPP 涂布表面，用 5% 的胺化氯化聚丙烯的甲苯溶液涂布 0.3μm 厚（干），对油墨有良好印刷性，并可以热封。

配方六：日本三菱油化公司开发的聚乙烯同玻璃纸的复合薄膜配方。通过一个双缝口模挤出机挤出流延两层 LDPE 薄膜，一层冷却到 252～285℃，另一层加热到 300～310℃，把玻璃纸同温度较高的 PE 膜复合在一起，形成的复合膜有良好的热封性和复合牢度。

配方七：日本日新纺织公司推荐的配方。使 70μm 厚的等规 PP 薄膜连续地通过 115℃的汞，接触时间 2s，然后在 105℃下与四氟乙烯接触 1s，用热空气干燥，可得收缩率为 3%的可印刷、书写、表面粗糙的薄膜。

**2. 热封用内层膜的生产工艺注意点**

作为热封用膜，最好使用流延膜，因为流延膜没有经过拉伸，纵、横向的性能平衡，热封性能较好；而吹胀膜，横向受压缩空气吹胀，受到稍许拉伸，纵向受牵引力，也受到稍许拉伸，因此，吹胀膜虽然可以热封，但热封性降低了一些。吹胀膜的热封性受挤出吹胀的生产工艺条件的影响很大，生产挤出吹胀膜用于复合膜内层时，应当注意以下几点：

① 挤出口的圆形口模处温度应稍低一点，避免 LDPE 料温过高，接触空气中的氧气发生表面氧化，从而降低了吹胀膜的热封性。

② 吹胀比适当低一些，拉伸比也适当低一些，即尽量减少吹胀膜的双轴定向度，因为双轴定向膜是没有热封性的，减少吹胀膜的双轴定向度也就提高了热封性。

③ 尽量使吹胀膜的露点线高一点，也就是使吹胀在液态下进行，在液态下进行的吹胀和牵引，只会使薄膜厚度变小，不会引起分子因吹胀而定向，因为分子在外力下定向，只能在熔点以下的高弹体固态下进行。

挤出吹胀膜可以用于热封膜，但生产过程中，应当充分注意工艺参数的控制，否则会降低或丧失热封性。双向拉伸薄膜，如BOPP膜，除了采用一般的二步法平膜双向拉伸工艺外，也可以使用挤出圆膜法来生产。

无锡市彩印厂是我国外贸包装公司中最早从国外引进整套软塑包装设备的厂家，改革开放前的外贸产品出口包装制品定点生产厂家之一。厂内有一套管膜法生产BOPP薄膜的设备，其工艺流程为：挤膜级PP原料→挤出机挤出圆筒形厚膜→骤冷（肥皂水)→加热管状烘道到拉伸温度→吹入压缩空气，使之横向拉伸→牵引熄泡辊熄泡→电晕处理→热定型→剖切成平面→收卷。

还应当指出的是，各类不同PE具有相容性，可以互相共混来改性，但PE和PP相容性不好，如要用PP来改性PE薄膜，必须添加相容剂，如EVA或HDPE-C-MAH，HDPE接枝马来酸酐相容剂，可以用单螺杆挤出机，在HDPE料中，添加3%～5%的马来酸酐，再添加0.3%的DCP过氧化物引发剂，在180℃下混合挤出造粒而得。

流延PP同BOPP、流延PET同BOPET，流延PA6同BOPA6的性能比较，见图4-3至图4-5。流延膜与双轴定向膜相比，经过纵、横向在塑料的$T_f \sim T_g$的高弹态下拉伸，各种物理力学性能大幅提高，结晶度也提高了，但是透明度却并没有随结晶度的提高而下降，反而提高了透明度，原因是双向拉伸提高了物料的结晶度，同时提高了结晶的细微化，结晶的细微化，使结晶了的颗粒不会阻挡光线的透过，因为结晶细微到同光线波长一样大小，阻挡不了光线的透过，这就是双向拉伸膜结晶度提高、透明度也提高的原因。

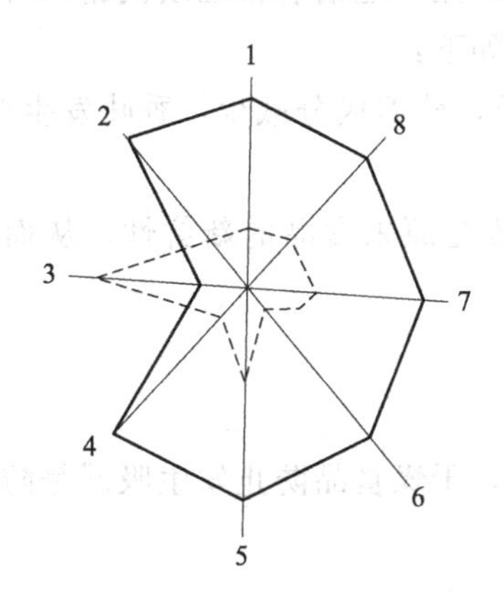


图4-3　BOPP与流延PP性能的比较

实线为BOPP，虚线为流延PP

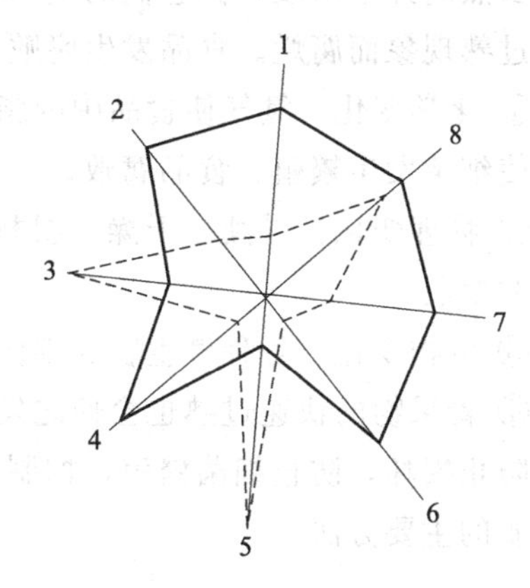


图4-4　BOPET与流延PET性能的比较

实线为BOPET，虚线为流延PET

1—拉伸强度；2—拉伸弹性模量；3—继发撕裂强度；4—冲击强度；

5—透明度；6—耐寒温度；7—阻湿性；8—阻$O_2$性

还应当指出，所有定向了的薄膜都是不可热封的，因此无论BOPP、BOPET或BOPA6都是不可热封制袋的，如要生产可热封的BOPP（如香烟包装膜），就必

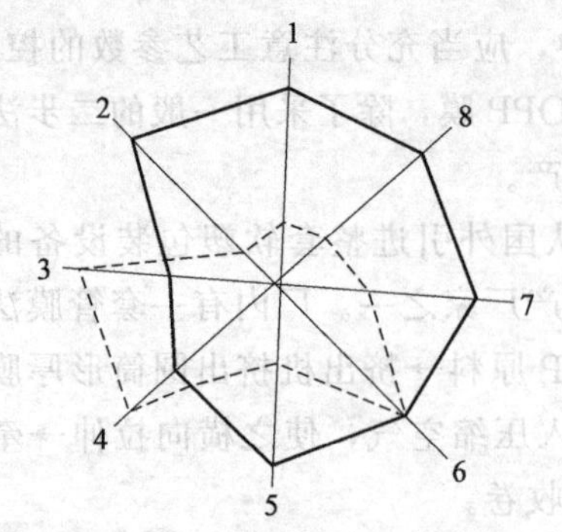


图 4-5　BOPA6 同流延 PA6 性能的比较

实线为 BOPA6，虚线为流延 PA6

1—拉伸强度；2—拉伸弹性模量；3—继发撕裂强度；4—冲击强度；5—透明度；6—耐寒温度；7—阻湿性；8—阻 $O_2$ 性

须在 PP 双向拉伸前，使用共挤法生产，用熔融温度低于 PP 的 PE 或 EVA 与之共挤出厚膜，骤冷后，在高于 EVA 或 PE 熔点以上，而低于 PP $T_f$ 温度的一个拉伸温度下双轴拉伸定向，由于 PP 处于高弹态下，因而分子被拉伸定向，与之共挤的 EVA 或 PE 还在液态，仅仅被拉薄。这样生产出来的 BOPP 就是单面可热封的膜了。

另外，双向拉伸薄膜的原发撕裂强度是较高的；继发撕裂强度却大大降低，薄膜两边上只要有一个小的切口，就很容易由此一撕到底，因此双向拉伸薄膜两侧卷筒的刀口应非常整齐，不能有一些切口痕迹，否则在印刷复合时的张力下很容易撕裂。

## 五、保鲜膜的生产配方及应用

### 1. 食品发生腐败变质的原因

保鲜膜最早用于青果物的保鲜，即蔬菜和水果的保鲜，现在已广泛用于各种食品，包括鱼、肉、鸡、鸭，甚至牛乳、鸡蛋等生熟食品的保存、保鲜。青果物收获后，虽然离开了树枝，但它们的生物体还有呼吸作用，还活着，继续代谢，可能会发生过熟现象而腐烂。食品发生腐败变质的原因如下：

① 化学变化：氧气使食品中的脂肪氧化变质，营养成分减少，香味发生变异，潮湿使细菌发生繁殖，食品腐败。

② 物理变化：受潮、干燥、机械损伤都会改变原来食品的新鲜性，从而加快食品的变质。

③ 生物变化：各种微生物和细菌的繁殖生长。

④ 青果物的快速过熟也会使之发生腐败。

防止损坏，防止细菌繁殖，抑制青果物过熟，干燥食品防止发生吸湿是防止腐败变质的主要方法。

### 2. 乙烯气体吸着膜的生产配方及应用

青果物在呼吸作用的同时，会产生乙烯气体，而这种乙烯气体是青果物的生长激素，少量乙烯气体的存在，大大加快了已收获的青果物的过熟进展，使青果物因过熟而腐败。把青果物在呼吸作用时产生的乙烯气体去除，有良好的保鲜作用。所谓 CA 效果（controlled atmosphere）是指用控制气体的方法来抑制青果物呼吸作用，达到保鲜的目的。各种青果物的 CA 条件见表 4-13。

**表 4-13 各种青果物的CA条件**

| 青果物名称 | 温度/℃ | $O_2$ 含量/% | $CO_2$ 含量/% | 青果物名称 | 温度/℃ | $O_2$ 含量/% | $CO_2$ 含量/% |
|---|---|---|---|---|---|---|---|
| 天门冬,龙须菜 | 0～5 | 空气 | 5～10 | 甜瓜 | 3～7 | 3～5 | 10～15 |
| 香豆 | 0～5 | 2～4 | 10～20 | 蘑菇 | 0～5 | 空气 | 10～15 |
| 苹果 | 0～5 | 2～3 | 1～2 | 桃子 | 0～5 | 1～2 | 5 |
| 草莓 | 0～5 | 10 | 15～25 | 香蕉 | 12～15 | 2～5 | 2～5 |

在CA条件下青果物可以有相当长的保鲜期。

密闭在包装袋中的青果物产生的乙烯气体量的多少是不一样的，如坚果、苹果、橘子等为0.1～1.0mL/(kg·h)；而天门冬、菜花等蔬菜则可达到100～150mL/(kg·h)，为此，在生产乙烯气体吸着膜时，塑料中添加的能吸附乙烯气体的添加剂量，随包装内容物不同而不同，一般添加量为1.5%～3%，多的可添加3%～5%。能有效吸附乙烯气体的材料是天然沸石、钙沸石、煅烧黏土、氧化硅、方英石等多孔性无机物。能吸附乙烯气体的保鲜膜配方如下：

配方一：LDPE（MI为2～4g/10min）100PHR；天然沸石（细度120目以上），5PHR；液体石蜡，80～100mL（每100kg树脂用量）。

配方二：LDPE（MI为2～4g/10min），100PHR；沸石或方解石等填充母料（50%浓度），8PHR。混合后挤出吹膜或挤出流延成膜后制袋包装青果物。

配方三：LLDPE 50%＋LDPE 50%，100PHR；钙沸石（10A分子筛），5～8PHR；液体石蜡，80～100mL（每100kg树脂用量）。10A分子筛是合成钙沸石，有良好的吸附作用。由于LLDPE同LDPE的共混，保鲜膜强度提高，可以包装较多和较重的青果物。

配方四：共聚丙烯，100PHR；煅烧黏土（80目过筛），5～8PHR；液体石蜡；80～100mL（每100kg树脂用量）。使用共聚丙烯挤出吹膜时应使用水冷却法，下垂法挤出，这样共聚PP薄膜才会有良好透明性，使用共聚丙烯，可以在0℃以下场合使用，强度比LDPE高得多。

保鲜膜还可以用PVC生产，不过在生产中增塑剂用量的多少直接同保鲜膜的硬质程度有关。

配方五：PVC（悬浮4-4型树脂），100PHR；DOP，20～50PHR；DOA（耐寒增塑剂），10～30PHR；无毒十二烷基酸二正辛基锡，2.5PHR；环氧大豆油，3PHR；CPE，3PHR；ACR，2PHR；硬脂酸丁酯润滑剂，1.5PHR；氧化硅或方英石粉末填充剂（80目细度），8～10PHR。

研究表明当$O_2$含量在12%以下，$CO_2$气体增加到8%～10%时，用普通的塑料薄膜包装的青果物就会处于冬眠状态，起到长期保鲜的作用。这种状态在密封包装的青果物包装袋内靠青果物本身的呼吸作用，经过一定时间后就能达到，因此，这叫简易CA效应。普通的塑料袋就能当保鲜膜使用，有简易CA效应。

### 3. 防结露、防雾膜的生产配方及应用

密封在保鲜袋内的青果物会由于呼吸作用散发出水汽，水汽在袋内壁上聚集成水珠滴落在青果物上，易发生霉烂变质，防结露、防雾膜也是重要的一类保鲜膜，配方如下：

配方一：吹膜级 LDPE（MI 为 2～4g/10min），100PHR；聚氧乙烯山梨糖醇单月桂酸酯（EO-4），1～1.5PHR。混合后在 160～180℃下挤出吹膜或无滴保鲜膜。

配方二：吹膜级 LDPE（MI 为 2～4g/10min），100PHR；聚氧乙烯月桂醛醚（EO=4），1～1.5PHR。

配方三：吹膜级 LDPE（MI 为 2～4g/10min），100PHR；聚氧乙烯月桂醇醚（EO=10），0.5～1PHR；三乙醇胺磷酸酯活性剂，0.5～1PHR。混合后，160～180℃下挤出吹膜，或无滴保鲜膜，包装青果物，防雾期可以由 30d 延长到 100d。

配方四：使用山梨糖醇酯类 0.7%～1.5%和硬脂酸锌 0.2%～1.0%组成的防雾剂，可使 LDPE 保鲜膜防雾期延长到 140d。

### 4. 抗菌性薄膜的生产配方及应用

可以把抗菌剂直接添加入塑料粒子中，挤出吹膜或挤出流延成膜，成为抗菌性薄膜，包装青果物有良好保鲜效果，也可以把抗菌剂添加入胶黏剂中，用于在内膜面上涂布而成抗菌膜。

① 有机抗菌剂：季铵盐、双胍类、醇类、酚类、有机金属类、吡啶类、咪唑类、噻吩类等。如季铵盐加入肥皂中，成为医生外科手术前消毒用的高效杀菌皂。咪唑类、噻吩类是皮肤科外涂杀菌剂。

② 无机杀菌剂：银、铜、锌等金属离子载在沸石、硅胶、磷酸锆等多孔材料上制成的杀菌剂，其中以银沸石的效果最强，包装袋中，只需要 250～750mg/kg 的银离子浓度就能杀灭所有细菌。配方为：吹膜级 LDPE（MI 为 2～4g/10min），100PHR；80 目细度的银沸石粉末，0.5～1PHR。混合后在 160～180℃下挤出吹膜，热封制袋可包装青果物，有良好的保鲜效果。江苏省苏州旭日新材料科技有限公司有银沸石供市售。该公司生产的母料还可以用于 PP、PVC、PE、ABS、GPPS 等注塑容器，包装需要杀菌保存的各种食品及器械，只需添加 2%～3%的抗菌剂母料，就有很好的杀菌效果。

抗菌剂中还有一类是从动植物中提炼出来的，如山芋、孟宗竹、柠檬叶等。用蟹和虾壳提炼的壳聚糖，对多种菌类有抗性，可作为 LDPE 保鲜膜中的杀菌剂用。应当指出的是钛白粉中的锐钛型钛白粉是良好的光催化剂型无机杀菌剂，只需在塑料中添加 3%～5%就有良好的杀菌效果。

### 5. 日本青果物用的功能性保鲜膜和其他保鲜膜

日本庆应大学白鸟世明教授从竹子的表皮中提取出乙烯氧化酶液，使用脱乙酰

壳多糖，制成壳质凝胶涂布于发泡塑料表面，可用于果蔬保鲜。用乙烯氧化酶直接涂于水果表面，可使苹果保鲜期延长1个月，芹菜保鲜期延长半个月以上，乙烯氧化酶无毒，其中一年食品保质期所需的包材阻氧阻湿性见表4-14。

**表4-14　一年食品保质期所需的包材阻氧阻湿性**

| 食品种类 | 袋内氧气允许浓度/$10^{-6}$ | 袋内 $H_2O$ 允许增加和减少的浓度/% |
| --- | --- | --- |
| 高温蒸煮纸酸性食品 | 1～3 | |
| 火腿、红肠 | 1～3 | 3(减少) |
| 罐装汤汁 | 1～3 | 3(减少) |
| 香辣细面条 | 1～3 | 3(减少) |
| 加热灭菌啤酒 | 1～2 | |
| 葡萄酒(上等品质) | 2～5 | |
| 土豆加工品 | 2～5 | |
| 快餐食品 | 3～8 | |
| 干燥食品 | 5～15 | 5(增加) |
| 干燥水果 | 5～15 | 1(增加) |
| 高酸性水果汁 | 8～20 | 3(减少) |
| 碳酸软饮料 | 10～40 | 3(减少) |
| 油或者黄油 | 20～50 | |
| 色拉调味汁 | 30～100 | 10(增加) |
| 花生奶油 | 30～100 | 10(增加) |
| 果冻、果子酱 | 50～200 | 3(增加) |
| 威士忌酒 | 50～200 | |

聚乙烯鲜奶包装袋用珠光复合膜实例如下。

当今鲜奶的需求量日渐增加，相应地就要求制造大量优质的软包装袋。珠光复合膜所制袋的强度高，使装运过程的破袋率很低；外观有珠光色泽，给人以洁净、美观的感觉；热封性、卫生性、保鲜性均优。

① 原料：分内、外两层分别配料。内层由LDPE、HDPE、LLDPE共混料及加工助剂RA-1组成；外层由上述料与珠光母料组成。

② 生产工艺：工艺流程如图4-6所示。

③ 生产工参数：捏合出料温度：(85±5)℃；挤出造粒温度：加料段110℃，

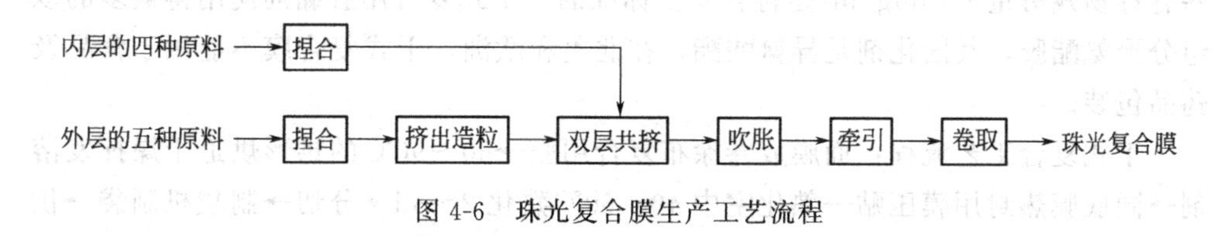


图4-6　珠光复合膜生产工艺流程

压缩段 140～150℃，均化段 150～160℃，模头 150℃；挤出吹塑温度：加料段 130℃，压缩段 170℃，均化段 195～205℃，模头 185～195℃；吹胀比为 2.5～3.5；牵引线速度为 12～20m/min。

④ 产品标准可参考 SG 82—75 及 GB 10003—88。一般性能控制为：纵向拉伸强度大于 $27N/mm^2$（27MPa），横向拉伸强度大于 $23N/mm^2$（23MPa），纵向断裂伸长率约 520%，横向断裂伸长率约 610%。厚度一般为 0.055mm。

## 第三节 软包装复合膜的生产工艺、配方及应用

### 一、干式复合的生产工艺

#### 1. 干式复合工艺的特点

复合一词英文原意为层合（lamination），而复合（compound）一词的含意相当宽，包括了聚合物、共混物和树脂同各种填充剂的配合物，当然也包括了层合物、分层次的多层复合物。现在软包装中的复合物是指多层次的包装材料。复合有干式复合法、湿式复合法、挤出流延复合法和共挤复合法。

所谓干式复合法是指两种材料的片平状物先用胶黏剂涂布，然后通过烘道，使胶黏剂中的溶剂挥发和/或发生反应，然后再压贴为多层次的复合物的一种工艺。干式复合工艺的特点是：

① 可供选择的基材面比较宽，只要是平片状的两种材料都可以用胶黏剂压贴为一个复合物包装材料，可以是塑料和塑料，也可以是塑料和织物、铝箔、纸张等复合在一起。

② 有良好的复合牢度，一般层与层之间的剥离力可达到 9.8N/15mm 宽；可以用于生产使用条件相当苛刻的高温蒸煮袋。

③ 生产的速度快，可达 150～180m/min，最大可达 250m/min 的复合速度。

④ 干式复合制品可以表面印刷，还可以反印刷，即印刷在透明面膜的里面，可以防止印刷面被擦、划坏，有良好的保护印刷的作用。

⑤ 干式复合中，用胶量大，胶中溶剂挥发在空气中，污染了空气，在制品中还有极少量残留。

⑥ 印刷油墨中溶剂会残留在干式复合膜中，在我国、日本及东南亚各国，这些有毒物残留量≤$15mg/m^2$是符合安全标准的。干式复合用胶黏剂使用得最多的双组分聚氨酯胶，其固化剂是异氰酸酯，在北美和欧洲，干式复合膜不能用于食品及药品包装。

干式复合工艺流程：面膜放卷涂布复合用胶→60～90℃的拱形烘道干燥挥发溶剂→同底膜热封用膜压贴→熟化室中 40～60℃熟化 2～3d→分切→制袋机制袋→供

客户包装用。

### 2. 干式复合膜生产中的工艺技术

（1）用于干式复合膜生产的基材膜质量要求

用于干式复合膜生产的基材膜是双向拉伸的PP、尼龙6或PET薄膜。这些膜的共同特点是有较高的拉伸强度，良好的透明性，印刷性好，可以反印刷，即印刷在复合膜面层的里面。用做复合膜的基材膜，要求如下：

① 薄膜表面光滑平整，无过多的晶点和黑黄点，无僵块孔洞，塑化均匀，无皱纹、折痕。

② 印刷及涂胶面表面张力应在 $4\times10^{-2}$N/m以上，保证油墨或胶黏剂有良好的黏结力。

③ 薄膜涂胶后在60～90℃烘道中干燥及反应，收缩率不大于1%，能承受一定的放卷、收卷张力而不被撕裂。

④ 薄膜厚度的平均误差小，一般应在2%（进口设备生产的膜）以内，薄膜厚度平均误差的计算公式如下：

$$薄膜厚度平均误差=\frac{最大厚度-最小厚度}{最大厚度+最小厚度}\times100\%$$

使用千分卡沿薄膜宽度每隔15cm取一测厚点，得到1m宽度上的最大厚度和最小厚度，然后计算之。由于我国的BOPP、BOPA6、BOPET的生产设备都是德国、美国等国家进口的，设备上装有γ射线自动测厚仪，能自动监控生产的厚度，因此薄膜厚度精度较高，一般在1m宽度内，可达到2%以下。如果在老式的国产机械上用人工调节T形口模上的螺丝（调节产品厚度的膨胀螺丝）则厚度的精度就较差，上复合机的薄膜厚度平均误差应在10%以内。

⑤ 薄膜厚度的平均误差分布要均匀，分布不均匀的薄膜复合收卷后，表面有凸筋，且涂胶不均匀，易起泡、漏胶，复合不牢。

（2）基材薄膜的表面处理

基材膜之间要能够用胶黏剂互相贴合在一起，要求基材膜表面张力达到 $4\times10^{-2}$N/m，各种聚合物的临界表面张力见表4-15。

**表4-15 各种聚合物的临界表面张力**

| 聚合物 | 临界表面张力/$10^{-3}$N/m | 聚合物 | 临界表面张力/$10^{-3}$N/m | 聚合物 | 临界表面张力/$10^{-3}$N/m |
|---|---|---|---|---|---|
| PTFE | 18.5 | PE | 31 | PVC | 40 |
| PVDF | 25 | PP | 29 | PMMA | 39 |
| PVF | 28 | PS | 33 | PET | 43 |
| 乙丙共聚物 | 28 | PVA | 37 | PA6 | 42 |

为了达到 $40\times10^{-3}$N/m的表面张力，一般可使用电晕处理；还可以用浸渍法处理，把待处理件浸渍在98%以上的 $H_2SO_4$ 和高锰酸钾混合液中，然后水洗后干

燥；火焰处理法适用于铝箔；还有喷砂法、紫外光辐射法。经电晕处理的薄膜在最初存放的一个月中，表面能降低很快，由 $48\times10^{-3}\sim55\times10^{-3}$N/m，降低到 $40\times10^{-3}$N/m，在这个水平上可保持 3 个月，超过 3 个月的薄膜，使用时应重新电晕处理。可以用湿润试剂检测表面能的大小，湿润试剂配方见表 4-16。

**表 4-16　湿润试剂配方**

| 试剂标号 | 表面张力/$10^{-3}$N/m | 甲酰胺体积比/% | 乙二醇乙醚体积比/% |
|---|---|---|---|
| 36 | 36 | 42.5 | 57.5 |
| 37 | 37 | 48.5 | 51.5 |
| 38 | 38 | 54 | 46 |
| 39 | 39 | 59 | 41 |
| 40 | 40 | 63.5 | 36.5 |
| 41 | 41 | 67.5 | 32.5 |
| 42 | 42 | 71.5 | 28.5 |
| 43 | 43 | 74.7 | 25.3 |

注：甲酰胺和乙二醇乙醚均为分析纯。薄膜的处理度可根据 JISK—6768“湿润试验方法”。

**(3)** 干式复合用胶黏剂及其涂布量

干式复合用胶，目前使用得最为普遍的是以醋酸乙酯为溶剂的双组分聚氨酯胶。涂胶用凹眼网纹辊涂布，涂布量如下：

① 一般用途：白膜及平滑薄膜涂布量为 1.5～2.5g/m$^2$（干固量）；纸及平滑性差的薄膜、多色调油墨多的薄膜、聚合物涂布了的薄膜涂布量为 2.5～3.5g/m$^2$（干固量）；包装含水量多的内容物的薄膜涂布量为 3.5～40g/m$^2$。

② 高温蒸煮杀菌用途：100℃以下的低温蒸煮袋涂布量为 3.0～3.5g/m$^2$（干固量）；透明蒸煮袋涂布量为 3.5～4.0g/m$^2$（干固量）；铝箔结构的高温蒸煮袋中铝箔容器涂布量为 4.0～5.0g/m$^2$（干固量）。

涂布量可以按下式计算出来：

$$CW=\left(\frac{1}{4}\times\frac{1}{6}\right)\times N_v\times h$$

式中，$CW$ 是涂布量，g/m$^2$（干固量）；$N_v$ 是双组分或单组分聚氨酯胶调配后的固含量,%（质量分数）；$h$ 是凹眼辊凹眼深度，μm；1/4～1/6 是胶从凹眼中转移到薄膜上去的转移常数，同胶的浓度有关。一般的凹眼网纹辊均备用两只辊，一只是 75 线/英寸（29.5 线/cm），另一只是 110 线/英寸（43.3 线/cm）。75 线/英寸的深度 $h=100\mu$m，凹眼体积为 32.4cm$^3$/m$^3$，110 线/英寸的深度为 $h=80\mu$m，凹眼体积为 24.2cm$^3$/m$^2$。75 线/英寸的辊用于涂布高温蒸煮袋等涂布量多的，而 110 线/英寸的辊用于一般涂布量。

**(4)** 熟化

对双组分聚氨酯胶复合的薄膜，应在 40～60℃的熟化室中放置 2～3 天，充分

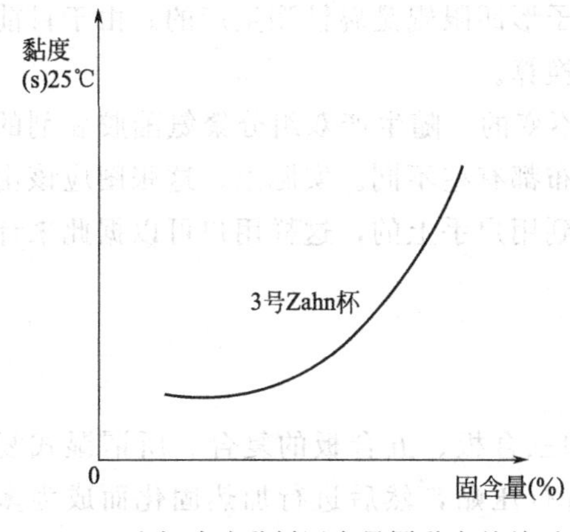


图 4-7 聚氨酯胶黏剂固含量同黏度的关系

固化后才能分切制袋。

图 4-7 是聚氨酯胶黏剂按生产胶的厂家提供的甲、乙组分用醋酸乙酯配合后调匀，用 3 号 Zahn 杯进行测量，在 25℃下的流完 Zahn 杯的时间（s）。根据时间（s）用图 4-7 中的曲线查得胶的固含量，即 $N_v$ 的质量分数，再从表 4-17 中得知凹眼涂布辊凹眼深度 $h$，就可以计算出涂布量 $CW=(1/4\sim1/6)\times N_v\times h$。可以根据标准涂布量进行比较，而得到较佳的涂布量。

**表 4-17 不同凹眼辊的理论凹眼容积和深度**

| 锥形凹眼辊 | | | 格子形凹眼辊 | | |
|---|---|---|---|---|---|
| 线数/in | 深度 $h$/μm | 体积/($cm^3/cm^2$) | 线数/in | 深度 $h$/μm | 体积/($cm^3/cm^2$) |
| 12 | 470 | 142 | 17 | 430 | 188 |
| 15 | 300 | 98.4 | 25 | 350 | 161 |
| 32 | 260 | 82.3 | 30 | 260 | 116 |
| 40 | 200 | 68.7 | 35 | 220 | 96.3 |
| 45 | 160 | 62.8 | 45 | 200 | 94.9 |
| 55 | 150 | 50.2 | 55 | 165 | 70.0 |
| 65 | 110 | 46.0 | 65 | 150 | 69.4 |
| 75 | 100 | 32.4 | 75 | 135 | 64.6 |
| 90 | 85 | 29.9 | 85 | 120 | 58.1 |
| 100 | 85 | 25.3 | 95 | 100 | 49.8 |
| 110 | 80 | 24.2 | 110 | 95 | 45.3 |
| 120 | 75 | 23.4 | 120 | 85 | 41.1 |
| 130 | 65 | 19.4 | 130 | 75 | 34.1 |
| 140 | 55 | 16.3 | 140 | 70 | 31.6 |
| 150 | 50 | 14.9 | 150 | 60 | 26.7 |
| 165 | 40 | 11.7 | 165 | 55 | 23.5 |
| 180 | 30 | 9.3 | 180 | 45 | 19.2 |
| 200 | 20 | 6.16 | 200 | 30 | 12.0 |

应当指出的是凹眼辊虽然经过镀铬处理，但是随着长期的生产和磨耗，一般在经过 300 万次涂布磨损以后，基本上就无法再涂胶了。用手摸，可发现凹眼辊已经失去粗糙性，表面变得光滑平整，这时，就应当更换胶凹眼辊了。

锥形凹眼辊是电子雕刻机生产的，而格子形凹眼辊是腐蚀型生产的。由于目前世界各国仍旧使用英、美的英制线数，故未换算。

应当指出的图 4-7 中的曲线并不是一成不变的，随生产双组分聚氨酯胶黏剂的工艺条件，每批胶的分子量大小和分子量分布都有些不同。实际上，这张图应该由胶的生产厂家随同胶的批号和合格证一起交到用户手上的，这样用户可以据此来计算 *CW*。

## 二、湿式复合工艺和无溶剂复合工艺

湿式复合工艺只适用于多孔性材料，如三合板、五合板的复合。所谓湿式复合是平片状的材料用胶黏剂涂布后，立即进行压贴，然后进行加热固化而成为多层复合材料。显然塑料薄膜与塑料薄膜是不能进行湿式复合的，因为胶黏剂中的溶剂无法被塑料薄膜吸收，所以湿式复合只适用于木材、开孔性泡沫塑料等多孔性材料。

所谓无溶剂复合工艺是使用粉末状或片状的热熔胶，撒布于一基材膜表面，另一基材与之贴合加热，冷却下来成为复合材料，最常用的是织物与织物的热压贴，如硬衬领。还有一种无溶剂复合，是使用聚合物胶的预聚物，以活性单体为溶剂，在干式复合的烘道内进一步聚合固化而使之复合为复合物，优点是不需要使用溶剂，不需要熟化温度和时间，不影响环境。无溶剂复合工艺取代干式复合显然有很好的前景。

## 三、挤出涂布复合膜及共挤出复合膜的生产工艺和结构配方

### 1. 挤出涂布复合膜的生产工艺和结构配方

挤出涂布复合工艺是使用一台带 T 形口模的挤出机，以一种热塑性塑料为原料，用 T 形口模熔融流延在另一种塑料薄膜或其他平片状物，如布、纸张、金属箔等材料而成复合物。这种复合工艺的优点是只需要在塑料薄膜面上涂布 1/10 量的所谓锚涂剂（anchor coating agent，AC），因此，无胶黏剂的毒性问题，对环境影响也很小。挤出涂布复合工艺的速度快，可达 300～350m/min；价格上比干式复合低得多。

挤出涂布用树脂有 LDPE、LLDPE、HDPE、EVA、PP、Surlyn、Nucler、Bynel、EVAL、EEA 和 EAA 等。Surlyn 是离子型聚合物，涂布后有良好的夹杂物热封性，可以在液面（如牛乳中）下进行热封制袋。Nucler 和 Bynel 都是丙烯酸酯系相容剂。挤出流延复合还可把 PA6 双向拉伸膜用 Surlyn 树脂挤出流延，同时趁热把热封用膜三层压贴在一起，组成 BOPA6/Surlyn/LDPE＋LLDPE（50∶50）热封层三层膜。

AC 剂有机钛化合物、异氰酸酯系、聚丁二烯系、聚乙烯亚胺系等多种，日本东洋莫通公司生产各种 AC 剂供市。挤出涂布复合膜的结构和应用见表 4-18。

表 4-18　挤出涂布复合膜的结构和应用

| 结　构 | 特　性 | 应　用 |
|---|---|---|
| OPP/LDPE | 热封性、防潮性、价格低 | 快餐食品、防潮干燥食品、糕点 |
| OPP/玻璃纸/LDPE | 耐煮沸、阻气 | 调味食品、煮物、腌物 |
| OPP/CPP 或者 KOPP/PP | 防潮、阻气 | 快餐食品、年糕片、花生、巧克力 |
| ONY/LDPE(或 EVA) | 强度好，耐冲击、阻气 | 快餐食品、调味食品、冷冻食品 |
| PET/LDPE(或 EVA) | 低温热封性，耐煮沸 | 冷冻食品、调理食品、汤汁、年糕 |
| 玻璃纸/LDPE | 耐油性 | 鱼片、糊状汁 |

## 2. 共挤出复合膜的生产工艺和结构配方

共挤出复合工艺是利用两台或三台挤出机共用一台复合模头使两种或三种聚合物复合成多层次的复合薄膜。共挤出复合工艺要求互相复合的热塑性塑料有良好的相容性，如果没有相容性，则中间应使用对二者均有相容性的相容剂，才能黏结热复合在一起。表 4-19 是各种树脂的相容性。

表 4-19　各种树脂的相容性

| 氯丁胶 | PVDC | PET | PS | Ny | PP | Surlyn | EVA | HDPE | MDPE | LDPE | 树脂 |
|---|---|---|---|---|---|---|---|---|---|---|---|
| G | B | U | U | U | B | G | G | G | G | G | LDPE |
| G | U | U | U | U | B | G | G | B | G | G | MDPE |
| B | U | U | U | U | U | G | G | G | B | G | HDPE |
| G | G | U | U | U | B | G | G | G | G | G | EVA |
| G | U | (U) | U | G | B | G | G | G | G | G | Surlyn |
| B | U | U | U | U | G | B | B | U | B | B | PP |
| B | U | U | G | U | U | G | U | U | U | U | Ny |
| U | U | U | G | U | U | U | U | U | U | U | PS |
| U | U | G | U | U | U | U | U | U | U | U | PET |
| B | G | U | U | U | U | U | G | U | U | B | PVDC |
| G | B | U | U | B | B | G | G | B | G | G | 氯丁胶 |

注：G 优，B 一般，U 不相容，(U) 对一定品种的 PET 而言。

共挤出复合膜的结构配方及生产工艺如下。

配方一：PA6/Surlyn/LDPE＝50/10/70（厚度比）。

PA6 挤出机温度：220℃/220℃/220℃，连接器 220℃，螺杆转速 33r/min。

Sudyn 挤出机温度：Surlyn 牌号 1652，挤出机温度 200℃/200℃/200℃，连接器温度 200℃，螺杆转速 70r/min。

LDPE 挤出机温度：170℃/170℃/170℃，连接器 170℃，螺杆转速 40r/min，共挤出复合膜机头温度 220℃，牵引速度 5.5～8m/min，吹胀比为 1.55。

配方二：PA6（40μm)/CXA（10μm)/LDPE（60μm）共挤复合膜。

PA6挤出机温度：250℃/250℃/250℃，连接器250℃，螺杆转速18～32r/min。

CXA是黏结性树脂，其挤出机温度：200℃/200℃/200℃连接器200℃，螺杆转速70r/min。

LDPE挤出机温度：225℃/225℃/225℃，连接器温度230℃，螺杆转速70r/min。

共挤出复合膜机头温度240℃，牵引速度8～12m/min，吹胀比为1.1。

配方三：PA6（50μm)/Admer（10μm)/EVA（80μm）共挤出复合膜。

PA6挤出机温度：250℃/250℃/250℃，连接器温度260℃，螺杆转速50r/min。

Admer相容剂挤出机温度：220℃/220℃，螺杆转速70r/min。

EVA挤出机温度：170℃/170℃/170℃，连接器温度180℃，螺杆转速57r/min。

共挤出复合模头温度：260℃/260℃/260℃，牵引速度5～50m/min，吹胀比为1.30。

共挤出复合工艺机械上主要是复合模头的设计制造，国外有ABC三种五层的结构ABCBA薄膜，A为热封性树脂，B为黏结性树脂（相容剂），而C一般指高阻隔性树脂，如PVDC、尼龙6、EVAL等。共挤出复合工艺上的技术关键是选择一个合适的相容剂来使两种不相容的树脂能通过复合模头热黏合在一起。美国杜邦公司生产的离子型树脂Surlyn同尼龙、EVAL等高阻隔树脂均有良好相容性，同铝箔和各种聚烯烃中的聚乙烯均有相容性，但不能同PP有相容性。杜邦公司还生产以EVA为主的黏结性树脂Bynel专门用于共挤复合用，它同丙烯腈、丙烯酸系塑料、PVC、PS、PVDC、PC、PO、Sufiyn、铝箔、纸均有良好热黏合性。其Bynel 3048专门用于PA、PO、EVAL的共挤出复合。各种加工了的食品包装上使用的复合膜种类见表4-20。

**表4-20　各种加工了的食品包装上使用的复合膜种类**

| 加工了的食品种类 | | | 复合包装膜的材料和结构 | | |
|---|---|---|---|---|---|
| 项目 | 内容物 | 要求 | 结构 | 复合方法 | 黏结剂 |
| 干燥食品 | 快速面 | 阻湿性 | PT/PE | 干式 | AD305E/355E |
| | | 高速包装 | OPP/CPP | 干式 | AD305E/355E |
| | | | KPET/CPP或PE | 干式 | AD305E/355E |
| | | | PET/PE纸/PE(高档) | 挤复 | AD372-MN,EL42 |
| | 面条用粉 | 阻湿性 | PT/PE/AL/PE | 挤复 | EL-755、AD502/CAT10 |
| | 菜汤 | 夹杂物密封性 | PET/PT/AL/EVA | 挤复 | EL-755、AD502/CAT10 |

续表

| 加工了的食品种类 | | | 复合包装膜的材料和结构 | | |
| --- | --- | --- | --- | --- | --- |
| 项目 | 内容物 | 要求 | 结构 | 复合方法 | 黏结剂 |
| | | 耐油性 | 纸/PE/AL/PE | 挤复 | 无 |
| | 泡茶水紫菜 | 阻湿性 | PET/PE/AL/PE | 挤复 | EL755,AD502/CAT10 |
| | 糖果快餐 | 阻气、阻湿 | KOPP/PE/CPP(PE) | 干式 | AD305E/355E |
| | | 耐油性 | OPP/CPP | 干式 | AD305E/355E |
| | | | OPP(部分涂布) | | |
| | 调味薄层木鱼 | 阻气、阻湿 | OPP/EVAL/抗静电层 | 干式 | AD301A/350A(充气包装) |
| | 绿茶 | 阻气、阻湿 | KOPP/LDPE | 干式或挤复 | AD502/CAT10 |
| | 快速咖啡 | 夹杂物密封性 | PT/PE/AL/PE | 挤复 | AD372MW、EL420 |
| | | | PET/PE/AL/PE | 挤复 | AD372MW、EL420 |
| | 调味料 | 阻气、阻湿 | MST/PE | 挤复 | FL-443A/B |
| | | 耐油性 | 纸 PE/AL/PE | 挤复 | 无 |
| | 快速菜汤 | 阻气、阻湿 | 纸/AL/交联 PE | 胶贴/干复 | |
| | | 夹杂物密封性 | 纸/PE/AL/PE | 挤复 | |
| | | 耐油性、强度 | PT/PE/纸/PE/<br>AL/PE | 挤复 | AD333E |
| | | | PT/PE/AL/PE | 挤复 | AD333E |
| 肉制品 | 火腿、腊肉 | 耐蒸煮性 | 交联 PE/交联 PE | 干式 | AD953/CAT10 |
| | 肠 | | KONy/PE(EVA) | 干式 | AD575/CAT10 |
| | | | ONy/EVAC/PE | 干式 | AD575/CAT10 |
| 含水食品 | 咸菜 | 耐酸阻气 | KPET/PE(EVA) | 干复 | AD548/CAT10 |
| | | 夹杂物热封性 | KPT/PE(EVA) | 干复 | AD548/<br>CAT10 |
| | | 耐蒸煮 | ONy/EVAL/<br>PE(EVA) | 干复 | AD548/<br>CAT10 |
| | | | OPP/PT/PE(EVA) | | |
| | 豆酱 | 阻气、耐蒸煮 | KPT/PE(EVA) | 干复 | AD 575/CAT10 |
| | | 低温热封、夹杂 | OPP/EVAL/PE(EVA) | 干复 | AD 575/CAT10 |
| | | 物热封,冲击强度 | KPT/ONy/PE(EVA) | 干复 | AD 575/CAT10 |
| | | | KPT/PVA/PE(EVA) | 干复 | AD 575/CAT10 |
| | | | ONy/EVAC/PE(EVA) | 干复 | AD 575/CAT10 |
| | 年糕 | 阻气 | ONy/PE(EVA) | 干复 | AD 548/CAT10 |
| | | 耐针孔 | PET/PE(EVA) | 干复 | AD 548/CAT10 |
| | | 低温热封 | KPET/PE(EVA) | 干复 | AD 548/CAT10 |

续表

| 加工了的食品种类 | | | 复合包装膜的材料和结构 | | |
|---|---|---|---|---|---|
| 项目 | 内容物 | 要求 | 结构 | 复合方法 | 黏结剂 |
| 水产熬炼 | 鱼糕 | 阻气性 | ONy/PE(EVA) | 干复 | AD 900/RT5 |
| 产品 | 筒状鱼卷 | 耐针孔 | KNy/PE(EVA) | 干复 | AD 900/RT5 |
| | 鱼肉蒸饼 | 夹杂物热封性 | OPP/EVAL/PE | 干复 | AD 900/RT5 |
| 烹调食品 | 五香咖喱 | 耐蒸煮性 | ONy/PE(LLDPE) | 干复 | AD 900/RT5 |
| | 红豆饭 | 阻气、耐针孔 | KNy/PE(EVA) | 干复 | AD 900/RT5 |
| | | 夹杂物密封 | ONy/CPP | 干复 | AD 900/RT5 |
| | | | PET/AL/HDPE(CPP) | 干复 | AD 502/CAT10 |
| | | | | | AD1010/RT-1 |
| | | | | | AD 506S/RT |
| | 果浆 | 阻气 | PET/AL/PE | 干复 | AD 575/CAT10 |
| | | 耐煮沸、耐油性 | ONy/AL/PE | 干复 | AD 575/CAT10 |
| | | | ONy/PE | 干复 | AD 575/CAT10 |
| | 液体菜汤 | 阻气、耐火 | KPET/EVA(PE) | 干复 | AD 900/RT5 |
| | 液体调味料 | 耐煮沸、耐针孔 | KONy/PE(EVA) | 干复 | AD 900/RT5 |
| | | | ONy/EVAL/PE | 干复 | AD 900/RT5 |
| 饮料 | 果汁 | 阻气、耐冲击 | PET/AL/EVA(PE) | 干复 | AD 502/CAT10 |
| | | 耐煮沸 | OPET/AL/OPET/EVA | 干复 | AD 502/CAT10 |
| | 酒类 | 阻气、耐冲击、耐煮沸 | OPP/KONy/PE | 干复 | AD1050/RT1(盒内装) |
| | | | OPP/UMPET/PE | 干复 | AD1050/RT1(盒内装) |
| | | | PET/AL/PE | 干复 | AD1050/RT1(盒内装) |
| 油脂食品 | 巧克力 | 阻气、耐油性 | KOPP/PE | 挤复 | EL443A/B |
| | | | PT/PE/AL/PE | 挤复 | EL443A/B |
| | 花生米 | 阻气、耐油 | KOPP/PE | 挤复 | EL443A/B 除氧剂 |
| | | | PET/PE/AL/PE | 挤复 | EL443A/B 除氧剂 |
| | 奶酪 | 阻气、耐油 | KPT/蜡 | | |
| | | | KOPP/PE | 挤复 | EL443A/B |
| 药品 | 医药品 | 阻湿 | PT/PE | 挤复 | EL443A/B |

注：PT 为玻璃纸，KPT 是涂布 3PVDC 的玻璃纸，MST 是防潮玻璃纸，VMPET 是真空镀铝聚酯膜。表中黏结剂牌号是日本东洋莫通（Monon）公司生产的胶黏剂及 AC 剂牌号。

美国 Dow 化学公司生产的 Primacor 是乙烯-丙烯酸的共聚物，对 PA、PO、AL 箔、纸均有卓越的热黏结性。挤出涂复时的加工温度为 205～275℃，挤出吹膜温度为 150～230℃。注意 EAA 有腐蚀性，应镀铬或镀镍，停机前用 MI＝2g/10min 的 LDPE 清洗设备，清洗温度为 280℃。

日本三井石化公司生产的 Admer 相容剂是以 HDPE、MDPE、LDPE 和 PP 等树脂为基础，经接枝改性后得到的相容性好的黏结性树脂，可用于高温蒸煮食品的包装袋使用。B 系列用于复合瓶用，F 系列用于复合薄膜用，E 系列用于挤出涂布，P 系列用于静电喷涂及流动浸渍加工用。

此外还有日本宇部兴产生产的 UBE-Bond 相容剂。Nucrel 相容剂（EMAA）等。

使用 Bynel3095、Bynel3048 和 Bynel3036 共挤出阻隔性优的结构配方及用途如下。

配方一：LDPE/Bynel/PA6/Bynel/LDPE，用于包装汉堡牛排、热狗肠、咸肉的真空包装。

配方二：LDPE（50%）+LLDPE（50%）共混料/Bynel/PA6/Bynel/LDPE（50%）+LLDPE（50%）共混料，三台挤出机共挤出复合工艺有良好的热封强度，良好的夹杂物热封性，强度好，阻隔性好，可用于包装汉堡牛排、热狗肠、咸肉的真空包装。

配方三：PA6/EVAL/PA6/Bynel/Surlyn，尼龙 6 同 EVAL 有良好的相容性，可以共混后用一台挤出机挤出，此结构有良好阻隔性，热封性，良好夹杂物热封性。可用于包装汉堡牛排、热狗肠、咸肉的真空包装。

配方四：PA/EVAL/Bynel/Surlyn。可用于包装热狗肠、咸肉的真空包装。

配方五：PA/Bynel/Surlyn 共挤出，用于熟的火腿包装。

配方六：HDPE/Bynel/PA/Bynel/EVA 共挤复合，用四台挤出机复合四种五层膜，用于包装芳香阻隔层糕点、配合料、包装盒的衬里。

配方七：LLDPE/Bynel/PA/Bynel/LLDPE，三台挤出机共挤复合 5 层阻隔性膜。LLDPE 有良好夹杂物热封性，用于铺垫用气泡包装膜。

配方八：PET/Bynel/HIPS，共挤复合片材，用于热成型容器包装食品及微波炉加热食品用盒。

配方九：PP/Bynel/EVAL/Bynel/PP，可生产阻隔性容器，共挤复合片材后热成型，用于微波炉加热食品用盒。

配方十：PC/Bynel/EVAL/Bynel/PC，共挤出高阻隔片材，热成型容器，用于包装微波炉用食品盒。

配方十一：HIPS/Bynel/EVAL/Bynel/PP，四种五层结构，共挤出片材，生产阻隔性容器，代替玻璃及金属容器。

表 4-21 中的多层方式分 FB 和 MM 两种，所谓 FB 是英文 feed block，这种供料方式是在模唇前的 T 形口模前较长距离模内合流，因此容易造成料层间的混料，料层界面不清晰。日本日立造船产业株式会社塑料技术部的负责人讲，他们在 FB 口模内采取了阻止各层次混流的办法，生产的共挤复合 FB 模头质量有很大进步。MM 方式，英文是 multimanifold，即复合歧管型复合模头，是在模外复合，各层装有截流栓，容易调节各层的流量厚度，适用各种塑料的复合。由于在模外复合，层与层间不发生混流现象，但这种复合膜层与层间的黏结强度显然不如模内复合的大。

表 4-21　多层片材、薄膜的组合例子、用途及目的

| 层次结构 | 树脂组合例子 | 多层方式 | | 主要用途 | 目　的 |
|---|---|---|---|---|---|
| | | FB | MM | | |
| 2层2种 | 新料/粉碎旧料(新料/旧料/新料) | ○ | | 各种包材 | 价格高的新料用量少,厚度小,可利用旧料降低成本,里外表面均用新料 |
| | SPVC(新料)/SPVC(旧料)+高填充 | ○ | ○ | 建材、住宅(地板) | 价格较高的表面层较薄,里面层是厚的含大量无机填充剂的废的农用 S-PVC 碎片 |
| | PMMA/PC(PMMA/PC/PMMA) | ○ | ○ | 建材、住宅(波纹板、地毯) | 单面或者两面使用耐候性的 PMMA,可以防止 PC 的老化,PMMA 用薄膜方式复合,可降低成本 |
| | GPPS/HIPS(有色彩)/HIPS | ○ | | 食品容器、装饰包材、玩具 | 表面有良好的光泽性,而强度用 HIPS 来保证,可以得到多种色彩的装饰性好的容器和包材 |
| 2种3层 | PP/PP(低发泡)+填料/PP | ○ | | 食品容器 | 中间一层为含有无机填料的刚性、易烧却、低公害性塑料,而在两表面使用 PP 粒子,为防止填充剂在表面析出并使之具有光泽和手感柔软的特点,中间层采用发泡 PP+填料 |
| | PET/PET(LLDPE)/PET | ○ | | 薄膜材料 | PET 第三层膜小间一层是具有强度的高Ⅳ值的 PET(或者 LLDPE),表面是低固有黏度(Ⅳ)的 PET,可降低成本 |
| 4种4层 | GPPS/HIPS(带颜色的)/HIPS(黑)/HIPS(白) | ○ | | 食品容器(牛奶、酸奶) | 表面的 GPPS 具有光泽性和滑爽性,有色的 HIPS 具有良好的装饰用颜色,黑色的 HIPS 具有遮光性,而白色的 HIPS 是黑色 HIPS 的盖材 |
| 3种5层 | PP/黏结性树脂/EVAL/黏结性树脂/PP | ○ | | 保存用食品容器(酱油容器) | 具有阻氧性的透明性树脂放在中央,而两表面层使用价格便宜防湿性优良的 PP,是透明性复合片材 |
| | PP/黏结性树脂/HIPS/黏结性树脂/PP | ○ | | 低温用轻食品容器 | 作为两个表面材料的 PP 具有耐冲击性和低温性,中间芯层是混入了废旧塑料的具有刚性的 HIPS,这样可降低成本 |
| | PP+填料+添加剂/PP(有色的)+填料/PP+填料/PP(有色的)+填料/PP+填料+添加剂 | ○ | | 轻量容器(化妆品用、装饰用) | 低公害树脂的 PP+填料为基材,具有柔软的手感,两表面是薄的透明树脂,添加了防雾剂,中间芯层混有旧塑料,以降低成本 |

## 四、无菌包装膜袋的生产工艺及应用

### 1. 无菌包装的基础知识

无菌包装是用无菌的食品和无菌的包装材料在无菌环境中进行的包装。无菌包

装可以较长期保存食品，防止食品的腐败变质。商业或工业上无菌的意义是没有致病菌，非致病菌数目在每克10个细菌以下。

密闭容器中某种食品在某温度下的水蒸气压为$P$，该温度下的饱和水蒸气压为$P_0$，则$P/P_0$称该食品的水分活性。水分活性在0.65以下的食品为干燥食品；水分活性在0.65～0.90的为中间水分食品，而水分活性超过0.90的称多水分食品。各种细菌繁殖的最低水分活性见表4-22。

**表4-22　各种微生物繁殖的最低水分活性**

| 微生物种类 | 水分活性 | 微生物种类 | 水分活性 |
| --- | --- | --- | --- |
| 一般细菌 | 0.91 | 好氧性细菌 | 0.75 |
| 一般酵母菌 | 0.88 | 耐浸透压性酵母 | 0.61 |
| 一般霉菌 | 0.80 | 耐干性霉菌 | 0.65 |

对于干燥食品，即水分活性低于0.65的食品，细菌是不能繁殖的，也就是说食品不会因细菌繁殖而变质。我们已经知道，一般的致病菌在85℃下经30min的巴氏杀菌就能被杀死，而存在于火腿、香肠等肉制品和霉豆腐等蛋白质含量多的食品中的肉毒杆菌是最难杀死的一种致病菌，其A型菌的芽孢耐热性强，对人来讲，其毒素即使只有百万分之一克，也会产生中毒症状，且中毒后死亡率极高，必须注射得过这种病的人的血清才能医治，而这种血清极少。肉毒杆菌A型菌的耐热性如下：100℃，330min死亡；105℃，100min死亡；110℃，33min死亡；115℃，10min死亡；120℃，4min死亡。

无菌包装是指包装材料和食品经无菌处理，然后在清洁的无菌室中包装。美国宇航局NASA规定的生物清洁室（bioclean room）的标准见表4-23。

**表4-23　美国宇航局NASA规定的生物清洁室标准**

| 清洁室等级 | 粒子 | | 28.3L体积中生物粒子浮游量 | 气流换气次数 |
| --- | --- | --- | --- | --- |
| | 粒径/μm | 28.3L体积中粒子个数 | | |
| 100 | ≥0.5 | ≤100 | ≤0.1 | 层流方式0.45m/s,±0.1m/s |
| 1000 | ≥0.5 | ≤1000 | ≤0.1 | 层流方式0.45m/s,±0.1m/s |
| 10000 | ≥0.5 | ≤10000 | ≤0.5 | 紊流方式≥20次/h |
| 100000 | ≥0.5 | ≤100000 | ≤2.5 | |

注：28.3L=1立方英尺。

药品和食品的生产、包装应在1000～10000等级的清洁室中进行，精密机械、电子产品、光学仪器的生产和包装也应在1000～10000等级的清洁室中进行。所有的细菌必须附着在灰尘上才能浮动，去除灰尘就是去除了细菌。

包装材料的杀菌方法有以下几种：

① 紫外线杀菌法：紫外线不仅能杀死包装材料表面的各类细菌，还能杀灭包装车间空气中的细菌，瑞典BBC公司生产的高性能紫外光杀菌器功率为1kW，能在200mW下杀灭$1cm^2$包装材料上的致病菌，而$500mW/cm^2$的紫外光，辐照1s就能杀死99.999%的细菌。

② 远红外线杀菌法：把塑料薄膜包装食品后用远红外线辐照，由于塑料薄膜不吸收远红外线光，远红外线光可以直接被食品表面吸收，从而加热了食品，达到杀菌目的。

③ 微波杀菌：将包装后的食品放入微波炉中，既加热了食品，也起到食品和包装同时杀菌的目的。

④ 臭氧杀菌：使用臭氧可以杀死食品表面和包装材料表面的细菌。另外，把紫外光和双氧水结合起来杀灭包装材料表面的细菌，效果更加明显，并可以降低双氧水的浓度。

**2. Tetrapak公司无菌包装袋的生产工艺及应用**

瑞典Tetrapak公司生产纸/塑/铝复合包装，用做包装牛乳液体的无菌包装袋，它在我国有三家独资企业，其产品获得了广泛的应用。

这种复合包装袋使用挤出流延复合法来生产，生产过程中不使用任何胶黏剂和锚涂剂（AC剂），这种袋不仅符合美国FDA的卫生标准，也符合欧洲的卫生标准。其结构如下：（外层）LDPE油墨印刷保护层/$250\sim330g/m^2$的饱和白板纸/挤出流延复合LDPE（$25\mu m$厚）/已用火焰烧灼处理过表面的铝箔（$25\mu m$厚）/PE黏结层/离子型聚合物（内封层）$35\sim55\mu m$。首先在卷筒状白板纸上进行印刷，使用六色凹版印刷机印刷。印刷好了的白板纸在印刷面上挤出流延一层LDPE薄膜，这层LDPE薄膜不仅能保护纸上的印刷面不被揩拭掉，还能在制成砖形包装物时折叠在盒底热封用，因此这层PE比较厚，为$40\sim50\mu m$。为了使这层PE能同印刷油墨有很牢靠的黏结力，提高挤出机的挤出流延温度为285～305℃，并同时用鼓风机向高温下的PE贴合面吹送热的臭氧气体，以提高PE的流延复合牢度，挤出机T形口模的气隙（air gap）也应适当，不能过长，防止这层LDPE过度氧化，热封不牢。应该讲，Tetrapak包装膜生产的关键是在这一层，即：要使PE同油墨有很好的黏结性，这就要求PE表面要有一定的氧化层，但又不能氧化过度，氧化过度虽然有利于复合牢度，但影响热封，过度氧化的PE表面是不能热封制袋的。严格控制流延膜的温度和臭氧气体的量，以及气隙合理的长度都是操作工人应注意的。

第二台挤出流延机是用来复合纸同铝箔的，可以采用较长的气隙，较高浓度的臭氧气体和较高的挤出流延温度，以提高PE同纸和铝箔的复合强度。第三台挤出流延机是一台两个挤出机共用一个挤出复合流延机头的共挤出流延机，同铝箔贴合的是一种黏结性树脂，即相容剂树脂，而内封层是 Surlyn 树脂，这种树脂有良好的夹杂物热封性，即使在牛乳里面也能热封制袋，为此，可以生产绝对无菌的包装袋。Tetra pak 包装膜生产出来后，就交到牛乳包装厂进行无菌包装。

牛乳的消毒在不锈钢消毒器中进行，把已经预热到 100℃左右的牛乳在一个不锈钢塔中同 150℃以上的高压过热水蒸气混合，接触时间 20s 以下，一般为 6～8s，然后进入减压塔把牛奶中多余的水分蒸发掉，最后无菌的牛乳进入一个充灌-成型-热封的自动灌装机中，用已经过双氧水浸渍并经过紫外光杀菌及热风干燥了的包装膜在液面下已消毒的无菌牛乳中进行热封制袋成为无菌包装。Tetrapak 公司有砖形（Brick）、四面体形（Tetra）以及屋顶形（Rex）三种牛乳袋，其中砖形和四面体形是在已消毒的牛乳内进行充灌、热封制袋的，所以是绝对无菌的，而屋顶形因是在液面上面制袋充灌密封的，袋内有一部分空气，因此，不能算是无菌包装。四面体形和砖形的牛乳袋常温下保存有半年以上的适用期，屋顶形应在 3～6℃下保存和销售，有 1 个月的适用期。

**3. Erca 公司中性无菌复合片材的生产工艺及应用**

中性无菌包装片材（neutral aeptic packaging sheet）简称为 NAS 包材，其结构如下：外层为 HIPS 层，占片材总厚度的 70%，有优良的热成型性。片材在 Erca 包装机上热成型拉伸比 L/D＝1.5∶1～2，HIPS 有良好的韧性和机械强度，商标易粘贴。由外层向内的第二层是 EVA，其作用是使 HIPS 同第三层的高阻隔性材料 EVAL 或 PVDC 有良好的黏结性，EVA 作为相容剂仅占 1%～2%的总厚度。第三层阻隔性树脂占总厚度的 10%，第四层是 EVA 黏结性树脂层，第五层是内封层树脂 LDPE，最里面的一层是 PP。PP 由于同 LDPE 的相容性并不好，一般，其挤出复合后的牢固度不好。上述 PP 在真空热成型、充灌包装过程中，一面被撕剥下来，露出无菌的里层 LDPE，一面成型、充灌并在无菌室中封装。上述 HIPS/EVA/EVAL（或 PVDC）/EVA/LDPE/PP 六层为 Erca 无菌包装膜，均采用共挤方法复合。NAS 膜或卷筒状供食品厂制杯、充灌、封盖，完成无菌包装。盖材由铝箔、打孔的塑料片材（易撕）、热封 LDPE、易剥离的 PE 四层组成。

**4. 钴$^{60}$γ 射线无菌包装的生产工艺及应用**

EVA 用注射成型或者用共挤复合膜生产一只软箱，其结构是用 EVA 作为内、外层的复合膜或 EVA 注射，用共挤复合膜生产具有高阻隔性的内封层为 EVA 的较厚的袋子，袋子同箱子之间用 EVA 生产的一个塑料单向阀相连接，生产后用 $C^{60}$γ 射线辐照杀菌后送到食品厂，在无菌室中，把杀菌后的食品（大部分为浆状物，如番茄酱等）充灌入箱中袋内，这种无菌包装的箱内袋结构可以有较长的保鲜期。见表 4-24。

表 4-24 新型无菌包装系统

| 系统名称 | 国名 | 包装材料 | 内容物 | 系统特点及杀菌方法 |
| --- | --- | --- | --- | --- |
| Asepak | 美国 | 塑料卷状薄膜、管状 | 肉汁、番茄酱 | 使用 $H_2O_2$ 和紫外光联合杀菌，使用吹胀膜 |
| Tito Mangini | 伊朗 | 塑料包装 | 番茄酱 | γ射线杀菌，充填头使用杀菌剂 70℃下杀菌 30s |
| Steriglen | 澳大利亚 | 塑料包装 | 块状水果及肉制品 | 固液食品的杀菌冷却装置，无菌包装 |
| Fran Rica | 美国 | 塑料包装 | 蔬菜、果汁、饮料、酸牛乳、番茄酱 | 使用 114～1140L 的γ射线杀菌，容器充填部用水蒸气杀菌 |
| Sholle | 美国 | 塑料包装 | 番茄酱 | 19～1100L 的γ射线杀菌，容器充填部分用 80%乙醇或次氯酸钠消毒 |

## 五、高温蒸煮袋

### 1. 高温蒸煮袋的种类和发展现状

高温蒸煮袋（retort）是 20 世纪 60 年代美国海军研究所为解决宇航员吃饭问题而开发的一种食品包装袋，但是，在美国并没有得到发展。这一技术传入日本后，得到了蓬勃的发展，每年的增长率达 15%。1964 年日本大塚食品公司首先使用透明高温蒸煮袋包装咖喱食品获得成功。1970 年仅日本就销售高温蒸煮袋 7000 万只，价值 42 亿日元；1971 年销售 1 亿只，价值 100 亿日元。到目前为止，高温蒸煮袋每年以 15%的速度增长，成为食品包装业中十分引人注目的一类包装材料。包装的形式也由原来的 250～500g 的小口袋发展到 1kg、2kg 甚至 5kg 的大型业务用包装袋。袋的形态由普通的四方袋发展到自立袋、杯盘状以及双炉用包装容器等多种形态。包装的内容物由原来的固态食品，发展到半固态、液态食品。1987 年日本生产的高温蒸煮袋超过 10 万吨，包装的食品从原先的 10 多种，发展到目前的 100 多种食品，包括：咖喱食品、炖焖食品、肉丁洋葱盖浇饭、肉末辣酱油、麻辣豆腐、煮蔬菜、沙锅菜、其他肉食菜肴、水产食品、汤汁等。

高温蒸煮袋根据杀菌温度的不同可以分成如下几种：

① 85℃、30min 的巴氏杀菌袋，可以杀死新鲜牛奶中的一切致病菌，但不能杀死酵母菌和霉菌，仅适用于牛乳包装。

② 100℃、30min 杀菌的低温蒸馏袋（boiling bag）。

③ 121℃、30min 的中温蒸煮杀菌袋（retoa bag）。

④ 135℃、30min 高温蒸煮杀菌袋。

⑤ 超高温短时间杀菌，只能用微波炉来达到。

高温蒸煮袋从结构来分，有透明袋和铝箔不透明袋两类，其结构为：透明袋 BOPET（或 BOPA6）12～15μm/DL/LDPE 60～70μm，不透明铝箔袋 BOPET（或 BOPA6）12～15μm/DL/AL 箔 15～20μm/DL/LDPE 或 CCPP 50～70μm。

LDPE为内封层时高温蒸煮袋只适用于100℃、30min杀菌；当采用121℃、30min杀菌时，必须使用CCPP薄膜，即流延共聚丙烯薄膜，这种薄膜杀菌后强度不会降低，阻隔性也不会有太大的变化；CCPP可以耐0℃以下的使用条件。

**2. 高温蒸煮袋的无菌包装优点**

① 能杀死全部致病菌，内容物和包装同时杀菌，不需要分别杀菌后再在无菌室中充灌，保存食品期较长，不管包装的是什么食品，透明的高温蒸煮袋至少有1年的常温保存期，不透明的铝箔袋至少有2年的常温保存期。

② 透氧、透湿性都接近于零，内容物不会发生腐败变质。

③ 可以利用罐头食品的生产技术和设备，所以高温蒸煮袋又叫软罐头。

④ 封口可靠方便。

⑤ 开启和食用方便，袋口有小三角形切口，便于撕开来食用，可以冷食，也可以加热后食用。

⑥ 常温下保存。

⑦ 包装美观。

⑧ 废弃物容易焚烧处理。

我国的国情同日本相似，而不同于西欧、美国，所以在我国高温蒸煮袋一定会像在日本一样得到蓬勃的发展，原因如下：

① 我国和日本一样，夫妻两个人都是要参加工作的，双职工家庭多，工作后没有多少时间来烧饭做菜，且我国的菜肴，同日本料理一样，适宜于高温蒸煮包装。美国和西欧的风俗是女性结婚后，很少出去工作，在家专门带小孩、做饭，且美国、欧洲喜欢面包、冷狗、热狗之类食品，不适宜高温蒸煮。

② 日本和我国的居民住房比较紧张，没有太多的地方放置大型业务用冰柜，而西欧和美国、加拿大等国，住房比较宽敞，家家都购置大型的冰柜，并不需要高温蒸煮袋这种只需常温放置的食品袋。

③ 我国和日本都是能源缺乏的国家，我国每年需求的1.5亿吨石油中1亿吨要靠进口，日本更是贫油的国家，高温蒸煮袋食品在常温下保存，有利于节省能源，深受日本人的欢迎，由于两个国家都缺乏能源，电费是全世界最贵的。

④ 欧美有完整的冷冻链，即食品一生产出来就进冷库，从工厂由冷冻车运输到总批发站，再在冷冻状态下流通到零售店，在零售店冷冻状态下销售给顾客，顾客回家后放在冷柜中。我国和日本还缺乏冷冻链，或者说冷冻链不完整，这也促进了高温蒸煮袋食品的销售。

但是，目前在我国还没有出现高温蒸煮袋食品的兴隆发达景象，原因有两个：一是我国的高温蒸煮袋质量在技术上还没有完全过关，一些厂家生产的高温蒸煮袋，不能保证透明袋1年、不透明袋2年的保质期，食品厂不敢使用，生产袋的厂家也不敢把没有质量保证的袋卖给食品厂使用；二是我国的广大人民还缺乏每天三餐吃高温蒸煮食品的经济条件，因此，高温蒸煮食品，如烧鸡、烧鸭等仅作为旅行食品用。我国连云港中金包装材料公司生产的 PET 12μm/PA6 12μm/CCPP 50μm 的三层透明袋，可以有 6 个月的保质期，用于烧鸡包装，该厂还生产 PET 12μm/PA6 12μm/AL 12～15μm/CCPP 50μm 四层的高温蒸煮食品袋，食品保质期为 6 个月。

### 3. 高温蒸煮袋生产中的注意点

① 复合用的胶黏剂、印刷油墨应使用耐高温蒸煮的胶黏剂和油墨，双组分聚氨酯胶中，聚醚型胶可耐 100℃、30min 高温蒸煮，而 121℃、30min 应使用耐温性更好的聚酯型聚氨酯。

② 为了有高度的剥离强度，使复合牢度更好，高温蒸煮袋层间剥离力应大于 1kgf/20mm 宽，即 9.8N/20mm 宽，为了确保这个剥离强度，应使用涂胶量达到 $5g/m^2$（干）的凹眼网纹辊。涂胶的胶固含量也应在 20%以上。

③ 高温蒸煮袋的内封层应有良好的热封性、耐温性、无毒性。100℃、30min 的使用条件下最好使用 LDPE（50%）+LLDPE（50%）的共混料薄膜，60～70μm 作为内封层，以确保无泄漏；而 121℃、30min 的使用条件下则应使用 CCPP 60～70μm 作为内封层。

④ 高温蒸煮袋应真空包装，只有抽真空后充填食品，才不会因加热的气体受热在袋内膨胀而引起蒸煮过程中袋大量破损。

表 4-25 不同形态高温蒸煮袋的结构

| 形 态 | 类 型 | 结 构 |
|---|---|---|
| 透明袋 | 通常 | BOPET/PP,PET/特殊 PE<br>BOPA6/PP,PET/PA6/PP |
| | 阻隔型 | Ny/PVDC(或 EVAL)/PP<br>PET/PVDC(或 EVAL)/PP<br>特殊 Ny/PP |
| 铝袋 | 阻隔型 | PET/AL 箔/PP,PET/AL 箔/特殊 PE |
| 真空吸塑成型(透明) | 通常 | 盖材:PET/PP,拉伸 PP/未拉伸 PP<br>底材:PP/尼龙 |
| | 阻隔型 | 盖材:PET/PVDC(或 EVAL)/PP,拉伸 PP/PVDC(或 EVAL)/未拉伸 PP<br>底材:PP/PVDC(或 EVAL)/尼龙 |
| 透明托盘 | 通常 | PP 单层 |
| | 阻隔型 | 托盘:PP/PVDC/PP<br>盖材:PET/PVDC/PP |
| 铝箔托盘 | 阻隔型 | 托盘:PP/铝箔/外面保护层<br>盖材:外面保护层/铝箔/PP |
| 火箭状(ロケット状) | 阻隔型 | 单层 PVDC 薄膜 |

一般来讲，肉毒杆菌孢子菌最难杀死，115℃下要杀菌10min，为此包装肉类食品时，应当采用121℃、30min的高温蒸煮袋。腐败的肉类及霉变的豆腐中，这种细菌最易繁殖，最好对这类食品使用135℃的超高温短时间杀菌，才能彻底杀灭。

用于高温蒸煮袋的间歇式杀菌装置有日本太平洋工业公司、东洋制罐公司、大和制罐公司、东丽工程公司等十多家公司生产。

**4. 高温蒸煮袋今后的发展方向**

就目前来讲，高温蒸煮袋已经不仅是三边封的抽真空包装的平面放置袋，出现了自立袋和托盘形式的铝箔袋等。有些塑料袋，内充填$N_2$，使用时高温蒸煮，注意袋子内外压差不能太大，避免破袋。在消毒的同时也使食品煮熟，因包装时已加入调料，故可食用。

袋的大小除0.5～1kg的个人用高温蒸煮袋外，还大量生产了1～5kg的业务用大型蒸煮袋，为了快速传递热量，这种业务用大型蒸煮袋都是铝箔袋。一般要求高温蒸煮袋能节省能量，操作简单，使用方便；能快速杀死全部致病菌；处理量大，结构紧凑；可适用于各种食品的包装；不容易发生设备故障。

原来的高温蒸煮食品均为固态食品，现已能应用到黏稠状半固体食品和固液混合食品上，正在探索碳酸饮料用高温蒸煮袋的可能性。

## 六、胶黏带

**1. 胶黏带的种类和用途**

包装用胶黏带，用途广泛，种类繁多，其使用的胶黏剂是一种不会固化的不干胶，胶黏带同包装箱或使用的材料粘贴时，只需要用手指轻轻一压就能粘住，所以又叫压敏胶带。这种不干胶可以涂布在纸上、塑料薄膜上，还可涂布在织物上。涂胶基材种类繁多，不干胶也是各种各样的，有橡胶型的、丙烯酸酯型的，还有各种热弹体型的。

胶黏带除了包装纸箱、捆扎商品外，还可以用做绝缘胶带，医院中有用于识别是否已消毒过的变色胶带，输液和固定器械用的医用固定胶带，电镀和喷涂时用的遮蔽胶带等。不干胶还可用于生产金属表面保护膜。

在生产聚乙烯封箱带时，由于LDPE薄膜的拉伸强度不算高，可以采用高能电子辐照，使挤出吹膜的LDPE薄膜发生交联反应，形成交联LDPE薄膜，由于交联，LDPE薄膜的强度提高了。交联度提高10%，强度可提高8～10MPa，一般辐照交联PE的拉伸强度可提高到55.1MPa，未交联的LDPE膜仅12.4MPa，使用2000万～3000万拉特的电子射线辐照就可以。另外，由于PE是非极性塑料，它同胶黏剂不能黏结，为此，要在涂胶面电晕处理，未涂胶面不能粘住胶，所以不会在收卷时发生反粘的情况。

如果基材是纸，涂胶面可以不处理，直接用辊或刀涂压敏胶。为了防止收卷时发生反粘，需在纸的非涂胶面挤出涂布一层 LDPE 薄膜，并在 LDPE 薄膜上涂布一层很薄的聚硅氧烷离型剂，其配方如下：

107 液体硅橡胶 9PHR，正硅酸乙酯 1 份，KH-560 硅烷偶联剂 0.5 份，上述配方的混合物使用甲苯、二甲苯或 120 号溶剂汽油，或无水乙醇的单一溶剂组成 5%～10%的溶液为甲组分。此甲组分 15 天内不会发生固化。乙组分是上述单一溶剂的 5%浓度的有机锡催化剂，如月桂酸正辛基锡、辛酸锡、二丁基锡等。需要使用时，甲乙二组分以 5∶1 的比例混合，由于催化剂的作用很强，涂布后加热烘道 60～80℃，溶剂挥发后，很快就会固化。由于纸在干燥后会发脆，在涂聚硅氧烷液后干燥时，应在纸的非涂面喷水雾，使纸吸湿后恢复原来的强度。这样处理后的聚硅氧烷纸，在另一非处理面涂布压敏不干胶，经干燥后就可成为纸基压敏胶带了。纸基压敏胶带，尤其是牛皮纸胶带，有较高的强度，是包装用重要品种。

**2. 压敏胶的生产配方**

**(1) 橡胶型不干胶的配方**

① 底涂胶配方：天然橡胶 30 份，10 号乳胶再生胶 35 份，2 号轮胎再生胶 35 份，氧化锌 10 份，120 号溶剂汽油 529 份，210 号松香改性酚醛树脂 10 份，防老剂 A 2 份，115 号聚合松香 100 份，苯 296 份。

生产时应把天然橡胶在两辊车上进行混炼，混炼时加入氧化锌、防老剂 A、酚醛树脂，然后切成片粒，把上述所有材料溶于溶剂中搅拌溶解后成底涂胶。

② 面涂胶配方：

天然橡胶 70 份，丁苯橡胶 30 份，氯丁橡胶 4 份，ZnO 5 份，HSt. 1 份，Dn/P 防老剂 0.5 份，MB 防老剂 2 份，炭墨 1 份，促进剂 M 0.5 份，白炭黑 5 份，液体聚异丁烯 5 份，萜烯树脂 75 份，液体低聚蒎烯 15 份。

使用甲苯为溶剂，同底胶一样，要把天然橡胶等上述配方用两辊车混炼胶，混炼薄通多次后，拉片冷却切粒后，放入甲苯溶剂中，搅拌溶解成固含量为 40%的面胶。先在电晕处理的交联 PE 薄膜表面涂底胶，干燥后，再在底胶上涂布面胶干燥后得橡胶型 PE 胶带。

**(2) 金属表面保护膜用丁苯橡胶不干胶配方**

丁苯共聚橡胶 20 份，氢化松香 20 份，甲苯 125 份，多元异氰酸酯 1 份，打浆机上打成糊状物涂布于电晕处理后的 PE 表面，干燥后，贴于铝合金板表面，剥离力达到 2.8N/25mm 宽。

**(3) 聚异丁烯医用白胶带配方**

聚异丁烯 100 份，橡胶白油膏 13 份，甲苯 750 份，在打浆机中打浆混合溶解后，涂布于易撕织物上成为医用白胶带，剥离力达 1.25N/25mm 宽。

**(4) 聚氧化丙烯三醇和 TDI 的不干胶配方**

聚氧化丙烯三醇/TDI（80/20）8 份，辛酸亚锡 1 份，MOCA 耐磨剂 0.8 份，甘油树脂（66.7%甲苯溶液）40 份。

**(5) 丙烯酸酯压敏胶的配方**

配方一：丙烯酸 2-乙基己酯 96 份，丙烯酸 4 份，醋酸乙酯 248 份，过氧化苯甲酰 0.62 份，混合投放入反应釜中，在 $N_2$气流保护下，55℃，慢速搅拌 6h，然后添加 79 份醋酸乙酯，0.62 份过氧化苯甲酰，再于 60℃下保持 5h，以 280 份的庚烷稀释溶液，达 23.3%浓度，在搅拌下加入 100 份聚酰胺树脂，混合后呈凝胶状，添加与固体质量相同量的变性酒精，再对 100 份固体添加 6 份醋酸，以破坏凝胶，从而得到可涂布的丙烯酸酯压敏胶。

配方二：丙烯酸 2-乙基己酯 70 份，丙烯酸乙酯（EA）20 份，*N*-羟甲基丙烯酰胺 2 份，甲基乙二醇乙烯基硅氧烷 0.5 份，过氧化苯甲酰 1 份，甲苯 90 份，甲醇 10 份，稀释剂 50 份。将单体和引发剂于甲苯、甲醇中溶解，80℃下反应 4h，升温到 90～95℃得高黏度液，稀释剂稀释后可供涂布胶黏带用。

配方三：水性金属表面保护膜的压敏胶配方，丙烯酸 2-乙基己酯 10～15 份，丙烯酸丁酯（BA）65～70 份，丙烯腈 15～20 份，丙烯酸（AA）3～5 份，甲基丙烯酸缩水甘油酯 2～3 份，去离子水 200 份，过硫酸铵 0.3～0.5 份，复合乳化剂 3 份，pH 调节剂 0.5～1 份。

首先在不锈钢反应器中加入水、乳化剂、pH 调节剂搅拌升温到 75℃，然后加入 3%的混合单体，其余单体滴加。过硫酸铵溶于水，并加入 20%引发剂，回流正常 1h，开始滴加单体，每隔 15min 补充滴加引发剂，使乳液在 80℃下反应 4h，升温到 85℃，补加 $NH_4(SO_4)_2$ 过硫酸铵，降温到 50℃时，用氨水调节 pH 值达 7.2～8.5，微碱性的乳胶，有利于稳定乳胶。

配方四：医用水溶性丙烯酸酯压敏胶配方，甲基丙烯酸丁酯 35.2 份，二甲氨基乙基甲基丙烯酸甲酯 66.2 份，甲基丙烯酸 33.8 份，月桂酸 78.3 份，山梨酸 1.4 份，乙二醇 15.9 份，甘油 82.6 份，水 316.3 份，此压敏胶用于皮肤表面粘贴。

配方五：金属表面保护膜用丙烯酸酯乳胶压敏胶配方，丙烯酸丁酯 75～90 份，甲基丙烯酸甲酯（MMA）10～25 份，*N*-羟甲基丙烯酰胺 3～5 份，丙烯酸羟丙酯 3～5 份，09-10 乳化剂 1～3 份，十二烷基磺酸钠乳化剂 1～3 份，过硫酸铵引发剂 0.2～0.5 份，去离子水 300 份。

配方六：溶剂型丙烯酸酯压敏胶配方如表 4-26 所示。

**表 4-26 溶剂型丙烯酸酯压敏胶配方**

| 项　目 | 1号 | 2号 | 3号 | 4号 | 5号 |
| --- | --- | --- | --- | --- | --- |
| 丙烯酸 2-乙基己酯 | 67 | 59 | 65 | 61 | 106.5 |
| 丙烯酸丁酯(BA) | — | — | — | — | 112.5 |
| 丙烯酸甲酯(MA) | — | — | — | 33 | — |
| 醋酸乙烯(EA) | 28 | 39.5 | 32.5 | — | 12.5 |

续表

| 项　目 | 1号 | 2号 | 3号 | 4号 | 5号 |
| --- | --- | --- | --- | --- | --- |
| 丙烯酸(AA) |  | 1.5 | 2.5 | 6 | 7.5 |
| 丙烯酸β羟乙酯 | 5 | — | — | — | — |
| 醋酸乙酯 | 81 | 50 | 60 | 75 | 162.5 |
| 甲苯 | 19 | — | — | — | 87.5 |
| 正己烷 | — | 50 | 40 | 15 | — |
| 异丙醇 | — | — | — | 10 | — |
| BPO(过氧化苯甲酰) | 0.3 | 0.3 | 0.5 | 0.5 | 0.6 |
| 固含量/% | 40 | 50 | 47 | 39 | — |
| 初黏力/cm | 2.76 | 7.69 | 7.92 | 7.92 | — |
| 持黏力/min | 9 | 12 | 43 | 60 | — |
| 24h后180°剥离强度/(kN/m) | 0.594 | 0.830 | 0.577 | 0.699 | 0.56 |

配方七：乳液型丙烯酸酯压敏胶的配方如表4-27所示。

**表4-27　乳液型丙烯酸酯压敏胶的配方**

| 项　目 | 1号 | 2号 | 3号 | 4号 |
| --- | --- | --- | --- | --- |
| 丙烯酸2-乙基己酯(2-EHA) | — | — | — | 70 |
| 丙烯酸丁酯(BA) | 80 | 85 | 60 |  |
| 丙烯酸乙酯(EA) | 10 |  |  | — |
| 醋酸乙烯酯(VAC) | 5 | 10 | 30 | 21 |
| 丙烯酸(AA) | 5 | 5 | 4 | 5 |
| *N*-羟甲基丙烯酰胺 | — | — | 6 | 4 |
| 乳化剂 | 1.8 | 1.8 | 1.8 | 3.0 |
| 过硫酸铵 | 0.6 | 0.6 | 0.6 | 0.4 |
| 碳酸氢钠 | 0.5 | 0.5 | 0.5 | 0.5 |
| 去离子水 | 60 | 60 | 60 | 80 |
| 黏度/(MPa·s) | 620 | 440 | 460 | 600 |

配方八：增黏型丙烯酸酯压敏胶配方，丙烯酸异壬酯720份，丙烯酸乙酯350份，丙烯酸十八烷基酯120份，丙烯酸30份，过氧化苯甲酰适量，三官能团的异氰酸酯12份，芳香烃改性萜烯树脂450份，将AA及表中丙烯酸酯在有机过氧化物（苯甲酰BPO）的醋酸乙酯溶剂中共聚，得共聚物后再与萜烯树脂和三官能团的异氰酸酯混合得压敏胶。

## 七、热收缩包装薄膜的生产工艺和配方

### 1. PVC 热收缩薄膜的生产工艺和配方

热收缩薄膜是利用高聚物具有的记忆效应，在它被挤出后冷却，然后被加热到 $T_f \sim T_g$ 的高弹态下，进行横向和/或纵向拉伸，再被冷却到 $T_g$ 玻璃化温度以下，在包装时受热后，就可以恢复到未被拉伸前的状态。因吹胀拉伸产生的能量释放出来紧紧地包裹住商品而得到热收缩包装。

PVC 热收缩薄膜、收缩标签（如可口可乐 PET 瓶上标签）的生产工艺流程如下：配方称重后在高速混合器中搅拌混合，温度控制在 100℃以下，然后冷却搅拌，出料后挤出机挤出造粒，挤出机圆形口模挤出厚膜，热水中加热并在定径套中横向吹胀拉伸，在不锈钢的定径套内冷却水冷却，而厚膜在沸水中加热，通过上部一对轧辊快速收卷，同时受到纵向拉伸，冷却后成为纵向或纵、横向收缩的热收缩膜，分切后，制成收缩标签用的套筒，可以用胶黏剂或溶剂粘贴做套，经过热烘道后就可把印刷了的标签紧紧收缩套在瓶上。

黏结 PVC 收缩膜（标签）的溶剂是：四氢呋喃 50%、二甲苯 50%。表 4-28 是 PVC 热收缩薄膜热收缩标签的生产配方。

表 4-28 PVC 热收缩薄膜、热收缩标签的生产配方

| 材　　料 | 硬质 | 硬质 | 半硬质 | 单向拉伸糖果纸① |
|---|---|---|---|---|
| PVC(悬浮 5 型或 6 型树脂) | 100 | 100 | 100 | 100 |
| DOP | 5 | — | 8 | — |
| 环氧大豆油 | 4 | — | 4 | — |
| MBS | 4 | 5 | 5 | 6 |
| ACR | 6 | 1～2 | 1～2 | 1～2 |
| 无毒有机锡稳定剂② | 2.5 | 0.5 | — | 1.5 |
| 双(硫代甘醇酸异辛酯)二正辛基锡 | — | 2.5 | — | 0.5 |
| Ca/Zn 高效复合稳定剂 | — | — | 3 | — |
| 硬脂酸正丁酯 | 0.5 | 0.5 | — | 0.5 |
| 硬脂酸三甘油酯 | 0.5～1 | — | — | — |
| 聚乙烯蜡 | — | — | 1.5 | — |
| HSt. | — | 0.3 | — | — |
| 硬脂醇 | — | — | — | 0.3 |

① 糖果纸包装是单方向拉伸了的扭结包装，当扭结 720°时，包装纸不会再反弹回来，一般使用玻璃纸，价格贵，用无毒 PVC 单向拉伸膜或 PE 单向拉伸膜均可替代玻璃纸。

② 无毒有机锡是月桂酸二正辛基锡。

这种 PVC 收缩薄膜厚度为 0.023～0.30μm，宽度折径为 50～1000mm，折径是圆周长的 1/2。薄膜拉伸强度≥3000N/cm²，伸长率≤50%，纵向收缩率 15%～

40%，横向 40%～50%，雾度≤8%。

由于 PVC 是无定形聚合物，适宜于收缩薄膜的生产，可以用水平挤出机挤出厚膜后，稍冷进入高弹态后直接吹胀横向拉伸，同时熄泡辊快速牵引作纵向拉伸。

**2. 包装用聚烯烃热收缩薄膜的生产配方**

配方一：LLDPE（MI＝0.8g/10min）100 份，非离子型抗静电剂 0.1 份，微粉二氧化硅 0.1 份，混炼后挤出吹膜，然后用 200keV 的电子束以 10Mrad 辐照剂量进行电子射线的辐照，辐照后在 80～90℃温度下单向或双向拉伸，得到了单向或双向热收缩薄膜，即是抗静电良好，滑爽性、透明性优的热收缩膜，见表 4-29。

**表 4-29　各种塑料的热收缩温度、收缩率和收缩力**

| 热收缩膜 | 厚度/μm | 最大收缩率/% | 收缩张力/(N/cm²) | 收缩温度/℃ | 烘道空气温度/℃ | 热封温度/℃ |
|---|---|---|---|---|---|---|
| Surlyn | 25.4～76.2 | 20～40 | 100.4～172.4 | 90.5～135 | 121～176.5 | 121～204.5 |
| 聚丁烯 | 12.7～50.8 | 40～80 | 68.96～241.4 | 87～176.6 | 121～204.5 | 148.9～204.5 |
| PE,一般 | 25.4～50.8 | 20～70 | 24.46～68.96 | 87～148.9 | 121～190.5 | 121～204.5 |
| PE,重荷 | 50.8～254.0 | 20～70 | 24.46～68.96 | 87～148.9 | 121～246.1 | 121～204.5 |
| EVA | 25.4～254.0 | 20～70 | 27.58～62.4 | 65.5～121 | 93.3～160 | 93.3～176.6 |
| 交联 PE | 15.24～38.1 | 50～80 | 206.8～413.7 | 93.3～176.6 | 148.9～232 | 176.5～204.5 |
| PP | 12.7～38.1 | 50～80 | 206.8～413.7 | 93.3～176.6 | 148.9～232 | 176.5～204.5 |
| PS | 12.7～25.4 | 40～70 | 68.96～413.7 | 98.9～132.2 | 132.2～160 | 121～148.9 |
| PVC,一般 | 12.7～38.1 | 30～70 | 103.4～206.8 | 65.5～148.9 | 167.2～154.5 | 135～187.9 |
| PVC,重荷 | 38.1～76.2 | 55 | 162.4～206.8 | 65.5～148.9 | 167.2～154.5 | 135～187.9 |
| PVDC | 10.16～16.4 | 15～60 | 34.5～137.5 | 66～143 | 93.3～144.9 | 121～148.9 |

配方二：把 HDPE 制成厚 50μm 的薄膜（挤出流延或挤吹厚膜），然后在薄膜上用 $C_0^{60}$ 的 γ 射线辐射，再在 150℃温度下，双向拉伸得到有良好热收缩性的交联了的热收缩薄膜。同样，LDPE 流延或挤吹厚膜用 2000 万～5000 万 rad 的电子加速器的辐射，然后在 120～150℃下双向拉伸，得热收缩交联 LDPE 膜，最大收缩率达 70%～80%，收缩温度为 71～115℃。

配方三：使用挤膜级 PP 树脂，从圆形口模机头或 T 形口模处挤吹或流延厚膜，骤冷，使厚膜 PP 成为无定形 PP，再加热到高弹态下，同时吹胀横向拉伸，并通过熄泡辊快速牵引，纵向拉伸，冷却到 $T_g$ 以下温度，即成为双向拉伸热收缩 PP 膜。

**3. 共挤复合多层次热收缩复合薄膜的生产配方**

复合热收缩薄膜是用共挤出法生产出的多层次厚膜，然后在复合膜中结晶速度最快的塑料薄膜相应的一个高弹态下（几种塑料比较起来，温度最低）进行单向或双向拉伸，冷却后成为热收缩复合膜。

配方一：LLDPE（5μm）/EVA（36μm）/PVDC（8μm）/EVA（7μm）/LLDPE（10μm），这种结构的热收缩复合膜，有最好的气密性，热水收缩率达48%，透湿性接近于零，可用于鲜肉、熟肉、奶酪、含脂肪量不大的食品的热收缩包装。

配方二：PA6（10～50μm）/PVDC（3～10μm）/PO（10～50μm）的共挤热收缩复合膜，有极好的机械强度，极好的阻气性、阻湿性，可用于热收缩包装各类食品。PO是聚烯烃。

配方三：PA6/EVAL/黏结性树脂/PO共挤复合热收缩膜共挤复合厚膜后，骤冷，加热到50～90℃下单向或双向拉伸冷却后成为热收缩薄膜，有良好阻隔性。尼龙（PA），同EVAL有良好相容性，可以共混或共挤。该膜90℃下的收缩率达20%～30%。

配方四：低温收缩包装膜配方，EVA 60%，乙烯-乙叉降冰片烯-丙烯橡胶15%，结晶PP 25%以上树脂混合，再与离子钠型的甲基丙烯酸乙酯共聚物一起挤出，在80℃下骤冷得三层管膜，中间为上述共混物树脂，而内外层为乙烯离子型聚合物，三层管状膜37℃下纵向拉伸3倍，横向拉伸3.5倍，得低温热收缩膜。53℃下的热收缩率为20%，最大收缩率达75%，收缩张力为2.16MPa，拉伸强度为112.7MPa。

配方五：热收缩EVA复合膜配方，外层为EVA（VA含量8%）/黏结性树脂EVA（VA含量15%）/芯层PVDC高阻隔树脂（氯乙烯含量20%）/黏结性树脂EVA（VA含量15%）/Surlyn内层膜，经共挤出厚膜，骤冷，加热后双向拉伸、冷却而成为复合热收缩薄膜，纵向收缩率为48%，横向收缩率为50%。

配方六：冷冻家禽用收缩膜袋的配方，EVA（VA含量2.7%，MI=0.27g/10min），90%；PE（密度$d=0.935g/cm^3$，MI=0.15g/10min），5%；$TiO_2$和硅藻土，5%。上述配方共混挤出管膜厚膜，骤冷，加热双向或单向拉伸成热收缩薄膜，可包装肉类、禽类、冷冻食品等，纵向收缩率为23%，横向收缩率35%。

配方七：VLDPE共混收缩膜配方，VLDPE（牌号Attane4001，$d=0.912g/cm^3$），55%；EVA，8%；LLDPE（Dowlex 2050A），37%。混合挤出厚膜，骤冷，110℃下单向或双向拉伸得到热收缩薄膜。纵、横向热收缩率分别为53%和50%。

## 八、缠绕包装膜的生产配方

缠绕包装膜（wrapping film）又叫自粘膜（selfadhesives film），还叫弹性膜（elastic film）或拉伸膜（stretched film）。但这里所指的拉伸是指薄膜在使用时是拉伸缠绕在商品上的拉伸，而以前所说的拉伸是在包装膜生产过程中在塑料高弹态下的拉伸，是两回事，不能等同论之。

缠绕包装膜要有一定的黏弹性，在使用时，可以围绕多个商品缠绕拉伸开来，互相应当有25%～35%的重叠部分，由于膜的表面有一定有黏性，可以因张力而紧紧地黏弹住商品。使用含VA 25%以下的EVA来生产EVA弹性膜比较好，VA含量高于25%的EVA成型性不好，VA含量太低的EVA黏弹性不好，所以选择12%～25% VA含量较佳。由于EVA强度不是太好，因此这种弹性膜只能用于轻食品包装。

弹性膜可以用挤出流延法来生产，也可以用挤出吹膜法来生产，生产出来的薄膜经客户要求分切成一定宽度后就可供用户使用。使用时，可以人工缠绕拉伸包装，也可以使用机械缠绕包装。大型较重负荷的缠绕包装使用机械自动缠绕。对弹性膜的要求是：

① 要有足够的拉伸强度，在使用拉伸力绕商品包装时，不会被撕断。

② 要有一定的黏弹性，表面要有一定黏性，可以有25%～35%的重复部分，表面互相因拉张力而紧紧地贴紧，不会发生松弛而脱落下来。

③ 要有较好的耐针刺性，不会被商品凸出部分所刺破。

④ 表面有较大的黏性，较大摩擦系数和弹性。

⑤ 应力松弛小，拉伸包装后，随着时间的推进，应力会慢慢松弛下来，张力的保持时间越长越好，一般要求6个月应保持60%的张力。

⑥ 能在－20～50℃下长期使用，不发脆。

⑦ 热封性好。

弹性膜的配方如下：

配方一：EVA（VA含量12%～25%）100份，己二酸二辛酯1.5份，山梨醇油酸单甘油酯0.5～1份，上述配方在150～230℃下混合，T形口模挤出流延薄膜得厚度为10～30μm的弹性膜。

配方二：LDPE（MI＝5g/10min）100份，己二酸二辛酯2份，山梨醇油酸单酯1份，混合后，200℃下挤出T形口模流延得厚度20～50μm的弹性膜，纵/横拉伸强度为24.3MPa/11.8MPa，纵/横伸长率为150%/510%，雾度为1.6%，黏附力为153g，防雾滴性好。

配方三：HDPE（MI＝3～5g/10min）100份，己二酸二辛酯2份，山梨醇油酸单酯1份，200℃下T形口模挤出流延，得12～35μm的弹性膜，纵/横拉伸强度为27.0/13.0MPa，附着力为170g，防雾滴性好的弹性膜。

配方四：日本用于缠绕包装的LLDPE共挤复合膜的配方和性能，见表4-30。

**表4-30 日本用于缠绕包装的LLDPE共挤复合膜配方和性能**

| 项 目 | 小型拉伸膜 | 中型拉伸膜 | 大型拉伸膜 |
| --- | --- | --- | --- |
| 材质 | EVA/LLDPE/EVA | EVA/LLDPE | EVA/LLDPE |
| | 4μm/5μm/4μm | 20μm/30μm | 10μm/15μm |
| 规格 | 厚0.013～0.018mm | 厚0.04～0.06mm | 厚0.02～0.035mm |
| | 宽幅200～500mm | 宽幅450～660mm | 宽幅500～1800mm |

续表

| 项　目 | 小型拉伸膜 | 中型拉伸膜 | 大型拉伸膜 |
| --- | --- | --- | --- |
| 质量要求 | 透明性、光泽性、黏着性、强度、变形、回复性 | 透明性、黏着性、强度 | 黏着性、强度 |
| 适宜的包装物及质量 | 生鲜食品，如：鱼、肉、蔬菜等，100～1000g | 瓶类 10～20kg | 工业品、家电、机械、化学品、建材 500～1000kg |

配方五：乙烯/1-丁烯共聚物（密度为 0.922g/cm³）70 份，PP 30 份，共混挤出流延或挤出吹膜。适用于包装冷冻肉类、禽类食品，有良好强度，自黏性、黏弹性均较好。

配方六：LLDPE 95 份，乙烯/丙烯共聚物 5 份，混合，204℃下挤出吹膜，厚度为 0.025mm，有良好低温黏弹性，适用于包装冷冻食品、干食品、百货、服装盒、酒瓶等商品。

配方七：EVA 90%～97%，乙烯/丙烯共聚物 2.5%～10%，0.5%己二酸二辛酯，混合挤出吹膜或挤出流延，成自黏膜，用于缠绕包装用。

## 九、防滑薄膜、气垫薄膜、气相防锈包装膜

### 1. 防滑薄膜

防滑塑料薄膜是 20 世纪 70 年代荷兰的欧罗公司发明的专利，这是一种内表面光滑平整而外表面粗糙、可以在堆垛时不滑落下来的一种薄膜。一般的塑料熔体在低剪切速率下呈牛顿流体，而在高剪切速率下呈非牛顿流体，当剪切力超过 $10^6$ 达因/cm²时，高聚物熔体呈不稳定流动，挤出物表面不光滑、粗糙、呈鱼鳞状，进一步提高剪切力会呈竹节状、螺旋状，产生熔体破裂不连续。防滑薄膜利用共挤出方法，内层为一般性的光滑平整表面，而外层为粗糙表面的熔体破损膜。

使用 $\Phi$90mm 的挤出机，$L/D=25$，挤出外层粗糙面，在纯树脂中加入能提高流动性的破碎剂，可自动调节螺杆转速。以 $\Phi>$60mm 挤出机 $L/D=20$ 的挤出机挤出纯树脂内层薄膜。共挤出机头口径为 $\Phi$200mm，冷却风环直径为 250mm 和 300mm。复合机头外层膜的流道是根据熔体不稳定流动的基本原理设计的，以满足挤出物熔体流经口模时，造成剪切力和剪切速率的突然增加，使熔体造成破坏，产生表面粗糙性。机头外层流道必须具备三个条件：具有极小的长径比；具有大的进口角；物料流经口模时，剪切速率因流道横截面积的突然变小而突增。

熔体在流入复合模头时流入口超过 90°时，物料在进入口模前受到急剧压缩，口模的主流线缩小，易形成涡流，造成熔体破碎。口模的长径比是缝隙的直径与口模长度之比，当物料流经极小长径比的口模时，物料产生节流，压力急剧波动，变形严重，呈破碎状。内、外层树脂要选择相容好的两种树脂或同一种树脂，在外层粗糙面树脂中，加入适量的破碎剂，以提高外层树脂的易破碎性。外层粗糙面树脂

配方如下。

配方一：LDPE 100份，破碎剂1.0～4.0份，ZnSt.1份，白油1份。

配方二：LDPE 100份，破碎剂1.0～4.0份，ZnSt.1～1.5份，轻质$CaCO_3$ 15～30份，白油1～1.5份。

配方三：LDPE＋HDPE（1∶1）100份，破碎剂1.0～4.0份，ZnSt.1～1.5份，轻质$CaCO_3$ 15～30份，白油1～1.5份，颜料适量。

配方四：LDPE＋LLDPE（1∶1）100份，破碎剂1.0～4.0份，ZnSt.1～1.5份，轻质$CaCO_3$粒子细，质量轻，在熔体中不易分散均匀，有促进熔体破碎的作用，故选用轻质$CaCO_3$为外层树脂填料。

内层机筒温度：150～160℃/170～180℃/180～190℃，机头温度150～160℃，螺杆转速40r/min，牵引速度5～8m/min，吹胀比2.5～3.5。外层机筒温度130～140℃/160～170℃/170～180℃，机头（复合机头）150～160℃（内、外层一样），已在机头中复合，螺杆转速5～15r/min。

防滑薄膜拉伸强度：纵/横拉伸强度为24.7MPa/32.4MPa，纵/横断裂伸长率为412%/404%。

### 2. 气垫薄膜

使用一台挤出机同时挤出流延两片片状薄膜，其中一片加热后在真空吸塑辊筒上被吸塑成泡孔状，然后与另一片（也加热过）趁热在泡孔一面贴合，即成为气垫薄膜。也可以用挤出吹膜法，把吹膜后的膜用刀片剖切为上、下两片膜，下面的片膜在弓形加热器上加热，经真空吸塑鼓吸塑成泡孔，趁热与上面的红外加热器加热了的片膜在泡孔面上贴合，即成为气垫包装薄膜。

气垫包装膜是一种缓冲包装材料，可以吸收运输搬运过程中，因振动发生的商品破损的振动力，用来包装电子器具家电、玻璃制品、灯具等易碎物品。

真空吸塑成型鼓直径280mm，泡孔直径10mm，泡孔距10mm，泡孔深5mm。成型鼓同衬套间有两个过滤网，一层60目不锈钢网，一层60目铜网。成型鼓转速为3.75～11.25r/min，可无级调速，衬套内有一定向套，定向套开一宽2.5mm、长460mm的槽，由一端抽真空，花辊和衬套一起转动，而定向套固定不动。

气垫薄膜如用普通吹膜级LDPE（MI＝5～7g/$cm^3$），则抗张强度可达10.0MPa，断裂伸长率达250%，撕裂强度为600N/cm，压缩强度为0.4MPa。如果采用LDPE（50%）＋LLDPE（50%）的共混料生产气垫薄膜包装，其强度可达20～25MPa，而且耐针刺性比纯LDPE好，压缩强度几乎增加了一倍，达0.7MPa。

### 3. 气相防锈包装膜

防锈包装膜是20世纪60年代发明的，美国首先开发应用于军械的防锈保存，并制定了规范MIL—F—22019。接着法国在1963年生产了商品名称为Clearpak的防锈薄膜。它主要用于金属制品的防锈防腐蚀包装上，如机械零部件、轴承等的包装上，它是把气相防锈剂同塑料薄膜结合起来应用于包装上的好例子。气相防锈纸是用纸作为气相防锈剂的载体组成的包装纸。气相防锈剂可以在常温下，直接由固相挥发成气相，像萘一样，从而充满了整个包装薄膜袋中，这种气化了的防锈剂能附着在铁等金属制品的表面，从而隔绝了金属制品表面同氧气的接触，防止了氧化生锈。

气相防锈剂的要求如下：

① 常温下要有一定的挥发性，实际使用中蒸气压 21℃下在 0.001～0.0001mmHg (1mmHg/133Pa) 高，有良好的持久防锈效果。

② 其分子中要有对钢铁等金属起保护功能的基团，如 $C_6H_5COO^-$、$NO_2^-$、$NH_3OH^-$，对铜有防锈作用的基团，如 $C_6H_5COO^-$、$Cr_2O_7^{2-}$、$PO_4^{3-}$。

③ 对金属表面要有良好的附着性。

④ 同载体树脂有良好的相容性。

⑤ 在塑料成型过程中，有良好的稳定性，沸点应在 200℃以上。

气相缓蚀剂主要有：有机一元胺，包括脂肪族、芳香族、脂环族和杂环族组成的，如单乙醇胺、异丙醇胺、二丁基胺、环己胺、二环己胺、苯胺吗啉（对氧氮己环）、苯骈三氮唑和烷基苯骈三氮唑等。还有有机酸和无机酸，如辛酸、癸酸、月桂酸、苯甲酸、硬脂酸、亚硝酸、磷酸、碳酸、酒石酸等。缓蚀剂的用量一般为1%～10%。当单一的气相缓蚀剂不能满足使用要求时，可以两种或两种以上的气相缓蚀剂联合应用。如：用一个挥发速度较快的蒸气压大的缓蚀剂同一个挥发速度慢的蒸气压低的缓蚀剂配合起来使用，可以使包装袋内始终有高度浓度的缓蚀剂，有长期防锈效果。

气相防锈包装膜生产方法如下。

① 将气相防锈剂和塑料混合在一起，直接挤出吹膜或挤出流延膜，制袋后包装金属制品，配方如下：吹膜级或流延级 LDPE（MI＝4～7g/10min）100 份，抗氧剂 0.1～0.2 份，辛酸二环己胺 1.0～1.4 份，癸酸二环己胺 1.0～1.4 份，磷酸环己胺 0.5～1.5 份，DOP 0.2～0.3 份。该薄膜对钢、铝及其合金均有良好的防锈能力，对镀铬、镀锌的钝化有一定适应性。

② 共挤复合的方法生产内层含有气相防锈剂的薄膜，而外层不含防锈剂的普通薄膜，可以阻止气相防锈剂从外层透出来，延长防锈作用，提高袋内防锈剂的蒸气压。生产过程中，可以把气相防锈剂做成母粒后添加到 LDPE 粒子中挤出吹膜或挤出流延成膜，制袋后包装金属制品。挤出温度要低一些，防止防锈剂在挤出机吹膜过程中挥发，一般加工温度不要超过 150℃，为此，内层放防锈剂的树脂可以用 EVA，厚度应在 0.06～0.07mm，外层厚度为 0.03～0.04mm，挤出吹膜时，部分防锈剂会附着在机筒壁内表面，没有影响，而注意制袋时，由于防锈剂在膜内层，降低热封牢度，为此，内表面膜应厚一些，热封温度高一些。

③ 用含有气相防锈剂的胶黏剂涂布挤吹膜的内表面，可以用印刷的凹眼涂布

辊来涂布，配方如下：阿拉伯树胶5～8份，月桂酸环己胺10～15份，苯甲酸二己醇胺1～2份，辛酸二环己胺1～2份，苯骈三氮唑0.5～1.0份，抗氧剂0.02～0.04份，甲醛（40%）0.03～0.04份，乙醇10～15份，蒸馏水80～90份、甲醛是阿拉伯树胶的坚膜剂和防霉剂，月桂酸环己胺是缓蚀剂，又是表面活性剂，对LDPE膜有润湿作用。形成的涂层对钢、铝及铝合金、铜均有良好防锈作用。

④ 还可以把气相缓蚀剂压成锭片状物，直接放在普通的阻隔性好的薄膜袋中，包装金属零部件后，任其气化充满包装容器后，附着在金属表面起防锈作用。把气相防锈同热收缩薄膜结合在一起，组成气相防锈热收缩薄膜包装，由于热收缩薄膜紧紧贴在金属零部件表面，防锈效果更佳。气相防锈共挤复合热收缩薄膜，使用EVA为内层含防锈剂的复合膜内层，挤出机温度较低，有良好保持防锈剂的效果。福州市塑料研究所和哈尔滨塑料七厂生产的气相防锈膜用于枪支弹药的保存，使原先每年都要擦拭两次的枪支，可在仓库内放置三年，节省大量劳力和防锈用汽油。

表4-31是日本自动包装机用的透明气相防锈“薄赛龙”204与LDPE的性能比较。

**表4-31　日本自动包装机用的透明气相防锈“薄赛龙”204与LDPE的性能比较**

| 项　　目 | LDPE | “薄赛龙”204 | 测试方法 |
|---|---|---|---|
| 拉伸强度，纵/横/MPa | 23.0/21.0 | 21.0/20.0 | JIS-Z1702 |
| 伸长率，纵/横/% | 688/880 | 500/480 | JIS-Z1702 |
| 弹性模量，纵/横/MPa | 230/250 | 200/155 | ASTMD882 |
| 撕裂强度，纵/横/MPa | 6.5/7.0 | 6.0/5.0 | JISP8116 |
| 冲击强度，泥土影响F50.9/MPa | 360 | >800 | ASTMD1709 |
| 穿孔，一吋球/(kg/cm) | 4.0 | >9.5 | JISP8134 |
| 三角锤 | 110 | 85 | JISP8134 |
| 刺穿强度/g | 400 | 650 | 日本农林规格第10条 |

注：“薄赛龙”是日本1968年上市的气相防锈薄膜。

气相防锈热收缩薄膜的生产配方如下。

配方一：在透明的厚度为0.05mm的热收缩PVC薄膜，进行反印刷，在其印刷面上涂布含有蓖麻酸钙0.5%（质量分数），棕榈酸镁1.0%（质量分数）的醋酸乙酯：甲醇＝50：50的混合溶剂中溶解的EVA共聚物25%（质量分数），调整涂布液的黏度，用凹眼涂布法涂布，涂布厚度为0.005～0.01mm（干固量），即成为具有防锈作用的热收缩薄膜。

配方二：透明的厚度为0.05mm的热收缩聚苯乙烯薄膜进行反印刷，在印刷油墨的印刷面上涂布含有三乙醇胺1.0%（质量分数），油酸1.0%（质量分数）的乙烯-丙烯酸乙酯（EEA）30%（质量分数）的醋酸乙酯：甲醇＝30：70的混合溶液，涂布干燥后膜厚0.005mm（干固量），即成为具有防锈作用的热收缩薄膜。

气相防锈薄膜包装应注意以下几点：

① 包装内密封空间的气体渗透性能对防锈效果的持续时间有很大关系，为此应选择渗透防锈剂蒸气小的包材，作外层材料组成的复合包装。

② 由于缓蚀剂的种类不同，配方各异，为此，对每一种包装应做包装实验，具体了解用量、配方和防锈能力。

③ 包装后到发挥防锈效力有一个时间，一般为十多分钟到几个小时，为此要选择挥发速度快的和慢的几种缓蚀剂配合应用。

④ 包装一经开启，金属表面的防锈剂就会挥发干净，为此，开封后，应迅速安装并进行新的防锈措施，避免机械零部件生锈。

## 第四节 多功能多层共挤复合包装薄膜与设备

### 一、概述

在塑料软包装材料中，食品包装是其最大的应用市场，随着消费水平的进步，对食品包装的要求也越来越苛刻，这促使了高阻隔多功能性包装薄膜材料的发展。在通常意义上，包装薄膜制品的结构取决于包装对薄膜的功能需求，对于食品包装，包装材料一般须满足市场以下几个方面的需求：

① 由于氧气能够引起脂肪和蛋白质的氧化变质，所以要有优异的阻隔氧气的能力；

② 因水汽的进入或挥发可引起食品口味的变化，须具有优异的水蒸气阻隔能力；

③ 为防止异味进入或香味的挥发，保证食品原味，需要有优异的阻隔香气的能力；

④ 为满足密闭保存的需要，要有良好的热封性能；

⑤ 满足杀菌的要求，避免微生物存在破坏食品，要具有一定的耐热性能；

⑥ 为装潢美观及商品必要的信息的需要，要有良好的印刷性；

⑦ 为保护食品，满足搬运和运输的需要，须具有较强的力学性能；

⑧ 其他的一些光学性能方面的要求等。

以上这些只是单纯从包装效果的需求方面所考虑的，当然在使用包装材料的二次加工性方面还会有一些其他的要求。显然，靠单一品种的材料是无法满足这些要求的，要靠不同薄膜材料的多层复合搭配来满足这些需求。

### 二、多层复合薄膜的工艺技术对比

当前，国内外软包装材料的复合方法通常主要有四种：干式复合、无溶剂复合、一般单层挤出复合和多层共挤挤出复合。

**1. 干式复合**

这是目前国内应用最多的较为传统的一种复合方式，是采用双组分的聚氨酯黏合剂，对两层基材薄膜进行黏合的一种工艺方法。其主剂和固化剂按比例混合后，再用有机溶剂进行稀释，调整到一定的使用浓度，通过网线辊涂布到基材上，经热风烘箱干燥，再由加热辊加热与另一种基材进行加压黏合，再经时效处理而成。干式复合工艺的特点是操纵简单，层间搭配也灵活多样，但其缺陷如下：

① 由于胶层表面张力较大，黏合剂溶剂虽经很大功率的干燥，但也难免出现溶剂残留的情况；

② 干燥加热的消耗功率大而浪费能源；

③ 干燥的废气及有机溶剂的挥发会污染环境；

④ 黏合剂中的主剂和固化剂比例虽经设计，但黏合层在制造和复合过程中，经熟化还有一定的溶剂残留量。而食品接触的底材通常是 PE 或共聚 PP 等阻隔性不高的材质，有些渗透性较强的食品会渗透进底材基材进入黏结层而变质。

固然，干式复合工艺在目前应用最为广泛，国内市场上的软包装材料有 80%以上都采用此种工艺，但基于以上这些缺陷，它仍不会成为软包装材料复合工艺的发展主流。

**2. 无溶剂复合**

无溶剂黏合剂基本上也是由双组分的聚氨酯黏合剂构成，主剂和固化剂在室温下黏度较高，是半固态物质。复合时，主剂和固化剂按比例混合，经具有加热、保温功能的网纹辊热溶后涂布到基材上，涂布不必经过加热干燥就可以直接跟另一种基材进行黏合，复合过程中没有溶剂的残留，没有废气的排放污染环境，但可能因主剂和固化剂的比例控制不稳定，复合工艺条件复杂等多种因素，某些渗透性较强的食品渗透底层基材进入到黏结层而受到污染，同时黏合剂盘泵的清洗剂会污染环境。由于多种因素的考虑以及设备投入的原因，目前这种复合工艺应用未几。

**3. 一般单层挤出复合工艺**

通过一台挤出机将熔融的树脂材料流延涂布到基材上，迅速压合冷却。有些基材通常底涂增黏的 AC 剂，经烘箱干燥进行贴合。底涂的 AC 剂有以醇类溶剂为主的水性 AC 剂和以醋酸乙烯溶剂为主的溶剂型 AC 剂，其典型结构为基材/AC 剂/LDPE，其特点主要有：

① AC 剂涂布量不大，残留少；

② 水性 AC 剂干燥能源消耗较大；

③ 底涂水性 AC 剂黏合的剥离强度低；

④ 由于使用 AC 剂非常少，排废对环境污染少。

所以该工艺与干式复合工艺相比，是具有环保性的，但其应用范围比干式复合工艺的要窄。

**4. 多层共挤挤出复合**

这种挤出复合是复合软包装材料的主要生产方法之一，是采用 3 台以上的挤出机，将不同功能的树脂原料，如 PA、PE、PP 等，分别熔融挤出，通过各自的流道在一个模头汇合，再经过吹胀成型，冷却复合在一起的。

由于多层共挤复合薄膜具有其所用原料的各自的性能，能够很好地满足包装的功能性要求，产品常见的结构如下：

① PE/TIE/PA/TIE/PE（PA），较高阻隔，中等强度；

② PE/TIE/EVOH/TIE/PE，高阻隔，中等强度；

③ PA/EVOH/PA/TIE/EVA，高阻隔，高强度。

其中：PA、EVOH 提供良好的阻隔性能，可阻隔氧气、香气等；PE、EVA 等聚烯烃可提供优秀的水蒸气阻隔能力，并具有良好热封性；同时还可满足巴氏杀菌（85℃）、100℃水煮杀菌、紫外线杀菌、微波杀菌等要求。若杀菌条件为 121℃，30min 高温蒸煮，可将 PE 换成耐高温的 PP 即可，另外，若需要印刷，经在线电晕处理即可。

对于不同食品的包装要求及包装设备，还可以调节热封层的材料来满足：

① EVA 低温热封；

② m-LLDPE 抗污染热封性；

③ EAA 油类制品的热封；

④ Surly 贴体性、抗污染热封性。

多层共挤多功能包装薄膜材料能够很好满足各种包装场合的需要，又具有干式复合膜无法相比的优点，可代替干式复合薄膜或减少干式复合的次数，更具有环保节能的特点。通过调整阻隔层的厚度及多种阻隔材料的搭配使用，可以灵活地设计出不同阻隔性能的薄膜，还可灵活更换调配热封层材料，满足不同包装的需求，取代了很多以干式复合为主体的包装市场。所以，这种共挤复合的多层化、多功能化正是今后包装薄膜材料发展的主流方向。

## 三、多层共挤复合——薄膜复合工艺的绿色革命

多层共挤复合是一种绿色化复合生产工艺，尤其是对于目前食品包装行业，所用原料一般采用经过美国食品和卫生安全机构认证的材料，原料由专门的输料管道集中对每层统一供料，加工过程无原料暴露、无环境污染现象。其黏结层是经过改性后的 LLDPE 原料，对环境、食品及人体无毒害，更不会涉及传统的干式复合所谓的溶剂残留现象，无废气污染，也不同于干式复合、无溶剂复合和一般单层挤出复合工艺，需要干燥箱来进行处理，因此，能源消耗也较少。

除此之外，多层共挤复合工艺还具有以下优点：

**1. 成本低**

多层共挤复合工艺使用多种不同功能的树脂，只采用吹塑一道工序即可制成具有多功能的复合薄膜制品，可降低生产成本。并且，还可在满足客户使用要求的条件下，将所需性能的树脂原料减至最小厚度，单层最薄可达 2～3μm，可大大减少昂贵的树脂使用量，又降低了材料成本。

**2. 结构灵活**

多层共挤技术可将多种原料进行不同组合的搭配，充分利用不同性能的原料，一次成型，不受市场相关产品规格的限制，有效地满足不同包装场合的需要。层次越多，结构设计越灵活，成本越低。

**3. 复合性能高**

共挤复合过程将熔融的黏合剂和基础树脂复合在一起，此工艺复合的剥离强度很高，通常可达 3N/15mm 以上，甚至无法剥离，适应于一般的包装材料。对剥离强度要求高的产品，可加进热黏性树脂进行复合，剥离强度可达 14N/15mm，甚至更高。

**4. 用途广泛，使用环境宽广**

多层共挤复合材料制品可以涵盖几乎所有的包装领域，如食品、日化产品、饮料、药品、保护膜甚至航空航天产品等，目前国内的很多干式复合材料制品在国外都已采用共挤复合工艺。干式复合工艺无法生产的牙膏管、纸塑铝复合产品、航空航天等产品也都采用共挤复合工艺来实现。随着共挤复合树脂、工艺和设备各方面的深入研究和不断创新，多层共挤复合将会向更广阔的范围拓展。

**5. 多层共挤复合技术的发展趋势**

目前，欧、美等先进国家和地区已在不断夸大环保和卫生的要求，多层共挤复合及无溶剂干式复合正在逐渐取代溶剂型干式复合工艺技术。随着我国卫生监视机构与医药卫生监视机构的合并，今后对包装材料的卫生性能要求将更加严格，我国软包装复合材料市场会发生结构性的大调整，将会逐步与国际接轨，这就为多层共挤复合工艺技术提供了一个更大的发展空间。

为了实现多层结构的产品，多层共挤复合适用塑料树脂也在不断推出，除常用的 LDPE、PP 等各种热黏结树脂外，还在向其他热塑性树脂方向发展，预计在不久的将来，挤出复合专用的 LDPE、LLDPE、PS、PA、PC、PVA、EVOH、PVDC 等功能性树脂能够大规模生产时，多层共挤复合薄膜材料将会有更大的发展。

为了提高生产效率，多层共挤复合的工艺技术也在不断地革新，除使用新的功能性树脂材料外，各种提高挤出复合性能的工艺方法也在不断被采用。如通过工艺方法改变吹塑薄膜的分子极性或改善基材膜的表面性能，以提高挤出复合膜的剥离强度，有些产品还可以大幅度降低成本等。

我国目前多层共挤复合的技术水平还不高，多功能多层共挤复合包装薄膜正处于推广使用的增长期，国内生产的阻隔性薄膜多应用在低端产品的包装，与发达国家相比还有很大的差距。未来的发展方向首先是通过设备和工艺的改进，提高薄膜制品的性能，适应市场的需求，扩大使用范围，实现多层共挤复合薄膜制品结构性的改变，逐步遇上世界发展的潮流。在未来的几年里，将会大力发展多层共挤复合工艺技术，树脂材料将会以共混改性为主，以适应更多薄膜制品的复合要求。

## 四、国外多层共挤吹塑薄膜设备

多层复合薄膜的优点是可以根据需要，把不同性能的材料进行复合，使其具有各种性能。例如为了防止薄膜外层在热封过程中与热封装置相粘连，薄膜外层应采用熔点较高的材料如 LDPE、HDPE、MDPE 或 PA。

对于热封和包装机械来说，它需要被加工的薄膜具有良好的机械加工性能，多层复合膜中采用 MDPE 或 HDPE，可以提高复合膜的强度和坚挺性，确保其有良好的机械加工性能。多层共挤吹塑薄膜为一步工艺制成，不需要许多传统的复合及涂覆等后加工。

相应地，复合用的半成品储存及每次复合所进行的反复修边工艺均可省去，使原料费用和生产费用明显降低。薄膜产品所需的一些功能性添加剂，如色母粒、滑爽剂等，仅加入到所需的表层中，而内层无此功能的要求，则不加。在阻隔性多层共挤吹塑薄膜生产中，节省材料费用显得尤为突出。

根据市场中不同树脂的价格，通过设计不同的共挤结构，厂家可以选择生产最优化的产品。例如，某一多层共挤复合膜的结构为 LDPE/HV（黏结层）/PA6/HV（黏结层）/EVA，其阻隔层 PA6 厚度为 70μm，当采用 5μm 厚的 EVOH 材料替代时，其阻隔氧气的能力基本相同。虽然 EVOH 的价格比 PA6 贵很多，但是在功能不变的前提下，EVOH 材料的消耗远低于 PA6，材料的综合成本就得到降低。

多层共挤复合薄膜在国内的包装上已经用的相当广泛，但是用于多层复合膜成型的先进多层共挤出吹膜设备大多依赖进口或者合资公司的设备。多层共挤吹膜设备的核心技术掌握在国外的几个公司如 Battenfeld、Gloucester、Dabisstandard、W&H、Be 等。国内的多层共挤吹膜设备在很大程度上落后于国外设备。主要表现在产量不高，薄膜的厚薄均匀性差。尽管多层共挤设备非常复杂，但是真正的核心的部件主要有三个：螺杆，多层共挤模头，风环（内风环和外风环）。

### 1. 螺杆

螺杆是多层共挤吹膜设备的塑化部件，它关系到设备的产量、多层复合薄膜的表观质量塑化和混色效果。国内设备的产量赶不上进口设备一个主要原因就是螺杆设计不好。例如对于多层薄膜中的支撑层材料，国外设备的螺杆基本上采用的是分离型螺杆，再在计量段中间加上一个混炼元件以保证混炼混色效果。

**(1) 分离型螺杆的优点**

① 螺杆的适应性广。美国 XALOY 公司称，他们的通用型螺杆除 PVC 外，可以加工大多数塑料。分离型螺杆在熔融段通过 Barrier 螺纹把螺槽分成了熔体床和固体床，固体床的宽度和深度逐渐变小，熔体床的宽度和深度逐渐变大，最终变为计量段的宽度和深度。固体床的体积逐渐减小，保证了气体的排出，这不像单螺纹螺杆需要一定的压缩比才能排出塑料中的气体。固体床的深度逐渐变小，熔体越过螺纹进入熔体床，未塑化的固体床直接与机筒接触，能吸收更多的热量，同时固体床受到的剪切力也大，提供越来越多的剪切热给固体料使其塑，这种塑化好的熔体跑到熔体床。熔体床的宽度和深度都是变大的，剪切力变小，保证了熔体温度不会继续升高。这样的过程一直到固体床结束。这种熔融机理使分离型螺杆塑化效果好，保持低熔体的温度，所以它适用多种非热敏性塑料。

② 产量大。分离型螺杆与传统的单螺纹三段式螺杆有很大的不同。压缩比对于分离型螺杆已经没有多大的意义，它不像传统的螺杆通过一定的压缩比、传热和计量段的剪切来塑化。分离型螺杆的塑化如上面所述是通过固体床更有效的热传递和强剪切进行塑化的。计量段只是计量和稳定挤出的作用。所以计量段的深度可以设计的很深，保证了高产量。例如 Battenfeld 公司用于加工聚烯烃的 65 分离型螺杆，加料段螺槽深度 $H_1$ 为 12.62mm，计量段螺槽 $H_3$ 为 9.6mm，由于加料段与计量段螺纹导程不同，压缩比不等于 $H_1/H_3$，计算得到加料段一个螺槽体积与计量段一个螺槽体积比为 1.5126，这种设计参数对于传统型的单螺纹螺杆不可能将塑料塑化好。深的加料段和计量段的深度，保证了高产量，熔融段的正确分离型设计保证了塑化质量。所以分离型螺杆是产量大、塑化效果好的螺杆。

**(2) 分离型螺杆设计难点**

根据国外资料报道，分离型螺杆设计的难点有以下几个方面：

① 副螺陵与机筒的间隙是变化的，如何设计能够让熔体一定速度通过到熔体床，这个速度不能太慢，太慢了使固体床还有熔体，影响了固体料的塑化。

② 副螺陵的导程设计和固体床深度的变化。固体床的体积是随着副螺纹导程的变化和固体床深度减小而缩小的。实际固体料体积与固体床体积相一致，这是最好的。因为固体床体积缩小量超过了固体料体积的缩小量，很容易造成卡料；固体床体积大于实际固体料的体积，固体床内有熔体，会影响塑化效率。

由于塑料在螺杆内熔融过程太复杂，涉及的方程和变量太多，还没有很好的分析软件。所以现在螺杆的设计大部分都是靠经验，完全符合塑料的熔融过程的螺杆设计是不可能的，因为塑料熔融过程随着加工参数和添加的填充料不同而不同。所以螺杆设计在一定范围内符合塑料的熔融过程，那就是好螺杆。

**2. 多层共挤吹膜模头**

多层模头是多层薄膜的成型部件，它是整台多层共挤吹膜设备的心脏。多层共挤吹膜模头按照叠加的方式分，主要有两种形式：一种是高度方向叠加；另一种是径向方向叠加。

**(1) 高度方向叠加式**

① 平面叠加

这种模头以加拿大 Brampton Engineering 公司生产的模头为代表，一般采用侧进料，熔体以中心轴线对称，在每层的叠加面流动，而不是传统的筒状流动。它的优点是机头层数可以任意组合，结构简单，且每层的温度可以单独控制，这样可以根据不同的物料的需要单独控制每层的温度，也有效地防止物料的分解。叠加型模头一层层的叠加，熔体在每层流道中流动，层数的变化不会影响机头内、外径的大小。这种模头由于流道在平面或斜面上，熔体的压力无法平衡，使得熔体的密封困难。

② 锥形叠加

锥形叠加共挤机头的设计思路与平面叠加机头一样，只不过采用了锥形模块单元化结构，每个单元都由一对短锥形模块组成。流道在锥形圆柱面上，基本体强度高于平面叠加机头，承受的熔体的压力更高，密封性更好。锥形叠加共挤机头分为两种，即上斜叠加型和下斜叠加型。上斜锥形叠加是加拿大 Macro 公司推出的，主要用于直径 10～100mm 的机头。

这种设计的特点是机头每层由下到上斜面叠加，每层之间相互吻合，从而不易溢料。熔体从每层机头进料，一次分流。这种设计一般适用于较小尺寸的共挤机头。下斜锥形叠加机头是加拿大 Macro 公司的专利，其设计特点是每层机头由上到下斜面叠加，每层机头之间相互吻合，从而不易溢料。熔体从机头底部同一平面侧进料并流到相应机头层进行一次分流，减少熔体的停滞，机头易于清洗。并得到好的厚度分布。另外，同其他机头相比，每层的熔体流道数量不受限制，视直径不同，每层可以设计为 16 条及以上数量螺旋流道。

**(2) 径向方向叠加式**

这种模头以［美］Battenfeld Gloucester Engineer 公司生产的模头为代表，是 9 层共挤模头机构，这种模头的特点是低重心，模头的高度不会随着层数的增加而增大。由于熔体的压力是在流道圆周方向被平衡掉，所以密封性能比叠加型机头好。缺点是熔体的温度不能单独控制，特别是中间层的温度。

因此，在螺旋流道的起点和终点之间，存在着一个由纯粹的螺旋流动连续地过渡到纯粹地轴向流动的过程。结果，使熔流得到进一步充分有效的混合，使熔料在口模圆周方向上的压力、温度和速度分布基本达到均匀一致的目的。于是也就保证了熔体薄膜的均匀厚度。

把物料的参数和产量作为初始条件，算出熔体在模头内的压力分布，停留时间，剪切速率，以及最重要的螺旋流道结束处的速度分布。根据计算的数据分析流道参数的合理性，根据经验，修改参数，代入理论计算，以得到最好的分析结果。多层共挤吹塑模头的设计是比较复杂的，国外公司都有自己的理论计算方法。

**3. 风环**

风环是多层共挤吹塑薄膜的冷却成型部件，对于薄膜的表面质量、产量、厚度、薄膜均匀性都有极大的影响。尽管螺杆、模头设计得很好，如果没有好的风环，膜泡在高产量的情况下也无法冷却定型。国外的多层共挤吹膜设备都采用内风环和外风环。

**(1) 内风环**

内风环也叫膜泡内部冷却系统（IBC），为加拿大BE公司。冷却的空气进入膜泡内部，吸收薄膜内表面的热量，热的空气和膜泡的挥发物通过内风环排出，如此循环从薄膜的内表面降低薄膜的温度。现在国外的多层共挤吹塑设备都采用了IBC，IBC能使产量提高30%左右。内风环除了能提高产量，还有两个作用：

① 能提高薄膜的光学性能。内冷却使膜泡的冷却速度加快，使结晶减少，同时通过空气在内部的流通，带走了膜泡内的挥发物。

② 使膜泡的稳定性大大地提高。这也不仅仅是因为内冷使膜泡的冷却速率加快，使冷凝线下的熔体温度降低，提高了熔体强度，另外一个主要因素是当膜泡内冷时，可以在膜泡的内外形成对流的气流，可以抵消彼此的冲力。而膜泡不用内冷时，膜泡内部气体是静止的，只有外部风环出来的气体是流动的，所以不能抵消外部气流带来的冲力。

**(2) 外风环**

现在的多层共挤吹膜设备的外风环基本上都是双唇风环，其结构相对于单唇风环，其冷却效率大大地提高，所以可以使多层共挤吹膜设备的产量提高。一般对于单唇风环来说，在膜泡外表面形成了一层气层，靠近膜泡外表面的温度高，而这个气体层是平行于膜泡向上运动的，所以气层内侧的温度越来越高，膜泡的冷却效率会越来越低。而对于双唇风环，另一个风唇的气体会冲乱第一个风唇的气体层，使冷却气体层产生湍流，膜泡的冷却效率大大提高。据报道双唇风环比单唇风环使设备的产量提高25%左右。

为了使风环更好地控制薄膜厚度的均匀性，国外公司的都采用自动风环。自动风环也是双唇风环，它是薄膜厚度自动控制系统的重要组成部分。不用自动风环，国外的设备的薄膜厚薄均匀性也只能做到误差7%左右，加了自动风环后，薄膜厚薄均匀性可以做到误差4%以内。

自动风环结构上采用双风口方式，其中下风口风量保持恒定，上风口圆周上分为若干个风道，每个风道由风室、阀门、电机等组成，由电机的驱动阀门调整风道开口度，控制每个风道风量的大小。控制过程中，由测厚探头检测到薄膜厚薄信号送到计算机，计算机把厚薄信号与当前设定平均厚度进行比较，根据厚度偏差量以及曲线变化的趋势进行运算，控制电机驱动阀门移动，当薄膜偏厚时，电机正向转动，风口关小；相反，电机反向转动，风口增大。通过改变风环圆周各点风量的大小，调整各点的冷却速度，使薄膜横向厚薄偏差控制在目标范围内。

## 第五节 冷饮包装用珠光膜的特点及制作

### 一、珠光膜的特点及应用

我国目前国内冷饮包装得到了飞跃的发展，实现了冷饮包装形式多样化，产品功能多样化。据有关报道数据显示，冷饮包装占软包装的比例达23%，目前有部分软包装彩印企业正专注冷饮包装加工，旨在打造专业品牌企业。根据相关数据显示，我国冷饮包装目前正以30%速度发展，资深专家预测冷饮包装的高速发展不仅会带动相关产业发展，更让软包装企业看到了广阔的前景。冷饮包装从以前的单层塑料薄膜包装形式，正逐步转向多层形式的包装，其功能性如阻隔性、超低冷冻性更佳，结构也呈多样化，例如BOPP/BOPP（珠光）、BOPP（珠光）/PE、BOPP（珠光）/CPP等。冷饮包装目前正向高档次方向发展，例如PET/AL/CPP、PET/CPE、PET/L/NY/CPP（CPE），不仅要求包装产品各项性能符合质量要求，保证内容物不发生变质现象，同时对相关材料如油墨、薄膜、复合胶黏剂也提出更高的要求。目前市场上和露雪、伊利等名牌冷饮包装产品就是很好的例子。BOPP珠光膜成为现在包装的新宠，主要是由于该材料阻隔性优良，同时由于该薄膜材料在实际的生产加工过程中加入一定量的$CaCO_3$和珠光颜料，具有一定的珠光效果，装饰性很强。珠光膜在我国的发展历史并不长，但包装的需求发展很快。珠光膜是用聚丙烯树脂为原料、添加碳酸钙和珠光颜料等，混合后经双向拉伸而成的。由于采用机械发泡法，所以珠光膜的相对密度仅为0.7左右，而PP的相对密度是0.9左右，所以软包装企业愿意选用，因为价廉且装饰性好、性能优良。如果要制作成剥离强度很好的热封袋就必须进行复合，也就是进行复膜加工。珠光膜在实际的产生过程中，微粒状的$CaCO_3$母料均匀分散在均聚PP中，当PP进行拉伸时形成许多孔洞，正是这些孔洞折射光线形成了珠光效果。除热封型珠光膜BOPP外，还有三层共聚非热封型BOPP珠光膜，即两层均聚PP夹一珠光层。实际上常采用BOPP珠光/LDPE（CPP）复合来满足客户。BOPP珠光膜有银白珠光色，可以反射较多光线，其阻气性、阻水性也比其他品种的BOPP薄膜优良。厚度为35$\mu$m的双面热封型珠光膜BOPP可以直接用于雪糕、冰激凌等冷饮包装，也可以用于糖果枕式包装、巧克力、香皂的防护包装。厚度为 30$\mu$m 的双面热封 BOPP 珠光膜广泛应用于饼干、甜食、糖果、风味小吃等包装。BOPP 珠光膜除软包装上的应用外，还有相当一部分用在礼品包装上，一条精致的小彩带就可以表达情谊。珠光膜在冷饮包装上的广泛采用，主要和它的使用的经济性及本身的特点有很大的关系。

## 二、珠光膜的印刷与复合

珠光膜的进购一定要进行相关的检测：电晕处理值要符合质量要求，但最重要的还是要检测珠光反射效果。做法是取一小张珠光膜，在透光的地方手托材料让光线透过，左右移动膜面，将会发现珠光的分布情况。有时会是发暗、微黄的感觉；有时会是银光闪闪的感觉。如果将两张不同厂家的珠光膜进行比较就很容易发现问题的所在。建议企业要选用反射光线好的膜，不选用微黄色的膜等不符合质量要求的材料。因为现在的冷饮珠光膜复合产品都有一个共性现象，就是印刷上的油墨很少，珠光膜什么样的颜色就会直接反映在印刷产品上。珠光膜的保护也很重要。一般应该将要使用的珠光膜放置在通风干燥处，并用 PET 进行包扎，保存不当对复合性能将有一定的影响。

采用凹印方式印刷的珠光膜一般选用双面热封型膜，凹印油墨一般采用聚酰胺表印油墨，但也采用里印油墨。印刷顺序一般采用表印的方法，即先印刷黄色或者红色，再印刷黑色。印刷时注意张力的控制和干燥温度的控制；另外珠光膜的收卷也很重要，建议不收太紧以防粘连故障。现在凹版印刷机收卷装置由原来的手动调节弹簧控制张力演变成利用电子变频自动控制（如广东汕漳机械和中山松德机械的设备）。印刷珠光膜常见的故障如下。

### 1. 咬色

咬色现象是前一色印刷的油墨在套印时反粘到下一色的印版上，在后一色上明显可以看到前一色的颜色。

咬色的原因有：

① 前一色油墨干燥不充分，下一色的干燥速度快，造成黏性瞬间增大，把前一色粘下。

② 油墨中树脂的溶解性太好，使油墨容易再溶解。

③ 印刷速度过慢，使印刷薄膜的图案部位在印版上停留时间较长。

④ 后一色印刷压印滚筒压力太大。

咬色的解决对策有：

① 前一色使用快干溶剂，提高前一色的干燥速率。

② 提高印刷速度。

③ 向第二色的版面吹风。

④ 降低印刷压力。更换油墨。

## 2. 堵版现象

凹印方式印刷珠光膜容易产生堵版，一般表现为：浅版处油墨无法转移；深版处油墨转移量减少，通常从50%～70%下降到30%～20%。

产生原因：

① 印刷中，随着溶剂的大量挥发，油墨黏度增大，油墨无法进入细小的网点中，网穴内部的油墨逐渐干固导致严重堵版。

② 印刷中，刮刀位置距版滚筒远或角度不合理，版滚筒直径大或版滚筒进入油墨槽的深度不当，造成严重堵版（后一种情况在国产印刷机上常见）。

③ 印版网线雕刻深度不适宜，网眼的角度不适宜。

④ 印刷时环境温度过高，使溶剂挥发过快，造成堵版（夏季容易发生）。

⑤ 油墨本身反应引起的，特别是添加了固化剂系列的油墨，随着应用时间的加长，油墨固化于印版网穴内，逐渐减少了印版的深度导致堵版。这一点要求我们在使用固化剂油墨时，应时刻检查堵版的情况。

⑥ 油墨配方设计不合理，使用了干燥速度高的溶剂。

解决措施：

① 调整油墨的干燥速度，根据实际的印刷情况使用一些慢干溶剂；

② 添加调墨油，改善和提高油墨的流动性；

③ 印刷结束后，立即将印版清洗干净；

④ 根据实际印刷的情况及时添加合适的溶剂，尽量保证油墨的印刷黏度一致；

⑤ 重新设计油墨配方，降低油墨的初干性，增加油墨的流动性及转移性能；

⑥ 对于使用固化剂引起的堵版，只能采用如下措施：尽可能不加或少加固化剂，确实要加时，印刷中时刻注意堵版现象发生，并及时清理。

干式复合珠光膜时，BOPP珠光膜一般是作为复合材料来使用的，并具有很好的热封性能。常见的复合结构有BOPP/BOPP（珠光）、BOPP珠光/PE（CPP）等，干式复合珠光膜主要要进行材料张力的控制和平整性的控制。例如，制作BOPP/OPP珠光复合膜标签产品，标签规定长20cm、宽0.8cm，产品不进行热封而是通过合掌机进行双面胶的贴合，就可以分切制出成品。我们可以看出产品一是不进行热封，二是面积很小。我们可以想象产品不平整将无法进行加工，不进行热封就像一张纸一样，所以平整性很重要。进行复合加工产品的平整性好与不好，张力控制很关键。当然也不排除因为黏合剂的原因或者其他温度控制的因素的影响。像上面提到的复合结构膜，放卷张力要小一些，这是试验得出的看法。检测复合产品的平整性有个技巧很实用，就是将复合产品的中间用刀片轻轻一划，然后仔细观察产品刀口处是向内弯还是向外卷翘，产品向内弯曲说明复合材料的张力过大。

## 3. 层间剥离强度差

珠光膜复合产品剥离强度不高的原因分析与理解如下。剥离强度不高是个比较笼统的概念，其实软包装的剥离强度问题主要包括层间剥离强度问题和热封剥离强度问题，对此很多人都理解不透彻或混为一谈。

层间剥离强度差的原因有：

① 珠光膜材料或印刷 BOPP 材料表面张力低，不符合印刷或复合要求。

② 干燥温度控制不当或使用的溶剂大量残留影响剥离强度。

③ 印刷油墨与印刷基材不亲和，相容性不好。

④ 选择的黏合剂不合。

⑤ 复合烘箱温度控制不当，对溶剂挥发造成严重影响。

⑥ 复合辊温度太低。

⑦ 熟化时间或温度控制上出现问题。双组分聚氨酯黏合剂熟化时间一般控制在 24～48h，熟化温度控制在 50℃左右。

解决办法是：

① 提高材料的表面张力。BOPP 为 38 达因，PET 为 50 达因。

② 调整印刷温度或降低印刷速度，对溶剂进行调节。

③ 严禁混用不相同的树脂体系油墨。

④ 更换黏合剂。建议选择专用的黏合剂如 KH-B70/102。该黏合剂主要特点是胶体柔软，抗冷冻性特别好，产品不发硬，高流动性，使用成本更低，固化速度快，8h 就可分切加工，复合适性及产品平整性佳。

⑤ 提高胶水的浓度，检测刮刀的角度，检测涂胶辊的网孔深度与线数。

⑥ 温度采用由低到高的控制方法，另外要考虑排风系统的风速问题，或降低复合机速。

⑦ 提高复合辊温度。复合辊温度的高低，与机速、材料的厚薄有很大的关系，还与胶水的性质有关系。

⑧ 控制好熟化时间和温度。

**4. 冷饮包装专用黏合剂**

现在冷饮食品企业对包装质量很重视。根据调查，冷饮食品企业对包装袋的主要要求是：

① 具有超强抗冷冻性，内容物不发生任何质量问题；

② 塑料包装产品不发硬，平整性好；

③ 包装产品剥离强度高，阻隔性能优异；

④ 要求印刷企业供货及时，保质保量。

很多的印刷企业生产的冷饮包装产品在低于－30℃的环境下，产品发硬，影响内容物，甚至随着时间的延长，剥离强度也下降。其原因除材料和工艺上的控制问题外，还与黏合剂本身有很大的关系。为杜绝发生质量问题，建议选用冷饮包装专用胶黏剂。根据实践，中山康和化工有限公司生产的冷饮包装专用黏合剂 KH-

JL660/KH-160，是针对冷饮、果冻等包装膜的功能型双组分聚氨酯复合胶黏剂，应用效果不错。

## 第六节 我国新型食品软包装原材料、生产工艺、应用范围最新发展

近20年来，中国的软包装产业经历了一个从小到大、从弱到强的过程。从20世纪80年代的单纯引进模仿，到现在已形成在设备制造、塑料加工方面门类齐全、生产规模庞大的一个产业。下面从软包装主要使用的原材料、软包装的主要生产工艺、软包装的使用范围诸方面做一个简介。

### 一、食品软包装原材料

**1. 聚乙烯类**（PE）

LDPE和LLDPE主要用于复合产品的内层热封材料，它们具有透明度高、柔软度好、耐低温性能和防潮性能均极佳的特点，但耐油性能较差；HDPE主要用于手提袋产品，它具有挺度好、强度高的特点，但透明度较差；MPE具有各种突出的优点，它透明度极好，有极佳的强度和耐穿刺性能，其低温热封性能和抗污染性能能大大提高制袋的效率和密封牢度，配料上经常把MPE和LDPE、LLDPE配合使用。

**2. 聚丙烯类**（PP）

BOPP通用膜拉伸强度高，透明度高，光泽度好，用于复合材料的外层，其表面经过电晕处理后可进行印刷；消光BOPP表面光泽度低、具纸感，手感舒适；珠光BOPP具有漂亮的珠光色彩，印刷形式为表面印刷，也可以不与其他材料复合直接进行热封；BOPP保鲜膜由于其出色的防雾性能、透气性能可延长蔬菜的保质期；CPP膜因其高透明度和高熔点性能，一般用于高透明包装和高温蒸煮产品的内层。

**3. 聚酯薄膜**（PET）

BOPET薄膜具有机械强度高、耐寒和耐热性能好，对水、空气、气味均具有良好的阻隔性的特点，常用做复合材料的外层，如真空产品和高温蒸煮、杀菌产品的包装。

**4. 聚酰胺薄膜**（PA）

BOPA膜具有机械强度高、耐寒和耐热性能好，并具有突出的柔韧性和耐穿刺性，能对空气、气味均有良好的阻隔性，但易受潮。BOPA常被用做复合材料的外

层或中间阻隔层，用于真空袋、耐穿刺袋或高温蒸煮产品的包装。

**5. 聚偏二氯乙烯薄膜或涂膜**（PVDC）

PVDC 对空气、水和气味均有极佳的阻隔性。它有 PVDC 吹塑膜、PVDC 拉伸膜、PVDC 共挤膜和 PVDC 涂覆膜等几种形式，主要用于阻隔性要求高的食品等包装，但由于废品在环保方面的处理困难，使用上近年来在一些国家受到限制。

**6. 乙烯-乙烯醇共聚物薄膜**（EVOH）

EVOH 阻隔性、阻气性极佳，耐油性好，机械强度高，透明度高，但易吸潮，常放于中间层，用于阻隔性要求极高的产品的包装。

**7. 聚萘二甲酸乙二醇酯**（PEN）

PEN 综合性能优异，机械强度高，对水和气体的阻隔性好，耐化学性好。主要用于保质时间长的食品及工业溶剂的包装。

**8. 水溶性 PVA 薄膜**

PVA 的特点是其最终产物为二氧化碳和水，十分环保。主要用于农药、清洁剂等的包装。

**9. 乙烯-醋酸乙烯共聚物**（EVA）

EVA 含量一般为 5%～50%之间，它的特点是透明度高、无色、无味、无毒，主要用于低温热封内层、冰袋及炭黑袋等的包装。

**10. 真空镀铝材料**

镀铝膜对空气、水、光线、气味均具良好的阻隔性，主要用于食品和其他工业品的包装。如对局部进行洗铝，便可以做成开窗透明包装。软包装上多用 PET 镀铝膜和 CPP 镀铝膜。

**11. 镀硅膜**

镀硅膜的特点是透明度高，对氧气、水、气味均具有良好的阻隔性，和其他材料复合可制成蒸煮产品的包装和微波食品的包装。也可以用 Al、Mg、Ti 等的氧化物进行蒸煮做成阻隔材料。

**12. 彩虹膜**

彩虹膜是由两种或两种以上的聚合物共挤挤得，共挤层数可达一百至数百层，白光从外面进入薄膜发生光的干涉，再反射出来，便产生出彩虹色彩。用彩虹膜的复合产品制作的各种包装可以呈现多种华丽色彩。

**13. 热收缩膜**

热收缩膜是一种在生产过程中被拉伸定向而在使用过程中受热收缩的热塑性薄膜。主要用于啤酒及其他工业领域的包装。

**14. 降解薄膜**

降解薄膜有光降解薄膜和生物降解薄膜等种类，主要用于购物袋等方面，以减少塑料产品对环境的压力。

**15. 铝箔**

铝箔具有对空气、阳光、水和气味极佳的阻隔性，耐高、低温性能优良，常作为中间层用于食品、药品等产品的包装，另外还可用于电磁屏蔽包装。

**16. 纸张**

纸张原料丰富，展示功能强，手感舒适，环保性能优良，故常用于软包装的生产，如在种子、食品等领域获得广泛的应用。

## 二、食品软包装的生产工艺

① 吹膜工艺：吹塑薄膜是将塑料在挤出机中熔融塑化，通过环形模头挤成膜管，由压缩空气将其吹胀冷却定型后制成的薄膜。吹膜机分单层吹膜机与多层共挤吹膜机，武汉轻工业机械厂与广东东明吹膜机公司是生产吹膜机比较有名的厂家。

② 流延工艺：流延膜一般采用多层共挤工艺，通过T形膜头将熔融树脂挤出，然后通过急冷辊进行冷却获得的薄膜。PE、PP和PA膜均可通过流延进行生产。

③ 双向拉伸工艺：双向拉伸膜是将熔融挤出的塑料进行高倍纵、横两个方向的拉伸定型所制得的薄膜，它改变了高聚物分子及链段的排列，使其具有了高度平面取向性，结晶度提高，使薄膜的机械强度和表面光洁度明显提高。

④ 真空镀铝工艺：是在$10^{-2}\sim10^{-3}$Pa的高真空中，以电阻、高频或电子束加热的方式使铝气化，在冷却的膜上凝结成均匀的金属薄膜。蒸镀工艺有间歇式、半连续式和连续式三种。常用的镀材有PET、PP、PA、PT、PE、PVC等。

⑤ 凹版印刷工艺：凹版印刷机是由放卷装置、印刷装置、传墨装置、干燥装置、张力控制装置、套色控制装置和收卷装置等构成。它是通过把印版浸泡于墨槽里，然后由刮刀将非雕刻部位除去油墨后在压印胶辊的作用下，把油墨转移到承印基材上。

⑥ 复合工艺：复合通过取长补短，使几种单一性能的材料结合成具有综合性能的新材料。复合方式有：干式复合、挤出复合、热复合和特殊涂布复合（如涂PVDC层）等。

⑦ 分切工艺：分切工艺是把大规格的膜卷分割成所需规格尺寸的工艺，随自动包装设备的应用越来越广，以膜卷出厂的形式越来越多。

⑧ 检品工艺：半成品和成品在检品机上进行复卷，如传感器反馈的图样与已输入电脑的标准样在形状、尺寸、色彩诸方面存在的误差超出一定范围，检品机便自动停机予以检出。检品工序可减少后工序的浪费并提高产品质量。

⑨ 制袋工艺：复合软包装材料最终要通过制成各种包装袋才能使用，而包装袋是通过制袋机来实现的。目前常用的袋型有三面封袋、拉链袋、连体自立袋、加底自立袋、拉链自立袋、背封袋、背封边折袋、两面封袋、热熔断袋等形式。

## 三、软包装的应用范围

软包装价廉美观、质量轻、体积小，并因复合结构设计的不同而具有各种特殊功能，例如其耐高、低温性能，各种阻隔性等。这能大大提高商品的保质期。

目前被广泛应用于食品（如肉、鱼等产品）、药品（包括中、西药）的包装，农业（如种子）包装和粮食包装，化工、服装等产品的包装等。可以说现在超市中琳琅满目的产品大多都是软包装来承担主要角色的。

## 四、新型复合软包装功能膜

只有一张普通纸那么厚的复合软包装功能膜，却是共挤吹塑 7 层高分子材料复合而成的，其中最薄层只有 0.005mm，最厚层也仅有 0.02mm。由黄山永新股份公司与合肥工业大学历经三年共同研发的，综合运用多层共挤吹塑功能薄膜技术、无溶剂复合技术、高线数宽幅薄膜柔版印刷技术，在国内首家成功制造出的新型复合软包装功能膜开始批量面市。该成果获安徽省 2011 年度科技进步一等奖。

据了解，这种 7 层超薄共挤出的功能膜可根据客户需要，通过改变功能膜配方和结构设计，生产出用于冷鲜肉制品、烤肠之类食品包装的透明高阻隔膜，用于化学原料包装、大米袋、石化产品包装的高强度热封膜及开袋即食的熟食品包装的高温耐蒸煮膜。经检测，新型复合软包装功能膜符合国家标准，达到国际知名品牌的水平，部分指标甚至超过了国际知名品牌。

# 第五章 新型塑料包装薄膜的应用领域

## 第一节 新型塑料包装薄膜的应用

塑料进入包装领域有近百年的历史，但在大多数国家的应用则始于第二次世界大战之后。20 世纪 70 年代以来，塑料包装材料在包装领域迅速崛起，其发展速度大大超过了传统包装材料，并在此后一直保持 6%～7%的较高年增长率。塑料包装材料的快速增长，得益于它的一系列优点为越来越多的人所认识，例如安全、清洁、卫生、透明、质轻、耐冲击、成本低廉、节约能源等。迄今为止，塑料已经成为消耗量仅次于纸类的重要包装材料。塑料包装的产值占世界包装业总产值的 31%左右。

由于塑料包装的快速发展，包装已成为塑料的最大的市场，塑料包装最常见的有聚乙烯、聚氯乙烯。当然不同的塑料，所用的原料也是不同的。

随着中国经济高速发展以及人民生活质量的提高，对微波食品、休闲食品及冷冻食品等方便食品的需求量不断增加，这直接带动塑料包装薄膜材料的开发和发展；尤其食品包装的需求，中国食品与包装机械业在今后的一段长时间内将维持正增长。

“十二五”期间，中国包装工业的总产值预计达到 6000 亿元人民币，并保持年均 10%的增长速度。新的“十三五”期间，从 2016 年到 2020 年，总产值可望突破 9000 亿元，每年平均增速约维持在 12%的水平。以产品分类，中国纸包装制品产量到 2016 年可达 4000 万吨，塑料包装制品达 1000 万吨，金属包装制品达 500 万吨，玻璃包装制品达 2000 万吨，包装机械达 150 万台套。预计未来循环经济将成为包装行业发展的主要模式，包装废资源回收利用将实现产业化、绿色包装材料将获得大力开发和发展，包装基础工业也将加快发展。

### 一、缠绕膜和塑料薄膜

#### 1. 拉伸缠绕膜的特点

缠绕膜又称“拉伸膜”（stretch film），采用进口线性聚乙烯 LLDPE 树脂及增黏剂特种助剂比例配方生产。缠绕拉伸膜包装是目前国际上非常流行的一种包装形式，强度高，弹性力大，对任何几何形状的商品都能裹紧，且可避免捆扎对商品造成的损伤，具有良好的防松散、防雨、防尘、防盗等效果，被广泛用于物品的集合包装和托盘包装，用于容器（易拉罐）、化工、陶瓷、玻璃、五金机械设备（不锈钢板）、造纸（纸张分切）、纺织品、家具、食品工业（软包装饮料）、电子产品箱等行业。

拉伸缠绕膜也称弹性薄膜或裹包薄膜，具有较高的拉伸温度，抗撕裂强度并具有较好的回缩记忆和特有的自粘性，能使物体紧裹成一个整体，防止运输时散落倒塌。该产品是一种单面或双面有黏性可拉伸并裹紧被包物品的塑料薄膜，在包装过程中不需要热收缩处理，有利于节省能源，降低包装费用，便于集装运输，提高物流效率，同时也由于高透明度便于识别被包物品，减少配送错误。

**2. PE 缠绕膜的分类**

PE 缠绕膜是工业用装膜制品，具有拉伸强度高，延伸率大、自粘性好、透明度高等物点。用于手工缠绕膜，也可用于机用缠绕膜，可广泛应用于各种货物的集中包装。 PE 缠绕膜主要由几种不同牌号的聚乙烯树脂混合挤出而成，具有抗穿刺，超强度高性能，对堆放在托板上的货物进行缠绕包装，使包装物更加稳固整洁，更超强防水作用，被广泛应用于外贸出口、造纸、五金、塑料化工、建材、食品医药行业。

① PE 拉伸缠绕膜：LLDPE 拉伸缠绕膜是以高品质的 LLDPE 为基材，别配加优质的增黏剂，经加温、挤压、流延，再经激冷辊冷却而成的，具有韧性强、高弹性、防撕裂、高黏性、厚度小、耐寒、耐热、耐压、防尘、防水、有单面粘及双面粘等优点，在使用时可以节省材料、节省劳动力、节省时间，广泛应用于造纸、物流、化工、塑料原料、建材、食品、玻璃等方面。

② PE 分切缠绕膜：是以高品质的 LLDPE 为基材，别配加优质的增黏剂，经加温、挤压、流延，再经激冷辊冷却而成的，具有韧性强、高弹性、防撕裂、高黏性、厚度小、耐寒、耐热、耐压、防尘、防水、有单面粘及双面粘等优点，在使用时可以节省材料、节省劳动力、节省时间，广泛应用于造纸、物流、化工、塑料原料、建材、食品、玻璃等方面。缠绕膜分机用和手用两种，手工缠绕只需一个带阻尼制动的手持放卷架，一人手持环绕包裹，轻便灵活，因地制宜。机用缠绕宜成批包装，应配置缠绕机，生产效率高，外形统一美观，包装质量好，速度快。

**3. PE 缠绕膜的通用性质**

① 单元化：这是缠绕膜包装的最大特性之一。借助薄膜超强的缠绕力和回缩性，将产品紧凑地、固定地捆扎成一个单元，使零散小件成为一个整体，即使在不利的环境下产品也无任何松散与分离，而且没有尖锐的边缘和黏性，以免造成损伤。

② 初级保护性：初级保护性提供产品的表面保护，在产品周围形成一个很轻的、保护性外表，从而达到防尘、防油、防潮、防水、防盗的目的。尤为重要的是缠绕膜包装使包装物品均匀受力，避免受力不均对物品造成损伤，这是传统包装方式（捆扎、打包、胶带等包装）无法做到的。

③ 压缩固定性：借助缠绕膜拉伸后的回缩力将产品进行缠绕包装，形成一个紧凑的、不占空间的单元整体，使产品各托盘紧密地包裹在一起，可有效地防止运输过程中产品的相互错位与移动，同时可调整的拉伸力可以使硬质产品紧贴，使软质产品紧缩，尤其是在烟草业以及纺织业中有独特的包装效果。

④ 成本节约性：利用缠绕膜进行产品包装，可以有效降低使用成本，采用缠绕膜只有原本箱包装的15%左右，热收缩膜的35%左右，纸箱包装的50%左右。同时可以降低工人劳动强度，提高包装效率以及包装档次。

⑤ 主要优点：厚度小，性能价格比好；外观透明，双面粘；无毒、无味，安全性好；使用方便，效率高；抗缓冲强度高；良好的回缩率；抗刺穿；防撕裂性能好。

**4. 拉伸缠绕膜的应用领域**

一直以来，拉伸性收缩缠绕薄膜都是高产量、低收益的产品。最近，设备正朝着提高这种薄膜的价值和投资回报率的方向发展。根据位于英国布里斯托尔的艾米（AMI）顾问公司的统计，中国是世界上最大的农膜消费国。2014 年，中国加工的收缩薄膜中超过25%的都是聚乙烯膜。2014 年，欧洲拉伸薄膜的消耗量为230 万吨，其中12%用于青贮牲畜饲料的包装。因此改进设备以生产高附加值的薄膜变得越来越有利可图。

拉伸膜的包装都须经过拉伸，托盘机械包装的拉伸形式有直接拉伸和预拉伸。预拉伸又分为两种：一种是辊预拉伸，一种是电动拉伸。

直接拉伸是在托盘与缠绕膜之间完成拉伸。这种方法拉伸倍率低（约15%～20%），若拉伸倍率超过55%～60%，超过了薄膜原有的屈服点，膜宽度减少了，穿刺性能也有损失，膜很容易断。且在60%拉伸率下，拉力还很大，对于轻的货物，很可能使货物变形。

电动预拉伸的拉伸机理与辊预拉伸相同，不同的是两辊由电带动，拉伸完全与托盘的转动无关。所以适应性更强，轻的、重的、无规则的货物都适用，由于包装时张力低，所以这种方法预拉伸倍率高达300%，可大大地节约材料、降低成本。适合膜厚为15～24$\mu$m。

综上所述，拉伸膜的应用领域非常之广，而国内很多的领域还未涉及，已涉及的许多领域也未普遍使用，随着应用领域的扩大，拉伸膜的用量必将大大增长，其市场潜力是不可估量的。所以有必要大力推广拉伸膜的生产和应用。

**5. 热收缩膜与缠绕膜的区别**

收缩膜是要配合热收缩机使用的，质地比较脆，热收缩机开机后对着收缩膜吹，收缩膜就会出现收缩现象，如果操作得当就会看起来很好的；缠绕膜质地比较软，是打托的时候在外面缠绕的。

## 二、热收缩膜

塑料薄膜的竞争日趋激烈，人们对于薄膜更好的收缩性和更低的成本愈加重视，很多公司都推出了性能更好的聚苯乙烯树脂。目前已经出现了由玉米等原材料加工而成的收缩薄膜，这种薄膜具有很强的环保性和回收性。另外，低收缩率的OPP薄膜也大有市场，它可以轻松融入企业现有的回收系统。近来，热收缩膜标签在消费品包装中大受欢迎，PVC薄膜所占市场份额很大。

### 1. 热收缩膜的定义

热收缩膜用于各种产品的销售和运输过程。其主要作用是稳固、遮盖和保护产品。收缩膜必须具有较高的耐穿刺性，良好的收缩性和一定的收缩应力。在收缩过程中，薄膜不能产生孔洞。由于收缩膜经常适用于室外，因此需要加入UV抗紫外线剂。

### 2. 热收缩膜的分类

热收缩膜包括PE、PVC、POF收缩膜。PE热收缩膜广泛适用于酒类、易拉罐类、矿泉水类、其他各种饮料类、布匹等产品的整件集合包装，该产品柔韧性好，抗撞击、抗撕裂性强，不易破损、不怕潮、收缩率大；PVC薄膜具有透明度高、光泽度好、收缩率高等特点；POF表面光泽度高、韧性好、抗撕裂强度大、热收缩均匀及适合全自动高速包装等特点，是传统PVC热收缩膜的换代产品。POF就是热收缩膜的意思，POF全称为多层共挤聚烯烃热收缩膜，它是将线型低密度聚乙烯作为中间层（LLDPE），共聚丙烯（PP）作为内、外层，通过三台挤出机塑化挤出，再经模头成型、膜泡吹胀等特殊工艺加工而成的。

### 3. 热收缩机的特点

热收缩包装机采用远红外线辐射直接加热PVC/POP收缩膜，达到完美的收缩包装，决不影响包装物，电子无级变速，固态调压器控温，稳定可靠，应用于食品、饮料、糖果、文化用品、五金工具、日用百货、化工用品等收缩包装。将产品套上收缩包装膜，封口后进入收缩包装机，产品将自动收缩。

### 4. 热收缩标签包装的优点

① 热收缩包装能包装一般方法难以包装的异形产品，如果蔬、肉禽、水产、玩具、小工具、小电子产品等。

② 热收缩薄膜透明度高，故标签色泽鲜艳、光泽好。

③ 热收缩膜收缩后紧贴商品，包装紧凑并可显示商品外观造型，包装后的商品美观。

④ 热收缩膜能对包装容器提供360°的全方位装饰，并可将产品说明等商品信息印刷在标签上，使消费者不用打开包装就能了解产品的性能。

⑤ 收缩薄膜耐磨性能好，又具有较高的强度，确保承受内容物的重量。印刷属于薄膜里印（图文在膜套内侧），可起到保护印迹的作用，且标签耐磨性能更好。

**5. 热收缩膜的印前处理**

在塑料薄膜上获得良好的印刷适性，薄膜的表面张力应高于油墨的表面张力，同时表面要有一定的粗糙度以形成吸附力。而塑料薄膜中聚烯烃类如PP、PE膜属非极性高分子材料，化学性能稳定，表面张力小，低于油墨的张力，对油墨附着能力差。而有的薄膜虽然表面张力与油墨张力相当甚至更高，但其表面光滑，无毛细孔表面吸附力小，同时各种薄膜在合成树脂时添加的开口剂、抗静电剂、耐老化剂等也会影响薄膜的表面性能，使其印刷适性变差。因此目前使用多数收缩膜中都存在一些印刷适性问题。所以为提高薄膜表面的印刷适性，必须对印刷性能差的薄膜表面进行预处理，提高表面张力和表面吸附力。常用的方法有电晕处理等离子处理、化学处理、涂层处理法等等。

**6. 热收缩膜包装机**

热收缩包装机的收缩包装是目前市场上较先进的包装方法之一。通过对饮料、日化、医药、啤酒等几大行业的近20家包装机、灌装机知名企业调查，发现热收缩包装技术被肯定的最大原因主要是：可降低成本、可促进销售、可增加货架展示效果。下面是恒泰利从热收缩包装机的几大优势，谈各行业选择收缩包装机的原因。

啤酒企业：彩膜热收缩包装提升产品档次，促进销售。礼盒产品大多采用了热收缩包装形式。其使用原因主要有两点：

① 使包装形式多样化，有利于促销；

② 热收缩包装具有适合不同规格的灵活性，尤其是小规格的产品集束包装。小规格集束啤酒包装具有更好的灵活性，且更便于携带，因此正日益得到消费者的青睐。随着市场对小规格集束啤酒包装需求的增加，瓶口收缩包装机将拥有更大的发展空间。

日化企业：热收缩包装是集束包装的最佳选择。从日化企业在选择适合的包装方式进行准确的产品市场定位和销售预计期来讲，一些高档产品也许会选用纸盒作为外包装，但一些中低档产品就没有必要采用纸盒包装。

医药企业：热收缩包装取代纸盒可节省近千万元。因为现在医药行业对外包装的要求相对不高，所以企业使用热收缩包装更多的是希望通过降低包装材料的成本来降低总成本。企业希望热收缩包装设备速度更快些，达到50个/min的水平，以达到快速生产，提高效率，减少设备使用台数，降低设备占用厂房面积，进而最终达到降低成本的目的。

饮料企业：热收缩包装可比纸箱包装降低30%的成本，热收缩包装机是一种前景非常好的包装形式，目前国外已经有了用热收缩包装完全取代纸箱或者半托盘纸箱这样的案例，但由于目前国内市场的物流环境还不能与国际市场成熟的物流管理相比，因此，热收缩技术要在国内市场发展到国际水平还存在一些阻碍，预计未来3～5年内，随着热收缩包装技术发展和热收缩膜承压能力的不断提高，在一定规格的包装中，袖口热收缩包装机完全可以取代纸箱或者热收缩半托盘箱。

**7. 热收缩膜包装机的特点与适用**

由二位五通电磁阀控制其前进和后退。热收缩膜机与套标机联机使用，组成套标收缩机线，广泛应用于药品、食物、饮品、文化用品、陶瓷、日化、汽配、针纺、电子音像等产品的全封锁热收缩包装，是后道包装流水线的套标收缩机械。全自动收缩包装机是一种气动元件和机械装置相结合的，由PLC和其他外围线路控制的自动包装设备。

热收缩包装机是一种高度自动化的设备，该产品广泛应用在药品、食物饮料和家化等行业，应用收缩膜包装机可大大减少采用中盒包装的材料和人工成本，具有重要的经济意义。气缸的工作位置由磁性开关和接近开关检测并反馈给PLC，由PLC通过程序发出控制命令给相应气缸的电磁阀，从而控制气缸的动作。

**8. 热收缩包装机的重要意义**

热收缩膜包装机按照国际尺度精心制作的小型热收缩包装设备，具有操纵简便、合用范围广、密封性好、透明度高、成本低、档次高等特点，应用于中小批量产品的包装。该设备的执行元件是气缸。

**9. 热收缩包装机工艺流程**

① 首先对机器设定好加热时间；②按下手动或自动按钮后，齿条汽缸电磁阀得电输出推动齿轮，齿轮带动链条，此时齿条汽缸后位接近开关断开。当齿条汽缸运行到上止点时，齿条汽缸的前位接近开关导通，烘箱汽缸电磁阀得电输出；③烘箱汽缸运行到上止点时，定时器启动开始延时，齿条汽缸电磁阀断电；④定时结束，烘箱汽缸电磁阀断电；⑤依据工作方式标志位，决定是否继续下一个工作流程。

**10. 热收缩包装机的用途**

① 收缩包装是目前国际市场上较先进的包装方法之一。它是采用收缩薄膜包在产品或包装件外面，然后加热，使包装材料收缩而裹紧产品或装件，充分显示物品的展销性，以增加美观及价值感。

② 同时，包装后的物品能密封、防潮、防污染。并保护物品免受外部的冲击，具有一定的缓冲性，此外，可减低产品被拆、被窃的可能性；收缩膜收缩时产生一定的拉力，故可把一组要包装的物品裹紧，起到绳带的捆扎作用，特别适用于多组

物品的集合与托盘包装，故本产品可广泛用于各种小产品的包装。

技术参数如下。

收缩尺寸：400mm×200mm；

整机功率：5.5kW；

承载能力：5kg；

输送速度：0～10m/min；

温度：0～300℃；

整机质量：60kg；

外形尺寸：200mm×630mm×750mm；

使用电压：220V或380V、50Hz。

收缩膜温度、时间参阅表5-1。

**表5-1 收缩膜温度、时间**

| 薄膜 | 俗称 | 厚度/mm | 机器预热时间/h | 热收缩室温度/℃ |
|---|---|---|---|---|
| 聚氯乙烯 | PVC | 0.02～0.06 | 5～10 | 110～130 |
| 聚丙烯 | PP | 0.02～0.04 | 6～12 | 130～170 |

## 三、共挤薄膜

共挤薄膜是包装薄膜业最新的技术发展趋势。这种薄膜采用普通的油墨和涂料，具有高阻隔性、较好的透明度、热密封性和排版印刷的灵活性，可用做等离子涂层材料。共挤包装薄膜的发展将改变多功能薄膜的产品结构，适用于饮料、牛奶、鲜肉等食品包装。发达国家共挤包装薄膜约占全部软塑料包装薄膜的40%，而我国仅占6%左右。

## 四、可食性薄膜

这种装膜是以天然可食性物质（如多糖、蛋白质等）为原料，通过不同分子间相互作用而形成的具有多孔网络结构的薄膜，可应用于各种即食性食品的内包装，在食品行业具有巨大的市场。

## 五、可降解薄膜

这种薄膜主要解决某些不易降解的包装材料回收难度大，埋入地下会破坏土壤结构，焚烧处理又会产生有毒气体造成空气污染的矛盾。可降解塑料包装薄膜既具有传统塑料的功能和特性，又可在完成使用寿命以后，通过土壤和水中的微生物作用或通过阳光中的紫外线的作用在自然环境中降解。降解塑料制品在包装方面的应用已遍及普通包装薄膜、收缩薄膜、购物袋、垃圾袋等，为改善环境发挥着积极的作用。

## 六、水溶性薄膜

水溶性塑料包装薄膜作为一种新颖的绿色包装材料，在欧洲、美国、日本等国家和地区被广泛用于各种产品的包装。水溶性薄膜由于具有降解彻底、使用安全方便等环保特性，已受到世界发达国家重视。目前，国外主要有日本、美国、法国等国企业生产销售此类产品，国内也已有企业投入生产，其产品正在走向市场。

## 七、其他收缩薄膜与包装薄膜

镀铝 PVC 收缩膜在结构上包括 PVC 收缩膜、黏合剂层以及金属薄膜层，其中，PVC 收缩膜的下表面上设置有印刷图案，而黏合剂层是设置在 PVC 收缩膜与金属薄膜层之间的 PVC 收缩膜。借助这样的结构设计可以使设置在 PVC 收缩膜下表面上的印刷图案与外界环境完全隔离开来，达到保持印刷图案较长时间内不变色、不脱落的目的。

# 第二节 PVDC 在食品包装薄膜中的应用

## 一、PVDC 薄膜的基本特性

PVDC，学名“聚偏二氯乙烯”，它是一无毒无味、安全可靠的高阻隔性材料。除具有塑料的一般性能外，还具有耐油性、耐腐蚀性、保味性以及优异的防潮、防霉、可直接与食品进行接触等性能，同时还具有优良的印刷性能。

在世界上 PVDC 之所以被广泛用于食品包装薄膜，最主要原因是它具有很高的阻隔性，用它包装食品可以有效地解决产品变质问题，从而大大延长产品货架期。PVDC 薄膜的高阻隔性是由其分子结构决定的，PVDC 具有头尾相连的线性聚合链结构：$\mathrm{+\!\!\!\![CH_2-CCl_2-CH_2-CCl_2]\!\!\!\!+_{\mathit{n}}}$，由于其分子结构的对称性，且分子间凝集力强，氧分子、水分子很难在 PVDC 分子中移动。高结晶度和高密度决定了 PVDC 薄膜共聚物具有良好的隔氧性、隔汽性和保味性。

## 二、PVDC 与 EVOH 阻隔性的对比

目前在高阻隔材料中，PVDC 与 EVOH 均得到大家的关注，为了方便大家有针对性地选择，有必要对它们的阻隔性进行客观的分析。

EVOH 是乙烯与乙烯醇的共聚物，在潮湿的环境下，会与 $H_2O$ 形成氢键，而被吸的水分对于 EVOH 本身起了增塑作用，使分子间作用力发生变化，从而使其阻氧性能下降很快，所以在选择 EVOH 时一定要考虑湿度对其阻氧性能的影响。而 PVDC 由于其对称的分子结构和疏水基氯的存在，其阻氧性能不随湿度变化而变

化。实验证明，在相对湿度（RH）为0%～70%之间时，EVOH（38%）的阻氧性优于PVDC，当相对湿度大于70%时，EVOH阻氧性下降很快，不如PVDC，在80%的相对湿度下，PVDC的阻氧性好于EVOH 3倍，在100%的相对湿度下，PVDC的阻氧性好于EVOH 13倍。特别对于肉制品包装，外界的相对湿度为60%～70%，肉制品内部的相对湿度为95%～100%，包装材料层处的相对湿度一般都超过70%，所以在肉制品包装中PVDC远比EVOH优越。

中国国土面积很大，南北差异显著，所以在选择包装材料时一定要结合中国的国情。我们知道影响产品保存期的三要素为：产品微生物的污染程度（初始生菌）、储存温度及包装。下面以低温产品包装材料的选择来对比说明温度与包装对产品保质期的影响。

低温产品因其杀菌温度低，与高温产品相比营养成分大部分得以保留，所以得到高收入阶层的厚爱，在西方发达国家得以普及。

中国低温产品的加工工艺、包装薄膜材料也毫无改变地全部从发达国家引进，但中国却没有西方发达国家已形成完善配套的冷冻链系统，所以低温产品在中国，由于受销售条件的限制，一直没有得到广泛的推广普及。质量问题频发已成为限制低温产品在中国市场上广泛推广流通的最大制约。

肉制品的保鲜保质通常采用低温与高阻隔包装两种方式，在低温的情况下，高阻隔包装只是起到预防的作用，在低温无法保证的情况下，高阻隔包装薄膜才真正发挥作用。目前国际上通用的低温产品包装大部分采用EVOH做阻隔层，在西方发达国家，冷冻链系统很健全，这种包装形式在低温下可以达到保质的目的。而在中国，终端销售无法满足低温产品流通所需的低温环境，这时就要充分发挥EVOH的高阻隔性，但EVOH最大的缺点就是其隔氧性能随湿度的增大急剧下降，中国生产的低温制品一般水分含量都比较大（RH>95%），在这种条件下，EVOH也不能提供应有的阻隔性。因而使用EVOH为阻隔层的包装材料无法满足中国特有的国情，由于包装材料选择错误而影响到中国低温产品的推广。实践证明，阻隔层换用PVDC后就完全解决了这个问题。由此可见包装材料的选择对产品保质期的影响，同时也反映出PVDC与EVOH的阻隔性差异不单单是检测报告上的数据，是针对特定产品的实践应用效果。

客观地讲，如果包装的产品为干性小包装的食品，流通及销售的环境相对湿度较低，推荐考虑使用EVOH，如果在这样的环境下对阻隔性要求不高，也可以考虑使用PA。如果需要较高的阻隔性、包装的产品水分含量很高或流通销售的环境相对湿度较高时，则推荐使用PVDC。

## 三、PVDC薄膜用于包装食品的综合优势

大家都很清楚，产品的口感与风味是由食品中的水分来保持的，为了保持包装产品的独特风味和新鲜口感，需要包装材料的高阻水性，PVDC完全可以胜任这一

要求（PVDC 的阻水性能优于 EVOH）；又因其气体透过率低，PVDC 也提供了突出的防止香味遗失及保持香味完全的性能，因此，用 PVDC 包装食品，对食品的色、香、味都有优良的保护作用，可为消费者提供一个“所想即所得”的食品，也就是希望提供消费者一个什么口味的产品，通过 PVDC 包装的保护，消费者就会得到一个什么口味的产品。

另外，PVDC 还有很强的价格优势，随着 PVDC 树脂的国产化及规模化，其价位不足 EVOH 的一半，与铝箔相比应用成本也可降低 20%。因此，用这种材料包装产品具有优异的性价比，随着 PVDC 应用领域的拓宽，在软包装中的应用将大有前途。

目前全球能源危机，原油价格居高不下，所有石化产品的价格一涨再涨，给下游的厂家与消费者造成不小的成本压力，而 PVDC 产品的价格却基本稳定。主要原因是：生产 PVDC 树脂需要的基础原材料为 NaCl、石灰石、VCM，前两种原料在 PVDC 树脂中占很大比例，全球各地资源丰富。随着中国 PVDC 树脂的国产化及其规模的扩大，PVDC 树脂的成本将基本稳定，这对疲于应对包装材料涨价的厂家来说也许是一个很好的选择。

## 四、PVDC 薄膜的环保性

① 在美国，PVDC 制品被确定为无毒、安全的塑料薄膜材料，得到 FDA 认证，可用于食品包装。

② 在德国，PVDC 包装被列入“绿色包装”，持有绿点标志。

③ 在日本，证实焚烧 PVDC 对产生二噁英的量没有影响，目前日本市场上 PVDC 保鲜膜消费量居全球第一。

④ 使用 PVDC 包装材料比使用普通的 PE 膜、纸、铝箔等材料要节省许多，从而实现包装材料的减量化，达到减少废物源的目的。

目前，全球许多大的跨国公司不断加大 PVDC 方面的投入，PVDC 不环保的偏见在事实面前不攻自破。

## 五、PVDC 薄膜的应用

基于 PVDC 薄膜的优良特性，其用途十分广泛，被大量用于肉类食品、方便食品、奶制品、化妆品、药品及需防潮、防锈的五金制品、机械零件、军用品等各种需要有隔氧防腐、隔味保香、隔水防潮、隔油防透等阻隔要求高的产品包装。PVDC 各品种的应用领域主要有以下几种。

### 1. PVDC 肠衣膜

主要应用于包装火腿肠，耐高温杀菌，适合用在高频焊接的自动灌肠机上进行工业化大批量火腿肠的生产。PVDC 此种功能主要在中国大量使用，年使用 PVDC

树脂达30000t以上，比如双汇、金锣、雨润、美好、江泉等品牌；在国外也有少量使用，比如日本、韩国、越南等。为提高生产效率，现在国内许多客户创造性地使用大收缩肠衣膜来包装低温肉制品，已取得了很好的效果。

**2. PVDC 保鲜膜**

PVDC保鲜膜由于其优越的透明性、良好的表面光泽度及很好的自粘性，被广泛用于家庭和超市包装食品。PVDC保鲜膜不单可以满足于家庭冰箱中保存食品，而且也可用于微波加热，成为发达国家常用的包装材料之一。

PVDC保鲜膜在日本家喻户晓，已发展成为成熟的日用消费品，每年用量达2.5万多吨；在中国因PVC保鲜膜所用的DEHA增塑剂有致癌作用，一些包装肉制品的生产单位也逐步改用PVDC或PE保鲜膜，目前双汇所用保鲜膜全部为PVDC保鲜膜。随着人民生活水平、生活质量的提高及生活节奏的加快，PVDC在调理肉的工业保鲜膜包装方面及家用高档保鲜膜方面将会出现大的增长。

**3. PVDC 热收缩膜**

PVDC热收缩膜的结构一般为PE/EVA/PVDC/EVA/VLDPE（Surlyn），通过共挤的方式生产出来。PVDC收缩膜主要用于包装冷鲜肉，通过采用真空包装机实现对冷鲜肉的包装，利用其高收缩性、高阻隔性的特点，所包装的冷鲜肉产品不仅有好的外观，同时可长久保持冷鲜肉的新鲜度。在欧美、澳洲等地，PVDC收缩膜被广泛用于包装新鲜牛肉产品，用其包装鲜牛肉已成为不可替代的方式，使鲜牛肉的保质期延长至最长2个月的时间。PVDC收缩膜在中国主要用于包装新鲜猪肉，新鲜度可达15天以上。

生鲜肉不同于肉制品，肉制品可以通过包装直接由终端消费者消费，从而可以培养消费者对品牌的忠诚度。而生鲜肉常常通过加工之后才能传递给消费者，这样终端消费者只知道生鲜肉是否有问题及加工者加工技术的好坏，对生鲜肉品质好（定性）及好多少（定量）没有印象，从而不利于培养终端消费者对生鲜肉品牌的认可度与忠诚度。通过使用PVDC收缩膜，将使生鲜肉有了自己的包装，从而有了自己的品牌，长远来看将是中国肉类企业推广品牌的一种有效手段。

**4. PVDC 共挤拉伸膜**

加拿大MACRO公司与美国陶氏化学公司携手，提出EVA包裹PVDC技术的概念后，PVDC多层共挤技术在世界上迅速推广开来，在中国不仅有进口的多层共挤生产线，而且自主研制的国产线也已逐步投向市场。在PVDC多层共挤膜中，现广泛使用MA-VDC共聚的PVDC，此类PVDC树脂阻隔性能要好于肠衣用PVDC树脂数十倍，从而大大提高共挤膜的阻隔性。这种新开发的包装技术也将使食品行业开发新产品、采用新工艺成为可能，可以预见PVDC多层共挤薄膜将发展为PVDC主导产品。

利用可拉伸的 PVDC 共挤膜，在自动拉伸包装机上拉伸成型，可自动包装中、低温肉制品，采用此包装可以有效防止产品出水变质，从而大大延长产品货架期，确保产品的正常市场流通。目前双汇低温产品大量采用该种包装，不仅大大延长产品保质期，降低了生产成本，同时有效地解决了产品腐败变质问题，维护了企业品牌形象和信誉。

另外，在美国等发达国家，常使用 PVDC/LDPE 共挤复合膜来包装新鲜牛奶，可在常温下保鲜 3～6 个月不变质，可解决广大边远产奶区夏季产奶高峰时大量鲜奶无法包装外运的问题。目前国内还没有其他廉价的包装材料能满足大量鲜奶包装的需求。这也是一个潜在的大市场。

**5. PVDC 涂覆膜**

PVDC 涂覆膜在国外使用相当普遍，品种繁多。纸、玻璃纸、塑料薄膜片材（如 BOPP、BOPA、PET、LDPE、HDPE、PVC 等）经 PVDC 涂覆后可大大提高其阻隔性能，既保持了被包装物的香味不会挥发逸出，又防止了外部水蒸气、氧气的侵入，可延长储存期。在美国近一半的食品包装使用 PVDC 涂覆膜，主要用于包装奶酪和经处理的肉食、水果及蛋黄酱等。

在中国，PVDC 涂覆膜的市场发展十分迅速，比如浙江富通，从 1999 年到 2003 年五年间，从数十吨发展到超千吨，目前江苏琼花也是异军突起，产量逐年上涨。目前，PVDC 涂覆膜主要用于干式食品的包装，比如包装饼干、茶叶、奶粉、巧克力等。

**6. PVDC 复合膜**

高温蒸煮包装的食品可在常温下长期放置而不发生腐败变质，可以冷食也可热食，深受亚洲人的欢迎。最早出现的常温下存放耐储存的肉制品是罐头，它使用马口铁，后来改为玻璃瓶，20 世纪 60 年代，为解决宇航员上天食物的包装问题，美国人发明了铝塑复合膜，经日本人的推广，目前全世界常温下存放保质期较长的肉食品，如使用软包装，几乎全部采用铝塑复合膜。典型的结构为 BOPP（BOPET）/高温胶/铝箔/高温胶/CPP。这种结构在实际应用中还存在以下不足：

① 为了延长肉食品的保质期，高温蒸煮的肉食品均采用抽真空贴体包装。铝箔复合材料在抽真空时，由于铝箔的柔软性不够，很难完全贴在内容物上，造成包装袋内空气抽不干净，影响食品保存，因此肉制品包装使用的铝箔厚度不能太厚，但如果太薄又很容易产生针孔，影响肉制品的保质期，再加上经过抽真空后会形成许多皱褶，铝箔经过皱褶易产生裂纹，造成阻隔性下降，所以其内装物的保质期并不是想象中的那样长。

② 从市场上看，铝塑复合膜包装食品因不透明而使消费者看不到内装物的色与形，不利于消费者购买，加上有些生产厂家利用铝塑复合膜不透明掩盖产品的缺陷，甚至弄虚作假，坑害消费者。因此，消费者不喜欢选择完全不透明的铝塑复合

膜包装的产品。

③ 铝塑复合膜不能用微波进行加热，再加上与塑料薄膜相比价格较贵，这些都影响其应用。

基于以上原因，食品加工业一直要求包装材料工业能够提供一种阻隔性与铝塑复合膜接近，但全透明、价格适中，又能耐高温蒸煮的包装材料来替代铝塑复合膜。

在目前工业应用的塑料中，只有 PVDC 塑料薄膜与铝箔相似，既具有高阻隔性，又具有耐高温蒸煮性。但制成高温下不收缩、雾度低、成本低的基材膜的技术还不成熟。随着 PVDC 成膜技术的发展，现在双汇集团已成功开发出了可满足高温蒸煮袋要求的 PVDC 基材膜，用其复合成的高温蒸煮袋阻隔性与铝塑复合薄膜较接近，全透明，更加柔软，用于肉食品真空贴体包装，袋中空气被抽得很干净，更利于肉食品的保鲜。可微波加热，价格只相当于铝塑复合膜的 80%，因此可在相当大的范围内替代铝塑复合膜。

目前，春都集团开发的以 BOPP/PVDC/CPP 为代表结构的复合膜及双汇集团开发的 BOPA/PVDC/CPP 结构的复合膜，被广泛用于肉制品包装，比如包装猪蹄、烧鸡、烤鸭、酒类、榨菜、调料等，均得到消费者的称赞。

## 六、PVDC 薄膜的发展趋势

纵观我国的肉类食品发展历史无不与肉类食品包装技术发展息息相关，肉类产业的技术革新需要包装技术的支持；反之新的包装技术的出现也促进了肉类产业的发展。

我国肉制品与世界先进水平差距相当大，特别是肉制品的品种和质量，其中关键原因是肉类食品的包装技术的发展。针对食品包装水平仍然比较落后的现状，有关专家指出，推广使用 PVDC 材料不但可以提高包装产品的档次，同时可以减少因产品包装不当而造成的损失，从而增强市场竞争能力，树立企业的良好形象。由于 PVDC 独具的优势，半个世纪以来，虽各种塑料品种不断涌现，都未能动摇其独领风骚的地位。近几年，随着对 PVDC 研究的深入及其应用特性的挖掘，西方国家对 PVDC 树脂的用量开始逐年上升（欧洲市场的年增长率为 2%～3%）。可以预见，在今后的包装产业中，充分合理使用 PVDC 将会逐渐成为我国食品包装业的主流。

双汇集团作为中国最大肉类加工基地，目前的四大系列产品（高温、低温、速冻、冷鲜肉），除速冻食品外，高温制品采用了 PVDC 肠衣膜包装，低温、中式传统制品采用了 PVDC 的多层共挤或复合膜包装，冷鲜肉可用 PVDC 收缩膜来包装。双汇集团 2000 家专卖店建成后，将成为 PVDC 保鲜膜应用与推广的一个重要渠道。PVDC 的优良性能与双汇肉制品包装的发展有机地结合起来，将在未来得到广泛的应用，现在双汇 PVDC 肠衣膜生产能力已达到 20000t/a，伴随着与日本合资共同建设的 PVDC 树脂工程项目的投产，今后双汇集团将会有更多更适合中国国情的新型包装投放到市场上。

随着中国经济的不断发展壮大，PVDC薄膜作为高性能的阻隔材料将迅速成长，成为主流高阻隔材料。在不久的将来，PVDC薄膜在软包装领域中将扮演着不可替代的角色，也必将成为主角，PVDC薄膜所独具的双高阻隔性和适宜于现代包装薄膜的全天候优势将突显出来，从而展示出勃勃的发展生机。

## 第三节 热收缩塑料薄膜在包装领域应用

### 一、热收缩塑料薄膜最主要的应用领域

热收缩塑料薄膜的要求是在常温下，稳定板式换热器加热时（玻璃化温度以上）收缩板式换热器机组并且是在一个方向上发生50%以上的热收缩较为理想。热收缩塑料薄膜包装的特点是：贴体透明，体现商品形象；紧束包装物，防散性好；防雨、防潮、防霉；无复原性，有一定防伪功能。热收缩塑料薄膜常用于方便食品、饮料、电子电器、金属制品等的包装，特别是收缩标签为其最主要的应用领域。

### 二、热收缩塑料薄膜其他应用

热收缩塑料薄膜除了用做收缩标签外，近年来也开始用于日用商品的外包装。因为它既可使包装物品避免受到冲击，防雨、防潮、防锈。还能使产品以印刷精美的外包装，赢得用户喜爱，同时它能很好地展示生产厂家的良好形象。目前，越来越多的包装厂家，采用印花收缩薄膜来代替传统的透明薄膜。因为印花收缩薄膜可以提高产品的外观档次，有利于产品的广告宣传，可使商标品牌在消费者心中产生深刻的印象。

热收缩塑料薄膜一般多以无定形塑料加工制得，例如聚苯乙烯、聚氯乙烯、PVDC等。聚苯乙烯（PS）收缩膜强度低、不耐冲击，故很少被使用；而聚氯乙烯（PVC）不利于回收处理，不符合环保要求。在国外，特别是在欧洲，聚氯乙烯（PVC）塑料薄膜已被禁止在包装领域尤其是食品包装领域的使用。

聚酯（PET）热收缩薄膜则是一种新型热收缩包装材料。由于它具有易于回收、无毒、无味、力学性能好，特别是符合环境保护等特点，在发达国家聚酯（PET）已成为取代聚氯乙烯（PVC）热收缩薄膜的理想替代品。

### 三、热收缩聚酯（PET）薄膜的共聚改性

聚酯（PET）薄膜是一种结晶型材料。普通聚酯薄膜经过特殊工艺处理只能得到30%以下的热收缩率。若要获得热收缩率较高的聚酯薄膜。则必须对其进行改

性。也就是说，为了制备高热收缩率的聚酯薄膜，需要对普通聚酯即聚对苯二甲酸乙二醇酯进行共聚改性。共聚改性后的PET薄膜其最高热收缩率可高达70%以上。

普通聚酯一般由对苯二甲酸（PTA）与乙二醇（EG）经过酯化、缩聚反应而制得。属于结晶型聚合物（严格讲是结晶区和非晶区共存的聚合物）。所谓共聚改性就是除了对苯二甲酸（PTA）与乙二醇（EG）两种主要组分之外，再引入第三甚至第四组分参与共聚，目的是使之生成不对称的分子结构而形成无定形的PET共聚物。

引入的第三甚至第四单体可以是二元酸或二元醇。其中，二元羧酸有间苯二甲酸、丙二酸、丁二酸、己二酸、癸二酸等；二元醇有新戊二醇、丙烯二醇、二甘醇、1,4-环己烷二甲醇等。如以二元羧酸（acidic）进行共聚改性时，所制得的PET共聚物，称之为APET；若以二元醇（glycolic）进行共聚改性时，所制得的PET共聚物，则称之为PETG。

上述引入的第三单体中，最常采用的二元羧酸是间苯二甲酸（IPA），IPA的加入可改变聚酯对称的紧密结构，破坏大分子链的规整性，从而降低大分子间的作用力，使聚酯分子结构变得比较柔顺。同时，由于IPA的引入，使聚酯难于成核结晶，并且随着IPA引入量的增加，APET共聚物由部分结晶向非结晶聚合物过渡。由于这种改性聚酯APET的结晶能力下降，无定形区变大，故可用于制造高收缩薄膜，推荐IPA的加入量在20%左右为宜。

引入的第三单体也可以是二元醇，最常用的二元醇是1,4-环己烷二甲醇（CHDM）。在聚酯共聚过程中，加入CHDM对改变聚酯的$T_g$、$T_m$和结晶速率均会产生很大的影响。随着CHDM含量的增加，共聚酯PETG的熔点下降、玻璃化温度上升、共聚物变为非晶态结构。不过，CHDM的加入量须控制在适当的范围内，通常推荐CHDM加入量为30%～40%，这种用二元醇改性的PETG不仅可用于制备高收缩薄膜，也可用来生产热封膜、高透明膜片等，用途十分广泛。

## 四、热收缩薄膜的收缩机理

以BOPET薄膜的生产工艺为例，其生产流程是先将PET共聚树脂进行干燥处理，然后加入挤出机中熔融挤出、通过模头/冷鼓铸片，随后将铸片加热到玻璃化温度以上、熔融温度以下的某一适当温度范围内，并在外力作用下，进行单向或双向一定倍数的拉伸。通常要求进行横向3.5～4.0倍的拉伸，通过拉伸使PET大分子链沿外力方向取向，接着使之冷却定型，使已取向的PET分子结构“冻结”定型。这种外力作用下的高弹形变具有热收缩的“记忆效应”。当把这种具有“记忆效应”的薄膜再加热到拉伸温度以上时，被冻结了的大分子取向结构开始松弛，在宏观上表现为PET薄膜发生收缩。值得一提的是这种PET薄膜热收缩主要由取向的无定形部分所贡献。这也是为什么共聚改性的无定形PET薄膜（APET或PETG）要比普通结晶型PET薄膜热收缩率大得多的缘故。因此，通过增加薄膜中取向的无定形区便可以达到大大提高薄膜热收缩率的目的。如前所述，普通聚酯薄膜的热收缩率仅在30%以下，而共聚改性的聚酯的热收缩率可高达70%以上。

## 五、热收缩聚酯薄膜的生产工艺

热收缩聚酯薄膜的生产工艺流程为：无定形聚酯切片（APET或PETG）—真空干燥—熔融挤出或排气式双螺杆挤出—急冷铸片—单向拉伸—冷却定型—收卷、分切—检验包装。

热收缩聚酯薄膜的生产工艺条件及其影响简单介绍如下：

（1）干燥处理

由于聚酯大分子链中含有酯基，有吸湿性倾向，在受热的情况下，即使有微量的水分存在，也极易发生水解。其结果是，在成型加工的过程中，会产生大量的气泡，影响正常生产；同时，因水解降解，使分子量下降，PET品质变劣，所以在熔融挤出加工之前，必须进行干燥处理。推荐采用真空转鼓干燥，干燥温度70～75℃，干燥时间≥6h。

（2）熔融挤出

经过干燥处理的共聚PET树脂便可加入单螺杆挤出机进行熔融挤出。各段温度设定为：180℃～240℃～260℃～270℃～275℃，熔体温度约270℃。

如果采用排气式双螺杆挤出机进行熔融挤出，则可省去真空转鼓干燥系统。因为排气式双螺杆挤出机一般设置有两个排气口，它们分别与两个抽真空系统相连，通过真空泵抽真空可将PET树脂中所含水分及熔融挤出过程中产生的低分子物抽走，达到同样的效果，而且可以大大节省投资和运行成本。

（3）流延铸片

熔融挤出的熔体通过熔体计量泵、过滤器、熔体管道进入衣架式模头后从模唇口流延至冷却转鼓上而形成铸片，冷却转鼓的冷却水温度控制在30℃左右。

（4）单向拉伸

高热收缩聚酯薄膜常要求单向收缩，特别要求是横向热收缩，横向拉伸的预热温度为90～100℃，拉伸温度为105～110℃，拉伸倍数3～3.5倍。链夹须加强风冷，控制夹子温度在110℃以下，以防止共聚树脂黏夹，拉伸后的PET薄膜立即进行冷却而无须进行热定型处理。

（5）收卷、分切

经过单向拉伸的PET薄膜通过在线测厚、牵引收卷，最后根据用户要求的规格进行分切、检验、包装，即为热收缩薄膜成品。

随着中国塑料包装工业的不断发展和人民生活水平的不断提高，果汁、汽水等饮料大多采用综合性能优良、有较好阻隔性能、无毒无味的PET塑料瓶进行包装，其用量十分可观。据统计，目前全国PET饮料瓶用量至少达25万吨以上，与之配套的PET热收缩标签薄膜用量则可达2～3万吨。另外，自中国加入WTO（世界贸易组织）以后，对外贸易不断扩大，为了提高出口商品的形象和价值，也必须使用聚酯热收缩薄膜等较高档的包装材料。总之，热收缩PET薄膜的应用前景十分看好。

## 六、BOPP烟膜性能及应用

摩擦系数是量度BOPP烟膜滑动特性的指标，对于香烟包装上机运行，适当的摩擦系数很重要，薄膜要求有很好的热滑动性，从而满足在热状态下的高速(400～600包/min)滑移，使包装生产线能全速开满而不影响产量。

薄膜外面对金属的摩擦系数特别是高温条件下的热摩擦系数都必须较低。在香烟包装过程中，薄膜外面在下膜通道、成型轮槽、折叠板、烙铁、导轨等金属部件上滑动运行，而由于这些金属部件大都是在50℃以下的高温条件下运转，随着温度条件的升高，薄膜的摩擦系数会升高，45℃之后，薄膜的摩擦系数上升很快，因此薄膜的热滑动性能更要能适合包装机实际工作条件，一般60℃热滑动摩擦系数要重点进行控制。

薄膜另一面与烟包盒纸的摩擦系数应控制较高，即形成薄膜内面和外面的差别式滑动特性，以利于烟包在成型轮内与薄膜的定位良好，提高折叠质量获得紧凑的包装效果。由于BOPP的增滑剂通常都具有迁移性，需要一段时间储存后才能迁移到薄膜表面充分发挥作用，即薄膜经过一段时间储存后才会很爽滑。

### 1. 抗静电性能及其应用

在香烟包装过程中，薄膜产生的静电对切割、输送、折叠有不良影响，会造成薄膜上机运行故障，抗静电特性是保证包装机顺利运行的基本条件之一。在香烟包装过程中，薄膜静电分两部分，一部分是薄膜本身带有静电，另一部分是在香烟包装过程因摩擦产生的静电。薄膜本身的静电比较容易控制，但在香烟包装过程产生的静电就很难控制，而且对上机运行故障的危害性更大，有的烟膜生产制造商会只强调薄膜本身的静电值小，而忽略了包装过程产生的静电，这样的结果是薄膜检测性能很好，但上机运行却总是出故障。

抗静电剂一般加入薄膜的中间层。因此，为了获得较好的抗静电效果，薄膜一般需要一定的储存期。在烟厂包装机上，静电可通过金属或静电消除器快速传导而转移，另外湿度大的环境也有利于薄膜表面除静电。遇上静电比较大的薄膜或干燥的季节（例如冬季），烟厂可以提前将薄膜放入包装车间，包装车间可以调节湿度是最理想的，或者用水泼湿车间地面，或者将湿毛巾敷在膜卷端面，都是应急的解决方法之一。

### 2. 挺度及其应用

烟膜挺度较高时，可以在包装成型过程获得高折叠质量，并可以在很短的停顿时间就达到良好的热封效果，是提高包装速度的前提条件，适用于自动变速的高速包装机。不同的香烟包装机热封条件经常不同，同型号的包装机在不同环境中生产热封温度也不同。因此，较宽的热封温度范围可以确保在各种香烟包装机上运行保持畅顺，薄膜有较好的适应性。热封温度范围窄的烟膜，在香烟包装机上表现为热封温度可以调整的窗口很窄，设定热封温度稍高烫口会皱，而设定热封温度稍低又会封不紧，而且一卷与另一卷之间热封温度设定又不同，很难控制热封温度。

**3. 收缩率及其应用**

BOPP 烟膜一般分普通型和热收缩型烟膜。普通型烟膜一般有较小的热收缩性能，热收缩率一般控制在（2%～5%），一般用于香烟的小盒软包和条盒。BOPP 热收缩型烟膜由于较高的热收缩率，热收缩率一般大于 7%，在包装后可使烟包紧凑，具有更加均匀的包裹性，同时能保证烟包长时间的紧绷而不松弛。主要特点是具有优良的贴体包装效果；克服普通型烟膜对硬盒包装薄膜松弛皱褶问题，热收缩型烟膜由于采用特殊的加工工艺，具有低温热收缩性、高透明度和光泽度，并且具有更好的高速包装性。

**4. 光学性能及其应用**

人眼虽然是评估薄膜光学性能的最佳工具，然而仅仅靠视觉来进行控制是不够的，因为照明条件、观察者心情、定量控制都会造成影响。为了得到可靠而现实的质量保证，需要用客观的，可测得的参数来定量外观，光泽度和雾度就是定量 BOPP 薄膜光学性能的两个重要指标。雾度也称透明度，是测量透射光线偏离入射光线方向大于某个角度的光线百分比。透过薄膜观察，窄角度散射就比较清晰，散射角度大会造成对比度减少而朦胧，较低的雾度可以显示烟包的商标图案的清晰鲜艳。

光泽度是评估薄膜表面时得到的视觉印象。由薄膜表面上直接反射的光越多，光泽度就越高。高光泽的表面反射的光线高度集中能清晰地反射影像，低光泽的表面反射的光线朝各个方向上漫射，成像质量降低，反射的物体不再显示明亮，而是模糊。较高的光泽度将给烟包带来亮丽的视觉效果。

## 七、BOPET 薄膜在包装领域的应用

在包装方面，BOPET 薄膜可用于加工复合包装、真空镀铝包装、卡纸转移膜等，还可用于激光防伪膜、金拉线、金银线等，用量最大的当属印刷复合包装和真空镀铝包装。包装用 BOPET 薄膜的厚度范围在 10～36μm 之间，而其中最为常用的是 12μm 的 BOPET 薄膜。

**(1) 印刷复合用 BOPET 薄膜**

BOPET 薄膜能够与各种材料进行干式复合，也可通过流延方式与 PE、EVA 等进行复合。

① 对 BOPET 薄膜的要求。

a. 要有较高的模量，能承受较大的张力，满足精密印刷和套印的要求。BOPET 薄膜的拉伸张力较大，能实现高速印刷。

b. BOPET 薄膜的表面张力要高，保证印刷油墨在其上附着牢固，特别是为了适应浅网印刷，一般要求 BOPET 薄膜的表面张力达到 52mN/m 以上，最高达到 58mN/m。

c. 添加剂的选择。加工 BOPET 薄膜时通常采用 $SiO_2$ 作为抗粘连剂，由于 $SiO_2$ 中的硅氧键具有较强的极性，且 $SiO_2$ 粒子表面常吸附有一定的化合水和羟基，因此 $SiO_2$ 粒子具有较高的表面能。裸露在薄膜表面的 $SiO_2$ 粒子有助于增加薄膜表面的极性，有利于提高印刷油墨在其上的附着牢度。

d. 要求 BOPET 薄膜厚度均匀，平均厚度公差应小于 2%。

e. 静电小。静电不仅影响印刷牢度，还会导致薄膜粘连、吸尘等。

f. 薄膜表面不能有油污、灰尘、低分子物等污染物，否则会在薄膜表面形成薄弱界面层，影响油墨的附着，造成印刷后的脱墨现象。

② 印刷用 BOPET 薄膜的表面改性。BOPET 薄膜具有一定的极性，但是其极性相对较低，即便经过了电晕处理，也不能采用水性油墨进行印刷，故现在国内一般使用溶剂型油墨印刷。但是，出于环保方面的考虑，采用水性油墨印刷将是今后的发展趋势。为了能在 BOPET 薄膜上进行水性油墨印刷，必须对 BOPET 薄膜表面进行改性。

常用的方法是在其表面涂布一层化学涂层，如水溶性共聚酯、丙烯酸这些含有极性基团的化学物质。在薄膜生产线的纵拉机组和横拉机组之间增加一台涂布机，利用凹印版滚筒将这些化学物质涂在薄膜上，经定型后即形成化学涂布膜，就可以用于水性油墨印刷。

**(2) 真空镀铝用 BOPET 薄膜**

真空镀铝用的 BOPET 薄膜要求具有高光泽、低雾度等特点。

① 聚酯镀铝薄膜的优点。具有极佳的金属光泽和良好的反射性，给人一种富丽华贵的感觉，用做商品包装可以起到美化商品、提高商品档次的作用。具有优良的阻气性、阻湿性、遮光性和保香性，不但对氧气和水汽有很强的阻隔性，而且几乎可以阻隔所有的紫外线、可见光和红外线，故可延长内容物的保存期。因此，对于食品、药品以及其他一些需要较长保存期的物品来说，采用聚酯镀铝薄膜作为包装是一种理想的选择。

② 在镀铝基膜表面涂布化学涂层。对于经过电晕处理的镀铝基膜来说，如果有水或者经过一段时间之后，其电晕效果就会消失，表现为表面张力下降。如果在薄膜表面涂上一层防水型的化学涂层，彻底改变 BOPET 薄膜的表面性质，将有利于镀铝层在其表面的附着，并且能够克服由于 PET 蠕变而产生的镀铝层迁移。

有关资料表明：普通镀铝膜的镀铝层存在大量的纹隙和空隙，镀铝层的致密度差。这是由于在镀铝过程中 BOPET 薄膜在张力、温度的作用下产生拉伸形变，收卷后 PET 蠕变恢复而产生的结果。当镀铝膜与其他材料复合后，黏合剂分子会通过这些空隙渗入镀铝层和 BOPET 薄膜界面，严重降低两者的附着牢度，从而造成镀铝层迁移。若在 BOPET 薄膜表面上先涂布一层化学涂层，再进行真空镀铝，介于镀铝层和薄膜之间的化学涂层能够起到缓冲层的作用，使 BOPET 蠕变产生的应力在化学涂层得到释放，从而减小对镀铝层的破坏，镀铝层的致密度大大提高，复合以后黏合剂分子无法通过空隙渗入镀铝层和薄膜界面。

在涂布化学涂层时，应选择与镀铝基膜、铝层的界面结合牢度好的涂层材料，涂布时添加流平剂以增强涂布的均匀性，使制得的 BOPET 薄膜镀铝后的剥离强度高，镀铝层不会向其他层迁移。

另外，随着制膜技术和复合包装技术的发展，国外已经利用共聚改性的手段制出了可热封的 BOPET 薄膜，该项技术已日渐成熟。相信在不远的将来，BOPET 薄膜将在软塑包装领域得到更加广泛的应用。

## 第四节 新型的复合塑料包装材料的应用

### 一、概述

在包装工业发展的基础上，物品的包装也得到相应的发展。从简单纸包装，到单层塑料薄膜包装，发展到复合材料的广泛使用。复合膜能使包装内含物具有保湿、保香、美观、保鲜、避光、防渗透、延长货架期等特点，因而得到迅猛发展。

复合材料是两种或两种以上材料，经过一次或多次复合工艺而组合在一起，从而构成一定功能的复合材料。一般可分为基层、功能层和热封层。基层主要起美观、印刷、阻湿等作用。如 BOPP、BOPET、BOPA、MT、KOP、KPET 等；功能层主要起阻隔、避光等作用，如 VMPET、AL、EVOH、PVDC 等；热封层与包装物品直接接触，起适应性、耐渗透性、良好的热封性，以及透明性、开口性等功能，如 LDPE、LLDPE、MLLDPE、CPP、VMCPP、EVA、EAA、E-MAA、EMA、EBA 等。

随着社会的进步，人类需求不断增长，各种功能性和环保性的包装薄膜不断出现。例如环保安全、降解彻底、又有良好的热封性能的水溶性聚乙烯醇薄膜，除了作为单层包装材料外，作为内层膜的应用也正在开发。

多层复合包装材料已成为近几年发展的热点，涌现一批新的产品和新的技术，原有的复合薄膜正在向更深层次发展，制袋、印刷技术上了一个新台阶，已进入“彩色革命”时代。随着市场经济的发展，日用品包装、化妆品包装、食品包装、家用电器包装都提出了更高要求。另一方面，随着环保呼声日益高涨，在满足包装功能性前提下，尽量减少垃圾的产生量，从而使包装薄膜、包装容器向轻量化、薄壁化方向发展。以干法复合为主的高阻隔性薄膜，在生产过程用黏合剂、溶剂的排放易污染环境，而发展共挤包装薄膜，其工艺设备投资省、成本低、适应性强、操作方便。

国际多层复合膜发展很快，有关资料表明，发达国家共挤包装薄膜占整个软塑包装材料的40%，而我国仅占6%，仍然以干法复合膜为主，两者比例不合理。当前，我国的共挤技术也有新的提高。目前除了大连辽南东方机械公司的叠加机头技术得到推广和应用，国产的共挤吹塑技术设备已经通过产品鉴定，开始批量生产。广东金明塑胶设备公司开发的五层共挤高阻隔薄膜吹塑机组通过了新产品鉴定。共挤包装薄膜的发展，将改变多功能性薄膜的产品结构，它适应于液体食品（如牛奶）、鲜肉等食品包装。

## 二、复合薄膜包装材料

复合材料是两种或两种以上材料，经过一次或多次复合工艺而组合在一起，从而构成一定功能的复合材料。一般可分为基层、功能层和热封层。基层主要起美观、印刷、阻湿等作用。如BOPP、BOPET、BOPA、MT、KOP、KPET等；功能层主要起阻隔、避光等作用，如VMPET、AL、EVOH、PVDC等；热封层与包装物品直接接触，起适应性、耐渗透性、良好的热封性，以及透明性、开日性等功能，如LDPE、LLDPE、MLLDPE、CPP、VMCPP、EVA、EAA、E-MAA、EMA、EBA等。

### 1. 复合薄膜包装的特点

由于复合薄膜可以把各层薄膜材料的优异性能结合起来，所以，这种复合材料在包装行业以及工、农、医等其他行业中都得到广泛应用。

在包装行业，一种常用包装袋复合材料就是纸/PE/铝箔/PE四层材料的复合。不少工厂在这种复合材料结构中三个界面上使用黏合剂，而在某些场合下，在黏合这四种基材时，使用了三个不同的工艺程序或在顺列式层合机上完成复合过程。有些工厂则通过挤出工序把纸张复合到金属箔上去。同时，这种复合材料还要经过PE层的挤出涂布工序，或者使得原有基材与PE层之间实施黏结层合。

在医药行业，常用的一种复合材料是通过聚酯/PE/铝箔/PE组合而成的。这种组合加工情况与上述相似。所有这四种基材的复合结构都可以经过黏结层合工艺方法加工。可能不同处就是聚酯/PE的复合可以采用共挤层合新工艺。而这种复合结构的最后工序仍然可能是挤出涂布或黏结层合，把PE层复合上去。

从以上两个应用实例中可以看出，这种复合结构薄膜材料是一种特色鲜明的加工模式。同时，复合材料中都包含有PE层，因而必然会存在这样一个问题，如何选择最合适的加工操作工艺及方法。另外，PE可以是单层，也可能是多层；而PE材料的引入，可以是在黏结层合中使用PE薄膜，也可在挤出工艺中使用PE颗粒。

**2. 复合薄膜的阻隔特点**

通过复合薄膜中的不同材料的相互作用，各个层的优点得到积累，以下是复合薄膜所具备的功能：

① 水蒸气阻隔。防止湿货干燥，如用于清凉的湿巾；保护干燥的货物不受潮，如烤制产品、粉状产品。

② 酸性物质阻隔。防止氧化，如对于脂肪和鲜货等。

③ 二氧化碳阻隔。在 MAP 包装中防止二氧化碳损失，实现稳定的包装气体构成，如碳酸饮料。

④ 香味阻隔。保护香味不从包装中挥发出来而损失，如咖啡。

⑤ 气味阻隔。防止吸收外界气味或防止香味的丢失。

⑥ 光线阻隔。防止见光氧化，如奶制品。

⑦ 封合牢固。为了复合薄膜的封合使用热压封合。

镀铝薄膜具有最好的阻隔特性。把金属气化到 PET 塑料膜上也能得到与镀铝薄膜很接近的特性。使用铝的氧化物或硅的氧化物气化到 PET 或 OPP 塑料膜上同样具有很好的阻隔功能。但是没有很好的光线阻隔能力。

**3. 复合薄膜的形成**

由两层或更多层形成的黏合薄膜必须要如一张薄膜一样不可分开。这不仅涉及两张薄膜间的黏合剂，还与黑膜有关。黏合剂是合成产品，大多数黏合剂是双组分的聚氨酯（PU）黏合剂，黏合过程的化学反应使黏合剂固化。在基材表面的黏合剂主要是一个物理过程，只有一小部分是化学过程，这时黏合剂的成分与塑料薄膜中的成分黏合在一起并进一步固化。

若在黏合过程中一张薄膜已经是被印刷的，那么黏合剂和油墨要符合更多的要求。最基本的要求是在复合前的里层要有很好的附着牢度和彻底的干燥。这意味着在印刷的里膜中不允许有溶剂残留。但在油墨的连接料中经常会残留有溶剂或酒精。由于这个原因，黏合剂的性能必须要能与自由基（—OH 基）结合。否则黏合剂和固化剂会自身发生黏合反应从而失去了本该具有的黏性。例如复合过程中，薄膜已印刷有 PVB 油墨，油墨中残留有异氰酸盐，该盐的化学基（NCO 基）会与酒精和水的自由基（—OH）结合发生反应。没有残留导致黏合剂不能充分反应。随后而来的就是一个不足的固化和黏着力。

在黏合剂中，溶剂型的黏合剂与 UV 黏合剂这类的无溶剂的黏合剂是有区别的。溶剂型的黏合剂需要一个烘道使溶剂挥发出去。使用 UV 黏合剂时，UV 光穿过薄膜到达黏合剂使黏合剂聚合在一起。

**4. 复合薄膜包装材料的新趋势**

日常生活中，随处都能见到复合薄膜包装品。在技术上高要求的镀箔薄膜通常用于彩色印刷。为了生产出不同牢固度要求的复合薄膜据要多种材料间的相互作用——合成材料薄膜、黏合剂和印刷油显间的相互作用。

近年来，软包装总在不断增加。这充分显示了软包装替代如玻璃瓶和金属罐这样笨重包装的趋势。这不仅因为其具有成本优势，而且还由于它能够更快更好地适应市场要求的变化。越来越复杂的多层复合工艺（三层和四层复合）使它适应不断扩大的应用领域和日益增长的各种相关要求。复合薄膜市场按特征可分为包装流质货品的高端市场，包装乳酪、鲜肉等的中间市场，以及包装快餐或方便面等干燥的货物的低端市场三部分。

(1) 适用于复合膜的油墨

适用于复合膜的油墨不仅要在各种各样的薄膜上（OPA，OPP，PET-ALOX，PET-SiOX，PE，Alu）有很好的附着力、与黏合剂充分黏合、较强的内凝聚力（油墨的内聚力），而且无毒、安全也是非常重要的。另外对复合薄膜印刷油墨的进一步要求是：能印刷持久的图案，无菌和具有巴氏灭菌作用，简单的冲压和完美的颜色处理，以及快速的溶剂挥发性能。

对于复合薄膜印刷，硝化纤维素（NC），聚氯乙烯（PVC）、聚乙烯醇缩丁醛（PVB）、硝化纤维素-聚氨酯（NC/PU）油墨系统是首先应考虑的。可见，系统调整得越塑性，油墨在承印物上附着越牢固，从而复合牢度也越好。PVB 油墨系统几乎适合所有的黏合应用程序。这个系统是目前应用最为广泛的。

NC/PU 油墨系统出现较晚，但是在冲压、颜色处理和清洗方面具有更好的表现。它是一个适用于柔印和凹印的“万能”油墨系统，非常环保，高速印刷下很少出现故障，溶剂快速挥发，杀菌和巴氏灭菌持久，不含增塑剂成分。目前它的市场地位还比较低，但已经显示出了一个增长的趋势。在亚洲广泛使用的 PU 油墨系统具有与 NC/PU 油墨系统相似的特点和趋势，它在印刷时首先需要印上一层白色油墨。

PVC 油墨系统的市场份额在逐渐下降。由于它所用的油墨中含有 PAH（多环芳香族碳氢化合物）成分，所以在包装中不能使用。另外其中所含的“化合物”成分会减弱光聚合版的性能，故在柔印中这种油墨系统也未被考虑。因此目前它只是在凹印中还有所应用。

(2) 缺陷处理

由于油墨、黏合剂中成分的渗透、转移等因素易造成环境污染因此相关法律法规都对此进行了限制，尤其涉及食品和药物的复合膜包装方面。

在日常生活中，当消费者选购复合膜包装食品时要特别谨慎，因为食品包装是否环保关系到自身的健康。如果汁、酱油、橄榄、醋酒精饮料、护肤品、洗洁剂、消毒剂、漂白剂等如果使用了不合适的油墨及黏合剂，有可能这些油墨或者黏合剂会融入饮料或食品内，从而会影响到消费者的身体健康。

总之，生产各种不仅符合法律规定又能满足客户要求的复合膜时，需要将不同材料的优势整合在复合薄膜中，这是非常有意义的。但这样的复合膜的生产过程也是非常复杂的。它需要生产商对相关材料、油墨系统和黏合剂有全面的了解，并且对这些材料之间的相互作用效果也要认识深刻以避免复合膜的后加工出现问题。

## 三、LDPE、LLDPE 树脂和膜举例

我国的复合膜是从 20 世纪 70 年代末起步的，从 80 年代初期至中期，我国开始引进一些挤出机、吹膜机和印刷机，生产简单的两层或多层复合材料。如挤出复合的 BOPP/PE、纸/PE、PP/PE；干式复合的 BOPP/PE、PET/PE、BOPP/AL/PE、PET/AL/PE 等，其中 LDPE 树脂和膜中，常共混一定比例的 LLDPE，以增强其强度和挺度。主要应用在方便面、饼干、榨菜等食品的包装上。一般涂布级的 LDPE 树脂有：IC7A、L420、19N430、7500 等；吹膜级的 LDPE 树脂有：Q200、Q281、F210-6、0274 等；LLDPE 树脂有：218w、218F、FD21H 等。

## 四、含镀铝涂层的复合包装材料举例

为了解决铝箔折裂导致阻隔性能大幅度下降的问题，人们研究成功了在塑料薄膜的表面上，主要在 PET 薄膜和 BOPP 薄膜的表面上进行真空镀铝（亦称真空喷铝），制造含铝涂层的复合软包装材料。这种材料具有接近于含铝箔的复合软包装材料的阻隔氧气、水蒸气以及光线透过的性能，而且当其受折时，不易产生裂缝，仍可保持其固有的高阻隔性。这种含真空镀铝涂层的复合材料，还具有更好的光泽度，而且通过镀铝基膜的着色，获得金黄、银白、亮红等多种颜色，满足装饰上的需要。此外，由于镀铝层的厚度明显地低于铝箔的厚度，采用镀铝基膜，代替铝箔生产高阻隔性复合包装材料，还有节约物资的特点。

过去相当长的一段时间，中国只能采用真空镀铝的方法，生产装饰性铝塑复合包装材料。通过广大科研人员的奋力攻关，最近在基膜预涂胶料及镀铝工艺上，已经取得突破性进展，掌握了生产高阻隔真空镀铝的实用技术，已经能够生产镀铝层厚达 500Å 的高阻隔性镀铝基膜。

## 五、多层复合材料技术

多层复合技术是利用具有中、高阻隔性能的材料与低廉的其他包装材料复合，综合阻隔材料的高阻隔性与其他材料的廉价或特殊的力学、热学等其他性能。多层复合膜不同的组合可以满足不同的要求。多层复合技术主要包括多层干式复合和多层共挤复合。

### 1. 多层干式复合

多层干式复合技术最早用于生产蒸煮类食品的包装，如 HDPE（PP）/EVOH/HDPE（PP），其结构常常是外层为 BOPP、BOPET，中阻隔层可为 PA、PVDC、EVOH 或铝箔，内热封层一般为氯化聚丙烯（CPP），若不需要耐高温，也可以用

PE，相互之间可用胶黏剂黏合。其阻隔性能主要与阻隔膜和胶黏剂有关。

多层干式复合阻隔技术主要依赖于阻隔膜的开发，最近几年，新开发出许多阻隔基材，如MXD6特殊尼龙膜、镀氧化硅薄膜，阻隔性能十分优良，而且可以反向印刷、印刷质量精美。但由于需要二次成型，而且所用的胶黏剂较贵，人们逐渐趋于应用多层共挤复合。

**2. 多层共挤复合**

多层共挤复合是把两种或两种以上的材料在熔融状态下，在一个模头内复合熔接在一起。共挤复合的基础树脂一般是HDPE、PP等树脂，阻隔树脂主要是PA、EVOH、PVDC等。由于阻隔材料和热封材料的相容性一般很差，因此必须考虑选择好的相容剂，如丙烯酸酯类的共聚树脂。阻隔树脂要求有较好的加工性能，以适应共挤复合机头要求有良好流动性的需要，流动性太差或几种树脂之间流动性相差太大，都会由于层流的形成而降低复合膜的阻隔性能。共挤复合一般来说按ABCBA五层及ABCDCBA七层结构的对称设计其阻隔性及复合强度最好。

多层共挤复合技术与干式复合技术相比，起步较晚，但有节省原材料、原料多样化、适应环保要求、不使用有毒黏合剂等优点。而且阻隔效果十分理想，并随着复合层数的增加，效果越来越好。目前复合层数已经发展到九层，甚至十一层，发展迅速，已经应用于包装膜和中空容器。但共挤复合法对工艺和设备要求都非常严格，需要较高的工人素质和较为精密的机器设备，有设备昂贵、废料回收率低等缺点，因此大大限制了它的大规模使用。

**3. 应用实例**

一般推荐使用五层、七层共挤设备，其中五层结构应用最广，如ABCBD、ABCBA。例如，三层共挤层结构为：PA/AD/PE（PP)，尼龙在外层，得不到保护。尼龙耐冲击性差，容易划伤、漏气，又有亲水性，容易吸湿气，氧气阻透性降低。如果是五层结构，PP（PET）/PE、PA外/Ad、PA外/PA、PA外/Ad、PP/(PE)。这样尼龙受到了两面保护又能阻止尼龙吸湿。七层、九层经过实验，如果各种树脂安排得当，保质期可达1年以上，几乎达到马口铁罐头效果，例如PET/Ad/PA/EVOH/PA/Ad/PE（PP)。

在多层薄膜中，各层的功能和作用不尽相同。

氧气阻透层：根据包装物储存期，确定相应的阻透性材料（PVDC、EVOH）及层厚，尼龙厚度一般为20%、EVOH一般10%～15%，厚度偏差不得超过10%，在这个范围内，对包装物储存影响甚小。

黏层（AD)：尼龙、EVOH虽然具有良好的挤出成型性，但在共挤出时与其他层（LDPE、PP、EVA）无结合能力，必须采用专门的结树脂作为结层，以达到层间较高的剥离强度。因此，选择层材料是一个非常重要的因素。应根据结构选择适宜的牌号，厚度一般为$5 \sim 15g/m^2$。

内、外层：尼龙、EVOH虽然氧气透过量很小，但水蒸气透过量甚大，因此，确定内、外层材料时，应充分考虑对水蒸气阻透性这一问题，同时内层材料必须兼顾热封性能及热封强度，如采用LDPE、MLLDPE、EVA、PPO等，必要时，可用Surlyn、PRIMCOR、POP改性。当用做复合基材时，外层表面电晕处理强度应达到38～42达因。

## 六、多层共挤复合高阻隔薄膜应用

目前，由PA、EVOH、PVDC与PE、EVA、PP等树脂多层组合的共挤出高阻隔吹塑薄膜因其合理、经济、可靠的性能而风靡功能性包装薄膜市场。特别是一些非对称结构的多层共挤出吹塑薄膜更以其优异的复合剥离强度、突出的阻隔性、优越的耐环境性能和耐化学性、廉价的加工性、适宜的二次加工性取代了许多以干式复合为主体的包装市场，或简化了干式复合的工序，多层共挤出复合薄膜更因其无残留溶剂的污染而受到市场的青睐。

除日新月异的树脂开发以外，叠加式多层共挤出模头的技术进步以及不断完善的塑料成型加工工艺，加速了塑料复合薄膜加工业为适应社会环境以及技术的变化而不断发展的步伐。并将共挤出复合薄膜推向了一个全新的发展时期，为复合包装薄膜特别是包装基材薄膜质量水平的提高提供了广阔的发展空间。

### 1. 多层共挤复合薄膜的现状及要求

目前，在国内生产多层复合薄膜通常采用功能不同的塑料薄膜经过黏合进行复合的方法。一般来讲，每增加一个功能就需要增加一层薄膜基材，同时增加两道生产工序。期间，不仅增加了成本而且同时增加了污染（用溶剂型黏合剂进行复合的场合），甚至因生产工艺的局限性而导致薄膜功能过剩。生产企业为此付出了生产成本增加、利润下降、产品市场竞争能力减弱的沉重代价。

包装功能的多样化、包装结构的合理化、包装效益的最大化是近年来复合薄膜生产企业尤其是复合薄膜基材研究开发的课题。

(1) 包装功能的多样化

随着市场对包装功能需求的不断增加，多层复合薄膜的功能更趋综合性，非对称多层共挤出吹塑薄膜因其致命的应力翘曲及难以提高的薄膜光学性能，因而影响了进一步开拓其多样化的功能。特别在中国，市场上现有的二次加工设备对材料的非对称性具有特殊的要求，因此，不能有效地改善应力翘曲和光学性能，这已经到了阻碍多层共挤出吹塑薄膜迅速发展的地步。

(2) 包装结构的合理化

由于环境、安全性多方面改变和引导着市场的发展，同时，为了保护地球的资源以及保障人们生活的安全。这就要求包装结构更趋合理，具体体现在要求复合薄膜的结构更优异（保护功能）、更简单（易使用、易运输）、更安全（卫生性、环境适应性)、更高的社会和环境适应性(废弃物的再资源化、再生性)。

(3) 包装效益的最大化

包装效益的最大化是复合薄膜生产企业与客户紧密合作不遗余力追求的目标。全面改善产品质量、通过复合薄膜功能的日趋量化、减少生产工序、减薄厚度、更价廉(高生产性、省人力、省资源、省能源),达到效益的最大化。

从技术的角度分析,能同时满足上述三项要求并已经形成工业化生产的是共挤出技术的发展及应用。共挤出多层复合薄膜的发展离不开设备、原料、加工工艺的紧密配合和互动。只有当加工设备、加工原料、加工工艺三者的技术通过配合达到最佳状态时,才能获得最理想的产品。

**2. 多层共挤出复合薄膜的结构及其发展趋势**

通常意义上,多层共挤出复合薄膜的结构取决于薄膜的功能需求。在满足工艺要求的前提下,通过不同聚合物的组合,满足包装材料的阻隔、热封、本体强度、抗穿刺、耐环境适性、二次加工特性、延长储藏和货架期限等功能需求。而从功能需求分析,由五种聚合物形成的组合已足矣。但在市场上已开始应用七层、九层、十层乃至更多层的共挤出复合薄膜,使之成为一种趋势,并得到迅速的发展。共挤出复合薄膜的结构设计正逐步要求能系统地达到集功能、技术、成本、环保、安全、二次加工于一体的理想境界。

(1) 阻隔性

① 在阻隔层中用多层相同的聚合物替代单层聚合物,可提高阻隔层的稳定性。例如,设定PA材料为阻隔层,其阻氧率为40个单位。为了保证其阻氧性能的稳定,通常其厚度的设定值为材料的理论计算值+设备负误差值+安全系数。而当采用多层相同的聚合物替代时,其厚度的设备负误差值明显下降,安全系数明显提高。

② 而当确认所设定的阻隔层厚度足以满足阻隔要求时,则在阻隔层注入多层相同的聚合物替代单层聚合物,这样可降低阻隔薄膜高附加值原材料的成本。

③ 在阻隔层中用两种不同的聚合物替代单一品种的聚合物,可明显提高其薄膜的阻隔性。例如,将EVOH层与典型的PA层结合在一起,既能保护PA的抗穿刺性,又增加了EVOH的强度,提高了EVOH的防裂性。而对一个五层结构而言要同时使用两种不同的阻隔层,则其中一层只能在最外层,为了防止外层阻隔薄膜易受外力损伤而导致阻隔效果的下降,通常采用增加PA厚度的方法进行弥补,结果导致成本的提高。

(2) 其他

① 将热封层和复合层各分为两组,其中一组采用价格较便宜的聚合物替代价格较高的聚合物,以减少薄膜的成本,同时又保持了薄膜的强度。另一组则使用能满足其功能要求的功能性聚合物。用多层的概念制作更经济的复合薄膜。例如,将

两种热封层和复合层相等重的薄膜作比较，五层结构的薄膜所需的材料费比七层结构薄膜所需的材料费高约 19%。

② 利用层数更多的共挤出薄膜可改良五层以下 PA 共挤出薄膜的性能。例如，利用附加黏合层可以通过增加薄膜的水蒸气阻隔作用，提高薄膜的阻隔性能。同时获得的另一个优点是可以使薄膜更柔软、手感好并具有良好的防裂性能。

③ 利用层数更多的共挤出薄膜可改善五层以下 PA 共挤出薄膜的耐应力翘曲。同时满足了制袋等二次加工的需要。

④ 集干式复合薄膜除里印以外的其他功能于一体，使复合工序简单、复合结构趋于灵活、功能趋于多样、成本有明显下降、更具安全性、更符合卫生及环保要求，社会效益和经济效益更加显著。

随着高分子合成技术的不断进步，具有独特物理力学性能的新型聚合物可广泛用来满足包装的需要。多层共挤复合基材薄膜的功能及结构将具有更大的灵活性和经济性。通过成型设备、工艺的应用及完善，配合复合结构独特有效的设计，将使薄膜生产商对包装功能的多样化、包装结构的合理化、包装效益的最大化等理念的追求及思维方式产生革命性的作用。但是科学地运用原料，设计合理的产品结构以及与加工工艺的紧密配合，则是摆在每一个复合薄膜生产商面前的挑战性课题。因为只有当加工设备、加工原料、结构设计（加工艺）三者的技术资源得到充分利用，并达到最佳状态时，才能使包装基材在其最终产品上以最经济、最合理、最充分、最廉价的形式出现，并满足市场的需求。

**3. 多层共挤复合薄膜与单层塑料薄膜相比较**

与单层塑料基材薄膜相比较，多层共挤复合薄膜大大简化了干式复合薄膜的生产工艺，增加了功能，并且可通过厚度的有效调整使功能得到量化，结构组合方便灵活、选用材料范围广。综合表现为功能全面变化灵活，成本低而质量水平高，附加值高而市场适应性强。因此，多层共挤出复合薄膜在包装上得到了广泛应用。

## 第五节 塑料食品包装使用的功能塑料薄膜新品种

随着人们对生活质量和食品安全要求的不断提高，对食品包装的功能性提出了越来越多的要求和越来越高的标准。在这一形势下，世界各国对食品包装用塑料薄膜新品种开发也十分活跃，以最大限度地满足市场的人性化需求。

### 一、功能性

法国向市场推出两种使用普通聚乙烯（PVC）材料加工而成的新包装薄膜，用它可鉴定被包装食品是否使用转基因原料。使用这种经特殊处理的包装用PVC薄膜，可鉴定其包装内容物如大豆油是否由转基因大豆原料加工而成。即使对于只含5%～10%转基因大豆食品，也能鉴定清楚。法国还向市场推出专用于包装肉类的双层叠加膜，其外层是具有特殊结构和性能的高密度聚乙烯薄膜，内层是可食用纸。用该膜包装肉品可解决普通材料包装肉类会浸出血与油脂、紧贴肉上不易分离并使表面结成硬皮的问题，能保持肉类原有的色、香、味。

最近，英国某公司成功研制出新型塑料食品包装，该包装具有被动和主动屏障功能，可有效地抑制氧的渗入，甚至在食品袋蒸煮后，作用仍不会减弱。该新型塑料食品包装不仅可以延长产品的储存期，而且还可以直接采用微波炉加热，特别适用于方便面食品的包装。这种新包装由六层不同材料复合而成。第一层为聚丙烯，是一种具有高阻油性的聚合材料；第二层和第四层为黏合胶；第三层是阻氧聚合材料EVOH；第五层是除氧剂混合物，被称为主动屏障，不仅可以阻止外来氧分子进入，而且可以吸附包装内的氧，最后一层是聚丙烯材料，在新包装中除氧剂即使在有水分的情况下仍然能保持活性，因而可延长食品的保质期。

瑞士最近开发生产并向市场推出专供微波炉制品用的特殊盖用薄膜——西姆卡欣。该膜不仅耐高压，且防雾性好。使用这种盖用薄膜专用于微波炉加热各种菜肴，可迅速方便地加热，以供食用。在加热进程中，水蒸气产生的压力可安全地通过薄膜释放出来。瑞士一家塑料加工公司开发成功了一种化学自毁塑料，该塑料可逐渐溶解，不再污染环境。这种化学自毁塑料品上喷洒了一种特殊配方的溶剂，可与塑料发生反应，使塑料逐渐溶解，成为可被水冲洗掉的物质。采用这种新型塑料生产的复合塑料薄膜，制成食品、饮料包装后，一旦将包装撕开，涂有特殊试剂的内层吸收空气中的水分，与带有反应基的聚合物进行反应薄膜会像穿孔似的慢慢分解掉。

据海外媒体报道，德国科学家利用医药专业技术成功研制出抗菌塑料包装。该包装适用于牛奶等液体饮料的包装，是食品包装技术领域的一个重要变革。德国加工厂家和包装技术协会的研究人员利用涂层技术在塑料包装膜上涂上一层防腐抗菌材料，替代了食品中添加的防腐剂。这种涂层可以通过复合树脂等为基础的材料和特殊技术实现。

## 二、塑料薄膜

受国际上包装潮流的影响，国内啤酒、饮料生产企业开始在产品组合包装过程中使用塑料薄膜包装物，逐步取代传统的纸箱。采用塑料薄膜包装的优点是：包装成本低廉；可有效降低爆瓶伤人的事故，能解决塑料周转箱在流通及堆放过程中对内存瓶体表面的污染问题；适用范围广，可用于玻璃瓶、金属罐和纸盒等产品的包装；能给消费者耳目一新的感觉。

加拿大研制开发出可测病原菌的包装膜。即在普通食品包装薄膜表面涂覆一层特殊涂层，使其具有能侦查细菌的特殊功能，如用于生熟肉类包装的侦菌薄膜，如果所包装的肉类食品已经不新鲜，有害细菌含量超出食品卫生标准，用这种薄膜包装则会使原来透明无色的包装薄膜变为警告色，使顾客立即知道已不能食用。

目前国外包装行业大量开发多功能复合膜，例如：耐寒膜可耐－18℃、－20℃、－35℃低温环境；对PP做防潮处理制成的防潮膜；防腐膜可包装易腐、酸度大、甜度大的食品；特种PE膜耐腐蚀；防虫膜中添加了无异味防虫剂；双向拉伸尼龙66耐热膜取代双向拉伸尼龙6膜包装食品等。山东新立克塑胶股份公司研制成功包装专用BOPE防伪膜，可对加碘食品起到良好的防伪作用。我国引进开发的抗紫外线（UV）收缩薄膜用于包装色拉油，能很好地保护油中维生素成分不受紫外线照射，保护营养成分不被破坏损失。

塑料包装前景非常乐观，使得市场对塑料薄膜包装设备需求大增。目前，通过引进国外先进技术，国内已有包括广东轻工机械二厂有限公司、广东轻工业机械集团有限公司和南京恒浩机械工业有限公司等十余家企业，研制开发了塑料包装机械，且销售势头强劲。塑料薄膜包装机械设备市场前景广阔，今后会有更多的企业加入这个领域中，竞争将日趋激烈。制造企业不仅应该在产品质量上下工夫，更应该针对不同行业和不同规模企业的实际需要，研制开发出不同规格和性能的设备。

## 三、生物塑料

据海外媒体报道，美国从事生物塑料研发的Metabolix公司和农产品巨头阿彻丹尼尔米德兰（ADM）公司达成协议，将成立双方各占50%股份的合资公司，推进生物塑料聚羟基脂肪酸酯（PHA）的商业化生产。两家公司称，将建的PHA厂产能是5万吨/年，产品可广泛用做包装薄膜等方面。PHA的生产是采用微生物发酵技术，将像玉米这类的农产品原料转化为生物可降解塑料。据悉，该类材料与其他可再生资源型塑料如聚乳酸相比，具有更好的抗热湿气性能。其用途也更广泛。Metabolix公司总裁认为，PHA的应用不会与其他可再生塑料形成竞争，因为塑料市场需要多种产品为用户服务，PHA可看作是聚乳酸的补充，它们都是可再生塑料的重要品种。他希望Metabolix和聚乳酸的巨头卡吉尔·道公司成为合作伙伴而非竞争对手。

日本科技人员从松木中研究开发出一种木料塑料包装材料，通过从木料中制取出多元醇，然后与异氰酸酯发生反应，从而生成聚氨酯。这种木料塑料抗热能力极强，而且可被生物分解，可用于制作耐温型包装袋。俄罗斯专家在食品包装聚合物中添加了脱水的多种矿物盐和酶等物质。富含这些物质的包装袋内表面可吸收多余水分、杀死细菌，从而改善了包装袋的内部环境，一种利用小麦面粉添加甘油、甘醇、聚硅油等混合干燥，再经每平方米加150kg压力热成为半透明的可塑性塑料薄膜，用小麦塑料包装食品的优势是可由微生物加以分解。

一种油菜塑料包装材料最近由英国研究成功。它是从制作生物聚合物的细菌中提取了三种能产生塑料的基因，再转移到油菜的植株中经过一段时期便产生一种塑料性聚合物液，经提炼加工便可得到一种油菜塑料。用这种塑料加工制成的包装材料或食品快餐包装材料，弃后能自行分解，没有污染残留物。

## 第六节 水溶性塑料包装薄膜及新颖塑料软包装材料

近年来，性能优异的新材料、改性材料和具有降解功能的新颖塑料软包装薄膜材料不断涌现，并在包装领域获得广泛的应用，部分材料中国也已经能够生产。

### 一、共聚物

当前一些欧美国家大量投资开发非极性、极性乙烯共聚物、接枝共聚物。该类产品可大大提高塑料的拉伸和共挤性能，并提高透明度、密封强度、抗应力、抗龟裂以及增强稳定性能，改善分子量分布与挤塑流变性能。

如 C4-LLDPE（线性低密度聚乙烯塑料薄膜），在高速注塑工艺中不损螺杆；C6-LLDPE 塑料薄膜的韧性与硬性卓越；HAO C6-LLDPE 拉伸共挤薄膜质优；C8-LLDPE 薄膜韧性特佳；VLDPE（very low density polyethylene，超低密度聚乙烯）薄膜平整度好，其树脂的熔融温度低，性能较好，流延性能好；C4-VLDPE/VLDPE（超低密度聚乙烯）适合做各种塑料薄膜包装。在塑料共挤工艺中混合 LLDPE，可提高延伸性及抗穿透强度，LLDPE/LDPE 可大大提高黏性与韧性，添加 HAO C6-LLDPE 和 HAO C8-LLDPE 可促使流变性稳定、热熔融不断裂、塑料薄膜制品不撕裂等等。

在当代的注塑工艺中，许多国家用 VLDPE 取代 LLDPE、PP、EVA、PVC。在挤塑、注塑、吹塑工艺中，VLDPE 塑料薄膜将占领医药、医疗、化妆品等的软包装塑料薄膜市场，并进一步冲击食品包装薄膜领域。

### 二、茂金属塑料

茂金属是过渡金属与环戊二烯相连所形成的有机金属配位化合物。茂金属聚烯烃是以茂金属配位化合物（METAL-LOCENE）为催化剂进行烯烃聚合反应所制得的聚合物。

茂金属聚合物具有诸多优点，如加工性能好、强度高、刚性及透明性好等，因而受到人们的极大关注。该类产品适用于食品包装薄膜、医药包装薄膜、收缩薄膜及卫生用品包装等。

## 三、降解聚酯

随着国际环境标准 IS014000 的实施，新的降解塑料备受人们关注。其中德国巴斯夫公司推出了品牌为 ECOHEXD 的脂肪族二醇与芳香族二羧酸聚合的降解聚酯树脂，可用于薄膜生产。

## 四、水溶性塑料薄膜

水溶性塑料包装薄膜作为一种新颖的绿色包装材料，在欧美、日本等国家和地区被广泛用于各种产品的包装，例如农药、化肥、颜料、染料、清洁剂、水处理剂、矿物添加剂、洗涤剂、混凝土添加剂、摄影用化学试剂及园艺护理的化学试剂等。它的主要特点是：降解彻底，降解的最终产物是 $CO_2$ 和 $H_2O$，可彻底解决包装废弃物的处理问题；使用安全方便，它的力学性能好，可热封，而且有较高的热封强度。目前，日本、美国、法国等生产销售此类产品，像美国的 W. T. P 公司、C. C. I. P 公司、法国的 GREENSOL 公司和日本的合成化学公司等。

## 五、水溶性包装薄膜的主要性能指标

含水量：成卷的水溶性薄膜用 PE 塑料包装以保持其特定的含水量不变。当水溶性薄膜从 PE 包装中取出后，其自身的含水量随环境湿度发生变化，其性能也随之有所变化。

防静电性：水溶性薄膜是一种防静电薄膜，与其他塑料薄膜不同，具有良好的防静电性。在使用水溶性薄膜包装产品过程中，不会因为静电而影响其可塑性及静电附尘性能。

水分及气体透过率：水溶性薄膜对水分及氨气具有较强的透过性，但对氧气、氮气、氢气及二氧化碳气体等具有良好的阻隔性。这些特点使其可以完好地保持被包装产品的成分及原有气味。

水溶性薄膜在中国也已进入实际生产阶段，如株洲工学院与广东肇庆方兴包装材料公司联合研制开发的水溶性薄膜及生产设备已投入生产，其产品正在走向市场。

# 第七节 新型塑料薄膜包装安全要求与使用的安全性问题

随着社会经济的发展和物质生活水平不断提高，人们越来越重视食品卫生和安全状况，食品包装作为食品的重要组成部分，直接与食品接触，其卫生安全性直接关系到人体健康。为了保证食品安全，国家质检总局 2006 年开始对进出口食品包装实施备案和法定检验。国外对食品包装安全质量要求尤为严格，目前，美国、欧盟、日本等发达国家和地区都对食品包装制定了相应的法规，并实施了严格的市场准入管理。

## 一、食品塑料薄膜包装的主要安全要求

食品包装材料主要有聚乙烯、聚丙烯、聚酯、聚酰胺等高分子材料。这些包装材料因本身分子结构和成型工艺及所加助剂不同而表现出较差异。因此，对于食品厂家来说选择适合自己产品的包装材料尤为重要，否则就会出现食品安全问题。例如，因材料阻隔性差，就会缩短液态奶的保质期甚至短时间内引起变质等，而对于保鲜膜来说如果没有适量的透气量就无法保证蔬菜的新鲜。

为了在流通过程中保持食品新鲜并安全卫生地提供给消费者，食品包装的安全要求主要有：

① 溶剂残留：包装成型一般需经过吹塑、印刷、复合等工序，为提高适印性、提高速度，一般都会加入一些溶剂。现在对异味和潜在毒性要求越来越严格，国家标准规定溶剂残留要小于10mg/m$^2$。

② 重金属含量：铅、镉、汞、六价铬等重金属，由于它们及它们的化合物毒性较强，而且是一类生物积累的非降解物质，具有可以在大自然（水、土、食物链）中累积下来的特性，一旦被人类吸收，人类就无法通过自身的新陈代谢将它们排出体外，日积月累，当累积到一定的量时就会危及到人类的健康，引起人体的免疫功能下降等严重后果。

③ 阻隔性能：阻隔性包括对气体的阻隔和对水分的阻隔，食品变质有很大部分原因都是因为所选材料的阻隔性能不合适。材料的选择要根据不同的被包物、保质期、存储条件等选择合适的阻隔材料。2005年底出台的GB 19741—2005（液体食品包装塑料复合膜、包装袋标准）对包装膜阻隔性就提出采用GB/T 1038（塑料薄膜透气性测试方法）和GB/T 1037（塑料薄膜和片材透水蒸气性试验方法）进行测试。

④ 拉伸性能：包装过程中薄膜受到机械拉力，运输过程中又会受到挤压等外力，这就要求薄膜必须具有足够的拉伸强度。对于复合膜来说应保证膜层间不分层，这就要求复合膜有较高的剥离强度，以免材料分层。

⑤ 热封性能：生产过程中较容易出现的问题有漏封、虚封、封漏、黏封头、拉丝、封口破裂、热封强度差等。值得注意的是，大灌装生产线从封口到实现灌装整过程时间较短，此时的封口温度尚未降到室温，强度较低，极易发生泄漏。因此对热黏强度（高温下的封口强度）的预知对于整个灌装过程尤为重要。

⑥ 油墨性能：食品包装膜对油墨的要求除了具有一般的和基材结合力、耐磨性外，还要能够耐杀菌和水煮处理要求，及耐冻性、耐热性等以保证在运输、存储过程中不会发生油墨脱落、凝结等现象。很多油墨含有苯类等有害物质。

## 二、食品塑料薄膜与包装材料的发展趋势

近年来，国内外的许多食品研究人员逐渐把研究重点放在可食性包装膜上，开发了许多不同功能的可食性包装膜，如大豆蛋白可食性包装膜、壳聚糖可食性包装膜、蛋白质、脂肪酸、淀粉复合型可食性包装膜、耐水蛋白质薄膜、以豆渣为原料的可食性包装纸、可食性包装容器、玉米蛋白质包装膜（纸、涂质）、虫胶片或蛋白质涂层包装纸（或容器）、玉米淀粉海藻酸钠或壳聚糖复合包装膜（纸）、生物胶涂层包装纸。

可食性膜可与其包装的食品一同食用，具有一定的营养价值，有的能被人体消化，有的食用膜本身对人体还具有保健作用。而且可用于食品小量包装、单体食品包装，与食品直接接触，防止食品被污染。可食性膜制作中可加入一些风味剂、着色剂、营养强化剂等，以改善食品品质及感官性能，增强食欲。并且可食性膜可以非常方便地作为食品风味剂、发酵剂和食用质量色素的微包装物，并可有效控制这些制剂的添加、释放及其稳定性。

可食性膜还可以作为防腐剂、抗氧化剂的载体，在食品表面控制它们进入食品内部的扩散速度，有利于降低这些添加剂的用量。可食性膜还可以加入到异质食品的内部界面，以防止食品组分向水分和溶质的迁移而导致食品变质，或影响食品质量。可食性膜也可用做微波、焙烤、油炸食品的包装膜等。同时，可食性膜作为可降解膜，若未被食用，在环境中仍可被微生物降解，不会造成环境污染。

当前，可食性包装是世界食品工业发展的主要趋势，它已涉及广泛的应用领域，肠衣、果蜡、糖衣、糯米纸、冰衣和药片包衣等等。由于可食性包装功能多样，无害环境，取材方便，可供食用，因此发达国家竞相研制开发，新产品、新技术不断涌现，发展前景广阔。

## 三、食品塑料薄膜与包装材料不得超过三层

由国家质检总局、国家标准委批准发布的《限制商品过度包装要求食品和化妆品》国家标准，自 2010 年 4 月 1 日起正式开始实施。该标准不仅规定了所有包装成本的总和不宜超过商品销售价格的 12%，而且还确定了包装层数及空隙率（即包装空隙所占比例）。此后，里三层外三层的繁复包装、“面子”大内容小的礼盒装等等不符合新标准规定的产品将不允许流通销售。

新国家标准以具体量化的方式来限制食品的包装，对食品和化妆品销售包装的空隙率、层数和成本等指标都有强制性规定。其中规定，食品和化妆品的包装层数不得超过 3 层、包装空隙率不得大于 60%、初始包装之外的所有包装成本总和不得超过商品销售价格的 20%；饮料酒的包装空隙率不得超过 55%、糕点的包装空隙率不得超过 50%、保健食品和化妆品的包装空隙率不得超过 60%；饮料酒、糕点、保健食品和化妆品的包装层数均不得超过 3 层。

新规对“过度包装”给出了明确定义：对超出正常的包装功能需求，其包装空隙率、包装层数、包装成本超过必要程度的包装，就是过度包装。根据新规，新标准实施后，企业包装申报时违反了新标准中任意一项，就会被定为不合格，不能流通销售。

## 四、新型塑料薄膜包装使用的安全性问题

特富龙事件是一个聚四氟乙烯塑料的使用问题。用特富龙塑料涂料生产的不粘锅在不当使用时是否会致癌的问题也已经论战了好长时间。论战的一方是特富龙涂料的生产者杜邦公司，而另一方在国内很难找到对手，如果硬要说谁是对手的话，那么只能说是媒体和大众，无论结果如何，这一论战对国内使用特富龙涂料的不粘锅生产企业都是一个不小的打击。由这个事件引起的食品包装安全问题也应该引起业内人士的关注。

特富龙是塑料的一种，是美国杜邦公司对其研制的所有聚氟树脂的总称，主要原料是聚四氟乙烯。聚四氟乙烯（PTFE）是高分子树脂的一种，通过添加各种助剂，就形成了不同种类的综合性工程塑料，通常将它们称作聚四氟乙烯家族。聚四氟乙烯产品可在－180～250℃范围内长期使用而性能稳定，这是它的最大优点，这些性能包括化学稳定性、绝缘性、摩擦系数小、不黏附性、耐腐蚀性等等，这些宝贵的特性，使其赢得了“塑料王”的称呼。

在特富龙加工过程中，要添加各种添加剂，以获得较好的工艺性、使用性等等。全氟辛酸铵（PFOA）就是其中的一种添加剂，是生产氟聚合物过程中的一个基本加工助剂，在特富龙生产中是作为一种表面活性剂使用的。全氟辛酸铵具有致癌特性，这已经是被科学证实了的，所以使用场合受到许多限制，尤其在涉及食品设备和食品包装方面，更是受到了严格的限制。目前的特富龙问题主要就是针对其中的全氟辛酸铵能否致癌而提出的。争论的焦点在于全氟辛酸铵作为特富龙的添加剂使用后是否会发生转化、减量等，目前还没有结论。塑料在加工过程中都要添加各种各样的添加剂，这些添加剂有些是无毒的，有些是有毒的，有些是多种添加剂综合后才有毒的。有些添加剂比较稳定，有些比较活泼，当塑料在高温分解的情况下这些添加剂也许会释放有害成分，对人体造成伤害。现在对特富龙的争议就在于当温度超过250℃时，全氟辛酸铵会不会被释放出来，影响人们的健康。一般来说，用于食品直接接触的塑料原料是安全的，正常使用温度下一般化学稳定性、耐热性和自润滑性都能满足安全要求。但对于熔解时的食品包装材料是否还安全，就要通过权威部门来检测判定了。

特富龙的问题最先是由美国国内的有关权威部门引发的，说明了他们对大众安全的重视程度，但在国内对由此现象引起的类似问题还不是十分重视，这里可以举一个例子来说明问题。

软包装牛奶在国内有很大的市场，尤其是售价低廉具有饮料功能的酸牛乳一

类，其所用的包装材料大多是聚乙烯复合薄膜，聚乙烯层一般作为封口层使用。聚乙烯复合薄膜在加工时也要添加多种添加剂，这些添加剂除了本身的安全性要注意以外，还要引起重视的是这些添加剂在高温熔融时是否会挥发出有害气体，实际这个问题与特富龙问题是一样的，只是我们对这个软包装问题还没有引起足够的重视。

熔融封口、切断的软包装牛奶是否存在着卫生和安全问题呢？我们来看软包装牛奶的工艺过程就知道了。软包装牛奶采用印刷好的成卷聚乙烯复合薄膜直接制袋、灌装、封口和切断，也就是说这种包装薄膜是在一台立式包装机上，直接在包装的过程中通过加热熔融使其实现成袋和封口的，这种切断采用的是热切，就是将熔融后的塑料在重力作用下拉断，也就是将灌装有牛奶的筒状袋子从中间融化，靠压力和冷却形成上下袋的封口。无疑在熔融加热的过程中，不仅塑料袋达到了融化的温度，牛奶也同时局部被加热甚至焦化（聚乙烯复合薄膜的熔融封口温度大多在140℃左右），熔融的塑料和加热的牛奶交织在一起，形成了袋装牛奶的封口。很显然在聚乙烯复合薄膜熔融时，一定会发生分解和添加剂气化的情况，我们现在很难说这种包装方式对人体就一定有害，但敢说任何了解该种包装方式的人会对这种产品敬而远之。

这实际是一个包装方式和包装工艺问题，这种包装方式和包装工艺能否对人们的健康造成危害，还要经过科学的验证。类似的例子还有很多，例如一些软包装酱油、醋、饮料等，都存在熔融后添加剂挥发造成危害的问题，究竟危害的程度有多大，还要靠科学的研究和权威部门的检测才能确定。特富龙问题在等待裁决，这个问题还是在规定使用温度下的问题，而聚乙烯塑料已经是在熔融的状态下被使用的，是否该引起我们的注意呢？

牛奶软包装的安全性应当引起有关部门的重视，食品安全无小事。任何一种食品，卫生和安全都应该始终放在第一位，牛奶软包装的包装工艺决定了该种包装牛奶存在着卫生和安全问题。近几年来我们在液体软包装方面发展很快，主要原因是该种包装模式设备投资较低、工艺较简单、综合成本不高、经济效益较好。由于没有发生过明显的卫生和质量问题，所以权威部门对这个问题一直没有过问和研究，特富龙事件说明，对塑料包装薄膜的使用，不仅要考虑包装膜本身的安全和卫生问题，更要考虑包装膜在高温分解的情况下的卫生和安全问题。就包装膜材料本身来说，国家还是比较注意安全和卫生问题的，除了极个别小厂产品外，大部分企业的产品还是比较放心的，有关部门的监管还是比较严格的。但对于塑料包装膜使用方面的问题，一直没有引起足够的重视，究竟塑料膜在加热分解的情况下能否引起卫生和质量问题，更是无人提起，科学研究在这方面基本是空白，因此，加强这方面的管理和研究是迫在眉睫的事情。

应该加强软包装安全性方面的科学研究。要消除软包装塑料存在的可能卫生和安全问题，首先要进行科学方面的研究，我们知道，塑料材料本身对人体是否有害易于鉴别，在这方面我们已经积累了大量科学的资料，哪些塑料可以用于食品包装，哪些塑料不能用于食品包装，都有严格的规定。但是塑料在加工过程中，要根据各种工艺要求添加很多助剂，这些助剂才是我们担心的主要问题。因为助剂的种类不同，同种产品的特性可能就存在着较大的差异，其卫生和安全性就会不同。拿聚乙烯塑料来说，分高密度聚乙烯、低密度聚乙烯和中密度聚乙烯，通常都称为聚乙烯，但其性质差异是很明显的。一方面因为加工工艺不同，另一方面因为添加剂不同，这就给研究工作带来了比较大的麻烦。更为麻烦的是我们很难判断哪一个品种在熔融状态下能挥发出有害气体成分和反应出有毒产物。我们在这方面还存在很大的差距，目前还很难下肯定或否定的结论，所以应该加强这方面的科学研究，尤其包装行业应该关注这个问题。

液体塑料软包装薄膜的基料——聚乙烯是安全的，但在加工时各种添加剂有可能存在安全和卫生问题，这包含几个方面的内容，一是添加剂品种的问题，国家应该有明确的规定，并且严加监管；二是量的问题，大多数添加剂都存在一个量的问题，过多的量有可能导致安全问题，国家也应该明文规定；三是使用的问题，就是在什么温度下可以使用，在什么温度下可以与食品接触，在什么温度下是有害的，这也应该有规范性的文件或执行标准，以免出现安全问题，像塑料液体软包装与产品一起熔融的问题，肯定应该加以限制。

从某种程度来说，软包装塑料薄膜包装液体问题比当前引起关注的特富龙问题更为直接和必要，存在的安全和卫生问题也更为显而易见。特富龙问题规定的使用温度是在 360℃以下，这种温度距离聚四氟乙烯的熔融温度还比较大，也就是说不存在特富龙的母体——聚四氟乙烯的熔融问题，即使这样也引起了国际社会和国内大众的关注。而塑料薄膜液体软包装问题的封口和切断温度已经达到了将薄膜熔融的温度，也就是说任何用这种薄膜包装的产品都受到了塑料熔融污染的影响。因此，液体软包装话题应该引起有关部门的重视，我们认为应该限制这样的产品上市，不论安全与否，单从生方面就应该受到质疑。食品包装的安全问题不是一个小问题，特富龙事件给我们敲响警钟，我们应该更加清醒地对待类似的问题。

## 第八节 新型包装用塑料薄膜的应用领域

### 一、食品包装

由于塑料薄膜具有一定程度的透明性、气密性、防潮性、热塑性等其他包装材料所不具备的优点，使它在商品包装领域中得到了广泛的应用（图 5-1）。但是，单一品种的薄膜已经不能完全满足保护商品、美化商品和加工适应性的要求，特别是用于包装蒸煮食品、各种快餐食品、冷冻食品和生鲜食品等方面，由于这种包装食品在国际“超级市场”上的需求量的不断扩大，对于包装材料的性能提出了更高的要求。

于是，数年前人们开始用两层或三层以上的种类相同或不同的包装材料贴合在一起，制成复合包装材料。这种复合薄膜大大地改进了塑料单层薄膜所存在的缺点，从而成为较理想的、适应不同商品需要的包装材料。

塑料复合薄膜最初以玻璃纸与聚乙烯复合为主，后来又大量地涌现出各类不同特性的复合薄膜。它们不仅可以包装干燥食品，有的还可以包装需要长期保存的湿性食品及其他精密仪器和医药品。

## 二、医药包装

随着塑料行业的飞速发展和技术的不断创新，塑料薄膜在药品包装的市场上也有很大的发展空间，在我国发展突飞猛进，比如说医药行业。在医药行业中，塑料包装可以说是主要的包装方式之一（图 5-2）。

图 5-1　塑料薄膜在食品包装领域应用广泛

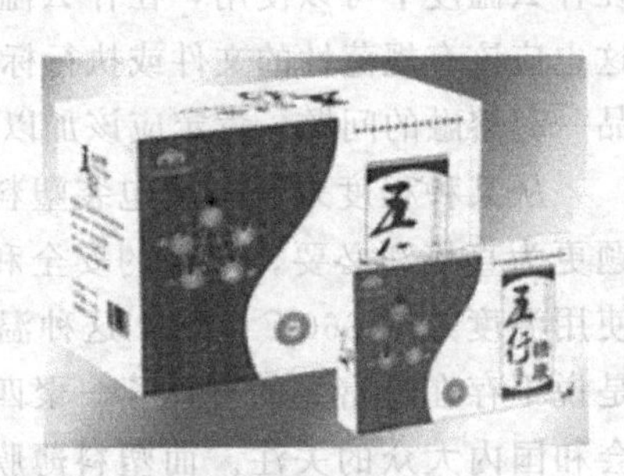

图 5-2　塑料薄膜在药品包装领域中得到了广泛的应用

我国或将成全球最大市场。塑料瓶包装产业具有一定的优势，药品包装的形式也因此在不断地变化着，从原来的纸质包装袋、塑料袋到现在的聚乙烯塑料瓶和聚丙烯瓶以及其他塑料瓶包装等形式，未来汽罩包装及条形复合膜包装将成为固体剂型药品包装的主流。同时塑料瓶质量的问题也开始受到社会各界的关注。

目前，药品包装产业已经占到国内包装总产值的10%，而且市场还在不断地发展，这是医药瓶生产领域前行的内在动力。近年来塑料医药瓶的市场占有率正在不断上升。

预计未来几年内，全世界药品包装的市场将会成为塑料瓶包装行业经济增长的第二大支柱，在我国也将成为发展速度最快的塑料瓶行业。

医药行业塑料包装制品种类包括以下几种。

LDPE：LDPE可与多种聚烯烃复合制成软包装袋，能经受100℃以上的高温杀菌处理，并具有良好的柔韧性，采用LDPE、黏合剂、PA等原料制得的多层复合薄膜，具有与PVC、PP相似的优点，用途广泛。

PP薄膜：PP薄膜可大量用做医用软包装复合膜的内、外层材料。BOPP具有良好的透明性、耐热性和阻透性，用于复合袋的外层。将它与热封性好的LDPE、EVA、EEA、EAA或与铝箔复合，能提高复合膜的物理力学性能；如在BOPP基膜上涂上防潮及阻透性优良的PVDC，可提高其阻气和阻湿性能。流延PP薄膜（CPP）具有良好的热封性，多用于复合包装袋的内层，真空镀铝后可再与BOPP、PET、OPA、PT复合，是药品包装的重要材料。

PVDC：PVDC涂布复合膜在药品包装中已获广泛应用，可起到阻湿、保味、防潮等作用。目前市面上的PVDC实际上是偏二氯乙烯（VDC）与氯乙烯或丙烯酸单体的共聚物，单体含量通常为75%～90%。

PVDC具有透明、柔韧、耐油、耐化学药品以及优异的阻气性和阻湿性等特点，是使用广泛的一种高效阻透材料。在高阻透医药包装中，它通常作为涂覆材料使用，在PP、CPE、PET薄膜上涂布2～4/μm PVDC的复合薄膜，其透气性、透湿性最适用于制造药品的泡罩包装膜和包装颗粒料、散剂等低价位药品的复合包装袋。

真空镀铝膜：真空镀铝膜是在高真空状态下将铝蒸发到各种基膜上，其镀铝层薄。目前在中药的粉剂、颗粒剂、散剂外包装中广泛使用的有PETP、CPP、PT、BOPP、PE等真空镀铝膜。其中应用最多的是PETP、CPP、PE真空镀铝膜。该薄膜除了具有塑料基膜的特性外，还具有装饰性和良好的阻透性，尤其是各种塑料基材经镀铝后，透光率、透氧率和透蒸汽率降低几十倍或上百倍。这种薄膜用于药品包装能防止药品发霉、受潮变质，是今后药品包装材料的主要发展方向之一。

CTFE薄膜：CTFE薄膜化学性质是惰性的，能经受金属、陶瓷和其他塑料不能经受的烈性化学药物的侵蚀。另外CTFE薄膜的蒸汽渗透率比其他任何塑料薄膜都低，不吸湿，而且它能与各种基料如PE、PVC、PET、PA等复合；也可用真空喷（镀）铝法喷（镀）金属。CTFE薄膜及其复合膜主要用来包装需要高度防潮的药片和胶囊。

以上都是在医药包装中十分常见的塑料包装。随着塑料行业的飞速发展和技术的不断创新，塑料包装在药品行业的市场上也有很大的发展空间，在我国发展突飞猛进。大约5年之后，我国将成为世界上最大的药品塑料瓶市场。

## 三、生态包装

随着设备技术的进展，rPET如今已经可以直接与食品接触。生物和再循环薄膜材料进入生态包装市场。如英国公司SharpInterpack使用再生材料每小时生产1500kg薄膜，其通过采用Kreyenborg的V形换网器可以过滤掉最细微的杂质，该制造商生产的薄膜已经获得食品应用的PIRA认证。采用奥地利公司Erema的Vacurema在线片材生产线和SML的挤出生产线，用PET瓶回收料生产的薄膜也已获得食品接触许可认证。Erema 的 Vacurema 回收生产线最近获得了将 rPET 应用于深冷快餐食品的包装的认证。

然而，需要注意一点，尽管生物材料与可持续发展的概念联系得似乎更紧密些，但是究竟使用生物降解材料或使用生物基材料是否比传统的塑料更绿色和更具有可持续性仍需要根据具体情况确定。生物材料常常所宣传的碳中性也仅仅是材料本身而言，如果考虑到前期的材料来源、制造与加工过程，并非人们通常认为的那么简单。

无论如何，随着环境意识的提高，关于不同种类材料的优点或不足都在一定程度上加速塑料包装的创新。毋庸置疑，最终的目标是希望所有原材料的加工处理都具有更高的效率，更利于环境与资源保持。

将生物技术（如生物酶工程）直接用于食品包装的前期处理或包装用辅剂，使食品在包装后达到很好的保鲜、保质；将生物技术用于制造具有特殊功能的包装材料，如在包装纸、包装膜中加入生物酶使其具有抗氧化、杀菌、延缓食品中酶的反应速率等，也可将多种生物酶与相关成分配制成防霉、防氧化等食品保鲜剂，使之单独或混入食品包装容器中，达到延长食品货架寿命的目的；在食品（物）培育时，引入生物基因工程将出现强抗氧化性的水果和蔬菜，以便大大简化包装技术和工艺，而具有更好的保质效果；利用生物技术改造食品包装效果，将会有全新的理论出现，即生物技术包装原理，由此而推动生物技术在食品包装上的应用；作为生物技术在食品包装上的应用，生物酶工程将最先发挥效能。因为生产酶制剂对于食品包装与人的关系上，它是最安全的，已被科学所证实。因此，生物酶技术将会在食品包装中发挥先驱性的作用；生物酶在食品包装上的应用还将对某些食品实现保鲜和自加工的双重作用，这也是未来的应用热点。

## 四、农用包装

### 1. 饲草包装用膜

饲草青贮对于发展集约化牲畜饲养具有重要意义。青贮机理是厌氧发酵，青贮膜应满足以下要求：良好的柔韧性、足够的拉伸强度及耐刺穿性、良好的阻氧性及阻光性。目前青贮膜多用蓝色、绿色、白色等色，材料为 LDPE 或 LLDPE，也可添加少量 EVA 或聚异丁烯（PIB）改性。膜厚度 0.09～0.20mm，折径 1m 以上，青贮膜可为单层或三层膜。

氨化膜性能要求与青贮膜基本相同。缠绕要求弹性好。自粘性好、强度好高。

### 2. 保鲜包装膜

保鲜膜应用于果蔬收获后的包装保鲜，保鲜膜一般用 PE，因 PE 是价格最低的透气性塑料，保鲜包装膜品种很多，针对不同的水果蔬菜，应有不同的配比及助剂品种变化，保鲜膜中一般添加有防雾滴剂，提高透气性的助剂（如分子筛、二氧化硅等)、防雾剂（如多菌灵、TBZ山梨酸等）及一般加工助剂；对于水果用保鲜膜，尚须添加乙烯吸收剂（如活性炭、高锰酸钾等)。有些保鲜膜的透气性还可用添加无机填料成膜后二次拉伸的方法获得。

### 3. 缓释包装膜

缓释膜应用于农药化肥的施放，可提高药效肥效，并可节约农药化肥。缓释膜可应用于各类植物的施肥施药，但因涉及使用成本，目前用量很少，仅限于少量经济作物。华北工学院研制了用于果树施肥的可降解缓释化肥袋和消毒剂二氧化氯缓释膜。

### 4. 水果套包装袋

水果套袋的应用有助于提高水果品质和隔绝农药，近年来已普及应用。塑料水果套袋应满足无雾滴、透光好、透气、透湿、不透水的要求，以保证不发生烂果、焦烧现象。

### 5. 防渗包装膜

防渗膜主要用于水库底部防渗处理、灌溉沟渠的防渗内衬，也可用于垃圾场地处理及建筑化工等的防水处理，近年来应用于旱地水稻种植及沙漠地区作物种植的保水防渗。对防渗膜要求其拉伸强度≥20MPa，断裂伸长率≥600%，厚度0.5～2.5mm，幅宽5～10m。由于厚度要求太厚及幅宽要求，采用吹膜工艺生产对设备及工艺要求很高，生产难度较大。近年来出现了PP无纺布覆膜防渗膜、扁丝编织篷布覆膜防渗膜。

### 6. 其他包装膜

塑料袋包储藏粮食在国内外早有应用。在国外已有使用塑料粮仓储粮。例如以色列生产的大型塑料仓直径为12.4m、16m、21.4m，壁厚0.83mm，仓容量达250t、500t和1000t，使用寿命达200t，可保鲜储存粮食2年。粮仓材料主要用PE，功能方面主要向防虫、防霉、气调、保鲜方面发展。

近年来随着食用菌袋料栽培技术的快速发展，PE食用菌袋料栽培膜筒需求量很大。此外树苗袋料栽培膜筒需求量也较大。

水果（如香蕉）保护套用于防止水果在储运过程中表皮受损，材料一般用PE。近年来国内外PE膜制作动物护身罩，用于冬、春季放牧时防寒、防雨，可降低动物病耗率。此外各种类田间作业用劳动保护用品也有大量应用。

## 五、UHT及其奶包装

乳品包装主要分为液态奶包装、固态奶包装及外包装箱三大类，由于应用领域不同，包装形式及发展趋势各有特色。

液态奶制品包括巴氏奶、超高温灭菌（UHT）奶及调味奶等。鲜奶包装主要有利乐包、康美包、利乐枕、屋顶包、百利包及复合塑料膜袋等，根据包装材料结构的不同，可用于巴氏奶、UHT奶及调味奶的包装。

酸奶和调味奶的包装主要是PS杯、塑料瓶及少量的玻璃瓶。各种包装虽然有比较明确的应用领域，但性能的相似性使它们在应用范围上彼此渗透，因此用户在选择乳品包装时会权衡包装的形式与成本。

乳品包装按照包装形式分类主要分为以下几种：

① 纸盒类，如利乐包、康美包、屋顶盒等；

② 玻璃瓶；

③ 袋装类，主要以复合塑料袋为主；

④ 塑料杯，主要用于酸奶包装；金属罐装等。

## 六、无菌包装

无菌包装是一种高科技食品保存方法，是指被包装的食品在包装前经过短时间的灭菌，然后在包装物、被包装物、包装辅助器材均无菌条件下，在无菌的环境中进行充填和封合的一种包装技术，以达到食品不添加防腐剂，不经冷藏，就得到较长货架寿命（在常温下可以保持一年至一年半不变质）的目的，大大节省了能源和设备。

目前，在市场上，无菌包装食品（特别是无菌小包装）占有越来越多的市场份额。无菌包装之所以越来越受到消费者的喜爱，主要是由其特点决定的，无菌包装可采用最适宜的灭菌方法（如HTST法、UHT法等）对包装内容物进行杀菌，使色泽、风味、质构和营养成分等食品品质少受损失。由于包装容器和食品分别进行杀菌处理，所以不管容器容量大小如何，都能得到品质稳定的产品，甚至还能生产大型包装食品。再者，与包装后杀菌相比，食品与容器之间不易发生包装材料成分向食品溶渗，有利于实现食品的原汁原味。由于容器表面杀菌技术较易，且与内容物杀菌无关，故包装材料的耐热性要求不高，强度要求也没有那么严格，使杀菌更易实现，适合于进行自动化连续生产，既省人工又节能。常温饮料盒通常为砖形，因这部分饮料盒大都由利乐公司生产提供，所以人们习惯称为“利乐包”。“利乐包”最主要的材料是纸板，纸板由原生的长纤维制成。这些纤维有些经过漂白，有些未经过漂白，为了增加厚度和挺度，纸板中通常添加部分化学热磨浆（CTMP）。为使纸板表面光滑便于印刷，纸板的外面还有一层薄涂层。利乐包由纸板，聚乙烯塑料和铝箔等六层材料复合而成，其中纸类占73%、塑料占25%、铝占5%、印刷油墨和涂料占2%。其中的纸板全部来自欧美地区的可持续再生森林资源。

## 七、其他复合包装薄膜的应用领域

近年来塑料薄膜市场，正表现出明显的高于传统包装材料，如纸包装、纸板、铝箔等市场增长的趋势。与此同时，包装薄膜在减薄的同时，功能性则更强，推动了这一市场更高速度的增长。

**1. 包装薄膜使用三层薄膜**

尽管单层薄膜在很多工业领域仍在某些产品包装（如收缩包装）广泛应用，但是这并不能改变3层复合薄膜在工业领域的广泛应用。通过两种或三种不同聚合物复合，常常可以在增强功能性的同时，节约原材料。尤其在生产吹塑膜和流延膜时，原料成本常常是整个生产线成本效益的关键，并因而会影响到制造商的盈利能力。

**2. 新型模头技术显著提升薄膜加工效率**

挤出生产线制造商希望通过一条生产线能够使加工商灵活地生产尽可能多的不同产品。例如，Kuhne公司推出一种5层的共挤生产线，其不但可以生产3层标准膜，也可以生产5层阻隔膜，并且不需要进行设备重调整。

在流延膜和吹塑膜生产线中，所有设备制造商，如今都开始使用节能而免维护的AC（直流）电机，或者为了节省空间，用直驱电机代替传统的齿轮箱系统。针对流延膜生产线，一些公司特别推出高速挤出机，通过采用更高的生产速度以得到超过其通常规格的产量。例如巴顿菲尔辛辛那提公司通过一个75mm的挤出机，装备440kW、1500r/min的电机，加工PP每小时的产量高达2t，而加工PS高达2.4t。

吹塑薄膜生产过程中一个至关重要的元件是吹塑膜头。配合薄膜冷却和计量控制，可确保挤出机的高生产率和薄膜的高品质。最近，薄膜冷却的改进是很多公司技术改进的重要方向。例如，位于K-Design公司推出一种新奇的逆流风环。一个气流沿薄膜进入的反方向对薄膜进行预冷，上部的气流则同传统的双唇风环一样处理薄膜其他的冷却需要。这种新的方法可以显著改进生产线的性能，并且因为其改进的膜泡控制，薄膜的力学性能也得到优化。W&H最近推出其单站式Opticool风环系统，据介绍其冷却性能超过了双风环系统。为了实现极快的冷却速度，也可以采用W&H的Aquarex。这种下吹式湿法三层吹膜生产线，其膜泡采用专门的水冷技术。采用这种方法，可以得到极高的透明度，可满足医疗等工业用途需要。

整体而言，多层薄膜在消费品包装，特别是在食品包装领域已经建立了自己的地位。5层薄膜已经渐渐成为标准，而7层和9层复合薄膜目前还比较少。更多层的薄膜则有一种全新的技术正逐渐为市场所接受。EDI和Cloeren公司新的模头技术，可以生产几乎无层数限制的薄膜。Cloeren向市场推出多达27层的纳米层阻尼块，EDI在上一届NPE展出了层倍增平膜系统。其将一个传统结构的三明治结构，最终转换为每一层或几层包括多个微层的结构。两种系统均可以改进薄膜的性能，特别是改善抗冲击性、拉伸性和对氧气与湿气的阻隔性能。这种新技术的应用范围从工业用途到阻隔包装都有应用。

## 八、热收缩塑料薄膜在包装行业领域得到广泛应用

热收缩塑料薄膜的要求是在常温下稳定，加热时（玻璃化温度以上）收缩，并且是在一个方向上发生50%以上的热收缩较为理想。

### 1. 热收缩塑料薄膜包装的特点

一般是贴体透明，体现商品形象；紧束包装物，防散性好；防雨、防潮、防霉；无复原性，有一定防伪功能。热收缩塑料薄膜常用于方便食品、饮料、电子电器、金属制品等的包装，特别是收缩标签为其最主要的应用领域。热收缩塑料薄膜除了用做收缩标签外，近年来也开始用于日用商品的外包装。因为它既可使包装物品避免受到冲击，防雨、防潮、防锈，又能使产品以印刷精美的外包装赢得用户，同时它能很好地展示生产厂家的良好形象。目前，越来越多的包装厂家采用印花收缩薄膜来代替传统的透明薄膜。因为印花收缩薄膜可以提高产品的外观档次，有利于产品的广告宣传，可使商标品牌在消费者心中产生深刻的印象。

热收缩塑料薄膜一般多以无定形塑料加工制得，例如聚苯乙烯、聚氯乙烯、PVDC等。聚苯乙烯（PS）收缩膜强度低、不耐冲击，故很少被使用；而聚氯乙烯（PVC）不利于回收处理，不符合环保要求。在国外，特别是在欧洲，聚氯乙烯（PVC）塑料薄膜已被禁止在包装领域尤其是食品包装方面的使用。聚酯（PET）热收缩薄膜则是一种新型热收缩包装材料。由于它具有易于回收、无毒、无味、力学性能好，特别是符合环境保护等特点，在发达国家聚酯（PET）已成为取代聚氯乙烯（PVC）热收缩薄膜的理想替代品。

### 2. 热收缩聚酯（PET）薄膜的共聚改性

聚酯（PET）薄膜是一种结晶型材料，普通聚酯薄膜经过特殊工艺处理只能得到30%以下的热收缩率。若要获得热收缩率较高的聚酯薄膜，则必须对其进行改性。也就是说，为了制备高热收缩率的聚酯薄膜，需要对普通聚酯及聚对苯二甲酸乙二醇酯进行共聚改性。共聚改性后的PET薄膜其最高热收缩率可高达70%以上。

普通聚酯一般是由对苯二甲酸（PTA）与乙二醇（EG）经过酯化、缩聚反应而制得，属于结晶型聚合物（严格讲是结晶区和非晶区共存的聚合物）。所谓共聚改性就是除了对苯二甲酸（PTA）与乙二醇（EG）两种主要组分之外，再引入第三甚至第四组分参与共聚，目的是使之生成不对称的分子结构而形成无定形的PET共聚物。 引入的第三甚至第四单体可以是二元酸或二元醇。其中，二元羧酸有间苯二甲酸、丙二酸、丁二酸、已二酸、癸二酸等；二元醇有新戊二醇、丙烯二醇、二甘醇、1，4环已烷二甲醇等。如以二元羧酸（Acidic）进行共聚改性时，所制得的PET共聚物，称之为APET；若以二元醇（Glycolic）进行共聚改性时，所制得的PET共聚物，则称之为PETG。

上述引入的第三单体中，最常采用的二元羧酸是间苯二甲酸（IPA）IPA的加

入可改变聚酯对称的紧密结构，破坏大分子链的规整性，从而降低大分子间的作用力，使聚酯分子结构变得比较柔顺。同时，由于IPA的引入，使聚酯难于成核结晶，并且随着IPA引入量的增加，APET共聚物由部分结晶向非结晶聚合物过渡，由于这种改性聚酯APET的结晶能力下降，无定形区变大，故可用于制造高收缩薄膜。推荐IPA的加入量在20%左右为宜。

引入的第三单体也可以是二元醇。最常用的二元醇是1,4-环已烷二甲醇(CHDM)。在聚酯共聚过程中，加入CHDM对改变聚酯的$T_g$、$T_m$和结晶速率均会产生很大的影响。随着CHDM含量的增加，共聚酯PETG的熔点下降、玻璃化温度上升、共聚物变为非晶态结构。不过，1.4环已烷二甲醇（CHDM）的加入量须控制在适当的范围内，通常推荐CHDM加入量为30%～40%。这种用二元醇改性的PETG不仅可用于制备高收缩薄膜，也可用来生产热封膜、高透明膜片等，用途十分广泛。

# 第六章 新型塑料包装薄膜的测试标准

## 第一节 塑料薄膜的测试

塑料是一种非常重要的材料，它们与金属、纸、陶瓷和天然纤维等大多数“天然”材料不同，主要是因为其“黏弹性”。“黏弹性”这个词用来描述即使是在环境条件下受到应力作用时材料也表现出黏性和弹性行为，是构成塑料材料的聚合物分子长链性质的直接结果。大多数“天然”材料在应力作用下总体力学性能都可以是弹性流或者是变形流，而所有塑料对应力的响应都是这两种流的结合。黏性和弹性比称为“阻尼”，而塑料的阻尼在很窄的温度范围内变化很大，在很大程度上也取决于应力作用速率。

塑料材料最普遍的形式之一就是“薄膜”。塑料薄膜的测试方法不仅仅是从以前的工艺技术上发展来的。大型供应商和用户也都制定其自己的测试步骤，使其能够控制薄膜的性能或者是确定薄膜对特殊工艺或应用的适用性。此外，研究人员还公开了他们用于研究理论上有意义的聚合物性能的方法。标准组织也在制定业界所有领域都能接受的标准测试方法。本章根据应用领域简单介绍了塑料薄膜常用的最普遍测试方法。尽管大多数国家都有自己的标准和标准组织，但本章的研究仅限于美国材料与测试协会（ASTM）公布的测试方法。对 ASTM 测试标准的详细内容感兴趣者可以在 ASTMD 883 中找到，ASTMD 883 是众多 ASTM 标准中的一项，图书馆有，也可以直接从 ASTM 或美国政府出版局得到。

### 一、塑料包装薄膜的性能与检测问题

#### 1. 外观与尺寸问题

**(1) 外观**

塑料薄膜的外观主要包括薄膜清洁度、平整度和色相等。清洁度是指薄膜中不应有杂质、异点、油污等；平整度是指膜卷表面应平整光洁，无皱折，无暴筋、凹

坑，膜卷端面齐整等；色相是指薄膜无色差，色泽均匀。

外观的检测通常采用肉眼目测法在自然光线或日光灯下进行观测。

包装用膜对外观有较高的要求，一般不允许有外来杂质、油污和褶皱等缺陷，农用薄膜对外观要求要低一些。

(2) 尺寸

尺寸主要是指塑料薄膜的厚度，其次是薄膜的宽度和长度。

塑料薄膜厚度可按照 GB/T 6672—2001《塑料薄膜和薄片厚度测定——机械测量法》检测，试验室常采用立式光学仪或其他高精度接触式测厚仪进行薄膜厚度离线测量，其测量精度为 0.1μm。对于薄膜生产线上的薄膜，由于生产线是高速、连续化生产，一般采用β射线、近红外线等测厚仪进行非接触式测量。此类测厚仪不仅测量精度高，响应速度快，而且还能自动进行厚度反馈，不断修正厚度的偏差，使薄膜的厚度达到最佳状态。

塑料薄膜的生产和供应都是成卷的，其长度一般在数千米甚至上万米，成卷薄膜长度是通过计数器来设定与测量的。成卷薄膜的宽度可采用卷尺测量。

**2. 内在性能问题**

包装用塑料薄膜的内在性能包括物理力学性能、光学性能、热性能、阻隔性能等。

(1) 物理力学性能

① 拉伸强度：这是塑料薄膜最重要的力学性能，它表示在单位面积的截面上所能承受的拉力。在塑料薄膜中，聚酯薄膜（BOPET）的拉伸强度最高，一般可达 200MPa 以上，是聚乙烯（PE）薄膜的 9 倍。

② 断裂伸长率：它表示一定长度薄膜的单位截面承受最大拉力发生断裂时的长度减去薄膜原来长度与原来长度之比。断裂伸长率表示薄膜的韧性。BOPET 薄膜的断裂伸长率在 100%左右。

③ 弹性模量：这是一个重要的力学性能指标。在弹性范围内纵向应力与纵向应变之比叫做弹性模量，也称杨氏模量。BOPET 薄膜的弹性模量在 4000MPa 以上。

塑料薄膜的拉伸强度和断裂伸长率的测试方法按照 GB/T 13022—91《塑料薄膜拉伸性能试验方法》进行。试样采用长 150mm，宽（15±0.1）mm 的长条形，夹具间距离为 100mm，拉伸速度（100±10）mm/min，分别测试纵向、横向试样各 5 条。在测试薄膜的拉伸强度和伸长率的同时，弹性模量的数据也就出来了。

上述力学性能的测试，可使用拉力试验机来完成。

(2) 光学性能

作为塑料包装材料，对塑料薄膜的光学性能有较高的要求。例如雾度、透光率、光泽度等。

① 雾度：雾度是透过透明薄膜而偏离入射光方向的散射光通量与投射光通量之比，用百分比表示。雾度表征透明材料的清晰透明程度。雾度与薄膜材料本身固有性质及所用添加物有关，例如，薄膜的结晶度和取向度，添加剂的种类、粒径大小和用量等。但也与成型加工过程和环境有关。BOPET 薄膜的雾度在 1.5～3.5 之间。

② 透光率：是测定薄膜的光通量大小。BOPET 薄膜的透光率在 80%～90%。

雾度和透光率可采用球面雾度仪测量，量程为 0～100%。

③ 光泽度：表示薄膜表面平整、光滑的程度，可通过对光线的反射能力来测定。光泽度使用光泽度仪测定，对高光泽度材料的测量采用 20°折射，对中高光泽度材料常用 45°折射，其量程为 0～160%；中等光泽度材料使用 60°折射。BOPET 薄膜的光泽度（45°）在 130%以上。

**(3) 热性能**

热收缩率表征塑料薄膜的热稳定性。测试时，将尺寸为 120mm×120mm 的正方形试样 5 片，在试样纵、横向中间画有互相垂直的 100mm×100mm 标线，将它们平放在（150±1)℃的恒温烘箱内，保持 30min 后取出，冷至环境温度后，分别测量纵、横向标线长度，计算出试样的热收缩率。

BOPET 薄膜的热收缩率，一般纵向为 1.5%～3.0%，横向控制在 0 以下。

**(4) 表面性能**

① 摩擦系数：表征薄膜表面粗糙度，摩擦系数的大小影响到薄膜的收卷性能。

摩擦系数按 GB/T 100006《塑料薄膜和薄片摩擦系数测定方法》的规定进行。测试仪器为摩擦系数试验仪。BOPET 薄膜的摩擦系数一般控制在 0.4 左右。

② 表面湿张力：表示塑料薄膜表面自由能的大小。包装用塑料薄膜的最大应用领域是彩色印刷与真空镀铝。印刷和镀铝对塑料薄膜的表面湿张力都有很高的要求。塑料薄膜表面自由能大小取决于薄膜材料本身的分子结构。聚烯烃属非极性高分子材料，其表面自由能较低，即湿张力很小，必须对其进行表面处理，以提高表面湿张力，才能进行油墨的印刷。聚酯虽是极性高分子材料，为适应高速印刷的需要，也需要进行电晕处理，以进一步提高其表面湿张力。

湿张力的测定按 GB/T 14216《塑料薄膜和片润湿张力试验方法》规定进行。一般采用配制好的不同达因水，用棉签蘸某一达因水在平放的塑料薄膜表面涂布，如在 2s 内不收缩，可再使用标值较高达因水重试；若在 2s 内发生收缩，则表明上一次使用的达因水所标的数字就是该薄膜的表面湿张力。湿张力的测定也可使用市场有售的达因笔，达因笔有 38、40、42、46 等不同的规格，直接用达因笔在塑料薄膜表面写划，原理与上述的达因水一样，使用更加方便。

聚烯烃处理前的表面湿张力约为 33 达因/cm，处理后增加到 38 达因/cm，才能进行印刷。聚酯的表面湿张力处理前为 42 达因/cm，处理后，可达 56 达因/cm。

(5) 阻隔性能

包装用塑料薄膜的阻隔性能直接影响被包装物的保质期，即货架期。为了提高薄膜的阻隔性，往往采用多层复合、真空镀铝、纳米改性等方法。

阻隔性能最常关注的是氧气透过率和水汽透过率。目前，国内通常应用的透气性试验方法是 GB/T 1038—2000《塑料薄膜和薄片气体透过性试验方法——压差法》，试验仪器由低压腔和高压腔组成。测试时将薄膜试样贴在高压腔与低压腔之间，两腔密闭后用真空泵抽真空，然后向高压腔内充 1atm（1atm＝　　）的试验气体，通过测量低压腔的压力增量来计算气体的透过率。

透湿法的试验按 GB/T 1037—2000《塑料薄膜和片材透水蒸气性试验方法　杯式法》规定进行。温度为（23±1）℃，相对湿度为（90±2）%。

聚酯薄膜的阻隔性能，在 GB/T 16958《包装用双向拉伸聚酯薄膜》标准中规定：

① 透氧系数：BOPET 薄膜透氧系数要求为 $2.25\times10^{-15}cm^3\cdot cm/(cm^2\cdot s\cdot Pa)$。

② 透湿量：BPPET 薄膜透湿量要求为 $55g/(m^2\cdot 24h)$，厚度为 0.012mm。

## 二、对测试方法的要求

### 1. 要求

制定测试方法有几项必需的要求，其中一些总结如下。

① 测试方法要快，这样测试结果可以用于高产量设备的质量控制，不耽误生产或发货。

② 不同测试工位和机器的测试结果必须具有可重复性，而且要一致，这就是说，测试应该对试样制备、磨损和测试仪器上的微小差异不敏感。

③ 结果的精度达到要求就成。工业上很少能证明过高精度增加的成本是合算的，通常精确到百分之几以内的值就能给出所需要的信息。

④ 结果最好要具有科学意义，必须具有技术意义，表示出薄膜的实际使用性能。

标准方法的主要优点是不同测试中用其得到的结果可以比较。

### 2. 测试结果的解释

进行聚合物重要测试、解释测试结果时遇到的主要困难是性能随着变形率，尤其是温度（快速）变化。

在环境温度和包装用薄膜加工温度的正常范围内，传统材料的力学性能对温度很不敏感，但是由于聚合物具有黏弹性，在温度低于 100℃ 的范围内会从玻璃态固体、皮革态转化到橡胶态，最后转化为黏性液体——黏流态。

这种变化不仅对加工厂商很重要，因为禁止他们使用有时需要的高温（印刷干燥)；对于希望将包装用于从－30℃的冷藏到可能超过60℃炎热日晒的橱窗展示等条件下的设计者来说也很重要。

黏弹性是一个复杂课题，所有聚合物都表现出类似的行为，但具体的黏弹性是聚合物的化学性质、分子量（摩尔质量）和分子量分布、结晶度等决定的。

以聚苯乙烯（PS）为简单无定形聚合物的例子，我们发现其弹性模量在温度低于100℃的范围内是恒定的，PS为玻璃态。温度升高到100℃以上时弹性模量急剧降低，此时PS为皮革态。进一步升高温度对弹性模量没有影响，因为此时PS为橡胶态。在玻璃态、皮革态和橡胶态这三个转变区内，商用聚合物的模量与分子链的长度无关。在最后一个区，即温度超过170℃左右，聚合物为流动态。产生这几种不同行为的基本分子现象很好理解。玻璃态时，长的聚合物分子被冻结，原子在固定位置振动，与固体中的一样。皮革态（转化）时，模量随温度快速变化，聚合物分子链链段近程扩散，但运动仅限于两个或三个相邻链段的个别原子，分子总的来说没有运动。橡胶态时，模量非常恒定；此时聚合物链段的近程运动很快，相邻链段发生协同运动。缠结限制了可以运动的链的长度。橡胶高弹流动态时，缠结滑移使分子运动总的来说变得重要；而在流动态时，整个分子的变化比测试速率快，在这一时间段内几乎没有弹性回复。在最后两种状态时，模量取决于链的长度及其分布。

模量与温度关系曲线也还与测试速率或应力作用速率有关，因为特定分子活动以快于测试速率大规模进行时，模量会发生大的变化。模量的这种行为对通常的力学性能如屈服强度、断裂强度、断裂伸长率、冲击强度（或总的断裂能）等来说也是如此。

同时，分析测试中对应用有指导意义的参数如温度、速率、湿度和几何形状等很重要，保证涵盖使用中其范围值。如果不能，其他一些标准测试数据应能提供必要的而且有可能是最重要的信息。

## 三、塑料薄膜的性能

有数种标准方法可以用来测试塑料薄膜的性能。性能可以是纯物理的、物理化学的、化学的或力学的。对于前三种，试样的形状一般来说不会有什么影响，同样的方法既可以用于薄膜试样，也可以用于条状试样。大多数力学性能测试也都采用同样的方法用于测试各种形式的塑料，而有些是专门用于塑料薄膜的。拉伸性能相关标准中所描述的测试步骤表明准确定义测试所涉及的一系列参数非常重要。此外，还需要对所用设备进行专门调整。已经证明，很容易实现冲击性能和抗初始撕裂测试方法，但有些在相应测试步骤使用的参数必须加以调整。总的来说，特定力学性能的测试也已经实现了协调一致。下面首先给出了通常考虑的薄膜的一些性能，然后是力学性能测试和其他测试。

薄膜平均厚度的测量直接，测量中不应遇到特殊问题。薄膜厚度的精确测量很重要，因为拉伸强度、断裂伸长率、冲击强度和抗撕裂蔓延等性能值在很大程度上取决于材料的厚度。一般来说，塑料薄膜的厚度在几十微米左右（如低密度聚乙烯农膜的厚度通常为50～200μm以上，后者用做大棚膜）。发展趋势是减薄，避免用后产生大量废弃物。

一般来说，塑料和电绝缘材料的物理性能和电性能受温度、试样的应力史（在其制备过程中作用的）和湿度的影响很大。为了进行可靠的比较，必须使测试前和测试过程中塑料所处的温度和湿度条件标准化。除非是特殊聚合物另有规定，ASTM D618—61/90步骤A描述了测试之前试样调控的标准步骤。在这种方法中，对于薄于或厚于7mm的试样，在23℃和相对湿度（RH）为50%的标准测试室环境中，在测试前对试样最少调控40h（或厚于7mm的试样调控88h），同时试样各个面上空气流通要充分。将试样放在合适的架子上、悬在金属夹上、放在宽网格的丝网架上就可以达到这一要求，丝网和台架表面之间的距离至少为25mm。

## 四、力学性能测试

### 1. 拉伸性能测试（静态）

拉伸性能测试主要确定材料的拉伸强度，为研究、开发、工程设计以及质量控制和标准规范提供数据。在拉伸测试中，薄的薄膜会遇到一定困难。拉伸试样的切边必须没有划痕或裂缝，避免薄膜从这些地方开始过早破裂。

对于更薄的薄膜，夹头表面是个问题；必须避免夹头发滑、夹头处试样破裂。任何防止夹头处试样发滑和破裂，而且不干扰试样测试部分的技术如在表面上使用薄的橡胶涂层或使用纱布等都可以接受。

从拉伸性能测试中可以得到拉伸模量、断裂伸长率、屈服应力和应变、拉伸强度和拉伸断裂能等材料性能。ASTM D638（通用）和ASTM D882（薄膜）中给出了塑料的拉伸性能（静态）。

(1) 拉伸强度

拉伸强度是用最大载荷除以试样的初始截面面积得到的，表示为单位面积上的力（通常用MPa为单位）。

(2) 屈服强度

屈服强度是屈服点处的载荷除以试样的初始截面面积得到的，用单位面积上的力（单位MPa）表示，通常有三位有效数字。

(3) 拉伸弹性模量

拉伸弹性模量（简称为弹性模量，$E$）是刚性指数，而拉伸断裂能（TEB，或韧性）是断裂点处试样单位体积所吸收的总能量。拉伸弹性模量计算如下：在载荷-拉伸曲线上初始线性部分画一条切线，在切线上任选一点，用拉伸力除以相应的应变即得（单位为MPa），实验报告通常有三位有效数字。正割模量（应力-应变间没有初始线性比值时）定义为指定应变处的值。将应力-应变曲线下单位体积能积分得到TEB，或者将吸收的总能量除以试样原有厚度处的体积积分。TEB表示为单位体积的能量（单位为$MJ/m^3$），实验报告通常有两位有效数字。

**(4)** 拉伸断裂强度

拉伸断裂强度的计算与拉伸强度一样，但要用断裂载荷，而不是最大载荷。应该注意的是，在大多数情况中，拉伸强度和拉伸断裂强度值相等。

**(5)** 断裂伸长率

断裂伸长率是断裂点的拉伸除以初始长度值。实验报告通常有两位有效数字。

**(6)** 屈服伸长率

屈服伸长率是屈服点处的拉伸除以试样的初始长度值，实验报告通常有两位有效数字。

**(7)** 塑料薄膜的包装产率

有一种专门的ASTM测试方法（ASTM D4321）测定塑料薄膜的“包装产率”，以试样单位质量上的面积表示。在这种测试中，定义并得到标称产率（用户和供应商之间达成的目标产率值）、包装产率（按标准计算的产率）、标称厚度（用户和供应商之间达成的薄膜厚度目标值）、标称密度和测量密度等值。

对于加工厂商来说包装产率值很重要，因为它决定了某种应用中一定质量的薄膜可以得到的实际包装数量。

**(8)** 薄膜测试用ASTM D882标准

拉伸测量中，结果可能并且经常出现偏差，要么是因为用了不同几何形状的不同试样，和/或是测试过程中采用了不同的测试速度。但这种测试得到的数据不能认为适用于载荷时标准与测试中实际所用的有很大差异的应用。实际上，薄膜厚度不同，建议采用的试样形状会不同，不同标准中都有规定，如ISO527对厚薄膜作了规定，ISO1184和ASTM D882对厚度≤0.25mm的薄膜作了规定。下面简述ASTM D882—95a。

选用的载荷范围应使试样在其上限三分之二内断裂，建议进行几次试验。在几点测量试样的截面面积、宽度（精确到0.25mm）和厚度（厚度≤0.25mm的薄膜精确到0.025mm，更厚的薄膜精确到1%）。设定夹头分开速率，将试样放在夹头间，均匀夹紧，启动机器，记录载荷与伸长值曲线。

ASTM D882—95a的表中给出了不同塑料薄膜的特征拉伸值。

就拉伸强度（11～37.9MPa）而言，LDPE是用做大棚覆盖材料的薄膜中最弱的一种。聚乙烯（PE）的密度从LDPE增加到高密度聚乙烯（HDPE），拉伸屈服强度和刚性也在增加，而伸长率和柔性降低。这是因为结晶区大大提高了弹性模量和高温时塑料的承载能力。

从ASTM D882—95a中的表看到的另外一种作用是增强影响，这是薄膜吹胀过程中产生的分子取向造成的，因为在分子水平上，分子链上共价C—C键方向上的拉伸性能高于横向，后者是非常弱的范德华力决定的。由于LDPE薄膜的晶体优先朝平行于机器方向（纵向）取向，沿机器方向作用的载荷产生的拉伸强度值高于其垂直方向。事实上，不仅是薄膜方向，熔体温度、机头参数、吹胀比、拉伸比、霜白线高度和冷却条件等参数都会使组分相同的两种薄膜的力学性能不同。

**2. 冲击强度**

冲击值表示材料吸收冲击能的总能力，由两部分组成：(a) 键断裂所需的能量；(b) 一定体积的材料变形所消耗的功。

对较脆的试样来说，ASTM D256 将塑料总的冲击性能规定为标准化锤摆一个摆作用于辊磨的缺口（Izod 测试和 Charpy 测试）或无缺口试样所释放的能量。结果表示为单位试样宽度所吸收的能量。

而对韧性塑料薄膜来说，建议采用自由落镖法。自由落镖法（ASTM D1709 或 ISO7765-1 和 ISO7765-2）测量 LDPE 的冲击性能有一个专门的 ASTM 标准，结果有两种情况，即 260g 和 881g（厚 0.20mm）薄膜。LDPE 有良好的韧性，但随着材料密度减小而降低。

ASTM D1790 和 ASTM D746 是特定“脆性”温度常规测量的测试方法，在“脆性”温度处，塑料在规定的冲击条件下发生脆性断裂。第一种方法用于薄（≤0.25mm）塑料薄膜；第二种方法用于实际承载条件。这样就可以得出预测低温时材料性能的方法，这对于在各种温度条件下使用的塑料薄膜来说非常重要。这种测试也适用于类似的变形条件，而且在测试中用统计方法估算脆性温度，即 50%试样断裂时的温度。

(1) 自由落镖法测冲击强度

ASTM D1709—91 给出了在自由落镖冲击规定的条件下使塑料薄膜断裂的能量的测量，单位为质量单位（发射体的质量），落镖从规定高度处落下，使 50%试样断裂。塑料薄膜的冲击强度尽管部分取决于其厚度，但与试样厚度没有简单的关系。

测试的试样应该足够大，所有点都伸到试样夹具垫外。试样应代表所研究的薄膜，应该没有针孔、褶皱、折叠和其他明显缺陷，除非这种缺陷是研究中的参数。

(2) 抗摆锤冲击性

与其他韧性测量技术一样，ASTM D256 为应变速率接近某些应用时测量材料参数提供了一种手段，而且结果比低速单向拉伸测试更准确。薄膜的动态拉伸性能很重要，尤其是薄膜用做包装材料时。运用其他冲击测试（如 ASTM D1709）、与厚度关联的同样不确定性也适用于这一测试。

有数种薄膜试样冲击测试方法。有时需要掌握不同方法得到的测试结果之间的关系，因此，对两种树脂［聚丙烯（PP）和线性低密度聚乙烯（LLDPE）］生产的薄膜进行了研究，每种树脂都生产了两种厚度的薄膜，用 ASTM D1709、ASTM D3420 和 ASTM D4272 进行冲击测试。可以预测出 ASTM D1709 和 ASTM D4272

两种测试方法得到的结果之间的差异，因为 ASTM D1709 表示断裂引发能，而 ASTM D4272 表示引发和完成能。

(3) 抗剧烈冲击性

尽管冲击性能是一种有测量价值的性能，但冲击过程中发生的事情的复杂性和多样性使得到的值的适用条件很窄，不能用于通用设计。因此，已设计出与使用有关的冲击测试，用于大宗产品如大棚覆盖材料的测试。按照这一方法，水平立起大棚顶的一整半，用尼龙球乱射。用摄像机纪录冲击破坏。用 4mm 厚的单层玻璃作参比材料，所有材料都与其数据比较。

**3. 抗撕裂性**

塑料薄膜的抗撕裂性是其极限抗断裂性的一种复杂功能，有不同的 ASTM 标准测试薄膜的抗撕裂性：ASTM D1004 用于测量很低加载速率下引发撕裂必需的力，而 ASTM D1938 测量的是单一撕裂使撕裂扩展所必需的力。ASTM D1922 用埃尔曼多夫型撕裂测试机测量特定长度的塑料薄膜使撕裂扩展所需的平均力值。在 ASTM D2582 中，测试的是薄膜的抗穿刺扩展撕裂性。

在这些测试中，有两个不同的值很有意义，要测量：

① 引发撕裂所需的力（ASTM D1004 和 ISO344）；

② 撕裂扩展所需的力（ASTM D1938、ASTM D1922 和 ISO6383-1）。

ISO 标准对大棚膜有具体规定。第二个力（使撕裂扩展所需的力）被认为最重要，因为，尽管有时不可能防止大棚膜撕裂（如薄膜没有固定牢，被大风掀起，撞到结构的突出部分），但如果撕裂很难扩展，就非常有利。抗撕裂引发也很重要，一般也不能忽略。

对于农用塑料薄膜来说，就其总的力学性能和常见断裂机理而言，塑料薄膜的抗撕裂性非常重要。研究发现，LDPE 薄膜的抗撕裂扩展性变化很大。抗撕裂扩展性能的测试值为 5～20N。这一变化的可能原因是各向异性、伸长的影响、所测薄膜厚度变化以及撕裂过程中所用速度不同。

(1) 摆锤方法测试塑料薄膜和薄片材的抗撕裂扩展性

ASTM D1922—94a 给出了特定长度的塑料薄膜撕裂扩展所需的平均力的测量，广泛用于包装材料。尽管不总是有可能将薄膜撕裂数据与其他力学性能或韧性关联，但在应变速率与实际包装应用中发现的一些近似时，这种方法所用仪器为撕裂试样提供了一种控制手段。由于生产过程中有取向，塑料薄膜和片材在其抗撕裂性上经常表现出明显的各向异性。一些薄膜在撕裂过程中大幅度伸长，使这一情况更加复杂，即使是在测试方法中加载速率较快时。伸长程度又取决于薄膜的取向和生产薄膜的聚合物本身的力学性能。撕裂力和试样厚度之间没有直接的关系。撕裂力通常用毫牛（mN）或克力（gf）表示。

ASTM D1922 中的表比较了各种塑料薄膜纵、横向的抗撕裂扩展（埃尔曼多夫撕裂）性。从其表中给出的数据可以看出，LLDPE 在纵、横向上的抗撕裂值都是最高的。PP 的纵向抗撕裂值低，而横向较高。纵、横两个方向上的差异反映了材料的取向程度和各向异性程度。加工过程中 PS 的取向不明显，因此其纵、横向的抗撕裂性没有什么差别。

**(2) 抗穿刺蔓延撕裂性能**

ASTM D2582—93 给出了塑料薄膜和片材在使用过程中突遇危害时的动态抗撕裂性能的测量。

穿刺扩展撕裂测试测量了材料对突发性危害的抵抗能力，或者更精确地说是抗导致撕裂的动态穿刺及其扩展能力。多种应用中都有突发性危害所造成的破裂，包括工业包装袋、衬里和油布。这种测试中仪器测量的抗撕裂性的单位为牛顿（N）。

抗撕裂性可以采用 GB/T 7985—2005 的标准跌落高度来测量，或者用非标准跌落高度（或支架质量）。

**4. 弯曲刚性（挠曲模量）**

ASTM D747 和 ASTM D790 给出了塑料片材和薄膜弯曲刚性的测量。在测试中，试样受三点或四点弯曲载荷作用，如弯臂梁，用弯曲的力和角度测量表观挠曲模量（或弯曲刚性）和屈服强度。

## 五、动态力学性能

动态力学分析（DMA）进行的测试给出了弹性模量和损耗模量以及损耗角正切（阻尼）与温度、频率和/或时间的关系，是塑料黏弹性的表征。试样中分子运动模式随温度（或频率）变化，出现相应的转变温度，其中最重要的转变温度是玻璃化转变温度（$T_g$）和熔融温度（$T_m$）。此外，可能还有很多次玻璃化转变温度，对测量材料韧性非常重要。在分子运动模式有显著变化的温度范围内，许多力学性能如弹性模量等都随着温度的升高而迅速降低（频率恒定或接近恒定时），或者是随着频率的增加而提高（恒温时）。因此 DMA 测试（ASTM D4056）给出了一定温度（从 160℃到降解）、频率（0.01～1000Hz）和时间范围内，通过自由振动和谐振或非谐振强迫振动技术测出的转变温度、弹性模量和损耗模量。DMA 通常适用于测量弹性模量在 0.5MPa～100GPa 的材料。

研究表明，DMA 测试对分析很多性能都很有用，例如：①相分离程度（在多组分体系中）；②一定加工处理的效果；③填料种类和用量及其他。总的来说，DMA 对质量控制、参数认可以及在研究中都非常有用，而且也可以用来测试：①刚性及其随温度的变化；②结晶度；③在橡胶改性塑料的橡胶相中三维应力态的大小等。

DMA 测试采用实验室操作规程在各种仪器（通常称为动态力学分析仪、热力学分析仪和力学光谱仪或黏弹仪）上测量振动变形时塑料薄膜的动态力学性能。

## 六、物理性能、化学性能和物理化学性能测试

**1. 塑料的密度**

固体塑料的密度是一种便于测量的性能，对探索物理变化的发生、显示试样的均匀性非常重要。ASTM D1505 给出了密度测量方法，它是测量试样沉入液柱（液柱表示密度梯度）的深度，与已知密度的标准比较。

**2. 折射率和黄度指数**

折射率测试对控制透明塑料薄膜的纯度和组分非常有用，用折射仪测试（ASTM D542），结果通常有四位有效数字。

对于均相、非荧光、近乎无色透明的和/或近乎白色半透明至不透明塑料薄膜，建议用黄度指数测试测量黄度或其变化程度。对于相干红外能量源 C 来说，黄度是主要波长在 570～580nm 内的白度相对于氧化镁的色度偏差。在测试中，用 Hardy GE 分光光度计或类似装置采集数据。将黄度指数的变化作为测量分解（受热、光或其他条件作用）的一种手段，已经证明是塑料薄膜的一种非常有用的参数。

**3. 透明度**

薄膜的透明度用其在可见光区透射光的能力来衡量。薄膜和片材规律性透射率（未漫射的透射通量与入射通量之比）可以按 ASTM D1746 测试。

**4. 耐化学品性**

塑料薄膜可能会处于各种化学品和腐蚀性条件中，应测试其对它们的抵抗能力。ASTM D543 给出了所有品种塑料薄膜的通用测试方法，包括质量、尺寸、外观和强度性能的变化。如测试所示，试剂种类和浓度的选择、浸入时间和温度全都是任意的，这也是 ASTM D543 的主要局限性。

**5. 雾度和透光率**

通过薄膜看时，其散射的光会产生雾状或烟状视场。雾度是不透明材料的雾状或不透明外观，是试样内或其表面散射的光造成的。ASTM D1003 为测量透明塑料薄膜特定的光透过性和光散射性提供了测试方法，测试用的是雾度仪或光谱仪，为雾度成因提供了非常有用的诊断数据。

在测试中，测量入射光强度（$I_1$）、试样透射的光总量（$I_2$）、仪器散射的光（$I_3$）以及仪器和试样散射的光（$I_4$）。根据这些数据，总的透光率（$T_t$）按 $T_t=I_2/I_1$ 计算；漫射透过率（$T_d$）根据式（6-1）计算：

$$T_d=\frac{I_4-I_3\left(\frac{I_2}{I_1}\right)}{I_1} \tag{6-1}$$

根据上述数据计算出雾度值：

$$雾度=\frac{T_d}{T_t}\times 100\% \quad (6\text{-}2)$$

雾度值大于30%的材料被认为是漫射，应当测试。

**6. 着火点、燃烧特征速率和氧指数**

大多数塑料薄膜都是可燃的，有三种不同的ASTM方法测试着火点和燃烧速率特性，测量引燃所需的氧，即氧指数（OI）。ASTM D635给出了小型测试室筛析步骤，比较燃烧器在水平位置测试有衬塑料薄膜的相对燃烧速率。ASTM D1929给出了用热空气点燃炉测量塑料的自燃温度（通过试样周围的空气的最低初始温度，没有着火源时，试样自热导致着火的温度）和骤燃温度（通过试样周围的空气的最低初始温度，即大量可燃性气体被少量外来火焰引燃时的温度）。氧指数测试（ASTM D2863）就是测试塑料薄膜自立式烛样燃烧时的最低氧气浓度。

**7. 静态和动态摩擦系数**

薄膜表面的摩擦性能对薄膜在包装机器上的性能和袋的码放性能有很大作用。常将滑爽剂加到薄膜中改善其摩擦行为。但含助剂的薄膜在助剂向其表面扩散时常常要花很长时间才能充分发挥其性能，所以薄膜生产出来后必须慎重选择时间进行测试。ASTM D1894—95给出了特定测试条件下薄膜和其他物质之间相对滑动时塑料薄膜和片材的起始和滑动摩擦系数的测量。测试可以使用静止的滑板与运动的平滑薄膜，或者是运动的滑板与静止的平滑薄膜。静态或启动摩擦系数（$\mu_s$）与表面彼此开始相互滑动的力有关。动态或滑动摩擦系数（$\mu_k$）与保持这一运动所需的力有关。

薄膜或片材试样在其本身或在另一种物质上滑动时，也可以测量其摩擦性能。摩擦系数与塑料薄膜的滑爽性有关，滑爽性在包装薄膜中广受关注。这种方法得到薄膜生产控制用的经验数据。例如，滑爽性是塑料薄膜如聚乙烯中的助剂产生的。助剂与薄膜基材的兼容性不同，有些助剂起霜或渗到薄膜表面上，润滑薄膜，使其更滑爽。薄膜表面上各处起霜不总是均匀的，所以测试得到的值的重复性受到限制。此外，一些滑爽剂的起霜与时间有关。因此，有时比较不同时间生产的薄膜或片材的滑爽性和摩擦性能毫无意义，除非这种方法就是设计用于研究这种效果的。

由于各向异性或挤出作用，塑料薄膜（厚度小于0.245mm）和片材（厚度大于0.245mm）在其各自的主要方向上会表现出不同的摩擦性能。所测试样的长尺寸可以在纵向（机器方向），也可以在横向，但比较普遍的是测试试样平行于机器方向的长尺寸方向。被测试样的表面一定不能有灰尘、棉花绒、指痕或者是任何可能改变试样表面性能的外来杂质。静态和动态摩擦系数按下式计算：

$$\mu_s=\frac{A_s}{B} \quad (6\text{-}3)$$

$$\mu_k=\frac{A_k}{B} \quad (6\text{-}4)$$

式中　$A_s$——运动刚开始时的初始比例尺读数，g；

$A_k$——在薄膜表面均匀滑动过程中得到的平均比例尺读数，g；

$B$——滑板质量，g。

**8. 塑料薄膜和固体塑料的镜面光泽**

ASTM D2457—90 给出了透明和不透明塑料薄膜光泽的测量。镜面光泽是镜面方向上试样的相对光反射率。镜面光泽主要用来测量薄膜表面的光泽外观。光泽值的精确比较只有在其指的是相同的测量步骤和同样的通用材料时才有意义。尤其是，透明薄膜的光泽值不应与不透明薄膜比较，反之亦然。

光泽是一种复杂的表面性能，任何单一数字都不可能将其完全测量出来。镜面光泽一般随表面光滑度和平整度变化。所用仪器包括产生入射光束的白炽光源、固定试样表面的装置和接收试样反射所需的锥形射线接收器。接收器是一种光敏性装置，对可见光辐射敏感。接收器测量机构给出数值读数，读数与通过接收器场阑的光通量成正比，在满量程的±1％内。

试样表面应该有良好的平面度，因为表面的翘曲、浓度或弯曲都会严重影响测试结果。机器印痕方向或类似纹理效果都应该平行于两条光束轴的平面。表面测试区一定要没有灰尘、未受磨损。光泽的主要成因是表面的反射，因此，从物理上或化学上改变表面的任何东西都有可能影响光泽。

**9. PE 和 PP 薄膜的湿润张力**

ASTM D2578—94 将逐渐增加表面张力的甲酰胺和溶纤剂（乙二醇-乙醚）的系列混合物滴在聚乙烯或聚丙烯薄膜表面上，直到混合物刚好将薄膜表面湿润为止。PE 或 PP 薄膜表面的湿润张力将与这种特殊混合物的表面张力近似。PE 和 PP 薄膜对油墨、涂料、黏合剂等的保持能力主要取决于其表面性能，一些表面处理技术也可以提高其保持能力。

研究发现，有空气时，同样的处理技术可以提高 PE 或 PP 薄膜表面与甲酰胺和乙基溶纤剂混合物接触时的湿润张力。因此，有可能将 PE 或 PP 表面的湿润张力与其接受、保持油墨、涂料和黏合剂等的能力关联起来。根据经验，所测量的特定薄膜表面的湿润张力只与可接受的油墨、涂层和黏合剂的滞留量有关。湿润张力本身不是一种完全可靠的油墨、涂料滞留量或黏结力测量方法。研究发现，通常情况下，$3.5\times1^{-2}$N/m 或更高的湿润张力揭示了 PE 基管状薄膜和商用曲面印刷术通常可以接受的处理程度。

ASTM D2578—94 给出的表表示出了所测得的 PE 和 PP 薄膜的湿润张力与乙基溶纤剂和甲酰胺混合物浓度的关系。

需要注意的是，只有在溶液保持液膜完好无损至少 2s 时，才能认为溶液湿润了试样，而且应该读取液膜中心处的数据。液膜周边收缩并不表示薄膜没有湿润。液膜在 2s 内破裂成不连续的液滴时才表示薄膜缺少湿润。薄膜表面上放太多的液体会使周边严重收缩。

**10. 塑料薄膜的无约束线性热收缩率**

无约束线性热收缩率表示为原始尺寸的百分数，是“高温时没有约束限制收缩处线性尺寸产生不可回复的减小”。在加工过程中，出现的内应力可能会锁在薄膜内，通过后来的适当加热，会释放出来。发生热收缩时的温度主要与所用的加工工艺有关，也有可能与基础树脂中的相转变有关，热收缩值随温度变化。可以用ASTM D2732测试方法表征某种工艺生产的材料的热收缩性，在几种温度下在材料的收缩范围内进行测量。测试通常在精度为±0.5℃的恒温液槽中进行，前提条件是槽中液体不能将试样塑化或与其反应。业已发现，聚乙二醇、甘油和水可以广泛用于这一目的。对大多数厚度在50μm以内的热塑性塑料薄膜来说，已经确定试样(80～100mm)浸入10s就足够了。

无约束线性热收缩率用下式计算：

$$\text{无约束线性热收缩率}=\frac{L_0-L_f}{L_0}\times 100\% \tag{6-5}$$

式中 $L_0$——试样边原有长度(100mm)；

$L_f$——收缩后边的长度。

**11. 收缩张力和取向消除应力**

ASTM D2838测量的是完全被约束试样的最大力和试样受约束前在选定温度下在液槽中收缩一预定值时的最大力。得到的结果对收缩缠绕薄膜和收缩缠绕包装设计尤为重要、有用。

**12. 刚性**

刚性影响塑料的机械加工性，主要取决于材料的劲度和厚度以及静电、摩擦等因素。ASTM D2923专门用于测试聚烯烃薄膜和片材的刚性。在测试中，测量试样的抗挠曲性(用固定在试样一端的应变仪测量)，用连在应变仪上的微安表校准；直接读出刚性，单位为试样宽度上单位长度(cm)上的质量(g)。

**13. 平行板法测粘连力**

粘连(不希望的黏结)是塑料薄膜的一个问题，是在加工和/或仓储过程中产生的，在薄膜接触层之间紧密接触、层间几乎完全没有空气时发生，是温度和/或压力升高所致。ASTM D3354提供的标准测试方法模拟一些最终应用中分开粘连薄膜的操作。分离粘连试样(五组试样，每一组都切成100mm×180mm)所需的力(单位为gf)用一套梁式平衡装置测量(类似于分析天平)。一般来说，测试步骤如下：将粘连试样的一片固定到铝块上，铝块悬在平衡梁的一端，而平衡梁的另一端固定到另一个铝块上，铝块紧固到梁底座上。然后将(90±10)g/m的砝码加到梁的另一侧，直到粘连薄膜完全分开(或直到薄膜分开1.905cm)。薄膜与薄膜之间的黏结力用克力(gf)表示，测试的最大载荷限制在200g。

### 14. $^{13}C$ NMR 鉴别 LLDPE 的组分

乙烯共聚物塑料薄膜的使用性能取决于短支链的数量和种类。ASTM D5017 可以测出、鉴别出含丙烯、1-丁烯、1-辛烯和 4-甲基-1-戊烯的乙烯共聚物的短支链的数量和种类。测试时将聚合物试样（约 1.2g）分散在一种溶剂（1.5mL）和一种氘化溶剂（1.3mL）中，放入一根 10mm 长的核磁共振（NMR）管，通常采用场强度至少为 2.35T 的 $^{13}C$ 脉冲傅里叶变换用 $^{13}C$ NMR 光谱仪在高温下进行分析。在每种化学结构不同的碳原子响应相同时，记录谱图。不同共聚单体中碳的积分响应用于计算共聚物的组分。

结果表示为烯烃摩尔百分含量和/或每 1000 个碳原子链上的支链。

### 15. 蠕变和蠕变破坏

蠕变是应力恒定时一段时间内增加的应变，表示为伸长百分数（百分蠕变应变）。实际应用中蠕变重要是因为需要：ⓐ测量过量变形的极限值；ⓑ要掌握蠕变破坏。这两种机理对 LDPE 大棚覆盖材料都尤为重要，因为 LDPE 的蠕变为 8.23%，是所有大棚覆盖薄膜中第二高的。LDPE 的蠕变值变化很大，这是因为其抗蠕变性随着密度和材料组分中乙烯-乙酸乙烯共聚物（EVA）含量的增加而提高。蠕变受覆盖材料的使用温度影响很大。ASTM D2990 是表征塑料蠕变和蠕变破坏的一种通用测试方法，适用于不同的载荷条件（如拉伸、挠曲、压缩等），有助于测量比较材料和设计用的标准试样的蠕变强度和模量。

### 16. 室外天候老化

用 ASTM D1435 评估塑料薄膜受户外大气和气候的不同作用时的稳定性。常见的气候、季节、每天的时间、大气中有无工业污染物以及年气候变化等都是最重要的因素，结果仅为定性的。用装有碳弧光的特殊老化箱可以进行短期加速曝晒测试（ASTM G152 和 ASTM G153），表征相对户外性能，但不能用于预测绝对长期户外性能。

### 17. 耐磨蚀性

磨蚀是机械作用造成的一种表面现象，会大幅度降低材料的一些物理性能（透光率及减薄造成的热效应等）和力学性能（如冲击性能和抗撕裂性），在这一点上，磨蚀很重要，而且它对覆盖材料的功能特性有直接影响。根据光学性能的变化来判断磨蚀对透明塑料薄膜的破坏（ASTM D1044），还常常根据体积损失来判断（用磨蚀测试机测试，ASTM D1242）。

大棚用塑料薄膜的耐磨蚀性极为重要，大风裹带的颗粒造成的磨蚀在建大棚的一些地区非常严重，磨蚀造成的透明度和力学性能下降比预料的早得多。磨蚀一般受薄膜的确切配方及添加的填料、助剂和颜料的（种类和数量的）影响，得到不同的结果。另一个重要因素是表面层可能发生快速化学氧化，这是磨蚀过程中产生的局部高温造成的。

值得一提的是磨蚀最终会使薄膜的分解加重，因为一般说来，这一过程产生了更多的光氧化活性中心。PE 薄膜的密度与其耐磨蚀性成正比：密度增加，耐磨蚀性加重。

**18. 耐划痕性**

ASTM D673 给出了塑料薄膜表面耐划痕性的测定，表面划痕主要是由落下的磨蚀性颗粒产生的。测试模拟实际使用中发生的温和的气蚀作用，根据相对耐划痕性对不同材料进行了排序。

**19. 环境应力开裂**

聚合物表面承载时承受侵蚀性介质的能力称为耐环境应力开裂性（ESCR）。环境应力开裂取决于作用应力的性质和大小以及试样的热历史和环境，因此也称为应力腐蚀。环境应力开裂在一定应力条件下、在一定环境中发生。例如，肥皂、湿润剂和去污剂存在时，开裂会使乙烯基塑料力学性能失效。典型的情况是，随着聚合物分子量的增加，ESCR 提高。ASTM D1693 专门用于测试乙烯基塑料的环境应力开裂。应力开裂是小于其短时力学强度的拉伸应力引起的外部或内部破裂，环境加速应力开裂的发展。透明聚合物表面上似乎是开裂的外观在拉伸应力作用下发展，裂缝平面垂直于应力方向。裂缝通常在表面引发，但在特殊环境下也可能向内发展。它们反射光的方式类似于裂纹，且确实早于薄膜的破裂。在测试中，每一个弯曲试样的表面上都有一个可控缺陷，使其受表面活性剂的作用，记录给定时间内开裂试样占总数中的比例。

**20. 水蒸气透过率**

在吸湿性材料的包装中，尤其是食品包装中，薄膜对水蒸气和其他气体的透过性非常重要。ASTM D3079 和 ASTM E96/ASTM F372/ASTM F1249 包括了塑料包装薄膜和塑料的水蒸气透过率的标准测试方法。这些测试十分重要，都用于塑料包装薄膜。在第一种方法中，将填充了干燥剂或产品的包装置于相对湿度（RH）为（90±2)%、恒温的标准环境中，反复称重直到吸水性恒定。水蒸气透过率报告为每 30 天的质量（g）。在第二种测试方法中，填充了干燥剂或产品的包装被再次放到 RH 为（90±2)%的标准环境中，在两个不同的温度下分别放置 24h 和 6 天，实现冷、热/潮湿环境间的循环。在这种方法中，反复称重直到吸水性恒定，水蒸气透过率报告为每次循环的质量（g）。在上面提到的第三种方法中，将填充了干燥剂或产品的包装暴露于 RH 为（90±2)%的常温标准环境中至少 1 个月；报告为平均吸水性。在最后两种方法中，对从潮湿环境中渗透到干燥气体流中的水蒸气进行红外（ASTM F372）和调制红外（ASTM F1249）测试，测量水蒸气透过率。

**21. 氧气透过率**

ASTM D1434 和 ASTM D3985 是塑料包装薄膜和片材氧气透过率的标准测试

方法。根据压力、体积或浓度，所用方法基本上可以分成三种。在可变体积法中，在高压下将气体引入薄膜一侧，薄膜的另一侧一般为大气压。体积变化为时间的函数。用压力表测量透过氧气的压力，据此计算出稳态氧气透过率。另一种方法是用电量计传感器测量试样的氧气透过率，试样一侧在氧气中，另一侧在氮气中。

实现气密、初步校正仪器以调整好滤纸和支撑薄膜的盘间死区常常会遇到很大的困难。

## 七、塑料薄膜的标准规范

### 1. 标准规范

有多种塑料薄膜标准规范，例如：聚对苯二甲酸乙二醇酯（PET）薄膜用的ASTM D5047；LDPE薄膜用的ASTM D4635；中密度聚乙烯（MDPE）薄膜用的ASTM D3981；PE薄膜用的ASTM D2103；拉伸聚丙烯（OPP）薄膜用的ASTM D2673；交联聚乙烯塑料用的ASTM D2647。

### 2. LDPE薄膜的标准规范（通用和包装用薄膜）

ASTM D4635用于未着色的、无衬的、密度为910～925kg/m³（0.910～0.925g/cm³）的通用和包装用管状LDPE薄膜，也适用于聚乙烯共聚物（低压PE和LLDPE）以及均聚物与共聚物的共混物，包括乙烯-乙酸乙烯共聚物。厚度≤100μm，最大宽度为3m。ASTM D4635包括尺寸公差（厚度、宽度、长度和产率）、内在质量要求（密度、工艺、拉伸强度、热稳定性、气味、冲击强度、摩擦系数、光学性能和表面处理等）及其测试方法。

### 3. MDPE和通用级PE薄膜（通用和包装用薄膜）的标准规范

ASTM D3981用于未着色的、密度为926～938kg/m³（0.926～0.938g/cm³）的无衬片材或通用和包装用管状MDPE薄膜，也适用于聚乙烯共聚物（低压PE和LLDPE）以及均聚物与共聚物的共混物，包括乙烯-乙酸乙烯共聚物。薄膜厚度规定为25～100μm，最大宽度为3.05m。该标准不适用于热收缩薄膜。

ASTM D3981包括尺寸公差（厚度、宽度、长度和产率）、内在质量要求（密度、工艺、拉伸强度、热稳定性、气味、冲击强度、摩擦系数、光学性能和表面处理等）及其测试方法。

ASTM D2103包括聚乙烯薄膜的通用规范。

### 4. OPP薄膜的标准规范

ASTM D2673用于厚度为10～50μm的OPP薄膜，标称值的±10%，包括1类或2类聚丙烯（ASTM D4101）或者1类和/或2类聚丙烯的共混物及其他聚合物，但聚丙烯是主要成分。薄膜必须具有标准的外观（没有胶粒、纹理、小孔、粒子和未分散的原料等），而且不应过分粘连。平均宽度在标称值的3～19mm范围内。

如果 PP 薄膜至少在一个主要方向（机器方向或横向）产生最低的拉伸强度——103MPa，这种薄膜就称为拉伸聚丙烯（OPP）。如果薄膜在一个方向（机器方向或横向）拉伸，并且产生的拉伸强度最低为 103MPa，这种薄膜就称为单向拉伸 PP 薄膜。如果薄膜在机器方向和横向两个方向的拉伸强度都超过了 103MPa，这种薄膜就称为双向拉伸 PP 薄膜。如果薄膜在机器方向和横向两个方向的拉伸强度都超过 103MPa，但两个方向的拉伸强度差不超过 55MPa，并且机器方向和横向的伸长率相差不超过 60%，这种薄膜就称为平衡取向 PP 薄膜。

**5. PET 薄膜的标准规范**

ASTM D5047 规范用于厚度为 1.5～35.5μm，其中至少含有 90% PET 均聚物的双向拉伸 PET 薄膜。根据 ASTM D374，被测薄膜的厚度应该在标称值的±14%～±18%范围内；也给出了宽度（对于宽度≥1m 的辊，分别在标称值的±1.6mm 和±3.2mm 范围内）和质量（对于质量≥110kg 的订单，分别在标称值的±10%和±5%范围内）要求。正确测试薄膜，满足使购买者和销售商达成一致的关键要求。

**6. 交联聚乙烯塑料的标准规范**

ASTM D2647 用于交联聚乙烯塑料和配混物，主要有两种，即力学性能型（类型Ⅰ）和电性能型（类型Ⅱ）。在前一种中，力学性能（强度、极限伸长率、老化后的伸长保持率、表观刚性模量和脆性温度）是使用中最重要的性能。

## 第二节 影响包装材料阻隔性的主要因素和最新测试技术

包装作为产品安全的第一道防线，包装材料的阻隔性能就是保证产品安全的一个重要手段，它可以保证产品保质保鲜，保证预期的货架寿命，减少因产品变质而引起公众疾病的危险。

在包装材料的生产和使用过程中，存在着很多影响材料阻隔性的因素，因此，我们先来看哪些因素影响着材料的阻隔性。

### 一、影响阻隔性的主要因素

**1. 材料自身的影响**

高分子的立体结构、结晶程度、链取向、亲水性、表面性能、添加物、厚度和多层结构等自身因素都会不同程度地影响材料的阻隔性。

**2. 外部因素的影响**

环境温度的影响：温度每升高 1℃，材料的渗透率会增加 5%～7%。

环境湿度的影响：相对湿度会影响含氢键的极性高分子，在高湿度的情况下，像 NYLOR、EVOH 等材料的透气率会产生突升。

因此，在研究包装材料的阻隔性能时，就必须要考虑到材料的特性，以及材料最终使用的内、外部环境。

## 二、阻隔性测试的最新技术

**1. 透氧测试**

等压-库仑电量传感器法，这是美国 MOCON 公司专利技术，MOCON 公司以 40 年的渗透测试的专业经验，拥有世界上最先进的渗透性测试技术，以及多种专利和国际标准认可，ASTM 和 ISO 相关标准都是以 MOCON 产品为基础的，目前在全世界已有 3000 多台 MOCON 设备，美国市场占有率更达到 98%。

(1) 等压-库仑电量传感器技术介绍

库仑电量传感器是国际公认的绝对值传感器，传感器中每通过一个氧气分子，就会释放出四个电子，氧分子数量和电子数量的关系是呈线性正比的，传感器的准确率非常高，而且不受渗透浓度和传感器环境变化的影响。因此，采用这种传感器的仪器是不需要校准和标定的。

等压法透氧测试的国际标准 ISO 15105-2、ASTM D3985 都要求采用库仑电量传感器对渗透过来的氧气进行 100%的检测。目前只有 MOCON 公司的透氧仪采用了真正的库仑电量绝对值传感器，真正符合 ISO 15105-2 和 ASTM D3985 标准，其精度、可靠性之高是全球公认的。

而有些设备制造商采用了一种普通的电化学法传感器，为延长传感器的使用寿命，他们的传感器外层包覆着一层软膜，从样品渗透过来的氧气中只有一部分能透过这层软膜，最终进入传感器而产生电信号，这个二次部分渗透违反了国际标准所要求的 100%氧气检测，这层软膜的存在使这个传感器成为了一个相对值传感器，需要用不同浓度的氧气进行校准。通过 ASTM 委员会组织的实验室对比测试数据表明，这些非库仑传感器的测试准确性不能满足 ASTM 标准的要求，尤其是测量低透过率的材料时，它的测试结果会出现明显的偏差。

(2) 测试腔的温湿度控制技术

材料的渗透性会随着测试温度和湿度而发生变化，MOCON 等压-库仑电量传感器法的透氧测试仪可以对测试样品进行精确的温湿度控制。

温湿度传感器探测的准确性是进行控制的前提，MOCON 透氧仪中的温湿度传感器位置非常接近测试样品，能真实地反映样品所处的温湿度环境，而且温湿度传感器能方便地取出，可以利用干燥剂和饱和盐溶液进行二点式校准，以避免传感器回路的老化漂移。

MOCON 所采用的湿度发生方法是美国标准研究院 NIST 所推荐的双压力法，控制简便而且稳定；某些设备采用的是双流量法，类似于冷热水的双阀门调节，难以稳定控制，往往达不到它们声明的湿度范围，而且它们的湿度传感器没有安装在样品旁边，客户无从知晓传感器的准确性。

(3) 在环境温度中的测试稳定性

由于MOCON所用的库仑电量传感器是绝对值传感器，它的线性关系不受氧气浓度和环境温度变化的影响。

普通电化学传感器（非库仑电量法）的透氧仪使用的是相对值传感器，传感器外层包覆着一层软膜。由于传感器位于仪器的机箱中，传感器温度会随环境温度而变化，这个软膜自身的透氧率也会因而变化，这样传感器测试精度就很容易受环境温度变化的影响。标准实验室的环境温度变化在4℃之间（±2℃），这个微小的温度变化会给这些相对值传感器带来超过0.5mL/($m^2$·d) 的波动，这个波动对高阻隔材料的测试数据会产生很大的影响。

(4) 测试设备的可溯源性

MOCON所用的绝对值传感器不需要校准，但MOCON公司仍提供可溯源到NIST的标准薄膜，给客户作为一个选择性的验证手段，用户只需要在验证仪器的时候使用。MOCON提供多种不同数量级的标准溯源膜，只要这几个标准膜的测量值在允许误差范围之内，根据线性关系，就能保证仪器处于最佳的状态，实现全量程上的测试精度。

普通电化学传感器（非库仑电量法）的透氧仪由于使用的是相对值传感器，所以它们必须要使用标准薄膜进行校准补偿，使用三张标准膜，其实只能对三种氧气浓度梯度进行校准，由于是非线性关系，这三个校准点的准确性并不能代表其他点的准确性，因而不能保证全量程的准确性。

(5) 和传统压差法的比较

传统的压差法的测试原理相对简单，只需要对气压进行精确的测量，而且可以测试材料对多种气体的阻隔性。但是压差法在其准确性及应用方面，有着较大的局限性。

压差法的测试下限只能达到0.5mL/($m^2$·d)，再小的透过率数据是不能保证精度的，因而压差法已经不能适用于高阻隔材料的检测。

这个压差的存在会破坏材料本身的性能结构。

压差法不能测试完整的包装件。

测试的重复性较差，国内外都没有溯源标准膜的供应，只能用原厂的参考膜进行验证，不同生产商的设备之间没有一个统一的参考值。

抽真空技术好坏直接影响到测试准确性和测试效率。

在高透过的测试范围里，压差法可以和等压法进行相互印证，等压-库仑电量传感器法作为一个更精确、先进的测试方法，利用其传感器的线性关系来保证了在低透过的测试范围里的测试精度。

等压法的测试范围最低能达到0.005mL/($m^2$·d)，足以准确地检测这些高阻隔材料。

样品两侧气压相同，不会破坏材料本身的性能结构。

可以测试完整的包装件或瓶，只需要加装很小的附件。

测试重复性很好，可以利用追溯美国标准研究院 NIST 的标准膜来验证设备，使得不同实验室的测试结果能够有很好的比对性。

**2. 透湿测试**

等压-红外传感器法，是目前公认的最精确的水蒸气透过率测试方法，MOCON 透湿仪采用了等压--红外传感器法，符合 ASTM F 1249、ISO 15106-2 等多种国际标准。

① 等压-红外传感器技术介绍如下：它只判别红外光谱中某些特定波长被水蒸气吸收的线性比率来判别水蒸气的浓度，水蒸气只在管路中随载气流动，不经过任何处理，不存在其他的干扰因素。红外传感器是一种相对值传感器，需要校准。

② 采用与透氧仪相同的测试腔温湿度控制技术，保证了测试的准确性。

③ 测试设备的可溯源性：MOCON 公司提供多种可溯源到 NIST 的标准薄膜，可对设备进行校准和标定。

④ 和某些传统方法的比较：传统的杯式法，测试精度差，人为因素影响很大，目前 ISO 已经淘汰这种测试方法。而且测试时间长，有时需要几天，甚至几个月的测试时间。传统的电解法，需要先用吸湿剂来吸收水蒸气，再通过电极电解水蒸气，再根据电解电流来判断。这样对水蒸气进行了二次处理过程，吸湿剂的效率、电极的损耗都会影响测试的精度，累积误差大。而且电解槽需要定期再生，费时费力。

## 第三节 原材料及产品质量的检测方法

为了提高双向拉伸塑料薄膜生产的连续性及获得具有理想品质的产品，生产者必须了解所用原材料的实际性能。只有这样才能选用好原料、制定出合理的加工条件。因此，在生产之前需要查阅有关原材料的规格、指标，并对其中关键指标进行检测。

### 一、原材料性能的检测方法

**1. PET 特性黏度［$\eta$］**

先将洁净的 PET 待测物料剪碎，称取 0.125g±0.002g。投入 25mL 容量瓶，加入约 20mL 溶剂（苯酚-四氯乙烷混合液溶剂，质量比为 1∶1），在温差为（80～

100℃）±0.01℃的水浴中将其溶解，冷却到室温，配成1g/100mL溶液待用。

所用的仪器为玻璃毛细管黏度计（图6-1），其毛细管直径为0.7～0.8mm，长度为140～150mm。玻璃毛细管球的体积为1.5～2.0mL，溶剂流经a～b刻线的时间为100～120s。测试时将洁净的黏度计垂直放入恒温水浴中，（1）管露出水面4～5cm，用软胶管套在（2）管上，先测定纯溶剂流经a～b的时间 $t_0$ 再测定容量瓶中待测溶液的流经时间 $t$ 最后按下列公式计算出PET的特性黏度［$\eta$］或分子量 $M$。

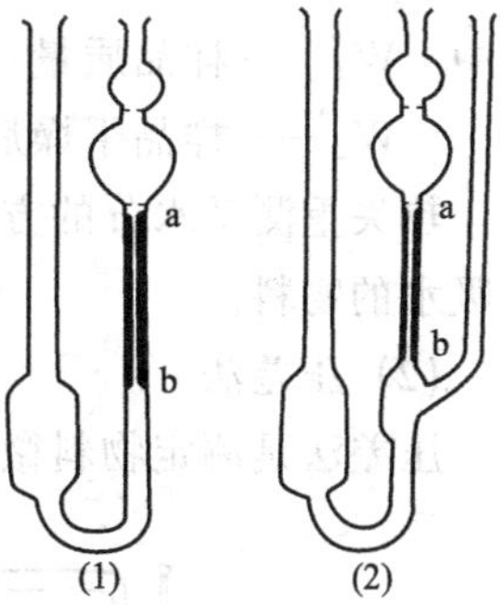

$$[\eta]=(\sqrt{1+1.4\eta_{sp}}-1)/0.7c \tag{6-6}$$

$$[\eta]=2.1\times10^{-4}M^{0.82} \tag{6-7}$$



图6-1 测量特性黏度的玻璃毛细管黏度计

式中 $c$——浓度；

$\eta_{sp}$——$\eta_{sp}=(t-t_0)\ t_0$；$t$，$t_0$ 为分别为溶液和溶剂流经毛细管的时间，s。

**2. 熔体流动指数**

聚丙烯的熔体流动指数是用测试仪，按照ASTM D-1238（GB 3682—83）标准测定的。其条件是：测量温度为230℃，负荷为2160g，喷嘴直径为2.095mm，长为8mm，流出时间为10min。

**3. 热性能测试**

热性能参数包括：玻璃转化温度 $T_g$、冷结晶放热峰 $T_c$、熔融吸热峰 $T_m$、热裂分解吸热峰 $T_d$、熔体（降温）结晶放热峰 $T_{mc}$。

测试方法——差示扫描量热法，作DSC谱图。熔点数字显示利用配有加热台和控温装置的熔点显微镜进行检测和显示。偏光显微镜法利用显微镜观测交叉偏振片下按一定速率加热观测熔点。

**4. 微量水分测定**

（1）热失重法

这是一种通过精确（准确至±1mg）称量干燥前、后物料的质量，计算物料含水量的方法。具体做法如下。

① 测量前，先用丙酮将称量瓶清洗干净，放入真空烘箱中，在温度为120℃，真空度≤6.67kPa下干燥2h，盖上称量瓶盖，放入干燥器冷却30min，精确称空瓶的质量。

② 然后放入20～30g测试样品，称量其质量，精确度±1mg。

③ 将装有样品的称量瓶放入真空烘箱内，在规定的温度下（PET为120℃），用尽可能高的真空度，干燥2h，盖上称量瓶盖，放在干燥器中冷却30min。

④ 冷却后再次称重，精确度±1mg。

⑤ 最后用公式算出样品的含水量，计算结果精确至0.01%。

$$样品含水量(\%)=(W_1-W_2)/W_1\times100 \quad (6-8)$$

式中 $W_1$——样品质量，g；

$W_2$——样品干燥后的质量，g。

热失重测量水分的方法是最简单的方法。这种方法测试时间较长，不适宜测量易吸水的物料。

(2) 压差法

压差法是测定物料微量水分的一种方法。所用的仪器如图 6-2 所示。

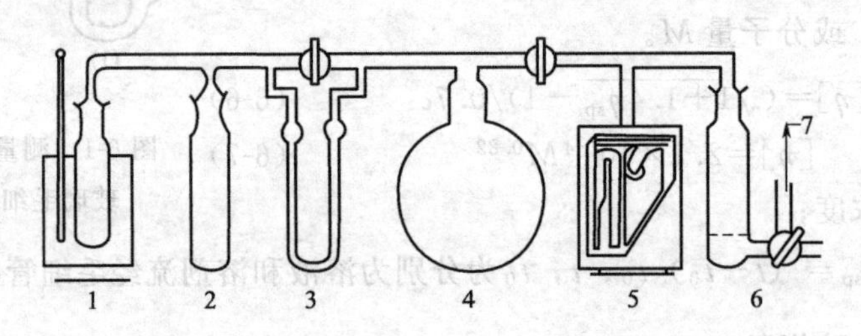


图 6-2 压差法测量微量水分含量的装置图

1—样品加热炉；2，4—缓冲瓶；3—压差计；

5—旋转式真空规；6—干燥管；7—真空系统

这种方法在使用前必须对仪器进行校准和标定，用硫酸铜或其他含结晶水的化合物作试样，用压差法求出其结晶水，作出校正曲线。

在进行样品测试时，先将一定量的试样放入样品管中，然后把样品管接到测定装置上，打开压差计上和缓冲瓶 4 右边的活塞，用真空泵将系统抽空，真空度＜2.0Pa，在确认系统无泄漏的情况下，关闭缓冲瓶 4 右边的活塞，使系统与真空泵断开。接着将加热炉的炉温升到测定温度，恒定一定时间后，测其压差，根据校正曲线上压差与含水量的关系，确定试样的含水量，该值除以试样的质量，就得出单位质量的含水率。

这种微量水分测定法方法简单，投资费用少，已被广泛使用。

(3) 电解法

这是使用以美国杜邦公司 903 型水分测定仪为代表的仪器，测量物料中微量水分的一种方法。测定时先将试样放在样品舟上，然后放入加热炉内，使其水分蒸发，用高纯氮作载体，将蒸发的水分带到电解池，并沉积在两个螺旋形铂电极间的五氧化二磷薄层上，五氧化二磷吸收水分后就转变为导体——磷酸。由于两个电极间有 67V 电压，电流通过电解池将水电解成氢气和氧气，电解的同时，也使五氧化二磷再生，再生反应的电荷经积累作为总的水分含量，以微克为单位显示在仪器上。反应式为：

$$H_2O+P_2O_5\longrightarrow P_2O_5\cdot H_2O\longrightarrow P_2O_5+H_2+1/2O_2$$

用电解法测定物料中微量水分的优点是测定速度快（1～2h），测试数据比较准确，测试结果可以自动显示。但电解池易损坏，仪器费用昂贵，维护条件要求很高。

**5. 塑料粒度测试方法**

粒度测试是通过特定的仪器和方法对粉体粒度特性进行表征的一项实验工作。粉体在我们日常生活和工农业生产中的应用非常广泛。如面粉、水泥、塑料、造纸、橡胶、陶瓷、药品等等。在不同的应用领域中，对粉体特性的要求是各不相同的，在所有反映粉体特性的指标中，粒度分布是所有应用领域中最受关注的一项指标。所以客观真实地反映粉体的粒度分布是一项非常重要的工作。下面具体讲一下关于粒度测试方面的基知识和基本方法。

(1) 颗粒

在一定尺寸范围内具有特定形状的几何体。这里所说的一定尺寸一般在毫米到纳米之间，颗粒不仅指固体颗粒，还有雾滴、油珠等液体颗粒。

(2) 粉体

由大量的不同尺寸的颗粒组成的颗粒群。

(3) 粒度

颗粒的大小叫做颗粒的粒度。

(4) 粒度分布

用特定的仪器和方法反映出的不同粒径颗粒占粉体总量的百分数。有区间分布和累计分布两种形式。区间分布又称为微分分布或频率分布，它表示一系列粒径区间中颗粒的百分含量。累计分布也叫积分分布，它表示小于或大于某粒径颗粒的百分含量。

(5) 粒度分布的表示方法

① 表格法：用表格的方法将粒径区间分布、累计分布一一列出的方法。

② 图形法：在直角标系中用直方图和曲线等形式表示粒度分布的方法。

③ 函数法：用数学函数表示粒度分布的方法。这种方法一般在理论研究时用，如著名的 Rosin-Rammler 分布就是函数分布。

(6) 粒径和等效粒径

粒径就是颗粒直径。这概念是很简单明确的，那么什么是等效粒径呢，粒径和等效粒径有什么关系呢？我们知道，只有圆球体才有直径，其他形状的几何体是没有直径的，而组成粉体的颗粒又绝大多数不是圆球形的，而是各种各样不规则形状的，有片状的、针状的、多棱状的等等。这些复杂形状的颗粒从理论上讲是不能直接用直径这个概念来表示它的大小的。而在实际工作中直径是描述一个颗粒大小的最直观、最简单的一个量，我们又希望能用这样的一个量来描述颗粒大小，所以在粒度测试实践中的引入了等效粒径这个概念。

(7) 凝聚粒子的测定

原料中的凝聚粒子是用显微镜法进行测定的。目的是测定树脂中大于 10$\mu$m 的非树脂粒子。

非聚合物粒子主要指未分散好的添加剂（如 $SiO_2$、$TiO_2$、$CaCO_3$ 等等）粒子，以及部分凝胶或炭化的粒子。

测定时将树脂用显微镜切片机切成薄片，试样约 10mg，然后在显微镜下寻找大于 10μm 的粒子，并以每毫克树脂含有的粒子数作为测定指标。

**(8)** 端羧基含量的测定——电位滴定法

在测定 PET 端羧基含量时，将样品放在邻甲酚和氯仿混合液（70/30）中加热，在沸腾、回流下溶解，然后将溶液冷至 25℃，在氮气保护下用氢氧化钾-乙醇溶液电位滴定。反应式为：

$$\sim\sim C_6H_4-COOH + KOH \longrightarrow \sim\sim C_6H_4-COOK + H_2O$$

端羧基含量可用公式（6-9）计算出来：

$$羧基含量(mol/10^6)=\frac{(V-V_0)\times N\times F\times 10^6}{W\times 10^3} \tag{6-9}$$

式中 $N$——氢氧化钾-乙醇溶液摩尔浓度（0.05mol/L）；

$V$，$V_0$——分别为试样和空白耗用氢氧化钾-乙醇液的体积，mL；

$W$——试样质量，g；

$F$——以草酸标定氢氧化钾：乙醇溶液的因子。

$$F=草酸(mg)/[正消耗氢氧化钾(mL)\times N\times 63.04]$$

**(9)** 二甘醇（一缩乙二醇）含量的测定（气相色谱法）

测定二甘醇含量实质是测定物料中醚键的含量（—O—）。测定时先用胺来分解试样，把乙二醇和二甘醇游离出来，然后用对苯二甲酸中和。最后进行气相色谱分析。

具体的做法是：用万分之一的天平取 1g 试样，放入圆底烧瓶内，加入 3mL 乙醇胺，加热、回流使试样完全分解，冷却后用移液管取出 2mL，从冷凝管上部加入烧瓶，再加入 10mL 甲醇冲洗，继续加热回流数分钟，将其冷却，加入对苯二甲酸中和至 pH=7，然后将混合液经砂芯漏斗进行过滤、备用。测定时，用微量注射器吸取 2mL，注入色谱仪进行色谱分析。

**(10)** 可过滤性测定

目前尚无统一的检测方法和标准。有些薄膜生产厂根据物料挤出过程中，过滤网的压力和过滤时间的关系，来比较和确定物料的可过滤性。该指标能够全面地反映物料中杂质的含量，对生产有很大的指导意义。

**(11)** 灰分测定——失重法

树脂中的灰分是指催化剂分解生成的金属氧化物、机械杂质、无机添加剂等。

用失重法测定其含量的过程是：称取 10g 干试样，放入经 800℃灼烧 2h 的瓷坩埚中，再将试样在沙浴或石棉网上炭化，然后放入烧结炉中，在 400℃下停留 1h，最后在 800℃下烧至恒重（约 2h），就可以计算出树脂中的灰分含量。计算公式为：

$$灰分(\%)=(G_1/G)\times100 \tag{6-10}$$

式中 $G_1$——灼烧后残渣质量；

$G$——试样质量。

**(12)** 等规度

聚丙烯的等规度是指具有等规结构的分子在均聚物中的百分比。测试时利用无规与间规物可以溶解在正庚烷溶剂中，而等规物不能溶解的原理。用沸腾的正庚烷萃取聚丙烯，萃取后所剩的残渣就是等规物。根据萃取前后的质量差，计算出不溶解物所占的百分数，即为聚丙烯的等规度。

## 二、双向拉伸塑料薄膜性能的测定方法

塑料薄膜在出厂之前都必须经过严格的质量检测，并要确定薄膜的质量等级。塑料薄膜的检测项目和产品的类别有关。所用的检测方法是十分规范化的。有的属于国家或部级标准，有的属于行业或企业标准。这里只简单地介绍一些常用检测方法。供读者粗略地了解薄膜测试原理及所用的测试仪器。

### 1. 塑料薄膜厚度公差

塑料薄膜出厂前，厚度公差都要经过两次检测，第一次是在薄膜生产过程中，利用放射性同位素或 X 射线等测厚仪进行在线检测。这种检测目的是在薄膜生成过程中及时控制薄膜的厚度，不作为最终产品厚度检测仪器。检测的结果是代表薄膜上一个小区域的厚度平均值，其精度较差。第二次是在薄膜出厂前，利用光电测厚仪来检测薄膜的厚度公差。其结果代表薄膜的实际厚度值。

光电测厚法是利用误差≤±0.2μm 的测试仪器进行检测。薄膜放在磨光的平台上，在直径≥2mm 的测量头下，使用 0.1～0.5N 的接触压力，目测薄膜的厚度。然后进行厚度计算，计算公式如下：

$$平均厚度偏差(\%)=\pm\frac{平均厚度-公称厚度}{公称厚度}\times100 \tag{6-11}$$

$$厚度偏差(\%)=\frac{极限厚度-公称厚度}{公称厚度}\times100 \tag{6-12}$$

式中 公称厚度——名义厚度；

平均厚度——$n$ 个厚度测量值的算术平均值；

极限厚度——最大公称厚度绝对值。

这种方法中，通常是用单层薄膜进行测量，显示薄膜实际厚度值。

也有些公司采用 10 层薄膜进行测量，将测得的结果除以 10。表示每层薄膜的平均厚度。

### 2. 塑料薄膜拉伸强度、断裂伸长率、$F_5$ 值的测定

在测定的方向上，取 5 个无缺口的试样，试样的宽度为 (15±0.1) mm，长度

为150mm。将测量试样中间有效范围内3点的平均厚度值，作为试样的厚度。然后，将试样分别夹在拉伸试验机的上、下夹头上，夹间距为（100±1）mm，以规定的速度进行拉伸［包装薄膜为（100±10）mm/min］，并记录拉伸曲线及有关应力、应变值。最后利用以下公式计算薄膜的拉伸强度、断裂伸长率及$F_5$值。

**(1)** 拉伸强度

$$\sigma_b=\frac{P_b}{\delta\times b\times 10} \tag{6-13}$$

式中 $\sigma_b$——拉伸强度，MPa；

$P_b$——断裂时的拉伸应力，kg；

$\delta$——试样厚度，mm；

$b$——试样宽度，mm。

**(2)** 断裂伸长率

$$L_b=\frac{L-L_0}{L}\times 100\% \tag{6-14}$$

式中 $L$——试样断裂时的夹间距，mm；

$L_0$——试验前夹间距，mm。

**(3)** $F_5$值

$$F_5=\frac{P_5}{\delta\times b\times 10} \tag{6-15}$$

式中 $P_5$——试样伸长5%时的载荷，kg；

$\delta$——试样厚度，mm；

$b$——试样宽度，mm。

**3. 热收缩率的测定**

这是测量薄膜在一定温度下，分子运动产生的线性收缩变形，其量值用%表示，具体测定方法是：取5片120mm×120mm（纵向×横向）塑料薄膜试样，用精度为0.01mm的卡尺在中间划出100×100的标线，然后将样品平放在规定温度（±1℃）的恒温干燥箱内，经过一定的时间（烘箱内的温度、薄膜加热的时间与薄膜的品种、用途有关），取出冷却到室温，再用卡尺测量标线之间的长度，就可以利用下面公式计算出薄膜的纵向、横向热收缩率。

$$T=(L-L_0)/L_0\times 100\% \tag{6-16}$$

式中 $T$——热收缩率，%；

$L_0$——加热前长度，mm；

$L$——加热后长度，mm。

**4. 薄膜对薄膜的摩擦系数的测定**

当一种物质的表面在同种或另一种物质的表面上滑行或将要滑行时，该物质将受到摩擦阻力的作用，为了得知该物质的摩擦性能，把摩擦力与垂直于滑动表面的正压力的比值定为摩擦系数。

当测试薄膜对薄膜的摩擦系数时，沿薄膜纵向切取 5 对试样，一片贴在平台上，试样尺寸为 200mm×85mm，一片贴在滑块上，尺寸为 120mm×120mm。试验是在测试仪上进行的。测试速度为（150±30）mm/min。当作用于滑块的拉力大于薄膜接触面的静摩擦力时，滑块就在平台上作相对运。测试仪上记录开始运动的拉力值为静摩擦力。滑块均匀滑动约 100mm 距离时，克服阻力的平均值为薄膜的动摩擦力。动、静摩擦力与垂直两表面的荷重之比为动、静摩擦系数。

**5. 表面粗糙度的测定（ISO R468）**

表面粗糙度是表示某一测量长度内，薄膜表面微观凹凸的情况。测试时将 120mm×60mm（横向×纵向或 45°）试样紧贴在电触针式轮廓仪的固定装置上，根据薄膜的平均粗糙度值选用传感器，开动机器，每块试样测定 5 次，每一批薄膜取两块试样。求 10 次测定的结果的算术平均值，求得平均粗糙度 $R_a$。即 $R_a$ 是指在测量长度内，粗糙度轮廓上各点至中心线距离的算术平均值。

$$R_a=\frac{1}{L_m}\int_0^{L_m}|Y|\,dx(\mu m) \tag{6-17}$$

式中 $L_m$——测量长度；

$Y$——轮廓线上任何一点到轮廓中线的距离，$\mu m$。

波峰到波谷的平均距离是指在粗糙度轮廓上，从连续 5 个取样长度上得到的 5 个最高峰的平均值和最低谷距离的平均值之和。可用公式求出：

$$R_z=\frac{1}{5}\left(\sum_{i=1}^{5}Y_p-\sum_{i=1}^{5}Y_v\right) \tag{6-18}$$

式中 $Y_p$——最大峰的高度，$\mu m$；

$Y_v$——最大谷深，$\mu m$。

最大粗糙度高度 $R_t$ 是指在测量长度 $L_m$ 内，粗糙度轮廓线上，最高峰与最低谷之间的垂直距离（$\mu m$）。

通常，$R_a$、$R_z$、$R_t$ 的数值是由测试仪自动计算、打印出来，不需要人工进行计算。

薄膜表面粗糙度测试仪的精度要求很高，分辨率应为 0.002$\mu m$。常用的仪器是德国 PerthometerS6P 轮廓仪。

**6. 雾度的测定**

首先将雾度计的零点调整好，然后把 50×50 的试样放在雾度计的入射光入口处、压紧，再将开关转至“测试”位置，即可显示试样的雾度值。通常，薄膜的雾度值是用 5 个试样测定的平均值来表示。

**7. 产品外观质量测定**

薄膜出厂前必须用肉眼对薄膜的外观质量加以评定。

**8. 薄膜介电强度的测定**

将 100mm×100mm 单层薄膜试样放在击穿电压试验装置的黄铜电极之间，上电极为直径（25±0.5）mm 具有圆导角的电极，与高压电源相连，下电极为直径 50mm 的接地电极。测试时以 500V/s 的速度连续升压，直至击穿，读取击穿电压值（$V$），然后测量被击穿点周围三点薄膜厚度，取平均值（$d$）。这样就可以利用公式（6-19）计算出介电强度值 $E$(V/μm)。

$$E=V/d \tag{6-19}$$

**9. 薄膜体积电阻率的测定**

将数层 100mm×100mm 试样放在直径 80mm 的下电极上，将电极与试样之间的空气排出，加上直径（50±0.5）mm，质量为（100±20）g 的上电极，然后放好保护电极，其内径为（70±0.5）mm，外径为（80±0.5）mm，质量为（80±20）g。即完成测试准备工作。

测试时按高阻计操作程序进行操作，测定一分钟充电后试样的电阻值，然后测定电极内薄膜的三点平均厚度，并按公式（6-20）计算薄膜的体积电阻率 $P$(Ω·cm)。

$$P=R_V\times S/d \tag{6-20}$$

式中　$R_V$——试样的体积电阻值，Ω；

$S$——上电极的面积，$cm^2$；

$d$——试样的厚度，cm。

**10. 介电损耗角正切值和介电常数的测定**

将数层 100mm×100mm 的试样置于黄铜上电极［其直径为（25±0.1）mm］和略大的下电极之间夹紧，放在 50Hz、1000Hz（1kHz）、1MHz 的电桥或其他仪器上，测定其电容和介质损耗正切值，测试薄膜 3 点厚度，取平均值，并用公式（6-21）计算出试样的介电常数 $\zeta$。

$$\zeta=14.4\times c\times d/D^2 \tag{6-21}$$

式中　$c$——试样电容，pF；

$d$——试样厚度，cm；

$D$——电极直径，cm。

**11. 结晶度的测定**

由于材料的结晶情况和薄膜的性能有关，与薄膜的成型性有关。因此，在薄膜的加工过程往往需要及时检测产品及半成品的结晶度。

在一般情况下，结晶聚合物不可能完全结晶，结晶的程度均是用材料中结晶部分的质量占聚合物的总质量的百分比来表示的。

结晶度的测定方法有密度法（密度梯度法）、X 射线衍射法、红外光谱法等。其中，由于密度梯度法投资费用较低，目前被很多薄膜生产厂广泛地使用。

密度梯度法是一种测定固体密度的一种方法。其工作原理是将两种密度不同（重液、轻液）、可以互相混合的液体适当地混合起来，重液的密度比测定材料在高结晶度时的密度大，轻液的密度比测试材料在低结晶度时的密度小，混合液由于扩散作用，其密度从上到下是连续、逐渐增大的；两种混合液放入透明、带有刻度的梯度管后，经过适当标准玻璃小球的标定，可以作出梯度管高度-密度的关系图，然后就可以进行测量。

测量时将试样投入混合液，试样就可以悬浮在某一固定位置。根据试样所在位置的高度，可以确定薄膜的结晶度。

## 三、软包装的复合膜粘接力的测定

### 1. 复合膜粘接力

复合膜成品出现粘接力降低，剥离强度不良，与多种因素有关。诸如：胶黏剂的影响，复合基材表面张力值不合要求，影响剥离强度，操作工艺不规范，烘干温度的影响、热钢辊温度不合适，及薄膜基材添加剂的影响等等。现分别给予分析并找到合适的解决办法使剥离强度不良故障现象降到最低点。胶黏剂的品种、质量与要复合的基材不相适应影响剥离强度不同用途的复合膜应选择相适应的基材和胶黏剂。例如，没有铝箔参与复合时，用通用型胶黏剂即可。若有铝箔复合时，而且最终用途是包装含有液体的酸辣食品时，就要选用抗酸辣物质的铝箔专用胶黏剂。在选择铝箔专胶黏剂时，还应优先考虑分子量稍大、分子量分布比较均匀，溶剂释放性好，涂布性能佳的胶黏剂。分子量小的胶黏剂虽然涂布性能较好，但分子活动能力强，会透过极薄的铝层，造成剥离强度下降，粘接力降低。如果复合袋要经过高温蒸煮杀菌，则应选用耐高温蒸煮型胶黏剂，绝不能使用一般的胶黏剂，一般的胶黏剂不耐高温，复合薄膜通常不到80%便会分层，根本达不到包装对剥离强度的要求。对于高温蒸煮杀菌的包装可采用由浙新东方油墨集团华光树脂公司生产的PU1750和PU1875胶黏剂，在PET/CPP结构中可达$10^{12}$ N/15mm，NY/CPP结构组合中可达$10^{12}$ N/15mm，在PET/AL、NY/AL结构中复合强度达$10^{12}$ N/15mm。对于15μmmPA/701μmmLDPE的复合结构，采用300型PU1875聚氨酯胶黏剂，效果不错，使用该胶黏剂须注意几点：

① 薄膜电晕处理后表面张力应达到$3.8\times10^{-2}$ N/m以上，才能得到理想的粘接效果；

② 稀释剂常采用乙酸乙酯，其中水含量不得超过万分之三，醇含量不得超过万分之二；

③ 胶液中切忌混进含有活性氢的溶剂，诸如水、酒精、胺类；

④ PU1875型胶黏剂的配比为主剂∶固化剂∶醋酸乙酯=1∶0.2∶1.8时性能最佳。

胶黏剂对油墨的渗透不佳，浮在油墨的表面，而油墨与基材之间的附着牢度又不好，也会导致复合薄膜分层，表现在有油墨的地方，特别是多色套印部位。油墨被胶黏剂拉下来。使用高固含量胶黏剂时，将干燥速度放慢一点，让胶黏剂有充分的时间向墨层渗透，到达承印基材表面。适当增加上胶量，都有利于提高复合牢度。选用适当的油墨，以及提高承印基材的表面张力，使油墨附着牢度提高，也是解决问题的方法之一。在复合过程中，要求胶黏剂流动性优良，展平性良好，如胶黏剂变质、浊白，被乳化则不能再使用，所以配制胶黏剂时一定要根据需要适量配制。上胶量不足，涂布不均将直接影响粘接力，影响剥离强度胶黏剂涂布量不足，涂布不均匀也会导致剥离强度降低，粘接力降低，这一点在使用单组分热熔型胶黏剂中最易出现，不可忽视，在使用单组分热熔剂型胶黏剂时，主胶的浓度高低将直接影响剥离强度，我们注意到，BOPP/OPP、BOPP/VMOPP、BOPP/OPP 复合薄膜中若内层厚度在超过 30μm 时，剥离强度最容易下降。若使用单组分胶黏剂，复合过程中应先取一小段复合成品进行剥离试验，同时做好相应的记录，一般情况下主胶：乙酯的配比为 50：50，效果都不错。上胶量的多少由网纹辊的网穴容积决定的，又与作业浓度密不可分。如果胶黏剂配比浓度高，基材张力值合适，上胶量也适中，复合膜的剥离强度仍然不理想，则应考虑更换网纹辊，以增大上胶量，纹辊一般规格有 80μm、100μm、120μm、140μm 不等，根据实际复合物调整或选择。

稀释剂纯度不够高，将影响复合剥离强度稀释剂的作用是增加胶黏剂的流动度，提高铺展性，更好地涂布均匀，使其胶液更好地与基材发生浸润，如果稀释剂的纯度不高，含有水、醇等活性物质，会消耗掉一部分固化剂，造成胶黏剂中主剂与固化剂实际比例失调，黏结力下降，在选用溶剂时，有三点值得借鉴：

① 进货时必须选择正规、质量有保障的生产商；

② 进货后进行每桶抽检，发现含有水或醇类活性物质，必须禁止使用，只有使用纯度高的溶剂，才能保证复合薄膜具有较强的粘接力；

③ 使用前的检测，溶剂必须干净，若发生有污脏等现象，最好过滤或另行处理，谨防影响涂布效果，影响剥离强度。

烘干温度的影响复合过程中，烘干道的热压辊温度应根据实际情况作调节，通常热压辊温度宜控制在 50～70℃为宜。烘干装置中要求溶剂挥发越完全，其剥离强度也会相应提高，温度失控同样影响剥离强度，粘接力也会降低。一般进烘口温度在 60℃为宜，二区、三区则相应提高，如果进烘口温度过高，只烘干胶膜表层，内层无法烘干，不仅影响剥离强度，而且将产生异味。塑料薄膜的电晕处理不够，影响剥离强度塑料薄膜表面电晕处理不好，表面张力低，就会导致墨层附着牢度低，复合膜黏结强度低，在薄膜投入前应认真检测其表面张力值务必提高到 $3.8\times10^{-2}$ N/m 以上，最好能达到（4.0～4.2）$\times10^{-2}$ N/m，因为 $3.8\times10^{-2}$ N/m 只是最低要求，表面张力值低于 $3.8\times10^{-2}$ N/m 的薄膜根本就不能使油墨和胶黏剂完全铺展，复合后的成品当然达不到剥离强度的要求。

**2. 检测薄膜表面张力的方法**

检测薄膜表面张力的方法通常有两种：

**(1) 达因笔测试**

达因笔的笔液通常呈红色，规格有 $3.8\times10^{-2}$N/m、$4.0\times10^{-2}$N/m、$4.2\times10^{-2}$N/m、$4.4\times10^{-2}$N/m 以及 $4.8\times10^{-2}$N/m 这 5 种，如果用达因笔画在薄膜上的笔液不收缩，均匀，无断层，则说明薄膜的表面张力已经达到使用要求，相反，笔液收缩，消失，不均匀，不连续，则说明处理不够。

**(2) 用 BOPP 单面胶布测试**

将 BOPP 单面胶布贴在待测薄膜表面再撕开，电晕处理好的通常剥离声音小，粘贴牢固，相反则粘贴不牢，容易剥离，这种测试方法要依靠经验，不适合测试 PET、PA 等薄膜。电晕处理不符合要求的基材决不能进行复合，因为复合后肯定达不到包装产品对剥离强度的要求。常用基材的表面张力值为：BOPP $3.8\times10^{-2}$N/m、PET $5.0\times10^{-2}$N/m、PA $5.2\times10^{-2}$N/m。溶剂残留量太高影响剥离强度，影响粘接力残留溶剂太多，复合后会形成许多微小气泡，使相邻的复合基材脱离、分层、气泡越多，剥离强度越低，要提高剥离强度，就必须减少气泡的产生。气泡的产生与许多因素有关，诸如上胶不均匀，烘干道温度过低，热压辊温度偏低及室内温湿度不合适等，通常，室内温度宜控制在 23～25℃，相对湿度应控制在50%～60%为宜，另外，避免使用高沸点溶剂，也可减少气泡的产生。

总之为提高剥离强度，提高粘接力应尽可能降低残留溶剂。熟化不完全影响剥离强度若使用双组分反应型胶黏剂，复合后还需要固化，以达到剥离强度要求。如果熟化不完全剥离强度同样会降低，熟化不完全有两层意思：

① 熟化温度偏低；

② 熟化时间不够。一般来说：复合成品应放在 50～60℃的环境中熟化 48 小时以上，有的甚至需要更长的时间才能达到满意的效果。我们注意到，低温存放时间再长，复合薄膜的最终剥离强度也不能达到 3.5N/15m，若环境温度提高到 55℃，同样存放 4 天、剥离强度可高达 6N/15mm。塑料薄膜中添加剂的影响塑料薄膜中的添加剂也会影响到粘接牢度，而且这种影响要一定时期后才表现出来，一般在 7 天以后，而且有下降的趋势。聚乙烯，聚丙烯等薄膜在造粒或制膜时，多半要加入一些辅助剂，诸如：抗氧剂、稳定剂、防粘剂、开口剂等。这些添加剂都是低分子量物质，随着时间的推移，会从薄膜的内部逐渐向表面渗透，仔细观察时可发现一层很薄的粉末或石蜡物质，用手摸时会粘在手上，滑滑的，白白的，如果用布块浸醋酸乙酯擦拭，便会抹掉。通过观察发现，刚复合好的薄膜短时间内迁移出来的添加剂量并不多，还不至于引起黏结牢度下降，但时间长了，迁移出的添加剂就把胶膜与该基膜隔离开来。破坏了原有的黏结状态，使复合牢度降低。解决这种故障应把好进料关，选择不用添加剂或少用添加剂的原料，在加工制膜时，更不应人为地加入开口剂。曾经出现过这样一种故障，加工出的洗衣粉包装袋当时并没出现粘接牢度不良问题，然而成品袋经装入洗衣粉后，存放一段时间就出现了印刷基材和复合基材分层的现象，甚至热封处还出现破裂，造成洗衣粉外泄。所包装的洗衣粉主要成为阴离子表面活性

剂、衣物荧光剂、非离子表面活性剂、碱性缓冲剂、水软化剂及高效污渍悬浮剂等。技术部经分析故障原因时认为：PET 121μm/LDPE 80μm 复合结构是符合要求的，针对洗衣粉的成分，决定首先从油墨入手解决问题。于是选择了专用 PET 印刷油墨进行印刷，而后从胶黏剂入手，再次复合、固化后，进行剥离强度测试，再装入该种洗衣粉进行存放，挤压测试，结果故障消除，包装袋不再分层，而且剥离强度符合要求，可见根据不同的内容物选择复合基材、油墨是解决剥离强度不良的一种方法。导致复合薄膜黏结力下降，剥离强度不良的因素很多，胶黏剂配比失调，上胶量不足，涂布不均以及热压辊温度偏低等都有可能造成复合薄膜剥离强度降低，要使复合成品具备较大的黏结力和优良的剥离强度，必须把好每一关，不仅要从选材、油墨、稀剂、胶黏剂等方面做到质量过硬，还要在操作时有认真、负责的态度。

## 第四节 聚烯烃薄膜性能的测定方法

### 一、力学性能

有多种标准测试方法确定聚烯烃薄膜的性能要求，在有关的美国材料试验标准（ASTM）、德国工业标准（DIN）和国际标准化组织（ISO）的标准中都有具体规定。有时用材料的力学性能表示聚合物的规格。对材料的测试有多种，每种测试测量的都是严格定义的性能。但是，通过一种材料性能常常很难预测出整体性能，因此设计了具体产品的测试。力学性能测试分为拉伸性能测试和冲击性能测试，但也还有其他一些测试如撕裂测试、耐磨损测试和黏结测试。薄膜结构是决定力学性能最重要的因素。薄膜的结构与主要的加工参数密切相关。

#### 1. 拉伸性能

(1) 应变速率和拉伸性能

应变速率在测量薄膜的拉伸性能中很重要。在包装过程中，薄膜常常在机器内受到极高的应变速率作用。可能时在测试过程中必须重复上述步骤。如果测量材料性能是为了区分不同的聚烯烃结构，那么最好在低速应变速率下进行。拉伸测试得到的典型参数是模量、屈服应力、断裂应力和断裂伸长率。应力-应变曲线下的面积作为断裂能的测量值。

(2) 应变硬化

聚烯烃薄膜拉伸程度很大时，晶体结构的取向就很明显，聚合物就会变硬。常常将应变硬化的薄膜称为革质薄膜，其结构从折叠链变为伸直链，连接分子完全伸直，在薄膜断裂前，进一步的应变受到限制，薄膜失去弹性，应变硬化限制了薄膜有使用价值的伸长性能。图 6-3 为线性低密度聚乙烯的应力-应变曲线，给出了屈服和应变硬化区。

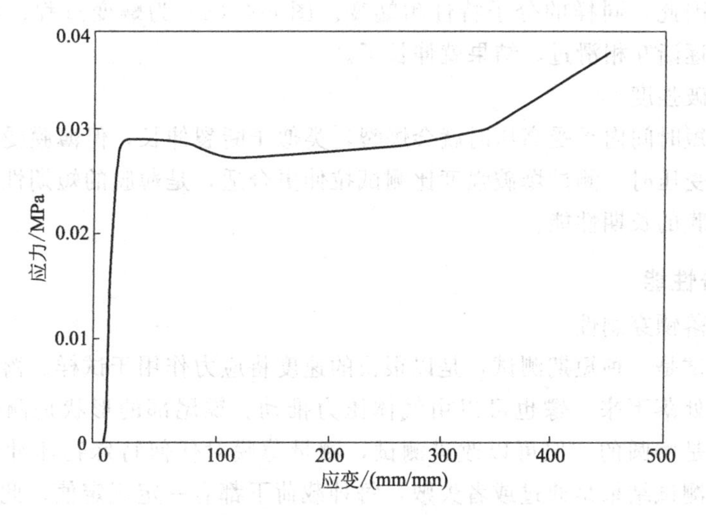


图 6-3 线性低密度聚乙烯的应力-应变曲线
（图中初始的线性弹性区之后是屈服应力，
然后是 350％应变之后的应变硬化区）

**（3）应力松弛**

应力松弛是材料在恒应变作用下应力的变化。包装薄膜缠绕一件或大量物体时，薄膜的弹性将物体保持在恒定张力下，对其进行保护，方便运输和处理。应力松弛时，包装的张力下降，物体不再紧靠在一起。应力松弛可以用标准拉伸测试仪器测量，在试样处于恒应变状态下，测量出应力随着时间的变化。高摩尔质量和高结晶度的聚烯烃最抗应力松弛。图 6-4（b）为应力松弛的过程。开始时，无定形的分子被拉长，在松弛时分子互相滑过，又回复到无规线团结构。

**（4）蠕变**

蠕变是试样受恒应力作用时应变的变化。聚烯烃薄膜长时间受压力作用会逐渐

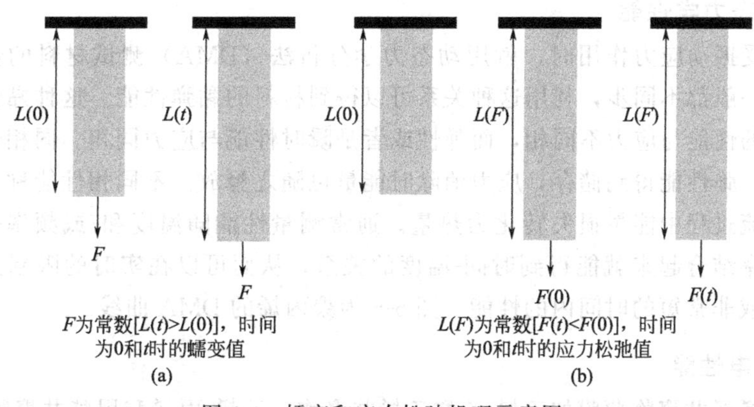


图 6-4 蠕变和应力松弛机理示意图

伸长。很多包装内都会产生压力，聚合物就会蠕变，使包装变松。蠕变与应力松弛是互补的，因此，同样的分子特性耐蠕变。图 6-4（a）为蠕变过程；在恒定载荷下，分子间逐渐互相滑过，结果就伸长了。

(5) 爆破强度

薄膜在短时间内承受高压时就会爆裂，类似于断裂伸长，但薄膜受双向拉伸时除外。薄膜受压时，测试爆破强度比测试拉伸更合适，是薄膜的短期性能，而蠕变测试的是薄膜的长期性能。

**2. 冲击性能**

(1) 抗落镖穿刺性

冲击测试是一种短期测试，是以很快的速度将应力作用于试样。落镖测试时镖从恒定高度处落下来，镖也可以由气体压力推动。镖尾部的形状是测试的重要因素，一般都是磨圆的，但可以改进测试，测量薄膜对任何特殊物体冲击的抗穿刺力。落镖的测试结果是通过或者失败，每种载荷下都有一定规定值。此外，还可以将仪器设计成测量落镖通过薄膜时的减速度，然后根据镖的能量损失计算出薄膜断裂所需要的能量。在后一种情况中，总是要求镖将薄膜破裂。

(2) 拉伸-撕裂强度

薄膜常常在剪切时破裂而不是在拉伸时。在拉伸仪器上测试薄膜时能在剪切时施加应变。实验时可以在薄膜上做一切口引导撕裂。试样的几何形状和测试条件都有明确规定，以便采用标准条件。用埃尔曼多夫（Elmendorf）撕裂强度测试薄膜的性能，而且测试与加工条件和落镖冲击强度有关。

(3) 拉伸冲击

拉伸冲击是短期冲击测试，测试时将试样放在摆锤测试仪内，这样在摆锤冲击试样夹持器时，它就能受到快速的拉伸力作用。拉伸冲击测试适用于薄膜，而其他形式的摆锤冲击测试如伊佐德（Izod）测试和卡毕（CharPy）测试所用的都是更硬的试样。拉伸冲击测试所用的应变速率比典型的拉伸测试仪大。

**3. 动态力学性能**

材料受振动应力作用时，就用动态力学分析法（DMA）测试材料的性能。应力和应变一般都不同步，利用这种关系可以得到材料的黏弹性能。这种黏性或者是时间有关的性能与应力不同相，而弹性或者是瞬时性能与应力同相。同相性能称为储能模量，弹性能得到储存，应力消除时能量也随之释放。不同相性能称为损耗模量，在黏流过程中能量损失转化为热量。通常测量性能随温度和/或频率变化，将温度和频率结合起来就能得到时间-温度的关系，从而可以在实时的限制条件内测量出长期或非常短的时间内的性能。图 6-5 为聚丙烯的 DMA 曲线。

**4. 介电性能**

极性烯烃共聚物薄膜如乙烯-乙酸乙烯共聚物、乙烯-丙烯酸甲酯共聚物和乙烯-

丙烯酸丁酯共聚物以及共混物或者是复合材料都可以用介电分析来表征其性能。所有聚烯烃的介电性能都很重要，因为它们在电力工业有应用。介电性能分析也可以用类似于 DMA 的方法来进行，用电压代替机械力，在温度和/或频率变化时测出比电容。聚合物的黏弹性可以通过介电响应在比力学性能测试更宽的频率范围内测量出来。聚合物极性基团较多时，介电测试比力学测试更敏感。图 6-6 为典型的介电分析过程图。

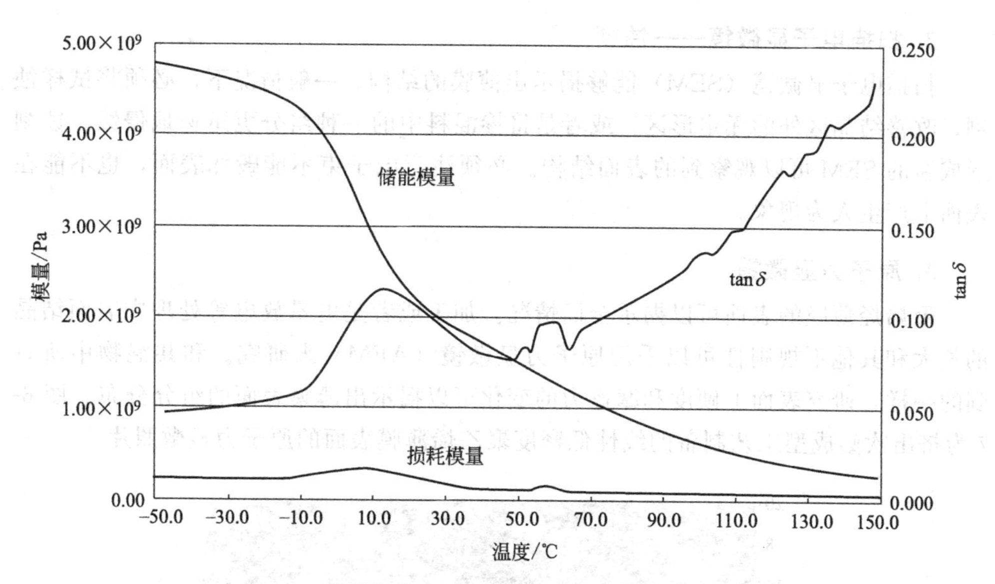


图 6-5　聚丙烯的 DMA 曲线，给出了储能模量 $E'$、损耗模量 $E''$、阻尼因子 $\tan\delta$

| | |
|---|---|
| 电容($C$)<br>$I$ 为电流<br>$V$ 为电压<br>$f$ 为频率<br>$\delta$ 为相角 | $C=\frac{I\sin\delta}{V2\pi f}$ |
| 电导($R^{-1}$) | $R^{-1}=\frac{I\cos\delta}{V}$ |
| 介电常数($\varepsilon'$)<br>$\varepsilon_0$ 为真空装置的介电常数<br>$A$ 为电极面积<br>$D$ 为电极间距离 | $\varepsilon'=\left(\frac{C}{\varepsilon_0}\right)\left(\frac{1}{\frac{A}{D}}\right)$ |
| 损耗因子($\varepsilon''$)<br>$\omega$ 为角频率<br>$\sigma$ 为电导率 | $\varepsilon''=\varepsilon''_{\mathrm{dipole}}+\frac{\sigma}{\omega\varepsilon_0}$ |

图 6-6　极性乙烯共聚物的介电分析，包括储能（比电容）模量和损耗（损耗因数）模量随温度的变化

## 二、显微分析

### 1. 光学性能——应变时的偏光效果

用偏光显微镜可以观察薄膜内聚烯烃的结晶度。尽管反射光可以用于更厚的不透明薄膜，但偏光光学显微观察用的薄膜必须很薄。如果加热，显微镜还可以观察到聚合物的结晶作用和熔融过程。

### 2. 扫描电子显微镜——蚀刻

扫描电子显微镜（SEM）能够揭示出薄膜的结构。一般情况下，必须将试样蚀刻，改善结晶区外的无定形区，或者是将掺混料中的一种组分更迅速地侵蚀。蚀刻形成新的 SEM 可以观察到的表面结构。必须注意电子束不能毁坏表面，也不能在表面上产生人为现象。

### 3. 原子力显微镜

聚烯烃薄膜的表面可以揭示全面情况。加工或者是电晕放电等处理中表面结晶的长大和其他不规则性可以采用原子力显微镜（AFM）来研究。和共混物中所看到的一样，研究表面上硬度和摩擦力的变化可以揭示出薄膜表面的组分分布。图 6-7 为挤出吹塑成型工艺制备的线性低密度聚乙烯薄膜表面的原子力显微照片。

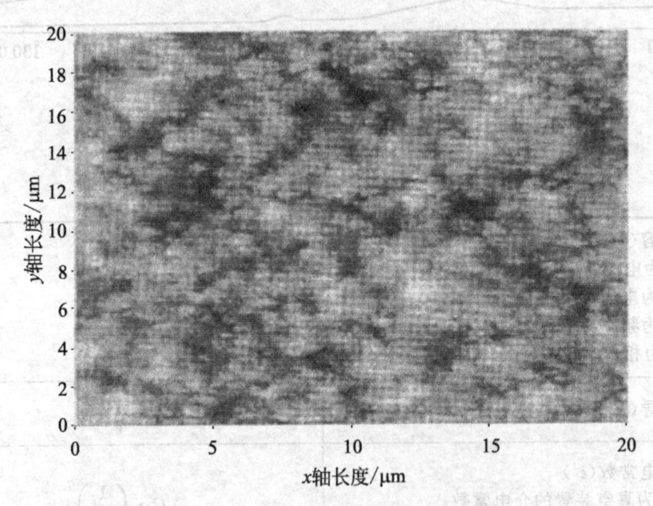


图 6-7　挤出吹塑成型工艺制备的线性低密度聚乙烯薄膜表面的原子力显微照片

## 三、热分析

### 1. 差示扫描量热计

用差示扫描量热计（DSC）测量聚烯烃的结晶度、熔融温度以及结晶和熔融热焓。如图 6-8 所示的结果用来鉴别、表征和测量结晶度。薄膜的热历史和机械应力可以通过 DSC 测量的熔融和结晶响应来分析。结晶温度随成核作用提高，因此可以测量出添加的成核剂的效果。晶体结构随着加工条件和其他处理如取向而变化，而这些都可以通过加热时对聚烯烃的熔融分析测量出来。

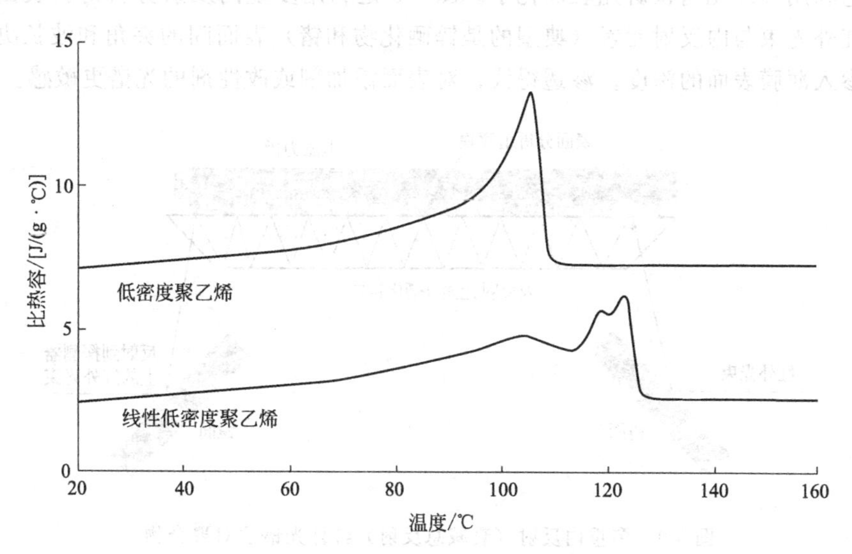


图 6-8　线性低密度聚乙烯和低密度聚乙烯（对于透明度而言，这条曲线已上移了 5 个单位）的熔融 DSC 曲线

**2. 温度调制 DSC**

温度调制 DSC（TMDSC）与 DMA 类似，DMA 测试时试样受的是振动力，而 TMDSC 测试时试样处于变化的温度下。温度响应可以归结为可逆比热容和非可逆比热容。可以同时分析晶体的重结晶、重排和熔融，这对于理解聚烯烃经过不同的加工和热处理后形态的均衡非常重要。

## 四、红外光谱

**1. 特性**

红外光谱法是鉴别聚烯烃薄膜的方便方法，主要的聚烯烃都可以很容易地鉴别出来。仔细分析红外光谱能分清甚至是非常相似的结构，而且还可以测量支化度，结晶度也可以间接地测量出来。

**2. 共混物和复合层的组分分析**

可以鉴别出聚烯烃的共混物，而且组分已知时，还可以进行定量分析。层分离后可以鉴别出复合层的组成，也可以用红外显微镜分析薄膜的切边。

### 3. 表面分析

表面红外光谱分析可以测量甘油单油酸酯、聚异丁烯、滑爽剂等表面添加剂和电晕处理。多重内反射是常用的方法，但镜面反射和切线角反射也是很有用的技术，它利用红外光谱仪研究表面化学。图 6-9 是利用多重内反射分析薄膜表面的简图。红外光束与内反射元素（典型的是锌硒化物和锗）表面间的夹角和波长决定了光束渗入薄膜表面的深度。渗透得浅，对表面添加剂或改性剂的光谱更敏感。

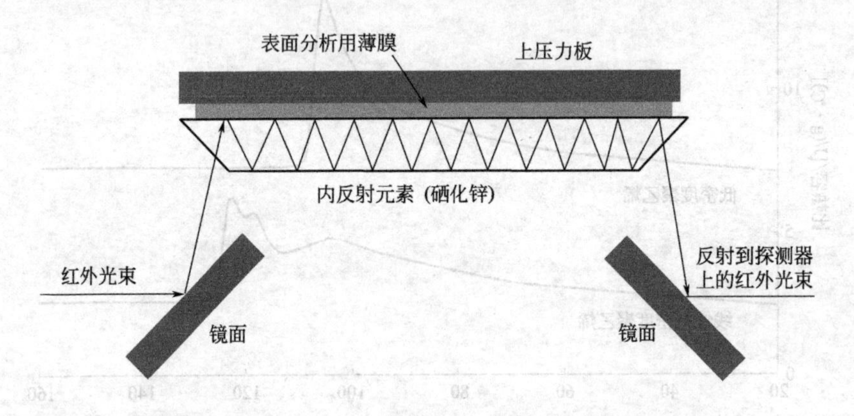


图 6-9 多重内反射（衰减总反射）红外光谱法对聚合物薄膜表面进行分析用的仪器

### 4. 其他性能

(1) 厚度

厚度也称为规格。加工过程必须实现均匀性。一般来说，厚度小于 250$\mu$m 的为薄膜；大于这一厚度的称为片材。有些薄膜的厚度在 10～20$\mu$m，多层薄膜中每一层的厚度常常只有 5$\mu$m。

(2) 耐湿性

聚烯烃是非极性聚合物，因此极具耐湿性，其耐液态水的性能没有必要达到耐水蒸气的值或湿度值。高密度聚乙烯薄膜最耐水蒸气，因为气体分子通过晶体结构扩散很难。

(3) 气体渗透

用薄膜包封、保护其他物体。薄膜的一项重要性能就是气体阻透性，尤其是对氧气、二氧化碳和水蒸气的阻透性。聚烯烃的阻透层很差。通常需要用含有另外一种聚合物或其他材料的多层薄膜赋予其适宜的阻透性。使用结晶度更高的聚合物时，阻透性提高。研究发现聚合物中无定形相的密度对分析阻透性有指导作用。

(4) 拉伸

在熔融温度以下对薄膜进行热处理可以测量出其拉伸。拉伸薄膜收缩得比其他薄膜厉害。收缩率一般是由薄膜的部分交联决定的。收缩薄膜在食品工业的产品收缩外包装上有大量应用。聚乙烯薄膜的收缩包装可用于其他包装材料上，按一定数量将瓶成组包装。

(5) 尺寸稳定性

尺寸稳定性通常是拉伸的结果。在热食品的包装、消毒和热封过程中热处理时，薄膜必须保持尺寸稳定，这与对收缩薄膜的要求相反。湿度会改变薄膜的尺寸，因为多层薄膜的其他组分或薄膜所包装的物体吸收水分。

## 第五节　食品软包装的质量控制检测方法

社会持续发展，速食食品满足了人们日趋加快的生活节奏的需求，然而不断曝光的丑闻刺激着人们的神经，食品安全问题日渐成为大家关注的焦点。包装的主要功能是保护、美化商品，使之便于保存、储运和使用，而直接接触食品的包装材料的性能对食品安全尤为重要。随着包装行业的飞速发展，软包装材料（薄膜、复合膜、纸塑铝等）因其利于运输、口部密封性好等优越性正逐步取代原来的玻璃、金属等材料，日渐占据食品包装材料的首位，其质量控制问题也越来越受到厂家关注。Labthink 兰光作为检测仪器与检测服务优秀的提供商，持续为食品包装领域客户提供最优秀最全面的品质控制解决方案。下面 Labthink 兰光针对软包装材料的几项检测项目简单地作以下介绍：

**1. 软包装透氧、透湿、溶剂残留、残氧等性能检测**

食品霉腐变质主要由微生物污染和氧化变质导致，因此除了食品本身的质量问题以外，包装材料的透氧、透湿性直接影响食品的保质期。Labthink 兰光生产的 VAC-V1 压差法气体渗透仪与 W3/030 水蒸气透过率测试仪，融合当今最先进的技术，通过强大的软件功能实现高精度全自动测试，满足业内对于这两项检测指标的质量控制需求。两款仪器均采用国际顶级核心测试部件确保测试精度，用户无需采购昂贵的进口仪器即可完成透氧、透湿指标的监控。

另外，Labthink 兰光的 HGA-01 顶空气体分析仪，配合专业采样器有效解决包装顶空气体与残氧分析问题，适用于密封包装内氧气、二氧化碳气体含量、混合比例的测定。该仪器适合在、实验室等场合快速、准确地对气体组分含量与比例做出评价，指导生产、保证产品货架期，应用范围包括即食品包装、包装、面包、肉类包装等，以高效、高精度、高使用寿命备受行业欢迎。

**2. 软包装力学检测**

Labthink 兰光生产的 XLW 智能拉力试验机，通过计算机控制自动试验，液晶显示菜单式界面，用户只需选择相应的测试项目，仪器即自动完成材料拉断力与伸长率、热封强度、撕裂强度、剥离强度、弹性模量、定伸应力等检测。软件分析功能强大，可对结果进行二次分析及叠加比对。此外，配合专业设计的夹具，该拉力机还可以对食品包装如果冻杯、包装盒等产品的包装盖膜揭开力、抗穿刺等性能进行检测，功能强大。

**3. 软包装密封性检测**

密封不好是造成包装泄漏污染的主要原因，密封性能对食品安全有很大影响，是包装检测的重要指标。Labthink 兰光生产的 MFY-01 密封性试验仪，利用真空原理，按国家标准在相应的压力作用下保持预定时间，目测试验过程是否有泄漏产生，进而来判定包装密封工艺的合理性。

**4. 软包装材料厚度检测**

软包装膜材之所以替代玻璃或金属的核心因素是其能够达到几乎与玻璃或金属包装相近的高阻隔性能，同时又具备玻璃或金属包装所不具备的轻便等优点。为确保膜材阻隔性能的均匀与稳定，需对其厚度进行严格的质量控制。千分尺或点接触式的测厚仪远不能满足食品行业对于包材厚度的要求。

# 第六节 塑料制品的性能检测方法

## 一、塑料制品硬度检测试验

塑料制品硬度是指其制品表面抵抗机械压力的能力。这个能力的大小与被测塑料的抗张强度和弹性模量有关。常用检测方法，按检测压头的形状不同，可分为邵尔硬度、布氏硬度和洛氏硬度。

(1) 邵尔硬度检测试验方法

邵尔硬度检测试验采用邵尔硬度计，此仪器采用标准弹簧压力，压头为圆锥形，压头平面为 $\Phi0.8$mm。

检测试验顺序如下。

① 按说明书要求，用硬度标准件调试压力，合标准规定值。

② 把压印头放在光滑钢板或玻璃板上，验证硬度值为 100。

③ 把试样平放在光滑金属板上，为压头施加（1±0.01）kg 负荷，施压 30s，则记录表值即为邵尔硬度值。

(2) 布氏硬度检测试验方法

布氏硬度检测试验用一种标准直径（$\Phi2.5$mm、$\Phi5$mm 或 $\Phi10$mm）表面光滑且有一定硬度的圆钢球作压头。检测时，压头压在试样上，均匀缓慢地向压头施加负荷（负荷大小见表 6-1），施压时间为 1min，卸荷后测出钢球压试样后的压痕深度值，则即可计算出此试样的布氏硬度（MPa）。

$$HB=\frac{0.21P}{0.25\pi D(h-0.04)} \tag{6-22}$$

式中　$HB$——布氏硬度，MPa；

$P$——施压负荷，N；

$D$——钢球直径，mm；

$h$——钢球压试样后的压痕深度，mm。

**表 6-1　试样承受负荷大小**

| 硬度范围(HB)/MPa | 试样厚度/mm | 钢球直径/mm | 负荷/kg |
|---|---|---|---|
| >36 | >6 | 5 | 250 |
| 20～36 | >6 | 5 | 125 |
| 8～20 | 6～10 | 5 | 62.5 |

**(3) 检测试验注意事项**

① 试样检测前在标准规定温度环境中存放时间不少于 16h。

② 检测试验压头卸荷后 1min 时间内测完压痕深度。

③ 检测试验时多个压痕中心距不小于 25mm。

④ 施加压头的负荷精确度为±1%。

⑤ 检测压痕深度仪器精确度达 0.01mm。

⑥ 试样厚度均匀，表面平整。

⑦ 采用邵尔硬度检测用试样厚度应不小于 6mm。

⑧ 多个试样压痕，计算后取平均值为试样硬度。

**(4) 洛氏硬度检测试验**

洛氏硬度的检测多应用在金属热处理后硬度值较高的金属表面硬度的检测。检测时用标准规定的压头（钢球或锥角 120°的金刚石圆锥），先进行初试验力，然后加主试验力，再返回到初试验力。用前后两次试验力作用下压头压入试样表面深度差值计算求得该试样的表面硬度 $HR$。

$$HR=130-e/c \tag{6-23}$$

式中　$HR$——洛氏硬度值；

$e$——卸除主试验力后，在初试验力下压痕深，mm；

$c$——计算常数，取 0.002mm。

采用不同的压头和主试验力配合，可获得 HRA、HRB 和 HRC 三种洛氏硬度标尺。

## 二、塑料制品的密度检测

塑料制品的密度是指单位体积内所含物质的质量，单位为 $kg/m^3$ 或 $g/cm^3$。

检测试验采用浸渍法。

**(1)** 准备工作

① 取清洁、无裂缝、无气泡塑料制品（管、板、棒），质量不大于30g。

② 天平（精确度不低于0.001g）。

③ 直径小于0.13mm的金属丝。

④ 浸渍液为蒸馏水或煤油（被测物密度小于1g/cm$^3$的选用煤油为浸渍液），温度为(23±0.5)℃。

**(2)** 检测试验方法

用天平检测塑料制品用金属丝分别吊挂在浸渍液中和在空气中的质量。则按实际测量被检测物分别在空气中、浸渍液中的质量和浸渍液的密度值，可计算出被检测制品试样的密度。即：

$$\rho=\rho_{液}(G-g)/(G-G_1) \tag{6-24}$$

式中 $\rho_{液}$——在标准温度下浸渍液密度，g/cm$^3$；

$G$——试样和金属丝在空气中的质量，g；

$G_1$——试样和金属丝在浸渍液中的质量，g；

$g$——金属丝在空气中的质量，g。

**(3)** 检测试验注意事项

① 此检测试验方法不适合薄膜和泡沫塑料制品。

② 浸渍液中不许有杂质和气泡。

③ 注意防止静电影响。

④ 注意工作环境和浸渍液温度的稳定。标准规定为(23±2)℃。

⑤ 检测试样浸入液体后，上端与液面距离不小于10mm。

## 三、塑料软包装溶剂残留检测有新规定

塑料软包装溶剂残留标准制定，把原来的取样要求取0.2m$^2$，裁剪为1cm×3cm的小块，放入500mL玻璃瓶进行烘烤。改为取内表面积100cm$^2$，放入20mL玻璃瓶进行烘烤，并且样品不要求裁剪。

这次修改是根据国外最新标准制定的，新方法比原来有三个优点：

① 面积减小后容易取样。因为对于已经分切的卷膜，因为要除去边缘处，面积太大不方便取样。

② 减少复合膜层间黏合剂层的溶剂干扰。溶剂残留主要指表层印刷的溶剂残留量，如果裁剪成很多小碎片，层间黏合剂层暴露多，集中挥发的溶剂对结果影响大。

③ 方便操作，减少了工作量。

## 四、降解塑料的标准及试验评价方法

如表6-2所示为降解塑料的标准及试验评价方法。

表 6-2 降解塑料的标准及试验评价方法

| 标准号 | 标准名称 |
| --- | --- |
| ASTM G22—87 | 测试合成高分子材料抵抗细菌的标准操作法 |
| ASTM G21—90 | 测试合成高分子材料抵抗真菌的标准方法 |
| ASTM D3826—91 | 采用拉伸试验测定可降解聚乙烯及聚丙烯降解终点的标准规则 |
| ASTM D5071—91 | 可光降解塑料曝晒用水氙灯弧型曝晒仪标准操作规则 |
| ASTM D5152—91 | 降解塑料残余固体物水萃出物的毒性试验标准 |
| ASTM D5208—91 | 可光降解塑料曝晒用(荧光)紫外线及冷凝仪标准操作规则 |
| ASTM D5209—91 | 城市污水淤泥中,测定可降解塑料需氧生物降解性的标准试验方法 |
| ASTM D5210—91 | 城市污水淤泥中,测定可降解塑料厌氧生物降解性的标准试验方法 |
| ASTM D5247—92 | 采用特定微生物测定可降解塑料需氧生物降解性的标准试验方法 |
| ASTM D5272—92 | 光降解塑料户外曝露试验标准规则 |
| ASTM D5338—92 | 受控堆肥化条件下测定可降解塑料需氧生物降解的试验方法 |
| ASTM D5437—93 | 塑料在海洋漂浮曝露状态下耐候试验标准规则 |
| ASTM D5509—96 | 塑料曝露于模拟堆肥环境中的标准规则 |
| ASTM D5512—96 | 塑料曝露于采用外加热器的模拟堆肥环境中的标准规则 |
| ASTM D5951—96 | 固体废弃物中的塑料可生物降解性试验方法 |
| ASTM D6002—96 | 环境降解塑料堆肥性评价的标准准则 |
| ASTM D6003—96 | 固体废弃物中的塑料经可生物降解试验方法进行毒性和堆肥质量试验后配制的剩余固体物的标准规则 |
| JISK 6950—94 | 生物降解塑料测试方法标准(日本) |
| DINV 54900 | 通过堆肥实验检测生物降解塑料生物降解性标准(德国) |
| ISO DIS 14851 | 水系培养液中需氧条件下生物降解率试验方法 |
| ISO DIS 14852 | 水系培养液中需氧条件下生物降解率试验方法 |
| ISO CD 14853 | 水系培养液中厌氧条件下生物降解率试验方法 |
| ISO CD 14855 | 堆肥条件下的需氧生物降解试验方法 |
| ISO 846—1999 | 塑料在真菌和细菌作用下的行为测定——用直观检验法或用测量质量或物性变化的评价方法 |

## 五、降低聚氨酯预聚体的黏度的方法

① 严格控制原料中的水分含量，水分的含量应低于0.05%；

② 制备预聚体时应在酸性条件下进行；

③ 降低多元醇中金属杂质，不能接触铜和铁等制品零件；

④ 严格控制反应温度和时间，在适当的温度条件可制得黏度较低，使用性能和最终性能优良的预聚体，但在无催化剂的条件下，如果反应温度低，则反应时间

较长，通常为（80±5)℃；

⑤ 加料顺序和混合均匀。

## 第七节 塑料薄膜实用标准规范

### 一、电气绝缘用聚酯薄膜（GB 13950—1992）

本标准规定了电气绝缘用聚酯薄膜的产品分类、技术要求、试验方法、检验规则、标志、包装、运输和贮存。本标准适用于由聚对苯二甲酸乙二醇酯经铸片及双轴定向而制得的薄膜。

### 二、包装用双向拉伸聚酯薄膜（GB/T 16958— 1997）

本标准（GB/T 16958—1997 包装用双向拉伸聚酯薄膜 国家标准 GB/T16958—1997）规定了包装用双向拉伸聚酯薄膜的产品规格、要求、试验方法、检验规则、标志、包装、运输和贮存。本标准适用于以聚对苯二甲酸乙二醇酯树脂为原料，经双向拉伸制成薄膜的生产、使用、流通和监督检验。

### 三、聚酰亚胺薄膜（JB/T 2726—1996）

本标准规定了聚酰亚胺薄膜的型号、技术要求、试验方法、检验规划、标志、包装、运输和贮存。

本标准适用于由均苯四甲酸二酐与 4,4-二氨基二苯醚合成树脂，再经加工制成的聚酰亚胺薄膜。

### 四、聚四氟乙烯薄膜（QB/T 3627—1999）

本标准适用于模压法成型的毛坯经车削加工制得的聚四氟乙烯不定向薄膜及由不定向薄膜再压延制得的半定向和定向薄膜。

## 第八节 薄膜试验方法标准规范

### 一、公路交通标志反光膜 GB/T 18833—2012

本标准规定了道路交通用反光膜的分类、技术要求、测试方法、检验规则及标志、包装、运输、贮存的要求。

本标准适用于道路交通标志、轮廓标、交通锥、交通柱、防撞桶（垫）、路栏等交通管理和作业设施所用反光膜，水运、航空、铁路等其他交通运输用反光膜可参照执行。

## 二、石油沥青薄膜烘箱试验法 GB/T 5304—2001

本标准（GB/T 5304—2001 石油沥青薄膜烘箱试验法 国家标准 GB/T 5304—2001 ）适用于测定热和空气对石油沥青薄膜的影响。这种影响是通过测定试验前后石油沥青的某些性质变化确定的。本标准没有规定有关安全方面的问题，如果需要，使用者在使用前制定出适当的人身安全防护措施。

## 三、物理气相沉积 TiN 薄膜技术条件 GB/T 18682—2002

本标准规定了物理气相沉积 TiN 薄膜的技术要求。本标准适用于物理气相沉积 TiN 薄膜，也适用于其他方法制备的 TiN 薄膜。本标准也适用于其他材料沉积层（TiC，TiCN，TiAlN 等）。

## 四、塑料薄膜和薄片长度和宽度的测定 GB/T 6673—2001

本标准（GB/T 6673—2001）塑料薄膜和薄片长度和宽度的测定，标准中主要规定的塑料薄膜和薄片“任意”长度和“任意”宽度的试验方法，为塑料薄膜和薄片的“自然”长度和“自然”宽度的试验方法；修订前版中增加“精度”一章；在编写格式上，将前版标准的塑料薄膜和薄片的长度和宽度的测定两个部分合并。

## 五、塑料薄膜和薄片　厚度测定　机械测量法 GB/T 6672—2001

GB/T 6672—2001 塑料薄膜和薄片厚度测定　机械测量法

本标准规定了机械测量法测量塑料薄膜或薄片样品厚度的试验方法。

本标准不适用于压花的塑料薄膜或薄片。

## 六、进出口薄膜晶体管彩色液晶显示器检验方法 SN/T 1175—2003

本标准规定了薄膜晶体管彩色液晶显示器的检验方法。对评价液晶显示器的性能而规定的各项参数的限定值，本标准不作规定。本标准适用于进出口薄膜晶体管彩色液晶显示器的检验，其额定电压不超过 250V。本标准不适用于为工业目的专门设计的薄膜晶体管彩色液晶显示器。

## 七、塑料薄膜和薄片气体透过性试验方法压差法 GB/T 1038—2000

本标准规定了用压差法测定塑料薄膜和薄片气体透过量和气体透过系数的试验方法。本标准适用于测定空气或其他试验气体。

## 八、化学转化膜　钢铁黑色氧化膜　规范和试验方法 GB/T 15519—2002

本标准规定了铁和钢（包括铸铁、锻铁、碳钢、低合金钢和不锈钢）上的黑色氧化膜的要求。黑色氧化膜可用来减小滑动面或支承面间的摩擦，或用于装饰，或减少光反射。这种膜无论是否经过附加防腐处理，都可用于需要黑色表面的地方；即使经过附加防腐处理，在轻度腐蚀条件下，也仅能获得很有限的腐蚀防护性能。本标准对黑色氧化前基材的状态、加工和表面粗糙度没有规定要求。

## 九、塑料薄膜、袋、片标准（表 6-3）

表 6-3　塑料薄膜、袋、片标准

| 标准号 | 标准名称 |
| --- | --- |
| GB/T 3830—1994 | 软聚氯乙烯压延薄膜和片材 |
| GB/T 4455—1994 | 农业用聚乙烯吹塑薄膜 |
| GB/T 4456—1996 | 包装用聚乙烯吹塑薄膜 |
| GB/T 5663—1985 | 药用聚氯乙烯(PVC)硬片 |
| GB/T 10003—1996 | 普通型双向拉伸聚丙烯薄膜 |
| GB/T 10004—1998 | 耐蒸煮复合膜、袋 |
| GB/T 10005—1998 | 双向拉伸聚丙烯(BOPP)低密度聚乙烯(LDPE)复合膜、袋 |
| GB/T 10457—1989 | 聚乙烯自粘保鲜膜 |
| GB/T 10805—1989 | 食品包装用硬质聚氯乙烯薄膜 |
| GB/T 12025—1989 | 高密度聚乙烯吹塑薄膜 |
| GB/T 12026—2000 | 热封型双轴拉伸聚丙烯薄膜 |
| GB/T 12802—1995 | 电气用双向拉伸聚丙烯薄膜 |
| GB/T 13519—1992 | 聚乙烯热收缩薄膜 |
| GB/T 13542—1992 | 电气用塑料薄膜一般要求 |
| GB/T 13735—1992 | 聚乙烯吹塑农用地面覆盖薄膜 |
| GB/T 13950—1996 | 电气绝缘用聚酯薄膜 |
| GB/T 15267—1994 | 食品包装用聚氯乙烯硬片、膜 |
| GB/T 16719—1996 | 双向拉伸聚苯乙烯(BOPS)片材 |
| GB/T 17030—1997 | 食品包装用聚偏二氯乙烯(PVDC)片状肠衣膜 |
| GB 18192—2000 | 液体食品无菌包装用纸基复合材料 |
| GB 18454—2001 | 液体食品无菌包装用复合袋 |
| GB/T 18893—2002 | 商品零售包装袋 |
| QB/T 1125—1991 | 未拉伸聚乙烯、聚丙烯薄膜 |
| QB/T 1127—1991 | 软聚氯乙烯印花薄膜 |
| QB/T 1128—1991 | 单向拉伸高密度聚乙烯薄膜 |

续表

| 标准号 | 标准名称 |
| --- | --- |
| QB/T 1231—1991 | 液体包装用聚乙烯吹塑薄膜 |
| QB/T 1257—1991 | 软聚氯乙烯吹塑薄膜 |
| QB/T 1259—1991 | 聚乙烯气垫薄膜 |
| QB/T 1260—1991 | 软聚氯乙烯复合薄膜 |
| QB/T 1871—1993 | 双向拉伸尼龙(BOPA)/低密度聚乙烯(LDPE)复合膜、袋 |
| QB/T 1956—1994 | 聚丙烯吹塑薄膜 |
| QB/T 2028—1994 | 软聚氯乙烯装饰膜(片) |
| QB/T 2029—1994 | 丙烯腈-丁二烯-苯乙烯/聚氯乙烯(ABS/PVC)片材 |
| QB/T 2188—1995 | 高发泡聚乙烯挤出片材 |
| QB/T 2197—1996 | 榨菜包装用复合膜、袋 |
| QB/T 2461—1999 | 包装用降解聚乙烯薄膜 |
| QB/T 2471—2000 | 聚丙烯挤出片材 |
| QB/T 2472—2000 | 农业用软聚氯乙烯压延拉幅薄膜 |
| QB/T 3627—1999 | 聚四氟乙烯薄膜 |
| QB/T 3628—1999 | 螺纹密封用聚四氟乙烯生料带 |
| BB/T 0003—1994 | 耐高温蒸煮膜、袋 |
| BB/T 0011—1997 | 聚乙烯低发泡防水阻隔薄膜 |
| BB/T 0012—1998 | 聚偏二氯乙烯(PVDC)涂布薄膜 |
| BB/T 0144—1999 | 夹链自封袋 |
| HJBZ 12—2000 | 包装制品 |
| DB 11/200—2000 | 高密度聚乙烯(HDPE)背心式塑料袋 |
| YY 0236—1996 | 药品包装用复合膜(通则) |

## 第九节 吹塑膜阻隔层厚度的精确测定

### 一、概述

当共挤出阻隔膜层时，保持吹塑薄膜质量的一种方法是实时膜厚控制，当膜厚数据被迅速地传送到工艺控制系统时，实时膜厚控制是最为有效的。许多吹膜生产线采用的是往复式电容测厚仪，当它被放在靠近膜泡的地方时，由于受到过程热量对材料介电常数的影响，常用阻隔材料如尼龙和 EVOH 的膜厚测量数据不准确。

往复式电容测厚仪以外另一种手段是g核子感应器，当它绕膜泡旋转时，其精确性会受到扫描头位置局限性的影响。这是因为g射线感应时固有灵敏度受到与膜间距和膜泡微小摆动的限制。

## 二、阻隔薄膜厚度扫描仪

图6-10 矩形框架式膜厚扫描仪
（采用中继方式，和其他测厚仪相比，数据传输控制速度显著提高）

位于美国马萨诸塞州格罗斯特市的巴顿菲尔·格罗斯特工程公司开发出创新的阻隔薄膜厚度扫描仪，它精度高，能迅速将数据传送给工艺控制器。它的名称为矩形框架式膜厚扫描仪，它采用一个固定的探测器，在任何温度都能无接触式地对多层薄膜进行测量，并对于所有的阻隔性树脂均有效。同时它还能通过该公司的ExtrolTM专利工艺控制系统，提供实时的控制（图6-10）。

矩形框架式膜厚扫描仪安装在旋转往复式牵引装置和夹辊间，测量夹泡后的平折膜厚。扫描仪的b探测器安装在矩形的框架中，薄膜通过框架后分离。探测器能精确地扫描薄膜的两面，并在牵引装置只是旋转90°后传输数据。

## 三、阻隔层厚度的精确测定

大多数传统的固定测厚的感应器需要牵引装置完全旋转360°后才能计算薄膜厚度和传输数据，这个过程可能需花20min的时间。所以矩形框架式膜厚扫描仪不仅精确，而且采用中继方式传输工艺控制数据明显要比其他感应器迅速，仅需5～6min，刚好就在牵引装置完成第一次旋转之前。

扫描仪采用了复杂的信号处理算法，能使巴顿菲尔独有的Extrol控制系统将薄膜两侧的厚度数据精确地分开，确定出厚度精度。Extrol控制器以所获数据为基础，调整工艺参数，实现或保持一定的薄膜厚度，当使用重力测定和自动数据控制时，就能显著地减少膜厚的波动。

矩形框架式膜厚扫描仪通常被设计用来膜厚测量，但也可附带不同的感应器，例如红外线或原子射线，以提供有关阻隔膜层厚度的数据，并进行分离。扫描仪的非接触式操作使它极为适合用于对薄膜表面质量敏感的场合之中。

矩形框架式膜厚扫描仪消除了采用电容式料泡测厚仪时电介性波动的问题。与其他探测器相比，该探测器具有信噪比更强、时间常数更快和寿命更长的其他优势，它们都能造就更精确和更稳定的测量。

矩形框架式膜厚扫描仪在价格上和往复式电容测厚仪相比具有竞争力。对于巴顿菲尔·格罗斯特公司新吹膜生产线，矩形框架式膜厚扫描仪为可选装置，同时它也可对巴顿菲尔配有Extrol 6032工艺控制系统的生产线进行改造。

# 第十节 复合膜包装的卫生要求及其检测

## 一、概述

当前，乳制品作为一种健康食品已走进千家万户，成为人们饮食生活中必不可少的食品。作为与乳品密不可分的包装容器、包装材料及各种精美印刷图案是否安全可靠，将直接关系着消费者的身体健康。

复合膜包装的卫生要求重点在两个方面：一是包装材料本身的卫生要求；二是印刷油墨的卫生要求。下面就这两个方面分述如下。

## 二、包装材料的卫生要求

市场上流通较多的乳品包装形式有2种，一是常见的利乐包装，二是复合膜袋(俗称黑白膜)。“利乐包装”主要由PE/纸/铝箔/PE四层或七层复合而成；“复合膜袋（黑白膜）”主要由LDPE/LLDPE/mPE复合而成。这两类材料的结构及生产过程较为复杂，包装材料本身的溶剂残留量是一个不容忽视的问题。目前，我国还没有专门对乳品包装材料制定的卫生、环保要求，同样执行食品包装材料及其卫生指标的国家标准，如NY/T 658—2002《绿色食品包装通用准则》、GB/T 10005—1998《双向拉伸聚丙烯（BOPP）/低密度聚乙烯（LDPE）复合膜、袋卫生标准》、GB 9681—1988《食品包装用聚氯乙烯成型品卫生标准》、GB 9683—1988《复合食品包装袋卫生标准》、GB 9687—1988《食品包装用聚乙烯成型品卫生标准》、GB 9688—1988《食品包装用聚丙烯成型品卫生标准》、GB 9690—1988《食品包装用三聚氰胺成型品卫生标准》、GB 9686—1988《食品容器内壁酰胺环氧树脂涂料卫生标准》、GB 9691—1988《食品包装用聚乙烯树脂卫生标准》、GB 9693—1988《食品包装用聚丙烯树脂卫生标准》等。

我国现行包装国标中有一些指标与国外相关产品的相应指标相差较多，如日本相关法律规定，食品包装材料和印刷油墨溶剂残留总量不大于3mg/m$^2$；要求单一溶剂的残留总量不大于1mg/m$^2$。而我国GB/T 10005—1998中要求溶剂残留总量不大于10mg/m$^2$，单一溶剂的残留总量不大于3mg/m$^2$，其中还没有考虑印刷油墨的溶剂残留量。

## 三、印刷油墨的卫生要求

由于几乎所有的复合膜食品包装材料都需要用油墨进行印刷，因此印刷油墨与食品卫生紧密相关。虽然复合膜袋具有较高的耐热、耐水、耐油、耐化学试剂的特性及一定的阻隔性和热封性，但由于复合膜包装材料自身的局限性，如砂眼、相对阻隔性及相对耐抗性等的缺陷，印刷油墨中可溶性重金属及残留溶剂等会通过印刷流程而迁移到内容物中。其中，影响包装卫生质量的指标有以下几个方面。

**1. 可溶性重金属含量**

镉、铅、汞、铬、砷等重金属都可对自然环境及人体构成严重危害，如铅的慢性低水平接触，可引起人体免疫功能的变化，抑制抗体产生；引起儿童及婴幼儿智力发育迟缓，甚至引起抽搐等严重后果。国外早已严格控制各种与人体接触的产品的重金属含量，欧共体、美国、日本等都制定了各种相关的法规和标准，如欧共体标准 EN71-3：1994、EN71-7：1997；美国标准 ASTM F963—96a 等。我国目前还没有对于油墨中重金属限量规定的国家标准，在包装品检测中我们推荐采用欧共体标准 EN71-3：1994、EN71-7：1997 和 ASTM F963—96a。

采用欧共体标准对一些油墨进行大量试验，发现其中一些物质，特别是铅、铬、镉的含量较高。例如复合膜印刷油墨中，铅含量在 0.25～1000mg/kg，且多数印刷油墨的铅含量远远高于欧美一些国家规定的限量，对人体的健康有一定的危害。

**2. 溶剂残留量**

我国的复合膜包装印刷油墨主要是溶剂型油墨和水性油墨，由于水性油墨起步较晚，且工艺问题还没有完全解决，用于复合膜袋的印刷效果尚不理想，因此，大部分企业仍采用溶剂型油墨印刷。溶剂型油墨中一般含有大量的有机溶剂，其中一些是有害溶剂，虽然经过深加工及强制干燥，使大部分溶剂挥发，但仍有部分溶剂残留在包装物上，会危害人体健康。目前我国关于溶剂型油墨溶剂残留量的标准只有行业标准 QB/T 2024—94《凹版复合塑料薄膜油墨》，其中规定，甲苯、二甲苯、异丙醇、乙酸乙酯、丁酮、丙酮、乙醇、乙酸丁酯 8 种溶剂残留量之和不大于 30mg/$m^2$，而我们在检测中发现，多数油墨中仅单一溶剂的残留量就在 10mg/$m^2$ 以上。

因此，对印刷乳品包装用油墨的溶剂残留量亟待做出详细及严格的规定和约束，以确保包装卫生安全。

**3. 有害化学物质**

用于复合膜包装印刷的油墨属于混合物，除着色剂（主要为颜料）、溶剂外还含有一定比例的助剂。美国、日本及欧洲一些国家都对油墨中禁用或限用的毒性物、致癌物、腐蚀物、感官刺激物、有毒再生物等，制定了相应的法律、法规或技术标准。在我国经济迅速发展的今天，也应对此尽快出台相应的标准或法规。

## 四、卫生指标的检测方法

**1. 可溶性重金属含量的检测**

将适量测试油墨样品涂布在玻璃板上，待其完全干燥后，采用机械方法在室温下从玻璃板上获取涂层并粉碎，通过孔径为0.5mm的金属筛，最终获得不少于100mg的测试样品。

将测试样品与温度为（37±2)℃的适量盐酸水溶液0.07mol/L混合，调节pH值在1.0～1.5，持续搅拌混合溶液1h，搅拌完成后，在（37±2)℃条件下放置1h，然后尽快将混合物中的固体物有效地分离出去，将待测溶液用原子吸收分光光度计或等同原理的化学仪器测试各类可溶性重金属元素的含量。

**2. 包装材料溶剂残留量的检测**

采用气相色谱仪或等同原理的仪器，按生产实际使用溶剂的种类配制标准溶剂样品，用微升注射器取0.5μL、1μL、2μL、3μL和4μL样品，换算成质量。将样品分别注入用硅橡胶密封好的清洁干燥的500mL三角瓶中，送入（80±2)℃恒温烘箱中放置30min后，用5mL注射器从瓶中取1mL气体，迅速注入色谱仪中测定。以其出峰总面积值分别与对应的样品质量做出标准曲线。

裁取0.2$m^2$样品，将样品迅速裁成10mm×30mm碎片，放入清洁的、在80℃条件下预热的500mL三角瓶中，用硅胶塞密封，送入（80±2)℃恒温烘箱中加热30min后，用5mL注射器取1mL瓶中气体注入色谱仪中测定。以出峰总面积值在标准曲线上查出对应的溶剂残留量，试验结果以mg/$m^2$表示。

**3. 油墨溶剂残留量的检测**

采用气相色谱仪或等同原理的仪器，按产品标准要求的溶剂种类配制标准溶剂，将每种溶剂用10μL进样器通过密封胶塞向300mL输液瓶中注入1μL标准溶剂，放入（80±1)℃恒温烘箱中20min后取出，隔日再放入（50±1)℃恒温烘箱中20h以上，取出后用1mL注射器分别从瓶中抽取0.2mL、0.6mL、0.8mL、1.0mL的气体进行测试，做出标准曲线。

将油墨在双向拉伸聚丙烯薄膜上制成印样，悬空放置2h，将试样裁切成4条，规格为5cm×10cm，总面积为200$cm^2$，立即置于300mL输液瓶中塞紧瓶口，置于(80±1)℃恒温烘箱中30min，取出后用1mL注射器抽取气体，注入色谱仪测定，以出峰总面积值在标准曲线上查出对应的溶剂残留量，试验结果以mg/$m^2$表示。

## 第十一节　包装材料塑料薄膜性能的测试方法

### 一、概述

在塑料包装材料中，各种塑料薄膜、复合塑料薄膜具有不同的物理、力学、耐热以及卫生性能。人们根据包装的不同需要，选择合适的材料来使用。如何评价包装材料的性能呢？国内外测试方法有很多。我们应优先选择那些科学、简便、测量误差小的方法。优先选择 ISO 国际标准、国际先进组织标准（如 ASTM、TAPPI 等）和我国国家标准、行业标准（如 BB/T 标准）、QB/T 标准、HB/T 标准等等。

本节编者在从事检验工作中，使用过一些检测方法，向读者简单介绍如下。

① GB/T 2828.1—2003《计数抽样检验程序逐批检验抽样计划》；

② GB/T 2918—1998《塑料试样状态调节和试验的标准环境》。

## 二、规格、外观

塑料薄膜作为包装材料，它的尺寸规格要满足内装物的需要。有些薄膜的外观与货架效果紧密相连，外观有问题直接影响商品销售。而厚度又是影响力学性能、阻隔性的因素之一，需要在质量和成本上找到最优化的指标。因此这些指标就会在每个产品标准的要求中做出规定，相应的要求检测方法一般有：

### 1. 厚度测定

GB/T 6672—2001《塑料薄膜和薄片厚度测定　机械测量法》。该标准非等效采用 ISO 4593：1993《塑料—薄膜和薄片—厚度测定—机械测量法》。适用于薄膜和薄片的厚度的测定，是采用机械法测量即接触法，测量结果是指材料在两个测量平面间测得的结果。测量面对试样施加的负荷应在 0.5～1.0N 之间。该方法不适用于压花材料的测试。

### 2. 长度、宽度

GB/T 6673—2001《塑料　薄膜与片材长度和宽度的测定》非等效采用国际标准 ISO4592：1992《塑料—薄膜和薄片—长度和宽度的测定》。该标准规定了卷材和片材的长度和宽度的基准测量方法。

塑料材料的尺寸受环境温度的影响较大，解卷时的操作拉力也会造成材料的尺寸变化。测量器具的精度不同，也会造成测量结果的差异。因此在测量中必须注意每个细节，以求测量的结果接近真值。

标准中规定了卷材在测量前应先将卷材以最小的拉力打开，以不超过 5m 的长度层层相叠不超过 20 层作为被测试样，并在这种状态下保持一定的时间，待尺寸稳定后再进行测量。

### 3. 外观

塑料薄膜的外观检验一般采取在自然光下目测。外观缺陷在 GB/T 2035《塑料术语及其定义》中有所规定。缺陷的大小一般需用通用的量具，如钢板尺、游标卡尺等进行测量。

## 三、物理力学性能

### 1. 塑料力学性能——拉伸性能

塑料的拉伸性能试验包括拉伸强度、拉伸断裂应力、拉伸屈服应力、断裂伸长率等试验。

塑料拉伸性能试验的方法国家标准有几个，适用于不同的塑料拉伸性能试验。

GB/T 1040—1992《塑料拉伸性能试验方法》一般适用于热塑性、热固性材料，这些材料包括填充和纤维增强的塑料材料以及塑料制品。适用于厚度大于1mm的材料。

GB/T 13022—1991《塑料　薄膜拉伸性能试验方法》是等效采用国际标准ISO 1184—1983《塑料　薄膜拉伸性能的测定》。适用于塑料薄膜和厚度小于1mm的片材，该方法不适用于增强薄膜、微孔片材。

**2. 微孔膜的拉伸性能测试**

以上两个标准中分别规定了几种不同形状的试样和拉伸速度，可根据不同产品情况进行选择。如伸长率较大的材料，不宜采用太宽的试样；硬质材料和半硬质材料可选择较低的速度进行拉伸试验，软质材料选用较高的速度进行拉伸试验等等。

**3. 撕裂性能**

撕裂性能一般用来考核塑料薄膜和薄片及其他类似塑料材料抗撕裂的性能。

GB/T 16578—1996《塑料薄膜和薄片耐撕裂性能试验方法　裤形撕裂法》等效采用国际标准ISO 6383-1：1983《塑料-薄膜和薄片-耐撕裂性能的测定　第1部分：裤形撕裂法》，适用于厚度在1mm以下软质薄膜或片材。试验方法是将长方形试样在中间预先切开一定长度的切口，像一条裤子，故名裤形撕裂法。然后在恒定的撕裂速度下，使裂纹沿切口撕裂下去所需的力。使用仪器同拉伸试验仪中的非摆锤式的试验机。

QB/T 1130—1991《塑料直角撕裂性能试验方法》适用于薄膜、薄片及其他类似的塑料材料。试验方法是将试样裁成带有90°直角口的试样，将试样夹在拉伸试验机的夹具上，试样的受力方法与试样方向垂直。用一定速度进行拉伸，试验结果以撕裂过程中的最大力值作为直角撕裂负荷。试样如果太薄，可采用多片试样叠合起来进行试验。但是，单片和叠合试样的结果不可比较。叠合试样不适用于泡沫塑料片。

GB/T 11999—1989《塑料薄膜和薄片耐撕裂性试验方法　埃莱门多夫法》等效采用国际标准ISO 6383/2—1983《塑料薄膜和薄片耐撕裂性的测定——第二部分：埃莱门多夫法》，适用于软塑料薄膜、复合薄膜、薄片，不适用于聚氯乙烯、尼龙等较硬的材料。原理是使具有规定切口的试样承受规定大小摆锤储存的能量所产生的撕裂力，以撕裂试样所消耗的能量计算试样的耐撕裂性。

**4. 摩擦系数**

静摩擦系数是指两接触表面在相对移动开始时的最大阻力与垂直施加于两个接触表面的法向力之比。

动摩擦系数是指两接触表面以一定速度相对移动时的阻力与垂直施加于两个接触表面的法向力之比。

试验是由水平试验台、滑块、测力系统和使水平试验台上两试验表面相对移动的驱动机构等组成的。

试验通过将两试验表面平放在一起，在一定的接触压力下，使两表面相对移动，测得试样开始相对移动时的力和匀速移动时的力。通过计算得出试样的摩擦系数。

静（动）摩擦系数测量目前常用的方法标准为 GB/T 10006—1988《塑料薄膜和薄片摩擦系数测定法》。它非等效采用国际标准 ISO 8295—1986《塑料—薄膜和薄片—摩擦系数的测定》。

### 5. 热合强度

塑料薄膜作为包装材料，常常用热合的方法将被包装物封装在内，是否达到良好的密封，热合的质量很重要，目前试验室常用的仪器设备“热梯度仪”是一台可设定不同温度、压力、时间的热合试验设备，它可用于试验某种材料在某种条件下封合的最佳效果，封合质量可用 QB/T 2358—1998《塑料薄膜包装袋热合强度试验方法》，这是常用的方法标准。该标准适用于各种塑料薄膜包装袋的热合强度测定。

试验是将条形试样的两端夹在拉力试验的两个夹具上，进行拉伸，破坏试样封合部位的最大力值，就是热合的力值，结果一定以单位长度的试样所用的力值来表示，即热合强度。所用的力用 N/m 来表示。

### 6. 剥离力

复合薄膜是用干复式或共挤式将不同单膜复合在一起，复合的好坏直接影响着复合膜的强度，阻隔性及今后的使用寿命。所以在选用包装材料前测试复合层的剥离力很重要。

GB/T 8808—1988《软质复合塑料材料剥离试验方法》是将预先剥开起头的被测膜的预分离层的两端夹在拉力试验机上，测试剥开材料层间时所需的力。

### 7. 抗冲击性能

GB/T 8809—1988《塑料薄膜抗摆锤冲击试验方法》适用于各种塑料薄膜抗摆锤冲击试验。试验是测量半圆形摆锤冲击在一定速度下冲击穿过塑料膜所消耗的能量。

GB/T 9639—1988《塑料薄膜和薄片抗冲击性能试验方法　自由落镖法》适用于塑料薄膜和厚度小于 1mm 的薄片。试验是在给定的自由落镖冲击下，测定 50% 塑料薄膜和薄片试样破损时的能量。以冲击破损质量表示。

## 四、阻隔性能

塑料薄膜作为包装材料，需要有对内装物起到保护作用，阻隔外界环境对商品的影响，如防潮、防氧化、防油、防气味等。

### 1. 阻隔水蒸气性能

防潮性能的测试方法有很多。常用的测试方法有 GB/T 1037—1988《塑料薄膜和片材透水蒸气性能试验方法　杯式法》，该方法适用于塑料薄膜、复合塑料薄膜、片材和人造革等材料。被测试样在规定的温度、相对温度条件下，将试样用混合的石蜡和蜂蜡封在透湿杯上，杯内装一定量的干燥剂，试样的两端保持一定的水蒸气压差。称量封好试样在试验前和加湿后质量的变化，其增量即水蒸气透过量。

GB/T 16928—1997《包装材料试验方法　透湿率》标准等效采用美国联邦标准 FED-STD-101 中第 3030，该方法适用于纸塑复合材料等。试验是将干燥剂封装在试样中，将被测面暴露在测试环境中，经一定时间，称量其试验前后质量变化的增量。

GB/T 6982—2003《软包装容器透湿度试验方法》适用于密封的软包装容器，将干燥剂装入被测容器中，将其密闭，然后置于规定的温湿度条件下，经一定的时间试样增加的质量，即水蒸气透过量。

以上方法的缺点是试验时间长，受环境影响较大。特别是近年来，高阻隔的塑料包装材料越多，有些方法的精度显然不够了。现在国内某实验室引进美国 M0CON 公司和香港拔萃公司的透湿度测定仪。M0CON 公司采用美国 ASTM《F1249—2001（代替 F1249—90）Standard test method for water vapor transmission rate through plastic film and sheeting using a modulated infrared sensor》的标准。

### 2. 阻气性能

目前国内普通应用的透气性试验方法为 GB/T 1038—2000《塑料薄膜和薄片气体透过性试验方法　压差法》。该标准等效采用 ISO 2556：1974，适用于测定塑料薄膜和片材。试验仪器有低压和高压腔组成，将试样贴在高、低压腔之间，密闭腔将两腔用真空泵抽真空，然后向高压腔充 1atm（0.1MPa）的试验气体。通过测量低压室内的压力增量来计算气体透过量。国内某实验室也引进美国 M0CON 公司的仪器，采用的是美国 ASTM《Designation：D3985—81（Reapproved 1988）Stand and test method for oxygen gas transmission rate through plastic film and sheeting using a coulometric sensor》的标准。

## 五、包装材料阻隔性检测

### 1. 透气性测试

透气性是高聚物最重要的物理性能之一。特别是塑料片材、薄膜、涂层等高聚物制品，对透气性能有特殊的要求。透气性能与耐老化性能有密切关系，也与高分子结构有关，因而测定透气性具有重要的理论意义与实际价值。

测量高聚物透气性方法很多，用得较多的有压力法、容积法等，而用得最广泛的是压力法。因为压力法准确性高、重复性好，容易自动记录，也容易实现。

从测试原理分类，包装材料的透气性测试有压差法和通过电量分析传感器的成分分析法两类。

压差法的测定原理是用试验薄膜隔成两个独立的空间，将其中一侧（高压室）充入测定用气体，而另一侧（低压室）则抽真空，这样在试样两侧就产生了一定的压差，高压室的气体就会通过薄膜渗透到低压室，通过测量低压室的压力或体积变化就可以得出气体的渗透率。压差法具有简单、方便，可以测定各种气体，以及仪器设备价格较低等优点。我国唯一的气体透过率国家标准 GB/T 1038—2000 就是采用了压差法，我国目前企业和事业单位所使用的气体透过率测试仪器也基本上是压差法的仪器。

电量分析型氧气透过率测试仪的原理是用试验膜隔成两个独立的气流系统，一侧为流动的待测气体（可以是纯氧气或含氧气的混合气体，可以设定相对湿度），另一侧为流动的具有稳定相对湿度的氧气。试样两边的总气压相等，但氧的分压不同，在氧气的浓度差作用下，氧气透过薄膜。通过薄膜的氧气在氮气流的载运下送至电量分析传感器中，电量分析传感器能测量出气流中所含的氧气量，从而计算出材料的氧气透过率。

电量分析型氧气透过率测试仪可以控制不同的湿度、温度及不同氧含量的气体等测试条件，能更有效地模拟包装在实际中的作用条件，测试过程中试样两侧压力相同，有利于减少试验过程中的泄漏和对试样的破坏，且其检测使用寿命不长，对于高氧气透过率的材料，测试过程中对检测探头的寿命影响不大，试验成本较高。

目前，我国所使用的氧气透过率检测仪器以压差法的产品居多。国内氧气透过率仅有 GB 1038《塑料薄膜和膜片气体透过性试验方法　压差法》这一标准，这也是检测单位选择购买压差法的氧气透过率测试仪的一个原因。制定一个类似 ASTM D3985 的电量分析法测量氧气透过率的国家标准是相当有必要的。

**2. 透湿性测试**

从检测原理上来分，透湿性测试方法主要有称重法和红外线检定法两类。

称重法分为增重法和减重法。增重法的原理是先将一定的干燥剂（一般用无水氯化钙）放入透湿杯中，在透湿杯上放置被检测的薄膜，并用蜡密封，使透湿杯内形成一个封闭的空间，将透湿杯放入恒温湿的环境中，水蒸气透过测试材料后被干燥剂吸收，以适当的时间称量透湿杯的质量的增加，从而计算出水蒸气的透过率。减重法的测试原理与增重法相似，只是透湿杯内盛的是蒸馏水或盐溶液，将试样放置在透湿杯上，并用蜡密封，使透湿杯内形成一个封闭的空间，将透湿杯放入恒温湿的环境中，透湿杯内的水蒸气透过测试材料后恒温恒湿箱中的干燥物质吸收，以适当的时间称量透湿杯质量的减少，从而计算出水蒸气的透过率。作为透湿杯的发展变形，容器可以是袋、瓶或其他类型。称重法具有简单、方便以及仪器设备价格低廉等优点。我国的GB/T 1037—1998《塑料薄膜和片材透水蒸气性试验方法 杯试法》，GB/T 6985—1997《包装材料试验方法 透湿率》，GB/T 6981—1986《硬包装容器透湿度试验方法》，GB/T 6982—1986《软包装容器透湿度试验方法》都采用称重法。

红外检定法的原理是用试验薄膜隔成两个独立的气流系统，一侧为具有稳定相对湿度的氮气流，并随着干燥的氮气流流向红外检定传感器，测量出氮气中水蒸气透过率。红外线检定法在整个实验过程中全自动测定，不破坏扩散和渗透的平衡，结果准确可信，同时由于红外检定法检测传感器的高灵敏度，因而可以在短时间内测量高阻隔性的材料。

目前，我国的国家标准仅有称重法标准，即GB/T 1037—1998。对于水蒸气透过率较小，而且可热封的材料，可用成袋的称重法，即GB/T 16928—1997的B法。对于水蒸气透过量较小，且不可热封的材料或结构中含有吸湿性较大的材料（如纸、玻璃纸、尼龙等）时，一般应以红外检定法为宜。目前我国还没有红外检定法测量包装材料透湿率的相关标准。

**3. 注意事项**

包装材料的阻隔性能，不论是水蒸气透过率还是氧气透过率，在检测和检测结果的应用过程中应注意如下几个方面：

① 渗透率这一概念是在薄膜符合菲克（Fick）定律条件下得出的，对于氧气而言，除了个别吸氧材料外，一般都符合菲克定律。但是，由于水蒸气和有机物的渗透过程中，会与不少聚合物发生相互作用，因而一般属于非菲克定律型扩散。

② 对于复合材料，其结构不一定对称，因而存在试样的正反面问题。某些材料，如PVCD涂布BOPP，或PVDC与PVC复合硬片，其正反面的氧气透过率测量结果差别较大，有时甚至可以达到1倍。这是因为在实际测试过程中，所测得的结果是穿过试样的渗透和密封部的渗透两者之和。

③ 对于吸附性、吸湿性较大的包装材料，在试验过程中应考虑其吸附和脱附等对实验结果的影响，同时应清楚平衡时间一般较长，而且即使是同一环境下，经过不同过程的平衡态也未必相同，这就是说材料的平衡态，不但与平衡的环境有关，而且与过程有关。

④ 应该高度重视检测过程中的泄漏问题，任何实验得出的水蒸气透过率和氧气透过率都是渗透和泄漏的总和，只有在泄漏可以忽略不计的条件下，所测得的渗透才是准确的。操作的细节和一些辅助材料（如密封蜡、真空脂等）都对测试过程中的泄露有重大影响。包装材料与包装件是两个不同的概念，用高阻隔性的包装材料，不一定可以生产出高阻隔性的包装件。从包装材料到包装件，从包装件到消费者手中，在这一过程中，许多因素都会影响产品的最终阻隔性能。

## 六、卫生性能

包装材料的卫生性能越来越受到人们的关注。在国际贸易中，许多国家禁止含有有害物质的材料进入市场，如对重金属、溶剂残留等的含量，各国都有所限制。我国对有关食品包装材料的卫生性能也有许多规定。用于塑料包装材料卫生性能的检验方法标准常用的有：GB/T 5009.58—2003《食品包装用聚乙烯树脂卫生标准的分析方法》、GB/T 5009.59—2003《食品包装用聚苯乙烯树脂卫生标准的分析方法》、GB/T 5009.60—2003《食品包装用聚乙烯、聚苯乙烯、聚丙乙烯成型品卫生标准的分析方法》、GB/T 5009.61—2003《食品包装用三聚氢胺成型品卫生标准的分析方法》。这些标准主要规定了对食品包装材料的有机物、无机物、重金属、脱色性的实验方法。将被侧材料按一定比例、在一定温度的水、乙醇、乙酸、正己烷中浸泡一定时间，获得浸泡液。这些液体分别模拟包装材料接触的水、醋类、酒类、油类。

试样经过浸泡后，溶出的有机物含量一般用测定高锰酸钾消耗量来表示。

浸泡液经蒸发后，可称量出包装材料被溶出的残渣的含量。

食品包装材料中的重金属（以铅计），一般采用定性的实验方法。实验原理是浸泡液中的重金属（与铅计）与硫化钠作用，在酸性溶液中形成黄棕色硫化铅，与标准色样进行比色，若深于标准色样，就表示不符合标准。

脱色实验是观察试样浸泡液不得染有颜色，以及用沾有冷餐油、乙醇等溶剂的棉花在包装材料或容器表面擦拭，棉花上不得沾有颜色来试验试样是否脱色。

包装材料在制造、印刷过程中，会残留一些溶剂。GB/T 10004—1998《耐蒸煮复合膜、袋》和 GB/T 10004—1998《双向拉伸聚丙烯（BOPP）/低密度聚乙烯（LDPER）复合膜、袋》中规定了用气相色谱法测定试样中各种溶剂如丙酮、异丙醇、乙酸乙酯、甲苯、二甲苯等溶剂残留量。

包装材料中的有机农药残留量，敌敌畏、速灭磷、乐果、喹硫磷等 20 种有机农药的含量可参照 GB/T 4859.2～11—1994 进行试验。

## 七、其他性能

包装用塑料薄膜的其他性能测试方法还有光学性能，如透光率、雾度，透光率是指指透过试样的光通量与射入在试样的光通量之比，雾度是指透过试样，而偏离入射角的光通量与透过光通量之比。GB/T 2410—1980《透明塑料透光率和雾度测试方法》是目前常用的方法。

塑料薄膜作为包装材料，往往需要印刷，这就需要对表面进行处理，如电晕处理，来达到一定的表面张力。GB/T 14216—1993《塑料 膜和片润湿张力测试方法》是用原先配好的不同张力的试液（俗称“达因液”）来测试试样的表面张力的。

塑料薄膜受环境温度影响，常常引起尺寸的变化。GB/T 1036—1989《塑料线膨胀系数测定法》是测试在一定的温度条件下材料的线尺寸变化的一种方法。

QB/T 1034—1998 塑料吸水性试验方法是通过称量材料浸水前后质量的变化来表示吸水性量的。

塑料薄膜包装袋的耐蒸煮性在 GB/T 10004—1998 中规定了耐热耐介质性的测试方法，将袋内分别装有模拟接触食品中的盐、酸类、酒类、油类的氯化钠、乙醇、植物油密封后经高压、高温蒸煮后观察包装袋的完好情况，或测试材料试验前后的性能变化情况。

总之，塑料薄膜的检测方法很多，每种方法都有一定的适用性，各种试验结果都存在一定的不确定度，包括方法、仪器、人员、环境、试样、试剂等等。因此，选用方法标准时一定要仔细研究、验证。

# 参 考 文 献


[1] 高学文．新型塑料包装薄膜．[M]．北京：化学工业出版社，2006.

[2] 陈昌杰．塑料薄膜的印刷与复合．北京：化学工业出版社，1995

[3] 陈海涛，崔春芳等．塑料制品加工实用新技术．北京：化学工业出版社，2010.

[4] 陈海涛，崔春芳，童忠良．挤出成型技术难题解答．北京：化学工业出版社，2009.

[5] Okamoto K T 著．微孔塑料成型技术．张玉霞译．北京：化学工业出版社，2004.

[6] 谭小华等．高熔体强度聚丙烯的研究进展 [J]．中国塑料，2002.7：13-14.

[7] 姚建民等．渗水地膜技术研究 [J]．塑料，2003 (3)：70-73.

[8] 张友新．带有滴灌管的地膜生产及应用 [J]．塑料，1992 (2)：33-36

[9] 吴培熙等．塑料制品生产工艺手册．北京：化学工业出版社，1998.

[10] 周南桥．塑料复合制品成型技术与设备．北京：化学工业出版社，2003.

[11] 童忠良主编．化工产品手册-树脂与塑料分册．北京：化学工业出版社，2008.

[12] 方国治，高洋等．塑料制品加工与应用实例．北京：化学工业出版社，2010.

[13] 方国治，童忠东，俞俊等．塑料制品疵病分析与质量控制．北京：化学工业出版社，2012.

[14] 陈海涛，崔春芳，童忠良．塑料模具操作工实用技术问答．北京：化学工业出版社，2008.

[15] 崔春芳，王雷．塑料薄膜制品与加工．北京：化学工业出版社，2012.

[16] 江涛，吴丽霞．包装材料的发展及生态化研究．三峡大学机械与材料学院学报，2010 (2)：12.

[17] 朱弟雄．包装材料摩擦系数的测试方法　北京兰德梅克包装器材有限公司．塑料科技，2010 (2)：10

[18] 温度英．HDPE/EVA 复合薄膜共挤出成型工艺及机头结构设计 [J]．塑料工业，1998，26 (1)：88-89.

[19] 陈占勋．废旧高分子材料资源及综合利用．北京：化学工业出版社，2003.

[20] 温耀贤主编．功能性塑料薄膜．北京：机械工业出版社，2005.

[21] 黄棋尤主编．塑料包装薄膜——生产·性能·应用．北京：机械工业出版社，2005.

[22] 扬东武主编．塑料材料选用技术．北京：中国轻工业出版社，2008.

[23] 强信然等．最新塑料制品的开发配方与工艺手册．北京：化学工业出版社，2002.

[24] 周殿明，张丽珍．塑料薄膜实用生产技术手册．北京：中国石化出版社，2006.

[25] 黄成．高熔体强度聚丙烯研究进展 [J]．现代塑料加工应用，2007.13 (5)：6-8.

[26] 吕玉杰等．高熔体强度聚丙烯的研究开发进展 [J]．合成树脂及塑料，2000，17 (4)：30.

[27] 舒文艺．高熔体强度聚丙烯的开发及应用 [J]．塑料，1994.2：05-06.

[28] 吴建国等．高熔体强度聚丙烯材料的制备 [J]．中国塑料，2000，14 (6)：1-2.

[29] 张玉龙主编．功能塑料制品配方设计与加工实例．北京：国防工业出版社，2006.

[30] 周祥兴主编．包装用塑料制品的生产配方和生产工艺．北京：中国物资出版社，2010.

[31] 揣成智主编．塑料制品设计．北京：化学工业出版社，2008.

[32] 何震海，常红梅主编．塑料制品成型基础知识．北京：化学工业出版社，2006.

[33] 金洪波，于永珍，赵为民．关于聚烯烃类多功能棚膜透光性能的研究 [J]．塑料，2002，10：7-8.

[34] 李基洪、胡在明主编．注塑成型实用新技术．石家庄：河北科学技术出版社，2004.

[35] [美] 古托夫斯基 T G 主编．先进复合材料制造技术．李宏运译．北京：化学工业出版社，2004.

[36] 于萍．PVC 自粘保鲜膜的研制．塑料，1991 (2)：12-14.

[37] 贝克 M 主编．包装技术大全．北京：科学出版社，1992.

[38] 王红．绿色包装材料与设计方面的要求 [J]．塑料工业，2008，13 (2)．

[39] 尹崇贤．国内软包装最新发展 [J]．塑料工业，2012，26 (1)：8-10.

[40] 金伟．聚乙烯醇改性做高阻隔膜及市场应用 [J]．中国塑料，2011 (5)：24-25.
[41] 承民联等．LDPE/PA6 共混阻透薄膜的研制 [J]．中国塑料，2001 (7)：43-45.
[42] 陈海涛主编．塑料包装材料新工艺及应用 [M]．北京：化学工业出版社，2011.
[43] 罗建民．无溶剂复合技术 [J]．塑料，1994 (5)：14.
[44] 刘敏江主编．塑料加工技术大全．[M] 北京：中国轻工业出版社，2001.
[45] 张开．高分子物理学 [M]．成都：成都科技大学出版社，1981.
[46] 邢金光．挤出复合设备的改进与工艺探讨 [J]．塑料科技，1989 (3)：18.
[47] 吴培熙，张留成．聚合物共混改性原理及工艺 [M]．北京：轻工业出版社，1984.
[48] 周春涛．民用双色膜共挤吹塑成型技术 [J]．塑料工业，1990 (1)：51-53.
[49] 吕庆春等．PE/EVA 复合薄膜试制小结 [J]．塑料加工与应用，1985 (2)：37-39.
[50] 丁浩．塑料应用技术 [M]．北京：化学工业出版社，1999.
[51] 童忠良．纳米化工产品生产技术 [M]．北京：化学工业出版社，2006.
[52] 韩辉升等．共混改性软质聚氯乙烯耐寒性的研究．塑料 [J]．1996 (1)：21.
[53] 吕庆春等．玉米淀粉聚乙烯食品包装薄膜的研究 [J]．塑料加工与应用，1988. 6.
[54] 郎勇，褚建军．用 LDPE 生产茶叶内包装薄膜的研究 [J]．塑料科技，1995 (3)：24-27.
[55] 陈宇，高继志，戴亚东，等．北方园艺设施用聚烯烃棚膜研究开发的进展 [J]．中国塑料，2008，9 (3)：18.
[56] 曾兆华．降解性聚乙烯避蚜地膜的研制与应用 [J]．现代塑料加工应用，2000，12 (3)：22-25.
[57] 杨杰主编．聚苯硫醚树脂及其应用．北京：化学工业出版社，2006.
[58] [美] Harper C A 主编．现代塑料．焦书科，周彦豪笃等译．北京：中国石化出版社，2003.
[59] 王永裕．控释膜的研制和应用 [J]．塑料科技，1989 (5)：18-21.
[60] 姜跃琴等．医用耐寒弹性聚氯乙烯塑料的研究及应用 [J]．中国输血杂志，2000，(4)：236.
[61] 田岩．国产水滑石在农膜中的应用探索 [J]．中国农塑技术学会农膜制品分会 2005 年第五次理事会会议.
[62] 徐人平．包装新材料与新技术 [M]．北京：化学工业出版社，2006.
[63] 陈祖欣．使用农膜添加剂时应注意的问题 [J]．中国农塑技术学会农膜制品分会南昌 2006 年理事会会议.